中国科协学科发展研究系列报告
中国科学技术协会 / 主编

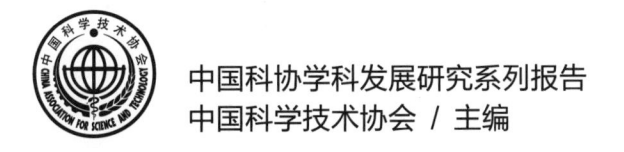

2022—2023
航天科学技术学科发展报告

中国宇航学会　编著

中国科学技术出版社
·北京·

图书在版编目（CIP）数据

2022—2023 航天科学技术学科发展报告 / 中国科学技术协会主编；中国宇航学会编著 . -- 北京：中国科学技术出版社，2024.6

（中国科协学科发展研究系列报告）

ISBN 978-7-5236-0690-2

Ⅰ. ①2… Ⅱ. ①中… ②中… Ⅲ. ①航天科技 – 学科发展 – 研究报告 – 中国 –2022-2023 Ⅳ. ① V52-12

中国国家版本馆 CIP 数据核字（2024）第 090158 号

策　　划	刘兴平　秦德继
责任编辑	夏凤金
封面设计	北京潜龙
正文设计	中文天地
责任校对	吕传新
责任印制	徐　飞

出　　版	中国科学技术出版社
发　　行	中国科学技术出版社有限公司
地　　址	北京市海淀区中关村南大街 16 号
邮　　编	100081
发行电话	010-62173865
传　　真	010-62173081
网　　址	http://www.cspbooks.com.cn

开　　本	787mm×1092mm　1/16
字　　数	472 千字
印　　张	21.5
版　　次	2024 年 6 月第 1 版
印　　次	2024 年 6 月第 1 次印刷
印　　刷	河北鑫兆源印刷有限公司
书　　号	ISBN 978-7-5236-0690-2 / V·87
定　　价	138.00 元

（凡购买本社图书，如有缺页、倒页、脱页者，本社销售中心负责调换）

2022—2023
航天科学技术学科发展报告

首席科学家　杜善义

组　　　长　王　巍

副　组　长　王礼恒　胡海岩　王一然

成　　　员（按姓氏笔画排序）

于　淼　王大轶　邓玉林　田维平　白照广
刘东奎　孙为钢　孙泽洲　李　明　李　斌
吴志坚　张玉花　张庆君　张柏楠　张贵田
陈林泉　骆　剑　郭建宁　董胜波　曾　东
谢良贵　褚君浩　谭永华

编　写　组（按姓氏笔画排序）

于　勇　于沐尧　于杭健　马文坡　马玉国
马海波　马继楠　马琦秀　王　夕　王　为
王　平　王　伟　王　奇　王　诚　王　萍

王　程	王　盟	王小勇	王子瑜	王丹丹
王立武	王立强	王训春	王永佳	王园丁
王金明	王建设	王俊山	王祖林	王晓宇
王浩苏	左小彪	石仲川	卢满宏	申江荣
申雨情	史子豪	史文华	史雪梅	代树武
白光明	仝凌云	包文龙	包海涛	冯浩波
冯培松	吕亚锦	吕容川	朱　凯	朱立宏
朱成林	朱林崎	朱海洋	伏瑞敏	刘　佳
刘　洋	刘　超	刘　磊	刘兆军	刘红斌
刘银年	刘靖雷	闫　伟	汤　亮	许　薇
许团委	许倩倩	孙　丽	孙　高	孙甲琦
孙妮娟	孙晓兵	年　宇	苏琪雅	杜宝宪
李　永	李　星	李　虹	李　悦	李　博
李　磊	李光熙	李兴乾	李克行	李树忠
李俊宁	李晓琼	李鹏程	杨　刚	杨　华
杨　志	杨　雷	杨春华	杨智勇	肖明杰
吴立民	吴宝元	吴健发	何　颖	何英姿
何景轩	邹　昕	张　伟（中电科）		
张　伟（中科院）	张　彬	张　敏	张　瑶	
张　熇	张也弛	张正峰	张亚玺	张泽平
张显辉	张海博	陆春玲	陆满君	陈　潜
陈必武	陈永来	陈忠贵	陈金宝	陈诗雨
陈姿喧	陈洪涛	陈晓飞	陈晓丽	林　墨
林庆国	周一鸣	周耀华	郑伯龙	郑国宪
赵　青	荣　伟	胡子君	钟育民	钮新华
段恩奎	侯振东	姜　军	娄路亮	姚　伟

姚远	贺晨	袁军	耿婧雅	贾贺
贾世锦	夏园	顾明剑	党红杏	徐之海
徐立宏	徐利杰	徐彭梅	徐惠灵	凌丽
高峰	高树义	郭嘉	郭崇岭	陶宇亮
黄伟	黄晓峰	盛佳恋	雪亚林	崔玉红
崔平远	康小录	商帅	梁杰	梁浩
梁秀娟	梁桂林	彭兢	董蒙	韩承志
程侃	程保义	傅杰	鲁伟	温博
富霭琳	解永春	蔺震	廖卫宏	谭思平
缪远明	樊晨霄	潘延林	薛晓鹏	霍佳婧
魏威	魏飞鸣	魏春岭	魏俊华	魏维伟

序

习近平总书记强调，科技创新能够催生新产业、新模式、新动能，是发展新质生产力的核心要素。要求广大科技工作者进一步增强科教兴国强国的抱负，担当起科技创新的重任，加强基础研究和应用基础研究，打好关键核心技术攻坚战，培育发展新质生产力的新动能。当前，新一轮科技革命和产业变革深入发展，全球进入一个创新密集时代。加强基础研究，推动学科发展，从源头和底层解决技术问题，率先在关键性、颠覆性技术方面取得突破，对于掌握未来发展新优势，赢得全球新一轮发展的战略主动权具有重大意义。

中国科协充分发挥全国学会的学术权威性和组织优势，于2006年创设学科发展研究项目，瞄准世界科技前沿和共同关切，汇聚高质量学术资源和高水平学科领域专家，深入开展学科研究，总结学科发展规律，明晰学科发展方向。截至2022年，累计出版学科发展报告296卷，有近千位中国科学院和中国工程院院士、2万多名专家学者参与学科发展研讨，万余位专家执笔撰写学科发展报告。这些报告从重大成果、学术影响、国际合作、人才建设、发展趋势与存在问题等多方面，对学科发展进行总结分析，内容丰富、信息权威，受到国内外科技界的广泛关注，构建了具有重要学术价值、史料价值的成果资料库，为科研管理、教学科研和企业研发提供了重要参考，也得到政府决策部门的高度重视，为推进科技创新做出了积极贡献。

2022年，中国科协组织中国电子学会、中国材料研究学会、中国城市科学研究会、中国航空学会、中国化学会、中国环境科学学会、中国生物工程学会、中国物理学会、中国粮油学会、中国农学会、中国作物学会、中国女医师协会、中国数学会、中国通信学会、中国宇航学会、中国植物保护学会、中国兵工学会、中国抗癌协会、中国有色金属学会、中国制冷学会等全国学会，围绕相关领域编纂了20卷学科发展报告和1卷综合报告。这些报告密切结合国家经济发展需求，聚焦基础学科、新兴学科以及交叉学科，紧盯原创性基础研究，系统、权威、前瞻地总结了相关学科的最新进展、重要成果、创新方法和技术发展。同时，深入分析了学科的发展现状和动态趋势，进行了国际比较，并对学科未来的发展前景进行了展望。

报告付梓之际，衷心感谢参与学科发展研究项目的全国学会以及有关科研、教学单位，感谢所有参与项目研究与编写出版的专家学者。真诚地希望有更多的科技工作者关注学科发展研究，为不断提升研究质量、推动成果充分利用建言献策。

前　言

航天是 21 世纪最活跃、最有影响的科学技术领域之一，也是人类文明高度发展的重要标志。习近平总书记指出："探索浩瀚宇宙，发展航天事业，建设航天强国，是我们不懈追求的航天梦。"近年来，我国航天事业进入创新发展"快车道"，全面建设航天强国的步伐不断加快，取得了举世瞩目的成就，为服务国家大局、推动科学技术创新、推进人类太空探索做出了新的贡献。

航天活动既汲取相关基础科学和应用科学的最新成就，又在工程应用和任务中发展科学理论、推动原始创新。《2022—2023航天科学技术学科发展报告》包括综合报告和15个专题报告，系统总结了航天科学技术的现状，特别是我国近五年的主要进展，基于国内外比较分析，对发展趋势和方向做了展望。

受中国科学技术协会委托，中国宇航学会第四次承担了航天科学技术学科发展报告的编纂工作。国家航天局、中央军委装备发展部、中国航天科技集团有限公司、中国航天科工集团有限公司、北京理工大学等单位对此项工作高度重视，航天领域许多院士、专家学者大力支持并参与撰写、研讨和审定工作。在此，表示衷心的感谢！

太空探索永无止境，追梦脚步永不停歇。希望本书能够进一步推动航天学术交流，促进航天学科发展。

中国宇航学会
2024 年 4 月

序

前言

综合报告

学科发展现状与前景展望 / 003

第一章　引言 / 003

第二章　发展环境分析 / 005

第三章　最新研究进展 / 016

第四章　国内外研究进展比较 / 037

第五章　发展趋势与展望 / 046

参考文献 / 059

专题报告

航天运载器专业发展报告 / 063

卫星专业发展报告 / 076

小卫星技术与应用专业发展报告 / 096

载人航天器专业发展报告 / 110

深空探测器专业发展报告 / 128

航天推进专业发展报告 / 142

空间能源专业发展报告 / 169

航天制导、导航与控制技术专业发展
　报告 / 184

航天探测与导引专业发展报告 / 201

航天智能探测与识别专业发展报告 / 213

航天遥测遥控专业发展报告 / 224

空间遥感专业发展报告 / 239

航天先进材料专业发展报告 / 257

空间生物与医学载荷技术专业发展报告 / 278

航天器回收着陆专业发展报告 / 291

ABSTRACTS

Comprehensive Report

Development Status and Prospects of Aerospace Science and Technology / 305

Reports On Special Topics

Advances in Space Launch Vehicle / 310

Advances in Satellite / 311

Advances in Small Satellite / 312

Advances in Manned Spacecraft Engineering / 313

Advances in Deep Space Probes / 314

Advances in Aerospace Propulsion / 316

Advances in Space Energy / 317

Advances in Space Guidance, Navigation and Control (GNC) / 318

Advances in Aerospace Detection and Guidance / 319

Advances in Aerospace Intelligent Detection and Recognition / 320

Advances in Aerospace Telemetry, Tracking and Command / 322

Advances in Space Remote Sensing / 323

Advances in Advanced Space Materials / 324

Advances in Space Biology and Medical Payload / 324

Advances in Spacecraft Recovery and Landing / 325

索引 / 327

综合报告

学科发展现状与前景展望

第一章 引 言

1956年10月8日，国防部第五研究院的成立标志着我国航天事业正式开启。一直以来，在党的正确领导下，我国航天事业从无到有、从小到大、从弱到强，走出了一条具有鲜明中国特色的发展道路。特别是党的十八大以来，在习近平新时代中国特色社会主义思想指引下，我国航天事业取得了以"载人航天、探月探火、卫星导航"等为代表的一系列辉煌成就，为维护国家安全、推动科技创新、服务经济社会发展、促进人类文明进步做出了重要贡献。

2019年至2023年（备注：本报告中的相关统计进展截止时间，无特殊说明的均截至2023年6月30日），是我国航天史上不平凡的五年。近五年来，我国航天事业取得了一系列辉煌成就，为我国由航天大国迈向航天强国打下了坚实基础，特别是航天学科迈入了创新发展的"快车道"，呈现出新的特点。

一是航天运输系统加速升级换代，带动了系列关键专业技术发展，突破了高频率、常态化发射瓶颈，并加速向无毒、无污染、模块化、智慧化方向发展。

二是通信、导航、遥感、科学试验卫星系统不断完善，小卫星及星座系统蓬勃发展，航天器专业技术水平稳步提升，支撑和构建起多种功能、多种轨道的国家空间基础设施。

三是空间站系统全面建成，全面突破了空间站设计、建造和运行的一系列关键专业技术，确保了我国载人航天事业实现从搭载一人到多人升空、从舱内作业到太空行走、从短期遨游到中期驻留再到长期"出差"的历史性跨越。

四是探月"绕落回"、探火"绕着巡"，突破了一系列深空探测专业技术，使我国在月球探测、火星探测强者并存的赛道上行稳致远，不断创造我国深空探测的新高度。

五是航天学科的部分专业基础技术领域，如航天推进、空间能源、航天制导导航与控制、航天探测与导引、航天智能探测与识别、航天遥测遥控、空间遥感、航天先进材料、空间生物与医学载荷、航天器回收着陆等专业均取得突出进展，丰富了航天学科内容，为加速我国航天强国建设奠定了坚实的专业技术基础。

我国航天事业实践表明，在向航天强国迈进的历史进程中，航天科学技术学科发展的作用愈加凸显，它为技术发展与应用提供了越来越丰富和坚实的理论指导，而一系列航天重大成果的取得无不体现了多学科理论指导下的创新实践。

课题组基于《2018—2019航天科学技术学科发展报告》，针对五年来航天学科发展情况，遴选出2022—2023年航天科学技术学科专业研究的范围（表1），分为学科专业研究与学科综合研究两类。其中，学科专业研究共计15项。遴选范围遵循下列四点原则：

（1）重大标志性，五年来在我国航天事业发展中取得重大进展，具有重大或战略性地位。

（2）关键紧迫性，从保障重大工程实施或应对国际发展新趋向，对学科专业发展带来新挑战。

（3）技术可行性，是指该专业的核心技术在国内和/或国外取得实质进展，在技术上现实可行。

（4）自《2018—2019航天科学技术学科发展报告》出版至今，原报告中个别专业的核心技术进展不明显的，暂不列入本次学科专业研究。

表1 2022—2023年航天科学技术学科专业遴选结果

序号	学科专业	遴选理由
1	航天运载器技术	√重大标志 √关键紧迫 √技术可行
2	卫星技术	√重大标志 √关键紧迫 √技术可行
3	小卫星技术与应用	□重大标志 √关键紧迫 √技术可行
4	载人航天器技术	√重大标志 √关键紧迫 √技术可行
5	深空探测器技术	√重大标志 √关键紧迫 √技术可行
6	航天推进技术	√重大标志 √关键紧迫 √技术可行
7	空间能源技术	□重大标志 √关键紧迫 √技术可行
8	航天制导、导航与控制技术	□重大标志 √关键紧迫 √技术可行
9	航天探测与导引技术	□重大标志 √关键紧迫 √技术可行
10	航天智能探测与识别技术	□重大标志 √关键紧迫 √技术可行
11	航天遥测遥控技术	√重大标志 √关键紧迫 √技术可行
12	空间遥感技术	□重大标志 √关键紧迫 √技术可行
13	航天先进材料	□重大标志 √关键紧迫 √技术可行

续表

序号	学科专业	遴选理由
14	空间生物与医学载荷技术	□重大标志 √关键紧迫 √技术可行
15	航天器回收着陆技术	□重大标志 √关键紧迫 √技术可行

学科综合研究涵盖但不限于15项学科专业研究内容，分析我国航天强国建设的发展环境，把握世界主要航天国家航天发展的新动向和新特点，重点开展国内航天学科专业进展研究和国内外航天学科专业的比较研究，展望航天学科发展趋向和重点。

第二章 发展环境分析

当今世界，百年未有之大变局加速演进，大变革大调整正在对全球航天发展格局产生深刻影响，带来一系列重大变化。变化之一，以美国为代表的部分国家和地区，构建所谓"基于实力的国际规则"，不断强化意识形态选边站队，严重恶化了全球航天和平发展的政治生态；变化之二，全球航天产业供应链等的安全，正成为牵动国家和地区航天发展的关键因素；变化之三，逆全球化背景下，全球航天科研和生产体系加速重构，围堵与反围堵正成为常态；变化之四，航天作为国家战略博弈的重要手段，军民商航天力量新格局已经加速形成；变化之五，新一轮科技革命与百年变局的叠加，正在催生全球航天发展的新动力。

因此，以美国、俄罗斯、欧洲、日本、印度等为代表的世界主要航天国家或地区，加速了航天发展战略的调整，并对世界航天的发展产生深刻影响，世界航天发展也呈现出新的特点。

第一节 外国航天发展战略调整与影响

一、美国

进入21世纪，美国航天战略与政策不断演进，使其持续占领航天技术和装备实力的领先地位，通过航天非对称优势对其他各方施加战略威慑，并在商业航天市场通过形成垄断抢占竞争优势。

继续强化以大国对抗为背景的太空军实战能力发展。聚焦实战、慑止太空冲突、打赢太空作战、发展太空军事力量已经成为美国国家战略选择。不受美政府更迭影响，美航天技术发展与装备建设整体呈现加快发展、加大力度的新态势。

政府继续引领深空探测发展。美国历届政府均拥有民用太空计划，以促进民众认同并引领科技发展。如小布什政府在 2004 年提出 "重返月球" 计划，奥巴马政府提出 "2025 年实现载人小行星探测，21 世纪 30 年代中期实现载人火星探测" 的愿景目标，特朗普政府提出 "重返月球" 及载人火星探测等，拜登政府继续推进阿尔忒弥斯计划的实施等。

持续挖掘商业航天创新活力。美商业航天力量已经成为国家太空整体力量的重要组成部分。美规模庞大的航天中小企业是太空技术创新发展的生力军。与此同时，美商业航天发展已经深度融入并推动军事应用，甚至会使太空军事行动样式产生颠覆性变化，美国政府部门对商业航天发展给予了更多关注与支持。

充分利用航天国际合作，服务国家战略博弈。航天领域被视为重塑美国国际形象的重点领域。美国围绕数据共享、装备共建、规则共定、联合军演等方面，加深与 "五眼联盟" 国家深度合作并向法国、德国、日本等外围辐射。

二、俄罗斯

近十年来，俄罗斯经过一系列改革与调整，航天发展缓慢复苏，所颁布的航天战略与政策的效果逐步显现，但其重塑辉煌之路仍然漫长。

确保航天计划的延续性，不断提升航天工业能力。一直以来，制定航天发展规划是俄罗斯指导航天发展的重要手段。俄罗斯按照《2016—2025 年俄罗斯联邦航天计划》有序部署和推进了通信、对地观测、空间探索、载人航天、先进技术等五大领域的重点任务，并将自主可控与国际合作作为俄罗斯航天未来发展的两条主线。

加快航天成果应用，提升对经济发展的牵引作用。2014 年，俄罗斯总统签署的《2030 年前使用航天成果服务俄联邦经济现代化及其区域发展的国家政策总则》，明确了以专项规划为指导，以项目为依托，推动航天成果应用的公私合作，扩大商业化应用规模等。

推动航天装备更新换代，切实提升航天能力。为解决俄罗斯长期以来航天型号研制和装备建设进展缓慢的突出问题，2018 年，俄罗斯总统签署了《2018—2027 年国家武器装备计划》，与上一版相比，充分考虑到美国全球打击以及太空武器部署带来的严重影响，明确了未来航天装备发展的方向和重点，明确了武器装备建设预算，提出了大幅提高航天系统和发射工具的质量和可靠性，加速推出新型号等。

三、欧洲

随着欧洲一体化进程不断深入，泛欧航天合作趋势愈加明显。欧洲航天局并不是欧盟下设机构，为更好地推进欧洲的航天合作，欧盟与欧洲航天局签署了框架协议，成立航天理事会以制定和协调欧洲航天战略与政策。

加大航天领域投资，增强欧洲航天全球影响力。多年来，欧洲航天战略和政策突出强调推进欧洲航天一体化和重大项目跨国合作，致力于提升欧洲航天的国际地位和全球影响力。2018年欧盟发布《2021—2027年多年期财政框架》，提升欧洲在世界航天领域的优先地位，持续推进航天技术发展。与此同时，通过整合欧洲航天计划，提高航天领域投资效率和效益；设立"欧洲国防工业发展计划"，加强航天工业自主性等。

欧洲航天局高度重视空间探索利用，巩固航天领先地位。欧洲航天局作为欧洲航天技术与系统的主要研究和管理机构，通过政府间合作协调欧洲的航天研究项目与技术开发，实施相关的航天计划。例如，通过主持欧洲航天局太阳轨道飞行器探日等项目或参与国际空间站等一系列空间科学项目，使欧洲在空间探索领域保持世界领先地位。

欧洲通过合作与自主并行的方式发展航天技术。随着美苏冷战结束，建立独立于美国的军事航天系统，减少欧洲对美国航天的依赖成为欧洲各国的共同愿望；法国、德国和英国等研制并部署了高性能的军事通信、侦察监视卫星，处于世界先进水平；但受到各国技术能力和经费投入所限，欧洲各国在发展本国航天能力的基础上，采取了航天一体化合作的方式，依靠欧洲国家之间的合作建立大型航天系统，如合作研制阿里安6系列运载火箭、全球环境与安全监测（GMES）卫星系统、伽利略卫星导航系统等。

四、日本

进入21世纪，受世界格局多极化的影响，日本开始对本国航天进行重新定位，将航天的地位提升至国家战略的高度，航天的发展原则由原来的和平利用逐步转向公开发展军事航天，发展策略也从以技术开发为主转向以满足应用需求为主。日本在军事、民用、商业航天领域全面出击，其谋取航天强国地位的战略意图明显。

军事航天发展步伐加快，太空军事战略图谋彰显。日本在太空军事化政策、力量建设和系统部署上提出了一系列发展规划与计划，其相关内容充分体现了日本要做太空军事大国、强国的雄心壮志。其中，宇宙作战部队的成立，一方面体现了其加强太空、网络和电磁三个新领域军力建设，服务其安全自主化军事战略与力量转型发展的战略目标；另一方面也凸显了其为强化日美同盟注入新动力的战略意图。

民用航天能力不断提升，深空探测展示国家实力。日本十分重视发展深空探测技术，从20世纪80年代起就开始发射空间探索卫星，在天体物理学、天文学和太阳系探测等领域处于世界领先水平。月亮女神号月球探测器、隼鸟号小行星探测器等项目的成功，进一步提升了日本在轨道设计、离子发动机、有效载荷、数据传输、软着陆等领域的技术水平。2020年，日本宇航机构继2010年全球首次带回小行星岩石之后，再次通过隼鸟2号带回小行星样本，并首获地外氨基酸证据，在探明生命起源方向上获得新的发现。

商业航天不断发展壮大，航天产业整体水平持续提升。日本作为亚洲航天大国，也开始将航天产业视为孕育新兴产业的前沿阵地，积极参与航天探索和推进商业航天发展，包括出台商业航天发展支持政策法规，为卫星研制、卫星运营等领域发展注入新动力；2021年日本通过《宇宙资源勘探开发相关商业活动促进法》，将加剧太空资源的争夺；通过商业发射服务、希望号实验舱商业利用、参与登月任务等，不断提高产业竞争能力。

五、印度

进入21世纪，印度为争当世界一流大国，不断增强自身航天技术能力，实施了一系列雄心勃勃的航天计划。在2000年前后印度就对月球探测开展了相关探讨和预先研究。2008年10月，印度成功发射月船1号探测器，并释放了撞月探测装置成功撞击月球表面。2014年9月，印度曼加里安探测器成功进入环火星轨道。2017年，印度近地轨道运载能力10t的MK3型地球同步转移轨道运载火箭首飞成功，进一步提升了印度进入空间的能力。印度政府于2018年正式批准加那安载人航天计划。从2019年开始开展了月球南极软着陆尝试等。通过一系列计划实施和出台各项政策，航天综合实力已跻身航天大国行列。

制定和颁布多项航天政策，推动航天快速发展。印度在具体执行层面，制定了较为广泛的航天政策框架，指导航天计划的规范实施，推进航天活动的高效开展。印度航天政策框架中包括了遥感数据政策、卫星通信政策、工业参与政策、商业化政策、国际合作政策、人力资源发展政策、技术能力升级政策、用户有效参与政策等一系列政策。这些政策促进了印度自主发展航天技术，建设高效费比的航天基础设施，支持空间科学和航天应用，将航天基础设施服务于国民经济发展，提升工业界参与程度，并通过技术转移实现多种技术的全面进步。

高度重视航天服务经济社会发展。根据印度提出的《航天愿景2025》，印度将逐步推进重型运载火箭、可重复使用运载器、通信和导航系统、对地观测系统、空间科学任务、行星探测任务、载人航天任务等发展计划，旨在通过开展航天活动服务本国经济社会发展需求。印度开展了涵盖广泛、层次丰富的卫星应用活动，涉及卫星通信、导航、遥感、科学研究等多个领域。提升国民生活质量、促进经济发展、提升军事作战效能、增强对生活环境的认识等。

不断巩固商业发射和任务支持服务的国际市场。印度已经成为国际发射服务市场上的重要力量，其主要发射服务提供商是安垂克斯公司。同时，安垂克斯公司也成为全球最重要的任务支持服务提供商之一，具备强大的遥测、遥控支持能力，利用地面站网络满足重要国际客户的多样化任务需求。

六、其他新兴航天国家

在世界航天蓬勃发展的背景下，除了世界主要航天大国和地区外，很多国家也在积极推进航天事业的发展，努力跻身国际航天俱乐部。这些新兴航天国家按照自己的特点、模式和战略规划发展，将是影响世界航天格局的新变量。例如，韩国在运载火箭和空间探测领域取得重大突破；以色列的地平线系列卫星是全球领先的军事侦察卫星之一；沙特未来10年将投入上百亿美元发展卫星和探索载人航天；阿联酋发射了希望号火星探测器并筹划发展太空旅游；卢森堡的航天工业已占其GDP的2%。总之，一批新兴航天国家将对世界航天格局产生不可忽视的影响。

第二节　世界航天科学技术总体发展态势与特点

一、航天运输系统

自2011年美国航天飞机退役后，运载火箭成为世界各国进入空间的主要运载工具，仅有美国、俄罗斯、欧空局、中国、日本、印度、以色列、伊朗、韩国、朝鲜等国家/组织具备独立进入空间的能力。

截至2022年年底，世界航天发射数量再创新高，入轨航天器倍增。全球全年航天发射共186次，远超2020年的114次和2021年的145次，将2484个航天器送入太空。

运载火箭的能力和安全性直接决定着卫星、飞船、探测器等航天器的使用效能，是运载火箭最核心的性能指标。世界运载火箭从能力上划分，基本可分为重型（低轨运载能力不低于100 t）、大中型（低轨运载能力在20~100 t为大型，2~20 t为中型）和轻小型（低轨运载能力不大于2 t，但通常也将运力在2 t左右的运载火箭划入轻型，如欧洲的织女星火箭），其中大中型是主力运载火箭。

由于中美运载火箭能力分类不同，本文采用中国标准。对于美国的重型、超重型运载火箭，如猎鹰重型仅尊重原文翻译。中美运载火箭能力分类标准区别如表2所示。

表2　中美运载火箭能力分类标准区别表

中国标准		美国标准	
低轨运载能力	分类	低轨运载能力	分类
≤2 t	轻小型火箭	<2 t	小型火箭
2~20 t	中型火箭	2~20 t	中型火箭
20~100 t	大型火箭	20~50 t	重型火箭
≥100 t	重型火箭	>50 t	超重型火箭

在重型运载火箭领域，美国在深空探测和载人探月、探火计划的牵引下，进一步加速重型运载火箭的研制。现役的仅有2022年首发入轨的超重型火箭"航天发射系统"

（SLS）。该运载火箭低轨最终运载能力可达到 165 t。首飞箭可将 95 t 有效载荷送入低轨，27 t 有效载荷送入月球轨道。此外，2023 年首飞失败的超重 – 星舰运载火箭，完全重复使用构型低轨运载能力设计约为 150 t，一次性则高达 250~300 t。

在大中型运载火箭领域，美国、俄罗斯、欧洲、中国运载火箭性能先进，为不断适应市场需求，正稳步推进现役火箭的升级换代。国外具备现役主力运载火箭的国家/地区有美国、俄罗斯、欧洲（欧洲航天局）和印度。美国拥有 4 个主流型号火箭：太空探索技术公司（SpaceX）的猎鹰 9 中型运载火箭和猎鹰重型火箭，以及联合发射联盟（ULA）旗下的德尔塔 4H 和宇宙神 5 火箭。俄罗斯的主力运载火箭是联盟 2、质子 M 和安加拉 A5。欧洲航天局开发的阿里安 5 号运载火箭，主要由法国空间研究中心主导。印度的地球同步卫星运载火箭（GSLV）运载能力有限，但造价相对低廉。

在小型运载火箭领域，随着小卫星星座的兴起，新兴商业航天企业正着力研制运载能力仅几十到几百千克的小型运载火箭。全球进入航天发射俱乐部的成员，均涉及研制或发射使用。早期比较成熟的典型产品是美国的金牛座火箭和飞马座火箭；发展方案虽多，但成熟产品不多，主要有美国的电子号、运载器 1 号和阿尔法，俄罗斯的安加拉 1.2 轻型，欧洲的织女星 C 以及日本的埃普斯隆等。由于主力运载火箭运输能力可向下兼容，可以采取一箭多星的发射方式替代轻小型运载火箭的运力。因此，轻小型运载火箭不以运力见长，而是凭借其低廉的发射成本、较短的发射周期和快速反应的发射方式赢得生存空间。

二、卫星与星座

据美国忧思科学家联盟（UCS）发布的在轨卫星数据库，截至 2023 年 1 月 1 日，全球在轨卫星 6718 颗，其中通信卫星 4823 颗，对地观测卫星 1169 颗，导航定位卫星 155 颗。

在通信卫星领域，卫星通信系统呈现向超大型静地轨道高通量卫星和非静地轨道小卫星组网的两极化方向发展，而应用呈现多轨道系统融合发展的趋势。美国、欧洲、中国在民商用通信卫星领域具有优势地位，其低轨通信卫星星座计划正加速实施与应用；俄罗斯、日本、印度发展了数目可观的民商用通信卫星系统；其他国家中，加拿大、以色列、巴西、韩国、阿联酋、沙特阿拉伯等具备较强的卫星运营能力，部分国家还具备一定的卫星研制能力。

在遥感卫星领域，全球民用对地观测卫星系统加速更新换代，后续系统聚焦高精尖能力和技术；商业对地观测卫星系统出现规模化卫星星座部署，卫星系统正从单纯强调高分辨率或快速重访为主，向两者并重方向发展。国外遥感卫星系统建设与应用呈现出美国独大、欧洲跟随、众多参与的发展格局。美国在商业遥感的光学甚高分辨率（分辨率<0.5m）和快速重访（重访周期<24h）市场方面掌握主动权，在地球科学领域，具备一体化综合观测能力；欧洲具备较为完善的遥感卫星体系，卫星性能和应用水平紧跟美国，雷

达成像商业应用掌握市场主动权；俄罗斯、印度、日本、以色列、韩国等遥感卫星系统性能也较为先进，但在轨卫星数量较少，国际市场的占有率较低。

在导航卫星领域，全球形成四大全球导航卫星系统和两个区域导航卫星系统。其中，美国 GPS、中国北斗卫星系统、欧洲伽利略系统、俄罗斯格洛纳斯为全面运营状态；日本准天顶导航系统和印度区域导航卫星系统是基于 GSP 的区域导航卫星系统，已投入运营。

在卫星互联网领域，以美国太空探索技术公司（SpaceX）等为代表的企业，正在加紧新型卫星互联网星座建设，驱动卫星互联网与地面通信系统融合发展。全球卫星技术的进步和应用的拓展，催生了大规模卫星星座的产生，从全球范围看，"通导遥"是大规模星座建设的主要领域，同时，小卫星是大规模星座发展与支撑的主体。据不完全统计，全球发布低轨卫星星座建设计划的公司多达近 30 家。低轨通信卫星互联网领域大体呈现出新兴航天企业主导、传统航天企业加速跟进的国际竞争态势。

三、载人航天与空间站

截至 2023 年 6 月，只有美国、俄罗斯和中国具备独立发射载人航天器的能力，欧洲、日本通过参与国际空间站的形式具备一定的实力。国外载人航天主要采取国际合作的形式，以国际空间站为代表的近地载人航天仍是载人航天领域的主要任务，载人登月重新迎来发展，以载人火星探测为代表的深空探测处于初步探索阶段；我国于 2022 年全面建成天宫空间站，使中国载人航天进入空间站时代。

国际载人航天发展面临新抉择：美国将把主要的航天活动转移到深空，低地球轨道的空间站活动将交给私营公司；国际空间站共开展了 3000 多项科学实验，取得了诸多重大科学成果，2022 年美国正式授权国际空间站延寿至 2030 年；与此同时，美国通过商业轨道运输服务、商业再补给服务、商业乘员计划、近地轨道商业开发计划等，为推进国际空间站商业化发展奠定基础。而俄罗斯有意在国际空间站退役后，以部分在轨舱段为基础建立本国独立的空间站——俄罗斯轨道服务站。

中国空间站建成与运行，实现了从搭载一人到多人升空、从舱内作业到太空行走、从短期遨游到中期驻留再到长期"出差"的历史性跨越。未来统筹推进中国空间站科研应用，广泛开展中国空间站国际合作，推进中国空间站商业化发展。

四、深空探测

深空探测一般指对月球及以远的地外天体进行探测的活动。20 世纪 50 年代末，人类拉开了深空探测的序幕。全球开展深空探测任务基本覆盖太阳系各类天体，包括月球、太阳、七大行星及卫星、矮行星、小行星和彗星等，实现了飞越、撞击、环绕、软着陆、巡视、采样返回、载人登陆等多种探测方式。

深空探测技术是一个国家航天技术的综合体现，其集成化和综合性可以较为全面地衡量一个国家的科技实力和综合国力。月球和深空探测的新一轮热潮正在兴起。

美国是迄今为止唯一对太阳系内的恒星太阳及所有行星进行过探测的国家，在全球深空探测领域处于领先地位；美国提出重返月球计划。美国开展了月球及火星、金星、水星、木星、土星、天王星和海王星等行星探测，矮行星、小行星和彗星探测，太阳探测等活动，取得了大量科学成果，成为全球深空探测领域的领导者。2022年美国"阿尔忒弥斯"（Artemis）计划取得突破性进展，迈出重返月球第一步。

苏联/俄罗斯深空探测以月球、金星和火星探测为主；俄罗斯进一步明确了载人登月技术路线。苏联/俄罗斯曾创造了人类深空探测历史上多个第一，其中，1959年1月发射的月球1号是人类第一个飞越月球的探测器；1960年10月发射的火星1号是人类第一个飞往火星的探测器；1966年1月发射的月球9号是人类第一次实现月球软着陆的探测器；1967年6月发射的金星4号是人类第一个进入金星大气的探测器；1970年8月发射的金星7号是人类第一次实现金星软着陆的探测器；1970年9月发射的月球16号是人类第一次实现月球无人采样返回的探测器。截至2023年，苏联/俄罗斯共计实施月球探测64次、金星探测33次、火星探测19次。在载人登月领域，俄罗斯已经制定了2030年登月计划，正在推进载人月球探测系统研制。总体而言，俄罗斯登月计划进展缓慢，计划在未来面对巨大风险。

欧洲深空探测起步较晚，探测次数较少，但成功率较高。欧洲深空探测于20世纪80年代起步，共计实施月球探测1次、火星探测2次、金星探测1次、水星探测1次、太阳探测4次，以及小行星、彗星和矮行星探测2次，均取得成功或部分成功，在较短时间内达到了较高水平。

日本深空探测技术达到国际一流水平，特别是在小行星探测领域取得了重大突破。从1985年发射第一颗深空探测器开始，共计完成彗星探测2次、火星探测1次、月球探测2次、小行星探测2次、金星探测1次、水星探测1次，探测器技术达到国际一流甚至领先水平。特别是在小行星探测领域，日本是除美国以外的唯一在小行星上着陆并采样返回的国家。

印度积极推进深空探测技术发展，实现了月球和火星环绕探测。印度共计完成月球探测2次、火星探测1次。2008年10月，成功发射月船1号探测器，成为世界上第五个成功实现月球探测的国家；2014年9月成功发射曼加里安探测器，成为全球第四个、亚洲首个实现依靠自主研发实现火星探测的国家；2019年7月，发射月船2号探测器，尝试在月球南极软着陆，但最终并未成功。

中国探月"绕落回"、探火"绕着巡"，不断创造新高度，空间探测技术与手段不断进步。2004年，我国正式开展月球探测工程，命名为"嫦娥工程"。将探测任务形象地概括为"绕落回"三步。第一步"绕"：实现"精确变轨，成功绕月"的预定目标。第二步"落"：突破和掌握了地外天体软着陆等关键技术，并成功踏足月球背面。第三步"回"：完全掌握了航天器以接近第二宇宙速度再入返回的关键技术，实现中国首次地外天体采样返回，2020年圆满收官。我国首次火星探测任务于2013年全面启动论证，2016年1月批准立项。火星探测任务的亮点是，一次性完成了"绕着巡"三步，这是其他国家在首次实施火星探测任务时从未实现过的，2021年5月首次任务圆满完成。以"悟空""慧眼""羲和""墨子""张衡一号"等为代表的空间科学探测卫星，为空间科学研究与发现提供了有力手段。我国将继续实施月球探测工程、行星探测工程，完成近地小行星采样和主带彗星探测，完成火星采样返回、木星系探测以及太阳系边际探测等。

五、航天发射场及测控系统

截至2023年6月，全球共有25个具备轨道发射能力的航天发射场，其中美国、俄罗斯、中国数量最多，占全球的56%。就发射服务而言，商业发射是美国和欧洲发射场的重要任务，而俄罗斯、中国、日本和印度航天发射场主要以民用任务为主。航天测控系统主要从事航天器跟踪、遥测、遥控和通信任务，是航天器与地面联系的生命线。经过70多年的发展，美国、俄罗斯、中国、欧洲等航天大国或地区都陆续建成了近地轨道测控网、深空测控网和天基测控网。

商业化、多样化发射需求旺盛，航天发射场竞相优化与调整。随着世界商业航天蓬勃兴起，为了能在未来商业发射服务中占有一席之地，美欧等主要航天发射场正以各种优惠条件吸引商业火箭公司在其发射场建立工位。我国酒泉、太原、西昌发射场适应性改造全面完成，酒泉发射场新增液体火箭商业发射工位，文昌航天发射场进入业务化应用阶段，海上发射平台投入使用，基本建成沿海内陆相结合、高低纬度相结合、各种射向范围相结合的航天发射格局，能够满足多样化发射需求。

商业测控系统大量涌现，小卫星测控通信服务呈现新局面。低轨卫星星座快速发展，在轨卫星数量呈爆炸式增长态势。全球虽然拥有美国航空航天局、欧洲航天局等建立的针对小卫星的测控系统，但仍然难以满足大量商业用户的需求。为此，美欧等国家和地区的新兴航天企业一方面采取合作策略最大限度利用已有站点，另一方面积极新建商业中继卫星星座和地面测控系统，构建天地一体化测控服务能力。我国商业卫星测控站网也得到快速发展，形成了军/民用航天测控、商业航天测控等多元化测控模式并存的发展格局。

空间探测活动持续升温，深空探测系统能力持续提升。截至2022年年底，全球在轨运行和飞行途中的空间探测器30多颗，其与地球通信主要依靠深空测控网。随着深空探测活动的升温，各深空测控网为探测器的正常运行和活动提供了重要支撑。美国运营着全球最大最先进的深空测控网，该网由设在白石、堪培拉和马德里的3个地面站构成，可确保深空任意航天器在任何时间至少能与1个地面站进行通信。我国航天测控通信能力实现了由地月空间向行星际空间跨越，天基测控能力持续得到增强，圆满完成了载人航天、探月、探火等为代表的航天测控任务。

六、航天基础与前沿技术

随着空间技术的发展与应用，诸多基础前沿技术与传统航天技术交叉融合，形成今后一段时间航天领域基础与前沿技术的发展热点，主要包含航班化航天运输系统、空间激光通信技术、空间量子通信技术、射线脉冲星导航技术、高轨高分辨率光学遥感技术、空间机械臂技术、空间网络技术、可重复使用液体火箭发动机设计技术、超燃冲压发动机技术、空间核动力技术、空间太阳能电站、跨域飞行器的强适应控制技术、空间智能探测与识别技术、空间增材制造技术、可重复使用空天飞机热防护材料技术、面向地外生存的人工光合成等多项前沿科技成果。

航班化航天运输系统，是实现全球快速运输、地面与轨道间运输的运载器总称，主要由1小时全球抵达运输、天地往返运输等运输系统组成。美国SpaceX公司、蓝色起源公司、ULA公司、波音公司以及德国、英国、意大利等国家都在开展相关研究，但现阶段还远远未达到航班化运输系统的要求，需要重点开展长航时、长寿命、高可靠、易维护设计，从而实现航班化航天运输系统从单次使用到多次使用、从定制化到批量化，从性能设计到寿命设计，从使用设计到维护设计的转变。

空间激光通信技术，是以激光器作为光源，并以小束散角发射，实现高速率、远距离信息传输的空间通信技术，具有通信容量大，功耗低，激光终端体积小、重量轻，保密性高的特点。美国、欧洲、日本等在该领域的研究起步早。该领域已经从技术验证向工程应用发展，模式向中继转发和星间组网方向发展。"欧洲数据中继系统"成为全球首个业务化运营的卫星激光通信系统。

空间量子通信技术，是使用量子态作为信息载体，利用量子力学原理和量子特性，通过量子信道传输，实现安全、无泄漏传输信息的一项前沿技术。美国、欧洲、俄罗斯、日本等均推出了相应的空间保密量子通信计划。美国在基本理论、通信协议和纠错研究方面突出，欧洲则以实验见长。2016年8月16日，我国"墨子号"量子科学实验卫星成功发射，这也是世界第一颗量子科学实验卫星，代表卫星量子通信领域的最高水平。

射线脉冲星导航技术，是利用脉冲星发出的X射线作为导航信号实现航天器自主导航的一种新概念导航技术，有望为未来近地轨道任务、深空至星际空间飞行提供持续、高精度的自主导航能力。

高轨高分辨率光学遥感技术，是通过增大光学口径或通过新的技术手段实现等效口径来实现高轨高分辨率观测能力的一种天基光学成像技术。静止轨道大口径光学成像技术是欧洲采用的主要技术途径，代表卫星项目为 10 m 分辨率的"GEO 轨道眼睛（GEO-oculus）"卫星和 3 m 分辨率的"静止轨道观测太空监视系统"；美国探索空间分块展开成像系统、衍射成像系统等新的技术途径，美国航空航天局研发的詹姆斯·韦伯望远镜是典型代表。

空间机械臂技术，是由感知系统（传感器）+ 控制系统（分析、规划）+ 执行机构组成，能在太空中执行任务的智能化执行系统。在空间机械臂基础技术领域，美国处于世界领先地位，其技术全面、先进。在应用领域，加拿大在大型机械臂和灵巧机械手研制方面处于世界领先地位，日本的大型机械臂研制水平接近加拿大，欧洲航天局着重于灵巧机械手的研制。

空间网络技术，是航天通信技术的重要发展方向，是实现卫星等各种近地轨道航天器、月球和火星等各种深空探测航天器、地球站、用户终端等各种类型节点组成天地一体化网络信息系统的信息传输环节技术。美、欧积极发展"延迟容忍网络"（DTN）、"空间信息栅格"（SIG）等创新体系结构。延迟容忍网络的各种应用还处于技术研究和实验阶段，空间信息栅格的研究还处于起步阶段，没有统一的体系结构和技术框架。

可重复使用液体火箭发动机设计技术，是重复使用航天运输系统的基础。近年来，美国 SpaceX 公司和蓝源公司分别实现了猎鹰 9 运载火箭和"新谢泼德"亚轨道飞行器垂直起降回收，验证了火箭动力重复使用技术，带动了世界各国对火箭动力垂直起降重复使用技术研究的热潮。我国液体火箭发动机的可重复使用设计技术目前仍处于起步阶段。

超燃冲压发动机技术，是高速迎面气流经进气道减速增压，直接进入燃烧室与燃料混合燃烧，产生高温燃气经尾喷管膨胀加速后排出产生推力的技术。自 20 世纪 60 年代开始，美国多家机构先后开展过多项超燃冲压发动机技术的相关研究，进行了相关技术积累。超燃冲压发动机主要应用于导弹、火箭、高超音速飞机等领域，产品尚处于实验测试阶段，还没有成熟的产品。

空间核动力技术，包括核热推进和核电推进两种类型。与传统的化学推进相比，核动力推进的推力大、比冲高，携带燃料少，可以满足上千吨量级载人深空探测任务。核电源是实现核动力的核心技术，美国核电源技术能力较为成熟，有 27 次任务采用核反应堆电源，10 次任务采用了同位素温差电源，且在核电源技术基础上正在开发 110 kN 的核热发动机。

空间太阳能电站，是指在太空将太阳能转化为电能，再通过无线能量传输方式传输到地面的电力系统。空间太阳能电站工程规模及技术难度大，将带动材料、微电子、电气、微波、激光、机器人等众多基础技术领域的创新发展。国际上已提出多个空间太阳能电站发展规划，设计了几十种概念方案，在高效太阳能发电、无线能量传输等关键技术方面开展了重点研究，但国际上尚未能建成一个完整的空间试验电站。

跨域飞行器的强适应控制技术，是跨域飞行器智慧"大脑"的核心，可有效提高飞行器控制系统的鲁棒性，保证跨域飞行器在复杂的飞行条件下具有稳定的飞行能力，支撑跨域飞行的多类型场景以及任务。当前跨域飞行器的研究处于适应能力提升向学习能力提升的阶段，通过"自适应控制＋人工智能技术"的融合为大脑持续赋能，实现飞行器应对复杂飞行任务、飞行环境、自身模型、外部干扰、非致命故障等各种不确定及扰动情况的不断自主学习与进化。基于人工智能的强适应控制技术将是破解跨域飞行控制各类困境，实现智慧大脑跨越式升级的必由之路。

空间智能探测与识别技术，是空间感知任务的一项关键研究内容，精确的目标探测与识别是完成各类目标协同交互、高效打击、态势感知等任务的重要前提。航天智能探测与识别正在由传统第二代人工智能向第三代类脑人工智能发展。欧美等国家和地区在类脑理论研究、硬件研制方面具有优势。

空间增材制造技术，其基本原理是把一个通过设计或扫描等方式做好的3D模型按照某一坐标轴切成无限多个剖面，然后一层一层打印出来并按原来的位置堆积到一起，形成一个实体的立体模型，也称为3D打印技术。增材制造技术有望实现太空原位制造，建造运载火箭难以运输的大型结构。美国太空制造公司已经在国际空间站内安装了太空3D打印机，并成功打印制造了测试件和功能结构件。

可重复使用空天飞机热防护材料技术，是空天飞机最重要的安全屏障。具备耐高温、密度低、强度高、可靠性高、可重复使用和维护方便等特征的先进热防护材料及结构，是空天飞机研制首要突破和掌握的关键技术。美国航天飞机应用了抗氧化碳/碳、隔热瓦、隔热毡等先进热防护材料，奠定了包括X-37B、Starship在内的美国几乎所有飞行器热防护材料的技术基础。欧洲IXV验证飞行器首次应用了陶瓷基复合材料"盖板式"热防护结构，为后续材料性能改进提供了方向。热防护材料技术的进步将有力地促进空天飞机的发展。

面向地外生存的人工光合成，是通过光电催化，原位、加速、可控地将二氧化碳转化成为氧气和含碳燃料的化学过程。地外人工光合成是我国科学家提出的新概念，可在温和条件下实现低能耗的水和二氧化碳的转换，在人工光合成材料的原位利用方面，还设计了基于月壤的地外人工光合成技术路线。以地外人工光合成为代表的地外原位资源利用技术的突破，将为后续载人航天和深空探索等任务提供新技术新途径。

第三章 最新研究进展

近五年，我国航天事业取得了一系列辉煌成就，航天科学技术整体水平大幅跃升，部分技术领域实现重大突破，为我国由航天大国迈向航天强国打下坚实基础。特别是航天学科迈入了创新发展的"快车道"，呈现出新的特点。

第一节　航天关键核心技术取得突破性进展

一、航天运载器技术

我国长征系列运载火箭加速向无毒、无污染、模块化、智慧化方向升级换代，运载能力持续增强。长征系列运载火箭近地轨道运载能力达到 25 t 级、地球同步转移轨道运载能力达到 14 t 级，入轨精度处于国际先进水平。长征十一号海上商业化应用，快舟一号甲、双曲线一号、谷神星一号、天龙二号等商业运载火箭成功发射，不断增强、丰富我国运载火箭多样化发射服务能力。多项可重复使用运载器飞行演示验证试验取得成功。

航天发射服务领域。2019—2023 年（截至 2023 年 6 月 30 日），我国共进行了 217 次发射，其中长征系列运载火箭 180 次、商业航天 37 次。近五年，长征系列运载火箭圆满完成了一系列国家重大工程发射任务，多型商业航天运载火箭首飞成功。同时，商业航天运载火箭正处于大发展时期，不断丰富我国运载火箭多样化发射服务能力。

在役运载火箭技术改进。基于长征二号丙运载火箭，完成了我国首个基于栅格舵的火箭一子级再入落点精确控制技术研究及工程应用，完成整流罩分离体再入控制技术攻关，突破和验证了减速伞超音速条件下的开伞技术；基于长征三号甲系列运载火箭，完成了运载能力提升和可靠性体系（简称"双提升"）专项技术研究工作，极大提高火箭任务适应性；完成长征五号运载火箭窄窗口、多轨道奔月方案研究及工程应用。

新一代液体运载火箭首飞。在成功完成长征六号、长征七号、长征五号火箭首飞后，又相继完成了长征七号改、长征五号 B、长征八号、长征六号甲火箭首飞，新一代运载火箭集体亮相。

上面级等空间运载器技术改进。在北斗三号重大工程需求牵引下，我国研制了支持直接入轨发射中高轨卫星的远征上面级。突破了多星异轨部署和多约束轨道设计、长时间在轨多信息融合高精度导航制导控制等多项具创新性的关键核心技术，开创了我国空间运输新领域。远征系列上面级采用通用性、系列化、产品化设计思路，起动次数从几次至几十次，在轨时间从几小时至数天，可与长征系列各构型运载火箭组合，可执行低 / 中 / 高轨道直接入轨、多星发射、轨道转移、共面 / 异面轨道部署等多种类型航天任务，累计发射近 20 余次，将 40 余个大型航天器精准送入 MEO、GEO、IGSO、SSO、再入轨道等多种空间轨道，大幅提升我国进入和利用空间的能力。

新一代载人运载火箭研制。我国新一代载人运载火箭分为长征十号和长征十号甲两个构型，分别执行载人登月和空间站运输任务。长征十号运载火箭采用三级半构型，总长约 90 m，捆绑 2 个与芯一级基本相同的助推器，起飞重量约 2200 t。在此基础上，取消火箭三子级及助推器，并进行适应性改进后，形成一子级可重复使用的长征十号甲火箭。过去五年，新一代载人火箭先期准备项目顺利通过了中国载人航天办公室组织的验收评审，火箭的三级发动机整机完成了多次长程点火试车，并完成了多发动机并联静动联合试验，火箭研制顺利从研制转入初样阶段。此后，先后完成了多项重要节点性试验，并在以八通蓄压器研制为代表的多项关键技术中取得实质性突破。

固体运载火箭研制。长征十一号和捷龙三号两型固体运载火箭2019年以来共完成12次发射任务，包括陆上发射7次、海上发射5次，均取得圆满成功，共计将48颗卫星送入轨道。长征十一号火箭全面验证了海上发射技术流程，构建了多方融合、资源共享的海上发射模式，进一步增强我国航天发射国际市场竞争力。捷龙三号运载火箭充分利用长征系列火箭成熟技术和产品，以纯商业模式和技术经济一体化手段，打造而成了一款"高性价比、高可靠、快履约、快发射"具有市场竞争力的主力商业运载火箭，为成为航天强国注入新活力。

重型运载火箭研制。重型运载火箭将使我国近地轨道运载能力、地月转移轨道运载能力得到跨越式发展。过去五年，我国重型运载火箭完成了总体方案优化，按照"一次设计、多个构型"的思路，形成了重型火箭的型谱。大推力液氧煤油发动机技术成功开展了试车试验，220 t级补燃循环氢氧发动机于2021年完成了半系统试验。同时，结构系统成功完成了直径达到10 m级的贮箱研制，使得我国成为世界上第三个具备10 m级超大直径贮箱研制能力的国家，标志着大直径箭体设计、制造及试验技术取得实质性突破。

重复使用运载器研制。过去五年，我国在水平回收的重复使用运载器和垂直回收的重复使用运载器的技术攻关与研制方面均取得了实质性突破。成功开展了"垂直起飞、水平降落"运载器飞行试验。2021年7月和2022年8月，我国某运载器项目成功完成首次飞行和重复飞行试验任务，考核了重复使用关键技术，验证了该类运载器方案和检测维护流程。

新概念运载器研制。我国在组合动力飞行器、核热推进等新概念运载器研制中持续攻关，取得了一系列进展，开展了多次飞行试验。其中，公开报道的包括2022年7月的空天组合动力"飞天一号"验证机的成功发射，其对火箭、亚燃、超燃等多飞行模态进行了综合验证。

商业运载火箭研制。我国商业航天正处在大发展时期，星际荣耀、星河动力、中科宇航、天兵科技、蓝箭航天等多家商业火箭公司已经完成了火箭的首飞发射。

二、卫星技术

通信、导航、遥感、科学试验卫星系统不断完善，航天器专业技术水平稳步提升，支撑和构建起多种功能、多种轨道的国家空间基础设施。

通信卫星领域，实现天地相"链"。2021年6月23日，习近平总书记与神舟十二号航天员乘组亲切通话，以天链二号01星为接入接点的中继卫星系统为这场跨越高空的天地通话提供了稳定流畅的中继服务保障。自卫星组网以来，天链卫星已经协同用户目标完成了多样化任务，在维护国家空间安全等方面发挥了重要作用。担起"安播"卫士。2022年4月15日，中星6D卫星成功发射，我国民商用通信卫星领域首次采用中继测控技术，增强了我国对卫星的自主测控能力。卫星发射后，成为广电安播工程业务的主力。卫星在覆盖我国国土的基础上，扩大"一带一路"区域国家的覆盖，用户只需要一部普通手机大小的天通卫星电话，就可以实现通信的互联互通。加速技术融合。2021年8月15日，互联网融合实验星成功发射，一箭三星和低轨融合业务，标志着中国卫星正式加入低轨竞争大平台。

导航卫星领域。我国北斗三号全球卫星导航系统于2020建成，由30颗组网卫星组成，实现全球组网，服务区域扩展到全球。北斗三号卫星导航系统面向全球提供定位导航授时、全球短报文通信和国际搜救3种服务；面向亚太地区提供星基增强、地基增强、精密单点定位和区域短报文通信4种服务，处于世界先进水平，为北斗卫星导航系统开辟了新天地。北斗三卫星可用性均值优于0.99、连续性均值优于0.999。定位导航授时服务，经全球连续监测评估系统实测，全球范围水平定位精度约1.52 m，垂直定位精度约2.64 m（B1C信号单频、95%置信度）；测速精度优于0.1 m/s，授时精度优于20 ns，亚太区域精度更优。

遥感卫星领域。随着高分辨率对地观测系统重大专项空间段建设圆满完成，国家空间基础设施建设进入高质量发展新阶段，我国遥感卫星发展日新月异，在轨遥感卫星数量、种类和性能都居于世界前列，遥感卫星定量化、业务化、产业化发展的态势已经形成，多种新型遥感卫星成功发射并在轨应用，多个业务卫星星座已经建成，对国民经济和社会发展的支撑能力显著增强。陆地观测卫星方面，卫星在探测精度、观测时效、探测手段等方面有了显著提升。海洋观测卫星方面，组成我国首个海洋业务卫星星座，标志着我国海洋观测卫星组网业务化运行能力基本形成，为我国海洋资源开发利用、海洋环境保护、海洋防灾减灾、海上交通运输等提供数据服务。值得一提的是，高分三号卫星共同组成我国海陆监视监测星座，实现了高分辨率合成孔径雷达（SAR）图像在国民经济发展各行业的业务化应用，平均重访时间缩短至4.8小时，满足海洋防灾减灾、海洋动力环境监测、海洋科学研究等领域应用需求。大气观测卫星方面，我国成为全球唯一同时运行晨昏、上午、下午和倾斜四条近地轨道民用气象卫星的国家。商业遥感卫星方面，商业遥感蓬勃发展，具备国内领先的光SAR一体服务能力，在自然资源、农业农村、水利、应急、生态环境等领域具有较高应用价值。

空间科学与技术试验卫星领域。在空间科学进展方面，我国发射了有关高能宇宙射线、X射线、伽马射线探测方面的卫星，精确探测了迄今最亮的伽马射线暴，在多信使、多波段天文领域特别是引力波伽马暴及其电磁对应体探测研究领域填补国内空白。在太阳物理方面，我国发射了专门针对太阳空间观测的卫星，主要针对太阳Hα波段、太阳磁场、耀斑和日冕物质抛射等开展科学研究，其中，中国太阳Hα光谱探测与双超平台科学技术试验卫星首次实现了双超平台在轨应用，实现了无线能源传输等原创性技术验证。载荷的光谱分辨率达到国际先进水平，高质量观测数据填补太阳爆发源区的信息空白，并通过数据共享和联合研究，显著提高我国在太阳物理领域的国际影响力。在地球科学和新技术方面，利用实践系列和新技术试验等卫星，开展了一系列的空间环境监测，微重力试验，空间电子、质子、重粒子辐射计量，空间碎片清除等任务。在卫星平台技术进展方面，采用了模块化、轻量化设计，实现了安全、可靠和低成本。怀柔一号采用多级隔热及主动加热的保障措施，实现了载荷的低温高精度控温技术，提高了载荷的分辨率和成像质量。在载荷指向精度方面，利用卫星平台＋太阳导行镜方式，即太阳中心偏离探测器测量坐标系的偏差角，实现卫星指向太阳中心的高精度高稳定度控制。天琴一号技术试验卫星采用高精度惯性传感技术、无拖曳控制技术、微牛级可变推进技术、高精度激光干涉测量技术等，达到国际先进水平。

三、小卫星技术与应用

近十年来，随着小卫星平台与载荷功能和性能的不断提高，在"互联网＋航天"跨界融合、商业资本涌入的促动下，商业小卫星蓬勃发展，特别是低轨巨型星座在天基全球通信、遥感等一系列领域的应用，航天迎来一个前所未有的新的发展与变革时期。

遥感星座体系服务能力逐步提升。《国家民用空间基础设施卫星中长期发展规划（2015—2025年）》中重点发展陆地观测、海洋观测、大气观测三个系列，构建由七个星座及三类专题卫星组成的遥感卫星系统，逐步形成高、中、低空间分辨率合理配置、多种观测技术优化组合的综合高效全球观测和数据获取能力。我国国家遥感卫星进入蓬勃发展阶段，各类探测手段、各种应用背景融合。高景一号（SuperView）是中国首个0.5 m级高分辨率遥感卫星星座，增强了中国商业遥感数据服务能力；珠海一号规划研制发射34颗光学星组成星座，能对植被、水体和海洋等地物进行精准定量分析；吉林一号星座计划2030年完成138颗吉林一号卫星组网，实现全球任意地点10分钟重访目标，为林业、草原、航运、海洋、资源、环境等行业用户提供遥感数据和产品级服务；高性能合成孔径雷达（SAR）小卫星星座开始部署，2019年捕风一号A、B卫星的成功发射，实现我国卫星导航信号探测海面风场零的突破，填补我国台风眼观测空白；"天仙星座"计划星座由96颗轻小型、高性能合成孔径雷达（SAR）雷达卫星构成，部署在多个轨道面，能够实现高分辨率、宽覆盖、持续监测、快速遥感信息处理能力，将为国家应急救灾体系打造一支天基商业力量。

通信小卫星发挥大作用。随着低轨移动通信技术创新突破，支撑了星座通信系统发展。"灵巧通信"卫星在轨验证了基于通信小卫星一体化设计、智能天线等技术的低轨移动通信。中继通信技术是深空探测的关键一环，极大提高卫星使用效益，为深空探测提供通信保障。嫦娥四号中继星"鹊桥号"运行在环绕地月 L2 平动点轨道，实现月球背面的着陆器和巡视器与地面站之间前向/返向的实时和延时中继通信，支撑了我国月球背面探月任务实现。低轨移动通信星座逐步建立，鸿雁星座由数百颗低轨卫星和全球数据业务处理中心组成，系统具有全天候、全时段在复杂地形条件下的全球实时通信能力，已完成首星入轨。卫星互联网列为"新基建"范畴，小卫星围绕商用低轨物联网星座、低轨窄带通信卫星星座等将迎来新发展机遇。

小卫星将增强高精度导航定位服务。国内多家企业成功发射低轨卫星，旨在增强北斗卫星导航系统的性能，实现高精度位置服务，但大多还处于试验星或规划论证阶段。"鸿雁""虹云""天地一体化信息网络"等通信星座均考虑了低轨卫星增强的需求，微厘空间、箭旅镜像主打低轨高精度增强；同时"鸿雁星座试验星""珞珈一号""珞珈二号""微厘空间"及"网通一号"等低轨试验卫星的在轨技术试验，为低轨卫星导航信号增强技术、精度增强等技术积累了试验数据。

四、载人航天器技术

中国空间站系统全面建成，全面突破了空间站设计、建造和运行的一系列关键专业技术，确保了我国载人航天事业实现从搭载一人到多人升空、从舱内作业到太空行走、从短期遨游到中期驻留再到长期"出差"的历史性跨越。

空间机械臂技术。面向在轨维修和人机协同的任务需求，突破了面向在轨复杂任务的空间机械臂关键技术，通过天宫空间站大机械臂、小机械臂产品攻关和两套机械臂组合使用模式创新，实现了机械臂三舱爬行全覆盖、操作区域全覆盖以及操作对象全覆盖，机械臂控制精度达到国际领先水平。

推进剂补加技术。经过天宫二号空间实验室的先期验证，推进剂补加在空间站时代实现了长足进步。空间站推进剂补加具备根据需要分次分贮箱安全接受货运飞船进行氧化剂和燃料在轨补加的功能，具备接受货运飞船从前向对接口、后向对接口向核心舱补加推进剂的能力，开创了对来访飞行器提供跨舱补加服务的新模式。

再生生保技术。研制了电解制氧系统、CO_2 去除系统、微量有害气体去除系统、尿液处理系统、水处理系统。通过在轨验证，各系统在轨连续运行正常，载人环境控制结果满足指标要求。满足了航天员在大气环境、饮水供应、卫生活动支持等方面的医学和生活要求。

出舱活动技术。空间站在轨期间需要进行空间站平台的大型结构组装装配、舱外载荷科学试验设备更换、舱外设备巡检和更换等舱外活动。设计了气闸舱、舱外服、舱外活动支持方式与设施和舱外活动舱载支持系统，保障出舱任务与天地协同程序相匹配。

在轨维修技术。通过在轨维修可以有效提高系统安全性，降低运行成本。神舟十二号至神舟十六号乘组期间相继进行了舱外相机抬升、扩展泵组安装、舱外电缆安装等操作，有效验证了在轨维修技术。

货物装载技术。针对空间站长期在轨飞行期间所需的航天员食品、水、空间站部件、备件、维护维修工具、推进剂、气体及科学载荷等各类货物上行需求，货运飞船基于平台化技术进行了适应性设计，平台提供标准机、电、热接口，研制了货物标准装载设备，适应空间站不同运输任务、不同运营阶段货物运送需求。

大型舱段空间转位技术。空间站实验舱转位通过转位机构（主份）或核心舱机械臂（备份）完成，是空间站建造任务的最关键环节。首次提出了基于重力梯度被动稳定的舱段转位方案，解决了大吨位舱段转位过程姿态稳定性及与测控、能源等多学科状态匹配的难题。

柔性太阳翼和驱动机构技术。天和核心舱、问天实验舱和梦天实验舱都采用大尺寸柔性太阳翼技术。通过柔性电池片和铰接式伸展机构在轨展开形成大尺寸平面太阳电池阵列，有效提高了空间站组合体的发电能力。

大型组合体控制技术。空间站在轨飞行期间构型和飞行模式多样，突破了大型变结构柔性组合体控制技术，实现了53种构型的多体柔性变构型空间站的高精度控制；采用轨道系力矩平衡姿态长期飞行，利用重力梯度力矩实现CMG角动量管理，有效减少了发动机使用寿命和推进剂消耗。

超快速交会对接技术。货运飞船采用全相位、全自主、全方位的多模式交会对接方案，突破了0°~360°任意相位差交会、自主完成快速交会对接、不同对接口的自由转换等技术难题，实现了交会对接飞行任务快速规划和灵活实施，具备了船箭分离后2小时全自主交会对接的能力。

载人天地往返快速返回技术。通过对飞行事件合理剪裁和调整，将返回时长从11圈缩短至5圈，进一步提高了返回任务执行效率。神舟十三号载人飞船首次实施了5圈快速返回，提高了返回过程的舒适度。

元器件技术。实现了空间站平台关键元器件的100%自主可控以及40余项新品元器件的首飞应用。宇航级大门阵列系列化FGPA（现场可编程门阵列）、100 V DC/DC变换器等关键元器件不仅满足了空间站迫切需求，还广泛应用于北斗卫星及国内其他航天器领域，填补了国内产品空白，带动了我国宇航用核心器件产业链发展。

五、深空探测器技术

探月"绕落回"、探火"绕着巡"，突破了一系列深空探测专业技术，使我国在月球探测、火星探测强者并存的赛道上行稳致远，不断创造我国深空探测的新高度。

嫦娥五号月球探测任务圆满实施。探测器于2020年11月24日在文昌发射场由长征五号运载火箭成功发射入轨。经两次地月中途修正飞行进入环月轨道；2020年12月1日着陆上升组合体实施月面软着陆；2020年12月3日完成月面采样及起飞准备后，上升器顺利完成月面起飞；2020年12月6日完成月球轨道交会对接和样品转移；2020年12月17日返回器携带月球样品在预定区域安全着陆。此次任务共采集月球样品1.731 kg，任务取得圆满成功。嫦娥五号探测器的研制使我国突破并掌握了月球探测轨道设计、月球采样封装、月面起飞上升等一系列深空探测关键技术。

"天问一号"火星探测任务圆满实施。探测器于2020年7月23日在文昌发射场由长征五号运载火箭成功发射入轨。2021年5月15日，探测器着陆于火星乌托邦平原南部预选区域，在火星上首次留下中国人的印迹。2021年5月22日，祝融号火星车缓缓驶下着陆平台，并向前行驶0.522 m，成功实现了"绕着巡"的任务目标，中国成为世界上第二个成功着陆火星并开展巡视探测的国家，通过一次飞行任务即实现火星环绕探测和巡视探测的目标，使我国深空探测能力和水平进入世界航天第一梯队。突破了火星制动捕获、行星际测控通信等一系列关键技术；通过环绕与巡视探测，实现对火星表面形貌、火星土壤特性、物质成分、水冰、大气、电离层、磁场等科学探测。

后续深空探测任务蓄势待发。2023年，月球背面采样返回任务嫦娥六号月球探测器正在开展正样组装测试及试验，即将奔赴发射阵地，月球南极环境与资源勘查任务"嫦娥七号"正在开展初样全面测试及试验。月球科研站基本型"嫦娥八号"、火星表面采样返回任务"天问三号"、木星探测任务"天问四号"正在开展关键技术攻关和实施方案深化论证。

第二节 航天专业基础技术实现整体跃升

近五年来，航天学科的部分专业基础技术领域，如航天制导导航控制、航天遥测遥控、空间遥感、航天推进、空间能源、航天材料、空间生物与医学、空间智能探测、航天器回收着陆等专业均取得突出进展，丰富了航天学科内容，航天专业基础技术实现整体跃升，为加速我国航天强国建设奠定了坚实的专业技术基础。

一、航天推进技术

液体发动机。在液体火箭发动机方面，主要包括运载火箭基础级、上面级主动力发动机、轨姿控发动机等类别，根据推进剂又可分类为现役运载火箭常温推进剂发动机、新一代、重型火箭使用的液氧煤油、液氧液氢、液氧甲烷发动机。新一代运载火箭使用的主动力发动机包括：①采用高压补燃循环的 1200 kN 液氧煤油发动机；②采用富氧补燃循环的 180 kN 液氧煤油发动机；③采用燃气发生器循环的 500 kN 液氧液氢发动机；④采用闭式膨胀循环的 90 kN 液氧液氢发动机。通过四型主动力的组合运用，确立了我国第三代运载火箭型谱，相比第二代，发动机提升了发射效能，且推进剂无毒环保。实现了我国航天液体火箭发动机代的跨越，完成了从有毒到无毒、小推力到大推力、开式到闭式循环的技术进步。我国运载火箭主发动机存在常规发动机与新一代发动机并存的现状，后续将逐步更新换代。我国上面级发动机技术在载人航天、月球探测等工程型号牵引下得到快速发展，已形成从 1 N 到 600 N 单组元发动机和 2 N 到 7500 N 双组元发动机共 70 多个推力品种。商业航天液体动力方面，2023 年 4 月，85 t 级开式循环液氧煤油发动机与 30 t 富氧补燃液氧煤油发动机助推天龙二号火箭首飞成功，成为我国首枚入轨的民营液体火箭。2023 年 7 月，采用 80 t 级液氧甲烷发动机的朱雀二号发射成功，天鹊 –12 成为全球首款成功入轨的液氧甲烷发动机。

吸气式发动机。近五年，我国超燃冲压发动机进入了工程研制阶段。不同尺度规模的碳氢燃料超燃冲压发动机先后完成了演示飞行，同时探索了更改马赫数的超燃冲压发动机技术。国内已经完成小尺度 RBCC 发动机演示飞行验证；掌握了多项 ATR 发动机关键技术，包括 ATR 发动机系统优化设计技术、高效气 – 气混合燃烧及热防护技术等。在预冷发动机研究方面。多家机构开展了大尺度深度预冷器、微通道高低温换热器的设计和制造、紧凑快速强换热、超临界氦叶轮机设计、闭式布雷顿氦循环、氢 / 空气高效燃烧等技术研究，支撑我国未来可重复使用航天运输系统建设。

固体发动机。2018 年以来，在"大型化、系列化"发展的指导思想下，依托"整体式"和"分段式"两条技术路线，围绕固体运载火箭和捆绑式固体助推器对大推力固体发动机的需求，全面开展固体运载动力技术研发，优化了固体动力供给端有序的型谱化发展路线，将深空探测的重型运载火箭以及可重复使用运载技术作为未来发展主要方向。在整体式固体发动机方面，SP70 发动机规模为世界前三（仅次于欧洲航天局的 P120C、P80）。SP150 综合性能达到国际同类发动机领先水平。在分段式固体发动机方面，按照"直径由小到大，分段数由少到多"的攻关思路，逐步考核关键技术。SPB90 发动机为我国固体助推发动机技术迈入世界先进梯队奠定了基础。在固体辅助动力技术领域，形成了 CZ-2F 运载火箭逃逸系统动力产品，并规划了新一代载人飞船逃逸系统动力型谱。

特种及新型发动机。在电推进领域，我国霍尔电推进系统实现小批量飞行应用，并形成了 100 W ~ 100 kW 的霍尔电推进型谱产品。中国空间站选择 80 mN 霍尔推力器作为轨道抬升的备份系统，开创了我国电推进技术应用于载人航天工程的历史。2020 年，我国首台 20 kW 牛顿量级霍尔推力器完成研制并通过各项点火测试，推力器采用了国际最新的第三代磁屏蔽长寿命技术，主要性能指标达到国际领先水平，标志着我国霍尔电推进成功迈入牛级推力时代。在离子电推进技术方面，2019 年国内首次实现了微牛级射频离子推进技术的在轨验证。2020 年，中高功率离子电推进系统成功应用于亚太 6D 卫星，执行南北位保任务，开启了中高功率离子电推进系统的商业应用之旅；在特种工质电推进技术领域，2022 年固态碘工质电推进系统搭载用户卫星成功入轨，实现国内首台碘工质电推系统实现在轨应用。在核推进领域，完成了百千瓦级空间核电源超高温核反应堆方案设计及水力试验、百吨级空间核热推进系统的方案设计，提出了 10 t 级核热推进系统概念方案。开展了空间核动力用高效热电转换关键组件研制及系统设计研究。

二、空间能源技术

发电单元。在太阳电池及太阳电池阵技术方面，我国在空间太阳电池的高效率、抗辐照、轻量化、柔性化方面均实现技术突破。五结太阳电池效率已达到 35.4%（AM0，25℃）；1MeV、1E15 电子辐照剂量下，电池效率的辐照衰降由 15% 降低至 10%；薄膜太阳电池面密度由传统刚性电池的 1.1 kg/m² 降低到 0.2 kg/m² 以下，电池厚度由刚性电池 175 μm 降低至 40 μm，比功率达 2 kW/kg 以上，电池具有超高柔韧性，弯曲直径可达 30 mm。太阳电池阵类型包含刚性太阳电池阵、半刚性太阳电池阵、柔性太阳电池阵和全柔性太阳电池阵等。刚性太阳电池阵技术成熟、可靠，在卫星和航天器应用最为广泛。半刚性太阳电池阵，国内最早应用于天舟货运飞船，实践 –20 大功率通信卫星也采用了此种太阳电池阵。柔性太阳电池阵方面，中国空间站天和核心舱、问天实验舱、梦天实验舱采用了手风琴式柔性太阳电池阵，实现了我国大型柔性太阳电池阵的首次成功应用。全柔性太阳电池阵已在创新十六号卫星上应用，最小可卷绕半径约 5 cm，质量比功率达到 230 W/kg，体积比功率达到 26 kW/m³，指标达到国际先进水平。在核电技术方面，同位素温差电池（RTG）首次应用于空间型号——"嫦娥四号"月球着陆器，2021 年，国内成功研制出首台百瓦级 RTG 样机。国内研制的高效自由活塞斯特林热电转换试验装置，安装于空间站梦天实验舱航天基础试验机柜内，2023 年实现国内斯特林技术的首次空间搭载验证。此外，国内多家单位也正在积极开展空间核反应堆电源技术研究，主要集中在静态高温温差发电和斯特林两大技术方向。在燃料电池技术方面，国内开展了 6 kW 模块化燃料电池原理样机研制，针对空间微重力水管理、密闭空间零排放问题，国内开发出基于主动介质管理静态排水氢氧燃料电池模块化系统样机，首次实现密闭环境下尾气零排放运行。

储能单元。在锂离子蓄电池技术方面，锂离子蓄电池已经成为空间储能电源领域的主流产品，2019 年，国内 190 Wh/kg 高轨长寿命锂离子蓄电池实现了在轨应用，超越了国际同类产品水平。2022 年，新一代长寿命锂离子蓄电池比能量提升至 230 Wh/kg，继续保持领跑态势。国内 LEO、MEO、GEO、深空探测卫星储能电源全面采用了锂离子蓄电池作为储能电源。空间站问天、梦天实验舱均采用了国内研制的锂离子蓄电池组。在固态电池技术方面，固态电池具有高比能量和高的安全性的优势，国内研制的半固态电池比能量已达到 350 Wh/kg，金属锂二次固态电池的比能量达到 500 Wh/kg。2022 年，在空间站梦天实验舱首次搭载试验。在锂氟化碳电池技术方面，国内研制出兼具高比能量和高功率特点的锂氟化碳电池，已用于天问一号火星探测器进入舱，实现了锂氟化碳电池在我国深空探测器上的首次应用；研制的 18650 小容量锂氟化碳电池已用于火星探测器的相机载荷中。

能源控制单元。在电源控制器技术方面，北斗三号卫星电源控制器采用了高性能 100 V、42 V 全调节母线电源控制器；在低轨遥感科学领域与深空探测领域，基于硬件实现的 MPPT 型电源控制器在低轨长寿命卫星中实现了首飞应用。针对低轨星座卫星，国内开发了多型低成本、批量化的电源控制器，广泛采用了 30 V S3R 不调节母线架构。针对未来深空探测超大功率需求，探索了 400 V / 100 kW 级全调节母线电源控制器相关技术，样机已完成所有的鉴定级试验。在蓄电池均衡管理技术方面，主从式可重构分布式锂电管理系统已应用于遥感系列卫星，可完成 24 串大容量锂离子蓄电池的管理。国内两款均衡管理器产品分别适应 28 V、42 V 母线的均衡管理单元。

元器件、原材料相关。同位素温差电池中温差电材料的热电性能对核电源效率影响显著。国内已实现了方钴矿材料的全流程自主研发，热电性能接近国际先进水平。基础的元器件、原材料对推动能源控制单元的性能提升至关重要。开关器件 MOS 管、功率二极管已经全面实现国产化，国内新一代产品性能指标与国外 IR 公司的第六代产品相当；C372 系列薄膜电容产品实现了与 Euroford 公司 PM984 系列电容的全面对标。

三、航天制导、导航与控制技术

高精度自适应返回 GNC 技术。开展了月地返回跳跃式再入制导导航与控制、高速安全返回制导导航与控制等技术研究，突破了自适应预测校正技术，实现了新飞船试验船全程自主制导导航控制，已在嫦娥五号、空间站阶段神舟载人飞船、新飞船试验船中得到成功应用，实现了首次带月壤第二宇宙速度返回地球，开伞点精度 1.7 km，嫦娥五号月地返回落点精度处于国际领先水平；新飞船试验船开伞点精度 1.494 km，空间站阶段神舟十二至十四载人飞船开伞点精度也都在约 1.7 km 以内，为我国后续新一代载人飞船的发展奠定了技术基础；2023 年 5 月 8 日，我国可重复使用试验航天器在轨运行 276 天后，成功返回预定着陆场，这是我国航天器自适应返回 GNC 技术的又一重大成功应用。

大尺度柔性航天器动力学行为辨识与分布式控制技术。开展了大尺度柔性航天器开展分布式测量与控制研究，突破了大尺度柔性结构形状测量与参数辨识、大尺度柔性航天器高精度全局指向分布式控制、分布式形状控制等关键技术；研制了基于重力梯度力矩的力矩平衡姿态控制方法，实现了 100 t 级大质量惯量组合体控制；设计载荷运动与基座控制的协调控制方法，实现在轨组合体组装控制。分布式振动控制方法支撑我国空间站建造工程，在空间站进行舱段转位时，大尺度柔性航天器分布式姿态轨道与挠性振动协调控制技术使转位过程中振动幅值减少80%以上。

自主交会对接精确控制方法。国内方面，开展了全相位自主快速交会、人控遥操作交会对接、复杂航天器交会对接高精度鲁棒控制、交会对接姿轨控推力器指令分配及配置等技术研究，相关技术已应用在载人二期货运飞船、载人飞船、新一代载人飞船、嫦娥五号等在轨型号，部分技术指标达到国际领先水平；月球轨道无人自主交会对接技术为我国首次月球采样返回任务的成功实施提供了重要支撑；2022年，提出了高精度鲁棒远距离导引制导方法和近距离段停泊点优化方法，天舟五号货运飞船实现了2小时快速交会对接世界新纪录。

深空软着陆与表面起飞上升智能自主GNC技术。航天科研机构开展了地外天体精确定点软着陆导航制导与控制、月面自主起飞上升等关键技术研究，月面精确软着陆与月面自主起飞上升GNC技术已成功应用于嫦娥四号月球着陆器和嫦娥五号飞行器，实现了国际首次月球背面软着陆与首次月面自主起飞，为嫦娥四号和嫦娥五号任务的圆满成功提供了支撑。

航天器超精超稳超敏捷复合控制技术。为满足先进航天器超高指向精度和超高姿态稳定度的需求，国内研究了一种"振源与载荷动静空间隔离、控制主从协同"的卫星平台设计方法，于2022年8月在"羲和号"太阳探测科学技术试验卫星中得到在轨成功验证；国内提出了航天器超精超稳超敏捷（简称"三超"）控制架构和"集中消除、多级协同"的航天器控制新理念，使航天器"快、稳、准"性能指标提高了10～100倍。"三超"控制技术已经应用于天文观测、对地详察等领域最高水平的光学舱等多个重点型号，控制指标优于国外最先进航天器的控制指标。

强鲁棒高可靠航天器控制技术。提出了基于零空间自适应规划的姿态与动量自主协同控制方法、多层级容错的强鲁棒控制方法，实现了面向多重故障稳定控制的系统设计架构、模型自校正前馈与反馈复合控制律。研究成果已成功应用于海洋二号、风云四号等型号任务，风云四号卫星采用姿态与动量自主协同控制方法、多层级的强鲁棒控制方法实现的姿态控制性能国际领先，为我国首颗第二代静止轨道定量遥感气象卫星全天时稳定高水平运行提供基础条件。

航天器控制系统的自主诊断重构方法。创建了一种航天器控制系统可诊断性与可重构性理论和方法，发明了一种航天器控制系统可诊断性评价技术与设计方法、一种航天器控制系统可重构性评价技术与设计方法、一种基于可诊断性与可重构性理论方法的天地结合故障诊断与重构技术，相关技术成功应用于导航试验卫星任务。

多航天器/星座编队控制。提出了周期平均漂移速度的估计算法，实现了对漂移速度的准确估计；提出了基于相对轨道根数的控制方法，实现了对不同编队构型的保持，可将编队飞行的半长轴控制在几米的范围内，故而几圈甚至十几圈才需要进行一次保持控制喷气，很好地满足了长期编队构型保持的应用需求。

在轨服务 GNC 技术。在翻滚目标运动特性探测识别、主被动探测成像测量、协同抓捕控制、网捕拖曳控制等在轨服务 GNC 技术领域取得突破。2021 年 10 月 24 日，我国实践二十一号卫星发射入轨，用于空间碎片减缓技术试验验证，这是我国航天器在轨服务 GNC 技术的重大成功应用。

航天器自主任务规划。在规划建模语言与建模方法、多约束自主任务规划建模、规划模型轻量化快速优化求解、自适应规划修复等关键技术方面取得突破。2021 年 6 月 11 日，北京三号遥感卫星成功发射入轨，其成功应用了自主任务规划技术，在轨首次实现了点、线、区域、单视、立体、凝视等多类复杂观测模式的自主规划，生成符合卫星资源状态的成像任务序列以及姿态机动序列，兼顾规划时间与优化效果。

支撑的关键元器件。在空间智能应用的高性能计算技术、高精度 GNC 平台应用的光电敏感器、惯性敏感器、执行机构等方面，国内支撑的关键元器件均取得了长足进步。

四、航天探测与导引技术

协同探测技术。协同探测指空间上分布的多传感器共同负责探测任务，并对探测场景中各传感器接收的所有数据进行联合处理。在现有航天领域应用场景下，探测系统面临的目标和电磁环境日趋复杂，对传感器测量精度提出了更高要求，仅靠单个传感器对目标进行探测难以在短时间对目标进行识别，因此需要采用多传感器进行协同探测，提高目标识别率和探测精度。我国于 2018 年 5 月发射的"鹊桥"中继星，是世界首颗地球轨道外专用中继通信卫星，作为地月通信和数据中转站，可以实时地把在月面背面着陆的嫦娥四号探测器发出的科学数据第一时间传回地球。2022 年 4 月，国内企业完成了国产无人预警机首飞，配合空警 –500 实现了协同探测与作战，有力增强我国探测隐身空中目标的能力。

探通一体化技术。探通一体化技术是将传感器和通信技术相结合，实现无线传输传感器网络和通信网络的集成。国内"行云工程"计划建设中国首个低轨窄带通信卫星星座，2020 年 5 月 12 日首批两颗卫星"行云二号"01 星与 02 星完成发射；2021 年，第二阶段首批 6 颗卫星的研制完成，计划实现小规模组网与探通一体化建设；未来第三阶段建成后，行云工程将完成由百余颗低轨通信卫星组成的天基物联网星座，实现全球范围内的万物互联。2021 年 9 月，国内企业发布了天通一号卫星应用系统，利用 3 星协作组网方案，完成了天地通信一体化建设。

传感器集成技术。传感器芯片化技术将传感器的功能、信号处理、控制等电路集成在一个芯片上，实现了传感器的高度集成化和微型化；模组化技术将多种不同类型传感器集成在一起，从而实现更高的集成度和更便于应用的传感器组合。我国重点针对开展微机电系统、3D封装技术与低功耗技术研究，更多关注芯片的功耗管理与数据处理能力，实现最优的功耗和性能平衡。国内在传感器芯片化高集成化方面主要采用了微机电系统、3D封装两种技术。2018年6月，华为发布海思麒麟970芯片，采用软硬件协同设计、智能化功耗管理等先进技术，最大限度发挥芯片的性能和能力同时实现最优的功耗和性能的平衡。

边缘计算与先进计算技术。边缘计算在靠近数据源头的一侧，采用网络、计算、存储、应用核心能力为一体的开放平台，就近提供最近端服务。其应用程序在边缘侧发起，产生更快的网络服务响应，满足行业在实时业务、应用智能、安全与隐私保护等方面的基本需求。2020年，北斗卫星系统与车联网结合应用，通过边缘计算技术实现了车辆定位、导航、监控等功能；2020年，领存技术有限公司开发智能边缘计算平台参加第六届北京军博会；2021年，华为云边缘计算技术在太空得到成功验证；2023年1月，我国"创新X"系列首发星——空间新技术试验卫星第二批科学与技术成果发布，由中国科学院等单位联合研制的异构多核智能处理单元取得了首批成果。

五、航天智能探测与识别技术

神经形态器件技术。人脑中神经元具有接受、整合和传递信息的功能，是构成神经系统结构和功能的基本单位，神经元之间由突触进行连接，神经元和连接突触构成了信息传递的基本通道与回路，被认为是神经系统的学习和适应等过程的关键环节。因此，一般将实现了模拟生物神经元与突触的行为的电子器件称为神经形态器件，可分为突触模拟器件和神经元模拟器件。近五年来，国内外围绕模拟器件在结构模型、突触功能层、随机神经元电路等方面开展了研究。

神经形态成像传感器技术。又称为动态视觉传感器（DVS）或者事件相机（event camera），是一种生物启发的视觉传感器。不同于传统光学相机，事件相机不是以恒定的帧率输出图像，而是仅输出局部像素亮度变化。对于每个像素而言，当亮度变化达到用户定义的阈值时，该像素将输出一个异步事件。因其特殊的光电成像机理，事件相机具有低延迟、高时间分辨、高动态范围、低带宽、低功耗的显著优势，在航天探测领域具有卓越的应用潜能。相关企业在商业事件相机上也研制出了诸多新产品，同时也开始采用新型先进制造工艺实现更优性能的探测芯片生产制造，进一步提升了事件相机的空间分辨率、动态范围、功耗、像素尺寸等关键指标。近五年来，为进一步提升事件相机探测性能，国内外学术界提出了一些新型事件相机，国内香港理工大学于2019年提出了两端结构的Pd/MoOx/ITO ORRAM感知紫外光器件等。

类脑计算芯片技术。泛指受脑启发、通过大规模并行计算平台，为通用智能问题提供高效率解决方案的一种新型信息处理架构。与深度学习专用处理器仍基于冯·诺依曼处理器架构不同，神经形态工程致力于构建更加类脑的硬件计算架构。该领域的发展，是由于许多学者意识到冯·诺依曼计算与存储分离的架构瓶颈愈加显著，加之依靠摩尔定律物理微缩提高密度从而提高计算性能的驱动方式越来越困难，因此提出类脑计算芯片概念，打破"内存墙"界限，提升计算效率。近五年来的研究成果主要有清华大学于2022年发布的天机芯X，可以以节能的方式同时运行跨计算范式的多种AI算法，支持计算资源的自适应分配和每项任务的执行时间调度，并处理多种机器人协调方式，其功耗与延迟远低于英伟达的典型边缘计算平台；浙江大学于2020年与之江实验室联合研发的国内首台类脑电脑Darwin Mouse，含有浙江大学研发的792个达尔文Ⅱ代类脑芯片，支持1.2亿个脉冲神经元和近1000亿个突触，相当于老鼠大脑神经元的数量，其典型的运行功耗只有350~500 W等。

脉冲神经网络技术。与传统人工智能采用深度神经网络不同，类脑计算采用脉冲神经网络，以异步、事件驱动的方式进行工作，更易于在硬件上实现分布式计算与信息存储，能实时处理多感官跨模态等非精确、非结构化数据。五年来，国内外研究成果主要有脉冲时序依赖可塑性（STDP）、短时突触可塑性（STP）、代理梯度等。

六、航天遥测遥控技术

测控技术的理论与标准规范。2021年11月，发布了CCSDS 811.1-O-1橘皮书，这是自CCSDS成立以来第一个由中国主导编制的决议书，提出了空间和星内一体化网络协议体系结构。

测量与控制技术。在产品的一体化方面，我国的航天遥测技术和设备得到了快速发展，遥测码率从2 Mbit/s加快到10 Mbit/s，并采用MSD + TPC技术大幅度提升遥测解调性能，遥测频段从主用的S频段向Ka频段发展，新的遥测体制例如CPM、FQPSK等高效率遥测体制得到研究并应用。已建成C频段测控网以及S频段测控系统网络。测控设备已经由传统单测控设备向测运控/数传一体化综合设备发展。

跟踪与数据中继技术。自天链一号01星成功发射以来，我国的中继卫星系统得到快速发展和应用，天链一号05星于2021年7月成功进入预定轨道，至此，中国第一代数据中继系列卫星圆满收官，成为世界上第二个具有全球覆盖能力的中继卫星系统。

激光测控通信技术。激光通信链路具有通信容量高、方向性强、保密性好、组网灵活以及终端体积小、重量轻、功耗低等特点，在未来航天测控领域具有巨大的应用前景。我国北斗三号星间链路激光终端于2018年11月19日成功发射入轨。2019年2月至2019年5月，星载激光终端开始进行在轨标校和测试验证，这是我国首批开展的星间激光通信在轨测试验证，目的是在轨验证激光星间链路总体体制、激光终端总体设计、星间激光捕获与通信等关键技术。

七、空间遥感技术

光学成像技术。 在高轨高分辨率卫星遥感技术方面,针对高轨高分辨率卫星 35786 km 轨道高精度定位与成像、超大型相机畸变和不稳定等难题,发展出一体化高精度目标定位、星上全频段微振动抑制与隔离技术,保障了高分四号等高轨敏捷机动成像,使中国对地观测具备了较高空间分辨率和极高时间分辨率,可对目标区域高帧频重复凝视,获取目标动态变化。在计算成像技术方面,突破了传统成像技术的难题,使得超衍射极限成像、无透镜成像、大视场高分辨率成像及透过散射介质清晰成像成为可能,已在放宽加工装调公差和低精度的高精度成像方面取得了一些进展。

光谱探测技术。 在日光诱导叶绿素荧光超光谱探测技术方面,日光诱导叶绿素荧光超光谱探测仪(简称"超光谱探测仪")是陆地生态系统碳监测卫星"句芒号"四个有效载荷之一。超光谱探测仪是国际上首台专门设计用于探测太阳诱导植被荧光的载荷,光谱范围 0.67~0.78 μm,光谱分辨率 0.3 nm,幅宽 34 km。在热辐射光谱探测技术方面,光谱成像仪可以精准探测月球表面物质成分与温度及其变化特性,成为新时期月球科学探测任务中重点配置的科学载荷,为进一步认知月球起源与演化历史、资源分布与环境特性提供科学数据。我国计划执行天问二号探测器任务,通过一次发射实现一颗近地小行星(2016HO3)的取样返回和一颗主带彗星(133P)绕飞探测。其中的热辐射光谱仪用于探测小行星表面温度,以研究小天体热辐射物理参数。

激光探测技术。 在长基线高精度激光干涉距离测量技术方面,为空间引力波探测(天琴计划、太极计划、LISA 计划)、系外生命探测(觅音计划)、先进重力场测量(GRACE Follow-on)等大科学计划,以及高精度多星组网技术的实现提供了不可或缺的条件。我国在空间引力波探测中针对测试质量多自由度测量的激光外差干涉技术研究正逐渐走向国际前列。在激光三维成像技术方面,三维成像激光雷达技术为空间地理信息获取、目标立体探测提供了新的技术途径。以多波束并行收发、单光子阵列探测为特征的新一代三维成像激光雷达可提升雷达探测灵敏度、激光成像帧频与成像效率,从而实现远距离快速激光三维成像。

微波遥感技术。 全天候、全天时、多模式高分辨率微波遥感是当今空间遥感重要的前沿技术和研究热点。在合成孔径雷达(SAR)技术方面,我国现役的 SAR 卫星主要有 X 频段、C 频段和 L 频段,其中 X 频段能够更加精确地描绘目标的细微形状,C 频段适合大幅宽普查,L 波段可以部分穿透植被,同时获取植被和地面信息。我国 SAR 技术实现了轻量化高集成度 SAR 天线技术、大功率脉冲行波管技术、基于氮化镓(GaN)的 TR 组件技术的突破。在微波散射计技术方面,海洋二号卫星(B/C/D 星)的微波散射计在轨稳定运行,风速测量精度优于 1.5 m/s,风向测量精度优于 15°,技术指标达到国际先进水平,其数据在我国数值天气预报等领域得到了广泛的应用。在微波辐射计技术方面,精细谱微波辐射测量技术，用于全天时、全天候条件下的大气垂直温度和湿度廓线探测，具有通道数目多、频谱分辨率高、通道参数可灵活调整等特点；太赫兹辐射测量技术，根据观测模式和观测目标的不同，成功应用于太赫兹冰云成像仪和太赫兹临边探测仪；数字多波束推扫辐射计技术，突破了大口径高精度环焦反射面及密集馈源阵列技术，实现高分辨、高精度、宽幅探测；镜像综合孔径辐射计技术，大幅增加了基线的数量，从而提高了空间分辨率。

八、航天先进材料

金属材料与工艺技术。在贮箱用高性能铝锂合金与应用技术方面，国内开展了第四代600 MPa级以上铝锂合金材料研制及其应用研究工作，研制了国内首台直径达3350 mm的2195铝锂合金贮箱工程样机，为我国运载火箭推进剂贮箱材料更新换代奠定了坚实基础。在高性能粉末冶金材料及近净成形技术方面，已掌握旋转电极、气雾化等方法制备高品质钛合金、高温合金等材料粉末的技术，掌握了系列钛合金、Ti-Al系合金粉末冶金近净成形技术，研制的舱体、舵翼结构、异形构件和机匣等产品，已在航天、航空、航发、船舶等多型号中得到应用。在镁合金及其应用技术方面，国内高强耐热变形镁合金材料的研发主要集中于Mg-Gd-RE、Mg-Y-RE以及Mg-RE-MM等合金的研发，最新研制的高强耐热变形镁合金实验室级别抗拉强度可达550 MPa以上。在航天发动机材料与应用技术方面，我国通过电场分布均匀控制、摩擦电铸等快速电铸技术研究，实现了220 t氢氧发动机一次性电铸成形以及超大规格复杂型面部件表面双层电铸镍冷却通道推力室身部的高质量成形，为重型运载火箭研制提供了技术支撑；国内正在开展第四代铼/铱/碳–碳材料体系推力室攻关工作，研制生产的1000 N铼/铱/碳–碳推力室材料，成功通过了1000 s的试车考核，为铼/铱/碳–碳材料体系的工程化应用奠定了基础。

非金属材料及工艺技术。在特种密封材料设计与应用技术方面，完成了–30℃级偏氟醚橡胶的工程化及应用研究，实现了装机应用；开展–40℃级偏氟醚橡胶的合成技术攻关及–50℃级液体全氟聚醚橡胶的工程化研制及应用研究；已实现耐300℃的长期耐高温全氟醚橡胶材料研制；研制出耐800℃石英纤维编织三维五向静密封条和耐600℃弹簧管基线热密封组件。在粘弹性阻尼材料设计与应用技术方面，突破了低压变准恒模量阻尼硅橡胶材料设计及制备技术，已应用于高分辨率卫星精密姿控设备微振动高效减振，明显提高卫星成像质量；突破了丁基橡胶阻尼材料配方优化设计技术和耐空间环境预处理工艺技术，已应用于卫星型号；优化了约束阻尼材料及结构设计方法，在10～2000 Hz范围结构阻尼可达0.1以上；等等。在高性能工程塑料与应用技术方面，国内已开展高强高模聚酰亚胺织物的材料应用研究，SP系列织物断裂性能可以适应–200～300℃的使用环境，已应用于高强轻质复合材料、防火阻燃材料等领域；国产化细旦聚酰亚胺长丝基础上进行了高密度织物织造、织物表面金属化、气高温气密涂层等方面的研制工作，已开发出多功能的轻质织物复合材料。在特种胶粘剂与粘接技术方面，已形成耐 1000～1800℃高温胶粘剂、耐 300℃硅橡胶胶粘剂的工程化生产能力；突破了室温硫化套装胶压延制备工艺的关键技术，形成高精度套装胶片工程化生产能力；实现了丁羟聚氨酯灌封胶等材料的国产化生产。

先进功能复合材料及工艺技术。在陶瓷基/碳基防热材料方面，国内突破了大尺寸 C/SiC 陶瓷基热结构材料设计制备关键技术，并针对材料的轻量化、耐高温和低成本等不同需求，发展了 C/SiBCN、C/SiHfBCN、C/SiCN 等新型陶瓷基防热材料；C/SiBNC 复合材料室温下弯曲强度超过 480 MPa，1600℃弯曲强度仍高达 450 MPa；针对低成本陶瓷基防热材料需求，研制了 C/SiCN 复合材料，室温拉伸强度和弯曲强度分别达到了 230 MPa 和 380 MPa，且 1400℃材料性能无明显衰减；通过物理掺杂、化学络合等工艺方法，制备出超高温本体抗氧化 C/C 复合材料，抗氧化烧蚀性能较 C/C 复合材料提高 60% 以上。在树脂基防热复合材料方面，树脂基烧蚀防热材料的轻量化和多功能是发展重点，通过对纤维增强体和树脂基体的设计，将防热、隔热、吸波等多重功能融合，既满足航天器关键部位防隔热，还能实现高温电磁隐身功能，典型材料密度仅为 0.5 g/cm³，室温热导率为 0.045 W/mK，在 2～18 GHz 范围内具备优异的吸波性能。在热透波材料方面，突破了氮化硅纤维增强陶瓷复合材料制备关键技术，研制出具有优异耐高温性能和介电性能的复合材料，室温拉伸强度大于 70 MPa，1400℃拉伸强度大于 40 MPa，典型环境下的线烧蚀速率显著低于石英复合材料，且介电性能保持稳定。在高效隔热材料方面，在航天器高效隔热材料领域形成了隔热瓦、隔热毡和纳米隔热材料三大体系。隔热瓦形成了 1200℃和 1500℃两个系列，隔热毡形成了 600℃和 1000℃系列。在 SiO_2、Al_2O_3 及 C 气凝胶纳米隔热材料制备技术、应用等领域已经达到很高水平，氧化物纳米隔热材料的使用温度可达 1400℃，碳基纳米隔热材料的使用温度超过 2000℃。

表面工程材料技术。在烧蚀防热涂层材料方面，国内首次实现加成型硅橡胶体系防热涂层的工程化应用，将防热涂层使用环境由 1200℃、400 Pa 气动剪切力、100 s 加热时长提升至 1650℃、1400 Pa 剪切力、600 s 时长，同时具有较高的轻量化程度，体密度仅 0.55 g/cm³；突破了轻量化程度高达 0.27 g/cm³ 的超低密度烧蚀防热涂层技术，在天问一号中得到验证。在隐身材料方面，突破了防热隐身一体化材料多尺度结构设计、耐高温宽频吸收剂制备、气动加热环境材料力/热/电磁性能匹配等关键技术。在热控涂层材料方面，发展了自主可控的长寿命高散热热控涂层技术和高性能消杂光热控涂层技术，长寿命高散热热控涂层主要针对高轨、中轨长寿命卫星 15 年以上在轨服役、高效散热等需求，高性能消杂光热控涂层主要针对卫星星敏、遮光罩等结构高消杂光的需求。在热喷涂技术方面，突破了 2000℃超高温抗氧化涂层技术和高气动冲刷环境用高温高发射率涂层技术。在环境防护涂层方面，研制了减磨润滑四防漆涂层与发射装置间摩擦系数仅 0.08，且能够兼顾四防功能；发展了兼顾雷击防护性能的四防漆，已通过 200 kA 大电流地面试验考核。

航天结构复合材料及工艺技术。在高性能树脂及其复合材料方面，突破了基本型（T300级）碳纤维的研制、工程化及航天应用关键技术，实现重点型号的自主保障；突破了湿法高强型（UT500级）碳纤维的研制和工程化关键技术，完成了部分装备的应用研究；开展了高强中模型（T800H级）碳纤维的工程化及其应用关键技术攻关，已进入重点型号考核验证和试用阶段。在耐高温树脂及其复合材料方面，国内成功研制出了新型耐500℃的聚酰亚胺复合材料体系，树脂的玻璃化转变温度在550℃以上，复合材料在500℃表现出良好的强度和模量保持率，强度保持率可达40%以上，模量保持率在80%以上，将树脂基结构复合材料的耐温由450℃提升到了500℃，实现了高温树脂基结构复合材料的升级换代；聚酰亚胺复合材料已经在透波功能件方面实现了规模应用，支撑了航天装备的批产。在复合材料自动成型技术方面，网格缠绕技术实现了三角网格舱段干法缠绕成型，并在型号产品上应用；突破了低温复合材料气瓶制造技术；研制了铺带、铺丝原理样机和工程样机，并实现了自动铺带技术在筒段结构上的规模应用。在复合材料加工及其结构装配技术方面，国内航空航天领域已形成良好的基础：针对不同材料体系、结构特点基本形成了较为完善的复合材料加工工艺体系，实现了复合材料结构的高效高精度加工；针对复合材料舱段、部段结构，开发了自动钻铆、可重构的模块化定位、先进的测量及反馈等技术，大大提高了复合材料结构整体性能，提升了装配质量和效率。

九、空间生物与医学载荷技术

细胞/组织相关研究的空间载荷。细胞和组织载荷是空间生物与医学研究中最主要的实验载荷之一。近年来，研究对象已经从简单的细胞或组织逐步发展到以多个组织联用或者以器官芯片3D组织培养为主要载体的研究。在2017年发射的"天舟一号"货运飞船上，使用微流控芯片技术实现了多种细胞在轨长时间共培养，以及自动化分层调焦、高分辨大视野细胞影像分析等技术，探索了空间环境下神经与免疫系统的相互作用规律。2022年在我国空间站问天实验舱载荷任务中，实验舱里配置了生物技术实验柜，实验柜里包含细胞组织实验模块、细胞组织检测与调控模块、蛋白质结晶与分析模块以及专用实验模块，可以开展以生物组织、细胞和生化分子等不同层次多类别生物样品为对象的细胞培养和组织构建，以及分子生物制造技术、空间蛋白质结晶和分析等空间生物技术及应用研究。

微生物/植物/动物相关研究的空间载荷。2022年7月，国内设计的载有实验样品的拟南芥种子和水稻种子实验单元在问天实验舱正式启动实验，在国际上首次完成了水稻"从种子到种子"的全生命周期培养，获得了冷冻保存返回的空间水稻植株和成熟的水稻种子。2022年10月，国内研制的微生物载荷随梦天实验舱发射升空。项目研发的高通量微生物培养芯片有效解决微生物生长的竞争抑制问题，比传统方法提高至少10倍，可获得环境中至少25%~30%的菌株，达到高效收集空间微生物种质资源的目的。该项目研究成果为中国空间站微生物安全防控体系的构建及空间微生物资源的有效利用提供设备保障和科学数据支撑。同年 11 月，国内开发的"空间辐射计量及生物损伤评估技术"项目随神舟十五号载人飞船发射升空，研究了在空间辐射环境下，对线虫个体的生长发育和组织器官损伤进行在轨自动化实时监测。

核酸 / 蛋白质相关研究的空间载荷。2022 年 10 月，国内创新性开发了一种"样品进 - 结果出"的一体化自动化核酸扩增检测芯片技术，设计了适用于空间环境的样品进样接口，为航天员自主操作提供了方便，实现了空间站微生物检测的能力。同年 11 月，国内研制的"微流控芯片辐射损伤生物剂量仪"随天舟五号货运飞船升空。该载荷利用模式菌株构建微生物传感器，实现 DNA 损伤效应检测；配套研制的微流控芯片一体化主动辐射损伤传感单元，支持自主完成工程菌的预置、复苏、灌流培养、损伤表达与原位光学换能测量的全过程操作，便于航天员快速操作。

航天医学保障研究载荷。五年来，航天医学领域聚焦微重力、空间辐射等航天特因环境导致的医学问题，创建了中长期载人航天失重生理效应防护体系，研制了覆盖全任务周期的综合对抗防护系统，实现了载人航天从短期飞行到长期健康驻留的突破。中国空间站聚焦长期飞行健康状态、作业能力的高效维护和精准评估，建立了系列在轨检测与干预技术，为航天员长期健康驻留提供了先进的技术储备和支撑；针对长期失重、辐射等复合因素对航天员健康、行为与能力的影响特征与机制，开展了低代谢技术、失重对细胞内钙信号影响的可视化研究等一系列原创性机理探索和应用基础研究。

基于微流控芯片的空间生物医学实验载荷。我国在基于微流控芯片的空间医学实验载荷研究方面取得了显著进展，为我国空间生命科学研究和应用提供了有力支持。2020 年，我国成功发射了天问一号火星探测器，其中搭载了基于微流控芯片的空间生命科学实验载荷。科研团队利用这种载荷研究火星环境对微生物生长和适应的影响，为未来火星探测和太空殖民提供重要信息。五年来我国已经建立了较为完善的微流控芯片研发和生产体系，为产业化发展奠定了基础。

地外生命特征及原位先进探测。我国在地外生命特征及原位先进探测方面，研发了一系列关键技术，包括地外生命候选样本的采集与处理技术、地外生命特征的光谱识别技术、地外生命活动的时空分布研究技术等。这些技术的研发为我国的空间生物与医学载荷任务提供了技术支持。同时，我国已经成功研制了一系列用于地外生命特征及原位先进探测的载荷，并应用于我国的空间生物与医学实验任务中。

十、航天器回收着陆技术

基础与前沿探索：开展了返回系统参数辨识研究，初步构建进入减速与着陆系统可重复使用性能评估方法；开展了充气高速再入系统概念研究、方案论证、气动设计、防热设计等工作，以及演示验证试验。

技术研制与应用：针对某型号飞船开展返回与再入技术的攻关，并对可重复使用关键技术进行初步验证。某型号飞船回收着陆系统采用特大型群伞减速方案，并采用多组特大型气囊实现着陆缓冲，涉及多项全新的关键技术。在深空探测领域，突破了接近第二宇宙速度跳跃式再入返回的减速与着陆技术，回收着陆系统的集成化轻量化水平显著提高。在火星探测工程任务实践中，研究掌握了火星降落伞技术、自适应开伞控制技术、高空开伞试验与测量技术等关键技术。

第三节　面向经济社会发展重大需求，不断拓展航天技术应用服务与商业化发展

21世纪初，在我国初步形成四个卫星系列的基础上，经过20多年的研发，卫星遥感、卫星通信、卫星导航三大系统不断完善，一是形成了风云、海洋、资源、高分、遥感、天绘等对地观测卫星系列和环境与灾害监测预报小卫星星座；二是形成了亚太、中星、天通等系列通信和数据中继卫星系统；三是形成了北斗卫星导航定位系统。共同构建起多种功能和多种轨道的、由多种卫星系统组成的国家空间基础设施。截至2022年年底，我国在轨稳定运行的空间基础设施卫星有300多颗，居世界第二位。

随着我国卫星应用业务服务能力显著增强，在资源环境与生态保护、防灾减灾与应急管理、社会管理与公共服务、城镇化建设与区域协调发展、农业生产服务、脱贫攻坚服务、通信广播服务、交通运输服务、气象观测服务、科教文体服务等方面均发挥重要作用。以2017—2022年为例，对100余次国内重特大自然灾害开展应急监测，为国内数万家各类用户和全球100多个国家提供服务，累计分发数据超亿景；助力生态保护红线监管平台建设，严守陆地海洋"双红线"。卫星通信广播累计为国内农村及边远地区的1.4亿多户家庭提供直播卫星电视服务。北斗导航为700多万辆道路运营车辆提供安全保障服务，为4万多艘海洋渔船提供定位和短报文通信服务等。

我国商业航天产业体系和市场体系初步形成，由基础制造、产品研发为主的阶段进入应用牵引、市场主导新发展阶段。商业航天正成为加快航天强国建设的重要力量。商业航天发展呈现如下特点：

商业发射服务领域持续开拓，市场力量不断增强。以2022年为例，我国实施了20余次商业发射服务，航天科技集团、航天科工集团、中科宇航、星河动力等各类机构均有商业火箭发射。快舟一号甲、快舟十一号、谷神星一号等成功实施发射任务，多型新锐商业固体运载火箭首飞成功，力箭一号将6颗卫星送入预定轨道，捷龙三号实施中国首次海上热发射，商业发射服务力量不断壮大。

商业卫星研制领域迅猛发展，卫星数量大幅增长。以2022年为例，国有和民营企业、

科研院所和高校等近20家机构,研制发射了百余颗商业卫星。商业低轨通信、导航增强系统取得突破,银河航天试验星座、吉利星座相继开展组批部署,微厘空间低轨卫星导航增强系统推进在轨验证。商业遥感卫星星座加快部署,中国四维新一代商业遥感卫星系统第一阶段顺利建成,吉林一号星座高速组网。

商业航天基础设施建设持续推进,研产、发射、测控全链条能力不断增强。天津航天产业基地卫星柔性智造中心全面建成,具备年产200颗卫星的"脉动式"生产能力。广州南沙中科空天产业化基地交付,固体运载火箭研发生产能力显著增强。山东海阳东方航天港已具备年产20发固体运载火箭总装测试能力和海上发射支持保障能力。中国首个商业航天发射场在海南文昌开工建设。

商业航天服务能力显著增强,应用场景进一步拓展。卫星导航提供泛在化高精度服务,上合航天与上远通导推动北斗大规模落地远洋运输领域,时空道宇推动天地一体化高精时空信息系统建设,为车路协同应用提供高精度位置服务。卫星物联网服务持续增长,九天微星开展海洋物联网、智慧林业、碳中和等卫星应用,国电高科形成天地一体综合信息服务能力。遥感卫星数据市场采购常态化,中国四维、长光卫星、国测星绘、二十一世纪等公司中标国家及地方政府的遥感影像数据项目;航天海鹰发布即时遥感服务体系;卫通鑫诺、长城导航、天卫科技联合打造"数据超市"。

第四章 国内外研究进展比较

进入21世纪,世界航天装备与技术的飞速发展,特别是各航天国家实施国家重大战略需求牵引,以及蓬勃发展的商业航天市场导向,正在不断优化乃至催生航天科学技术新的学科方向,与此同时,航天科学技术学科的日益丰富和完善,有力支撑了世界航天技术、装备乃至产业的创新发展。本章将围绕遴选出的航天学科专业,重点开展国内外进展比较。

第一节 国内外航天关键核心技术领域主要差距

一、航天运载器技术

(1)我国运载火箭基本实现小中大型系列化发展,但进入空间的能力还不够强。我国长征系列运载火箭当前在役16型,运载能力覆盖低轨25 t、太阳同步轨道18.5 t、地球同步转移轨道14 t。民营航天运载能力覆盖低轨2 t。建立了较完备的运载火箭体系,快速响应能力、可靠性等部分技术指标达到了世界先进水平。但与国外比,进入空间的能力还不够强。其主要体现在:运载能力不够大,无法支撑载人登月、深空探测及大型空间基础设备建设对运载能力的需求；综合性能不够强，核心性能指标与国际主流水平相比仍有差距；重复使用火箭尚处于技术探索和飞行演示验证阶段，面向重复使用的总体、发动机和结构机构等关键技术有待进一步突破。

（2）发射能力完成了四大发射场的布局，但进入空间的效率存在差距，成本优势逐渐丧失。其主要体现在：发射保障能力、任务及火箭匹配度不够，发射工位统筹和通用化考虑不足，发射效率偏低，且工位建设数量与任务需求存在差距；运载火箭年发射效率低，卫星与火箭之间一体化设计能力不足，且发射保障自动化、信息化水平较低，火箭测发流程烦琐、测发周期较长，进一步限制了年发射能力的提升；在国际市场的价格优势逐步丧失。

二、卫星技术

（1）我国通信卫星呈全面多维发展态势，但在高通量通信卫星载荷、灵活载荷以及通信卫星平台方面仍然存在差距。

（2）天基遥感体系设计不足，遥感卫星任务实时响应性与可操控不足，卫星定量化探测能力存在较大差距。在观测精度、时效性以及红外侦察、导弹预警等领域的性能指标还存在不足。

（3）北斗三号导航卫星与未来以 GPS Ⅲ / Ⅲ F 卫星为主的 GPS 系统相比，在安全、灵活等方面存在差距；与伽利略系统相比，空间信号精度等部分指标仍存在差距。

（4）我国在空间科学与技术试验卫星领域在整体的科学任务论证、技术的牵引、项目的投入、任务的规划上同国外尤其是美国、欧洲、日本等有较大差距。

三、小卫星技术与应用

（1）在小卫星技术迭代与突破、实现卫星系统降本增效方面，与 SpaceX 公司采用充分借鉴成熟技术并加以简化和优化的做法相比存在差距。

（2）在低配置技术方案加速小卫星批量发射部署、提升卫星系统应用效能方面，与 SpaceX 一次性可发射 60 余颗卫星，后期预计会增加到 400 颗的能力相比还有较大差距。

（3）在采用商业货架（COTS）器件、降低卫星成本方面，我国与美国、欧洲、日本等相比，在 COTS 技术研究与应用实践方面还显不足。

（4）在大规模星座系统稳定运行、推进应用产业链融合发展方面，与国外发达国家相比，我国遥感卫星星座尚在起步，规模有限，建设迟缓，数据质量尚待提高，应用模式尚待拓展，应用产业链还不完备。

四、载人航天器技术

（1）载人天地往返运输技术。我国在役的神舟飞船与国外在役的飞船相比，在承载人数及可重复使用上还存在差距。新一代载人飞船与国外相比在重要技术指标及功能上相近，应尽快进行新一代载人飞船的研制。

（2）货物补给运输服务技术。我国货运飞船在发射重量、货物上行能力、舱内容积等关键技术指标上处于领先地位，但是在货物返回和重复使用能力上存在不足。为适应货物下行的任务需求，实现降本增效的目标，应尽快启动可回收货运飞船和可重复使用货船的研制。

（3）载人空间长期飞行技术。中国空间站建设起步较晚，但也有后发优势。在供电、信息传输、物资循环利用效能和运行经济性等关键性能指标上比肩国际空间站或已经部分实现超越。

五、深空探测器技术

（1）在探测目标方面，国外深空探测目标已经覆盖了太阳系内各种天体，基本具备了太阳系内全区域到达能力。相比于国外探测目标多样性而言，我国还有一定差距，仍需不断提高技术水平，拓展探测范围，获取更多成果。

（2）在探测手段方面，我国已经实现了飞越、环绕、着陆巡视探测、采样返回，形成了一整套探测器总体设计的规范和方法，建立了任务仿真分析系统和专业分析模型，与国外先进水平基本相当。但与国外相比，我国在地外有大气天体飞行探测、弱引力天体附着采样、小天体撞击探测等方面，还未执行过相关探测任务，具有较大的发展空间。

（3）深空探测的部分关键技术及其应用有差距。比如在深空探测器设计方面，功能、结构一体化设计有一定不足，在载荷种类、载荷性能等方面与国外先进水平有一定差距；在能源方面，我国深空探测器还在使用太阳能为主的技术，核能技术还未成熟运用；在推进方面，传统化学推进仍是使用的首选，电推进（将在小行星探测任务中采用）、太阳帆等新型推进技术尚未开展应用；在通信方面，仍以S频段、X频段为主，Ka频段和激光通信等更先进技术的尚未使用（将在探月四期中采用）等。

第二节 国内外航天专业基础技术领域主要差距

一、航天推进技术

（1）我国在液体火箭发动机技术方面还存在较大差距。主要表现在：发动机综合性能差距较大，主发动机推力量级存在"倍差"，空间发动机比冲存在"代差"，轨姿控发动机响应特性等指标差距明显；发动机基础研究薄弱，制造检测、试验测试等共性技术有短板；先进动力技术储备不足，制约液体动力发展潜力；研发管理模式与国外有较大差别，液氧煤油、液氢液氧、高压补燃循环、大推力、深度变推力等技术掌握时间不久，基础薄弱，技术方案更改试错成本较高。

（2）吸气式发动机方面，国内亚燃冲压发动机技术已经达到世界先进水平，部分关键技术已经达到世界领先水平。超燃冲压发动机技术与国外水平相当，甚至在某些技术方面实现了领跑。RBCC发动机方面国内原始创新能力不足，ATR发动机研制进展与国外公开披露的技术能力基本持平，但在总体应用分析方面不够深入，与国外相比有明显差距。在预冷组合发动机方向，国内外技术方案性能接近，研究工作重心存在区别。

（3）在固体动力技术方面，我国技术水平较国外有30年差距，性能和规模上存在代差。固体动力产品质量与本质可靠性较低，成本较高，模块化和智能化水平不足。固体逃逸动力系统与美国、欧洲存在明显差距。

（4）在特种推进方面，在电推进领域，我国电推进产品的功率范围（1~100000 W）、推力范围（0.001~4600 mN）、效率范围（5%~78%）、比冲范围（800~5300 s）已全面覆盖国外同类型产品的范围。空间电推进已步入全面在轨应用阶段。但是我国电推进核心技术指标与国外先进水平仍存在一定的差距，主要表现在产品成熟度低、批产化能力低、集成化水平低、生产成本高、寿命可靠性低、核心性能指标低、产品通用化程度低、全系统研制程度低、基础配套能力弱等方面。在核推进、绳系推进、太阳/电磁帆推进、空间吸气式电推进等前沿推进技术方面，国外在大多领域已经完成了样机研制和空间飞行验证，我国还处于探索各类前沿新概念推进技术原理的初期阶段。

二、空间能源技术

（1）发电技术与国外先进水平仍有差距。其主要表现在：国内Ⅲ-Ⅴ族多结太阳电池技术和薄膜砷化镓电池技术正不断追赶国际先进水平，但在批量化制备和工程应用方面差距较大。太阳翼多种展开技术在轨应用相对较少，全柔性太阳电池阵的卷绕半径、比功率等部分性能指标领先国外，但在大功率、长寿命等方面与国外仍有一定差距；在批量化生产的低成本太阳电池阵方面，国内在成本控制和标准化、模块化生产以及空间环境适应性等方面仍有差距。与国外燃料电池大量的技术路线产品在空间飞行器上已经得到了实效验证相比，国内尚处于产品研发阶段。国内核电源技术采用新体系有望实现RTG热电转换效率不小于15%的突破。我国基础材料技术水平基本与国外相当，但在空间型号的工程化应用方面差距较大。

（2）在储能技术方面，国内电池比能量均超过了国际上同类产品技术水平；在智能一体化技术方面国内外均实现了在轨工程应用，固态电池、锂金属电池的预先研究均处于国际先进水平。其主要表现在：国内空间高比特性锂离子蓄电池正在研究的长寿命电池的比能量有望突破 300 Wh/kg，并且实现自主可控；同时空间双高型锂离子蓄电池和空间超高功率锂离子蓄电池水平也从"跟跑"向"领跑"迈进。空间固态电池技术相对较新，国内外基本处于同一起跑线。国内外锂氟化碳电池单体产品性能指标相当，但在锂氟化碳材料的成本、成品率、自主可控等方面与国外差距明显。

（3）在能源控制技术方面，国内的能源控制产品技术指标与国外相当，但集成化程度不够高，分立器件占比较大；与国外在氮化镓（GaN）器件空间应用、电源数字化等方面的领先水平相比，国内需要进一步提高相关技术能力，实现产品性能指标的进一步提升。此外，国外商业星座广泛采用 COTS 器件实现能源控制产品的高性价比，并且进行了充分的在轨验证，国内研究相对较少。

三、航天制导、导航与控制技术

（1）在控制理论方法、基础软硬件等基础支撑技术方面，国外更多聚焦可解释人工智能、复杂系统学科等，并已建立了相对完善的智能控制软硬件基础环境；国内在基础理论方面与国外水平相当，部分领域智能控制理论与算法已比肩国际先进水平，但在智能控制所需的机器学习框架、智能加速硬件方面，发展仍相对滞后。

（2）在感知导航、决策规划、执行控制等共性应用技术方面，国内国外各有优势，国内的优势在于支撑型号众多，相关技术得到长期稳定验证；国外在商业航天的牵引下，大量先进技术得到强力推广，例如星链星座以及火箭回收控制技术，技术成熟度更高。

（3）在智能 GNC 技术的研究与应用方面，目前我国主要集中在故障诊断、健康监测等领域。然而，如在轨服务、地外探测、星群控制这类任务环境高度不确定、对智能控制需求最为迫切的领域，相较国外，目前将人工智能技术与航天 GNC 技术有机结合的工程应用案例较少。

四、航天探测与导引技术

（1）协同探测技术。美法两国的协同探测系统发展成熟，已应用于实战，国内在卫星的系统探测方面取得了一些进展，如"鹊桥"中继卫星的月背面数据传输技术，但网络化协同探测能力还需要进一步发展和完善，特别是在多平台融合、打击策略及高速实时数据链等方面。

（2）探通一体化技术。美国国家航空航天局（NASA）和欧洲航天局（ESA）是全球最为重要的航天机构之一，俄罗斯在多次月球、火星探测、空间站建设方面也积累了丰富的探通一体化技术。我国探通一体化技术与国外水平相当。嫦娥探月工程中，采用S波段通信与激光通信技术，实现与地面高速数据传输和实时图像传输；天舟货运飞船和空间站建设任务中，采用高速Ka波段通信技术，满足航天器与地面快速通信需求。

（3）传感器集成技术。国外的传感器芯片化技术在功耗优化方面非常成熟，可以通过深度睡眠等技术降低芯片功耗，正在研究智能化功耗管理算法；通信与互联方面，国外传感器芯片化技术已实现多种通信方式集成，如窄带物联网（NB-loT），开始研究基于区块链和人工智能等技术的传感器互联方案。我国在传感器芯片化方向主要关注小型化和集成化、功耗优化以及通信互联，国外在小型化方面已经成熟，虽然也采用了MEMS技术，但比国内工艺领先很多，部分公司已经开始研究基于纳米技术的传感器芯片化，已经实现了多种传感器的集成。

（4）边缘计算与先进计算技术。国外在网络架构、算法优化、标准化方面具备一定研究优势。美国针对边缘计算的网络拓扑结构等开展研究，利用人工智能算法提升边缘计算性能；OpenStack、OpenFog等开源组织，正在推动边缘计算的标准化与开源化，应用领域涵盖了卫星遥感数据处理、自主导航、火箭发射等。我国重点开展边缘计算安全性、能耗优化方面研究，技术应用涵盖空间站建设、航天器指挥与控制等领域，但总体上在技术水平和基础设施建设等方面存在差距。

五、航天智能探测与识别技术

（1）在神经元模型与脉冲时空动力学等类脑理论研究方面，与国外存在差距。欧洲与美国拥有更加悠久的研究历史，早期建立了诸多知名研究机构，已形成相对完整的脑神经科学研究体系。而我国开展脑神经科学较晚，早期相关学者多为海外引进人才，至今已逐步健全学科专业，但在脑神经科学、类脑计算模型的理解方面，依然存在较大发展空间，限制了我国类脑智能专业发展水平。

（2）在类脑芯片与神经形态传感器等硬件研制方面，我国处于相对落后水平。国际上IBM、Intel、高通等大型计算芯片研制公司均已开展多轮类脑芯片迭代，已形成较为完整的科研生态环境。而我国的类脑芯片研制仍处于起步阶段，技术路线与应用场景仍处于探索阶段。此外，索尼、三星等大型光电探测半导体公司也已开展神经形态传感器研制与商用；国内则有华为、小米开始布局入股，探索商用可行性。

六、航天遥测遥控技术

（1）理论与标准规范存在短板。理论与标准规范对未来顶层体系建设的支持力度偏弱，是我国测控领域产生短板与不足的关键因素。

（2）全域覆盖、泛在互联的能力不足。我国航天测控技术的发展基本呈现"烟囱式"独立发展现状，包括天基、地面测运控等系统及基础设施等。天基资源和测控站一般各成体系，测控站与卫星之间、用户与测控站之间采用私有协议，影响了测控资源的综合利用和航天器效能发挥。

（3）抗干扰生存和信息安全防护构架不足。航天测控体系建设中，测控链路的抗干扰能力与信息安全防护能力是保证航天测控任务顺利执行的重要技术基础。国内研究掌握各类信息安全防护技术的能力还有待提高。

（4）人工智能、数字孪生等新兴科技融合能力不足。我国测控领域在研究和应用泛在互联、卫星组网、星地协作、异构接入等方面，尚未进行更为深入和系统的探索与尝试。

七、空间遥感技术

（1）光学原材料国产化研制能力需分类补充。空间光学遥感器光学元件采用的材料一般包括ULE超低膨胀玻璃、融石英、ZERODUR零膨胀微晶玻璃、SiC、铍、红外透镜材料等。ULE超低膨胀玻璃材料国产化能力正在持续提升；ZERODUR零膨胀微晶玻璃材料研制能力亟待补充；SiC材料制备能力处于国际先进水平。

（2）核心元器件研制能力亟待全面加强。CMOS工艺可见光探测器件逐渐取代CCD工艺探测器件，并实现自主可控，技术指标达国际同等水平；高性能红外探测器与国际先进水平还存在较大差距；大功率脉冲行放取得突破，并实现自主可控，技术指标与国际有一定差距；基于氮化镓（GaN）的功率放大芯片逐渐取代基于砷化镓（GaAs）的功率放大芯片，并实现自主可控，技术指标与国际有一定差距；高速的AD和DA芯片取得突破，并实现自主可控，技术指标与国际有一定差距。

（3）高光谱宽谱段覆盖能力及高精度应用方面仍需加强。在宽谱段覆盖方面，国内与欧美等国仍存在较大差距，主要体现在基础材料和核心组部件方面；在高精度应用方面，我国星载高光谱探测技术在支撑全要素自然资源精细化监管方面应用较少。

（4）低温光学技术与世界领先水平的仍存在较大差距，主要体现在低温光学材料、冷光学技术研究等方面。

（5）星载分布式综合孔径技术与国外发达国家还存在差距，主要体现在时空相同步技术、分布式误差校正技术、定标技术、亮温重构技术研究与应用方面。

八、航天先进材料

（1）金属材料与工艺技术。在型号牵引下，国内以Mg-RE系高性能镁合金为代表的大型结构件工程化应用具有优势，在氢氧发动机推力室身部等复杂结构及大尺寸部件电铸成形和在轨姿控发动机推力室身部用材料体系方面研发上与国外技术水平相当。但就金属材料与工艺技术整体而言，与国外相比仍存在一定的差距，主要表现在应用研究不够系统，应用技术成熟度不高。如国外典型的第三代 2195 铝锂合金，已经实现了工业化生产，形成了较完整的工艺规范和一系列 AMS 标准，已在运载火箭燃料贮箱上获得了大量实际应用；在粉末冶金近净成形制备复杂构件、成形精度控制等方面与国外差距明显。

（2）非金属材料及工艺技术。与国外相比，我国非金属材料体系不健全，基础原材料的国产化能力和水平不足。密封产品设计主要依靠经验，缺乏标准化的设计方法；阻尼材料品种较少，尚未形成系列化产品，材料综合性能有待提高；高性能新型特种工程塑料材料的研制应用水平不高；耐高温胶粘剂的材料体系和种类偏少，耐高温等级和服役时间仍有一定差距；对于材料老化模式与机理的认知不深入，材料老化性能的评估模型相对落后和单一等。

（3）先进功能复合材料及工艺技术。我国在先进功能复合材料领域的基础研究相对薄弱，支撑新材料研发与应用后劲不足，如在树脂基防热材料等领域差距明显；材料技术成熟度不高，在协同推进技术转化与应用方面有差距；在材料制造能力及产能方面存在差距。

（4）表面工程材料技术。烧蚀防热涂层材料方面，国内与国外按不同的路径发展，总体来说，国外涂层轻量化程度优于国内，但抗烧蚀性能国内领先。当前国内烧蚀防热涂层已可以通过 2 MW/m² 量级电弧风洞考核，密度则普遍在 0.5～0.6 g/cm³；国外发展密度 0.2 g/cm³ 量级的超低密度烧蚀防热涂层，但涂层使用热环境普遍在 200 kW/m² 以下。在隐身材料方面，国内受限于激光刻蚀设备，频率选择表面图案精度还停留在 ±20 μm 的水平，国外加工精度优于国内。热控涂层方面，国内热控涂层的技术指标与国外相当，但国内在热控涂层工程应用方面缺乏积累。在热喷涂方面，高温抗氧化、热障涂层领域，国内外常规应用水平基本相当，但对于 2000℃ 以上超高温环境，国内还缺乏相应数据积累和工程应用经验。在四防漆方面，国外基本实现了运载火箭领域箭体四防漆的水性化，国内工程应用经验与国外还存在差距。

（5）航天结构复合材料及工艺技术。在新一代碳纤维及其复合材料方面，我国与国际基本处于同一起跑线。国内聚酰亚胺复合材料性能基本与国外水平相当，但是技术成熟度存在一定差距，基础研究较为薄弱。国内复合材料自动化成型技术发展较晚，应用研究基础条件薄弱，树脂基复合材料复杂结构自动化成型技术尚处于应用初步阶段。国内在先进加工、装配技术方面已初步形成了一定的基础，但是装备的开发与应用尚处于初步阶段。

九、空间生物与医学载荷技术

（1）相比于美国每 10 年发布一次的《人类研究计划》《2015 天体生物学战略》以及

《NASA 空间生物学计划 2016—2025》等规划调查，欧洲航天局的科学计划委员会和科学咨询委员会发布的《宇宙愿景 2015—2025》和《远航 2050》等空间生命科学战略规划，我国将空间生命科学项目嵌入系列科学卫星计划、载人航天工程等科学计划中，尚未制定专门的空间生命科学战略规划。

（2）我国在空间生物与医学领域的研究影响力、突破性技术成果和顶尖研究机构等方面与欧美航天强国和地区相比仍存在着巨大的差距，现有阶段的研究侧重点与突破点也有所不同。我国的空间生命与医学载荷装置在自动化程度、集成度、设备精度等方面与欧美国家还存在差距。

（3）美国、俄罗斯、欧洲及日本空间生命科学载荷的研制已经逐步向模块化、标准化、集成化的方向发展。与之相比，我国的空间生物与医学载荷技术和装置仍存在差距。

（4）基础研究能力特别是基础性器件研究受限制。其次，研究经验不足，在面向全面化、多样化空间生物与医学研究对象和多样化在轨分析应用时存在系统性不足。

十、航天器回收着陆技术

（1）航天进入减速与着陆动力学等基础研究不够深入。我国研究主要侧重于进入过程的弹道及动力学计算，且计算中较为依赖各种经验公式，精细化的仿真分析水平尚不足，相关仿真软件系统还不成熟。

（2）柔性展开结构气动减速技术发展有所不足。我国最大回收着陆重量约为 3 t，使用的是多级单伞系统，而国外在载人登月飞船、运载火箭回收着陆等方面已很成熟地使用群伞系统，我国距离掌握核心技术并实现工程应用还存在一定差距。国外已经掌握了盘缝带伞等适用于火星大气的降落伞关键技术，我国基本掌握了火星降落伞伞形及结构优化，并已进行飞行试验验证。

（3）大载重航天器着陆缓冲技术尚需创新发展。我国已经发展成熟的航天器着陆缓冲技术主要是飞船的着陆反推技术、无人机的着陆缓冲气囊装置、月球着陆器的软着陆支架。其中着陆反推技术达到 3.5 t 载荷的缓冲着陆需求，着陆缓冲气囊实现了 700 kg 载荷的缓冲着陆需求，软着陆支架实现了 1300 kg 月球着陆器缓冲着陆的需求。而国外先进技术水平在各个方面都能满足至少 10 t 量级航天器的着陆缓冲需求，我国尚存在一定的差距。国外已经成功实现了火星着陆探测、金星漂浮探测以及小行星的取样探测，而我国才刚刚起步，刚刚开始研究相关的核心技术。

（4）航天进入减速与着陆的系统试验验证与评估能力亟须提高。我国初步形成了天地往返着陆综合试验与验证技术体系，但与国外先进水平相比还存在一定的差距，没有形成重复使用要求下航天进入减速与着陆系统的性能评估方法体系，结合系统动力学仿真与系统试验验证，还欠缺精细化性能评估分析和参数辨识能力。

第三节　国内外航天技术应用领域主要差距

与国家赋予航天的富国强军的使命要求相比，与加快建设航天强国战略目标的要求相比，与航天技术应用产业提高核心竞争力、做强做优的内在要求相比，航天技术的转化应用方面仍存在诸多问题与不足，特别是随着航天技术应用服务范围的不断扩大，必须把握产业发展的规律特点，必须适应市场化商业化的要求，必须实现航天产品由科研模式向产业化模式的转变。借鉴国外成功经验和有益做法，可以看出，我国航天技术应用向产业化发展任重而道远。

亟待优化技术航天应用产业结构。据国内有关机构分析，我国航天研发与制造在航天产业中占比达到14%，卫星应用与服务仅占85%，与全球93%的占比有一定差距，表明我国卫星应用尚有很大发展空间，有待进一步加强和推动。在航天发射和测控方面，我国有4个航天发射场和1个测控中心，但从国家"十四五"规划来看，难以满足未来高频的国家发射任务需求和蓬勃发展的商业发射需求。在地面设备方面，卫星地面测控、应用系统通常由不同部门投资建设、运营和使用，存在重复建设多、利用效率低的问题；在卫星资源方面，由于各行业部门相互之间缺少科学衔接，数据共享程度有限。

亟待加强航天技术应用产业的供应链自主可控。多年来，我国航天产业发展迅速，产品升级速度越来越快，在产业链供应链自主可控方面取得显著成效，但涉及国家航天产业整体工业基础的部分先进基础材料、基础软件、核心零部件、先进工艺和装备等仍然有部分需要依赖进口，成为我国航天产业链供应链的"瓶颈"。随着国际形势的不断变化，我国产业链供应链安全稳定面临重大考验。解决核心技术、关键零部件和关键基础材料等问题，增强航天产业链供应链自主可控成为当务之急。

亟待规范扶持航天技术应用市场化的政策措施。在国家和地方政策的鼓励下，各地纷纷建设航天产业基地或园区，由于新兴商业航天企业空间布局缺乏系统和科学的产业发展规划，产业选择与区位优势结合不紧密，导致不同区域航天技术应用产业布局趋同，主导产业不明确，存在一定重复建设和资源浪费现象。此外，在引导民营资本参与航天领域国家项目、使用国家空间基础设施等方面相关产业政策还不健全。

第五章　发展趋势与展望

第一节　未来发展战略需求

回顾过去，我国航天成就辉煌，展望未来，我国航天任重道远。世界正面临"百年未有之大变局",逆全球化思潮抬头,局部冲突与动荡频发,全球性问题加剧,世界进入新的动荡变革期。进入新时代,中国航天必须切实增强紧迫感、责任感和使命感,把思想和行动统一到以习近平同志为核心的党中央决策部署上来,把握大势、抢占先机,坚持创新引领、协同高效、和平发展、合作共享的原则,力争早日建成自由进出空间、高效利用空间、科学认知空间能力世界一流的航天强国。

坚持战略引领,加快推进航天事业高质量发展。牢牢把握建设航天强国战略目标,建设以国家实验室为引领的航天战略科技力量,建立健全产学研用深度融合的航天创新体系,加快实现航天科技高水平自立自强,推动航天科学与技术从量的积累迈向质的飞跃、从点的突破迈向系统能力提升,实现从跟跑、并跑向并跑、领跑到跨越。充分发挥新型举国体制优势,培育实施行星探测、月球探测、载人航天、重型运载火箭、可重复使用天地往返运输系统、近地小行星防御系统、太空环境综合治理、遥感数据共享交换服务系统等重大工程、重大项目,取得一大批关键核心技术集群式突破。充分运用空间科学卫星等手段,持续开展空间科学领域的前瞻探索和基础研究,催生更多原创性科学成果。充分利用我国载人航天、深空探测器等空间实验平台,开展空间环境下的生物、生命、医学、材料等方面的实验和研究,持续深化人类对基础科学的认知。

坚持开放融合,加快培育发展太空经济新业态。优化航天工业能力结构、产业结构、区域布局,构建小核心、大协作、专业化、开放型的航天科技工业体系。完善国家民用空间基础设施,加强卫星产品和服务在海洋、交通、农业、环境、大众消费等领域的深度应用,实现遥感、导航、通信卫星应用产业化发展。鼓励支持商业航天健康快速发展。推动航天先进技术向国民经济各领域各行业渗透融合,服务网络强国、海洋强国、交通强国、平安中国、美丽中国、数字中国和智慧社会建设。引领太空经济发展新趋势,培育发展太空生物制药、空间育种、空间碎片清除、航天器在轨维护、空间试验服务、地外天体资源利用等太空经济新业态,提升航天产业规模效益。

坚持合作共赢,加快构建太空领域人类命运共同体。秉持平等互利、和平利用、包容发展的原则,加强与主要航天国家的战略互信,引导塑造完善太空安全等方面的对话机制,推进人类航天事业的共同进步和长期可持续发展。围绕构建太空领域人类命运共同体,在外空活动长期可持续、太空交通管理、小行星防御、外空军备控制等方面提出中国方案,共同应对航天发展的全球性挑战;持续开展高水平国际交流与合作,在星际探测领域发起或牵头组织国际大科学工程和大科学计划,加快推进国际月球科研站论证实施;持续推进北斗系统、金砖国家遥感卫星星座等航天公共产品全球应用,为"一带一路"国家和地区、共建国家、"一带一路"合作伙伴提供高质量的空间信息服务;推动航天技术助力碳达峰碳中和、粮食增产与防灾减灾等,积极参与解决气候变化、粮食安全等人类面临的重大挑战。

坚持精神传承，加快全民科学文化素养提升。充分利用"中国航天日""世界空间周""全国科技活动周"以及"天宫课堂"等平台，加强航天科普教育，普及航天知识，传播航天文化，传承弘扬"两弹一星"精神和载人航天精神、探月精神、新时代北斗精神，激发全民尤其是青少年崇尚科学、探索未知、敢于创新的热情，提高全民科学文化素养，为实现中华民族伟大复兴的中国梦凝聚强大力量。

第二节 趋势与重点

面向世界科技前沿、面向经济主战场、面向国家重大需求、面向人民生命健康，未来各类航天系统与技术将不断更新换代，性能技术水平和应用能力持续提升，航天商业化市场化程度显著提高。相关的材料、制导导航与控制、动力、能源、空间生物医学等基础技术将进一步获得突破。同时智能化、信息化、空天地多域一体化协同等前沿技术在航天工程中的应用日益深入，其他学科领域在智能化、信息化等方面的前沿学术成果与航天的交叉融合将成为重要方向。

一、航天运载器技术

在国家战略需求的牵引和市场经济的推动下，航天运载器将持续提升能力，并向可重复使用、新模式研制、重型化、多样化应用等方向发展。

（1）加速开展重复使用技术验证。重复使用技术推动研制理念从"技术及需求驱动"向"经济效益驱动"转变。加速开展重复使用技术攻关与验证，通过运载器的重复使用从本质降低成本。面向未来，进出太空的方式将进一步向重复使用转变，在一些企业成功应用的刺激下，重复使用带来的不对称竞争优势有可能加速这一转变进程，甚至以技术代差的形式强力压缩一次性运载火箭的市场份额。

（2）开放融合实现创新驱动。引入多行业研制模式与理念，采用扁平化的管理方式、快速迭代的研制模式，融合利用跨行业的先进技术，推进集成创新。在可预见的未来，先进动力、先进结构、新型材料、智能化及重复使用，以及新研制模式和机制的不断应用，必将推动航天运输系统向高性能、低成本方向发展，以不断提高竞争力。

（3）基于国家意志的航天重大工程牵引支持重型运载火箭发展。重型运载火箭是航天强国的重要标志，相关研制工作对航天运输系统的设计理念与方法、生产制造技术水平、试验保障与测试能力提出全面而深刻的需求，必将伴随总体、动力、结构、控制等一系列关键技术的集群突破。

二、卫星技术

在提升通信、导航、遥感等卫星性能的同时，进一步向体系化、业务化、一体化方向发展。

（1）通信卫星领域。主要发展方向包括四馈源合成技术，大口径高精度反射器技术，轻量化载荷设备工程化技术，大型复杂数字载荷单机工程化技术，星地一体化资源管控软件技术，新一代高性能、高承载比平台技术，大功率高效率全电推进技术等。重点内容是，一方面继续着眼于基于东四 E 平台的高通量卫星的技术突破，系统容量由 100 Gbps 提升到 240 Gbps 以上，同时可实现部分灵活。在核心技术攻关层面，持续加紧攻克 2.6 m 大口径长焦距轻量化反射器、多馈源合成、多关节展开臂等技术，实现高精度信标跟踪算法等，持续增大系统打款，提升频谱利用效率，提升单位重量系统容量。在工艺突破层面，进一步攻克 28 nm 制程工艺、高速 DA/AD、基于光模块的片间高速传输，完成五代 DTP 的关键技术攻关，推动上星应用。在卫星平台层面，持续推进 DFH-4E 平台优化设计，平台减重措施进一步落实，平台承载能力由 1030 kg 提升至 1200 kg。另一方面，基于东五平台的高通量卫星，系统容量由 600 Gbps 提升到 1 Tbps 以上，可实现全灵活。在核心技术攻关层面，攻克 5 m 以上大口径长焦距轻量化反射器、宽带数字波束形成、高自由度展开臂技术，实现超高精度波束校准算法。通过 3D 打印技术生产波导、开关、天线馈源，研制可"1 拖 4"的高性能双管 EPC，相关实现减重 40%。在工艺突破层面，完成六代 DTP 加 DBF 的关键技术攻关，推动上星应用。在卫星平台发展层面，持续研制 DFH-4E 全电推进平台，卫星发射重约 4500kg，载荷重量 1500 ~ 1600 kg，整星功率 25 ~ 30 kW，入轨周期约 6 个月，实现在轨验证及应用。通过对关键技术的攻关，全面提升我国通信卫星的蓬勃发展。

（2）导航卫星领域。主要发展方向包括时频基准技术、导航载荷技术以及自主运行技术。未来 5 ~ 10 年，重点内容是，卫星导航系统将进一步强化其空间位置、时间基准以及空间基础设施属性，满足全球各类用户的定位、导航、授时服务需求，实现更精准、更安全的服务。伴随着我国航天事业发展和国家综合定位导航授时（PNT）体系的规划，仍需进一步发展高精度、高安全、数字化、智能化的下一代北斗导航卫星，满足未来军民需要。同时，保持北斗系统自主可控的传统，始终需要贯彻国产化与低成本的发展理念，在任务规划、组网升级、在轨稳定运行等方面重点规划，在保持北斗全球系统稳定运行的同时，逐步实现系统的更新换代。

（3）遥感卫星领域。主要发展方向是星上数据处理技术、星群协同任务规划技术以及星间网络互联技术。重点内容包括，进一步强调地球整体观测和多星组网观测发展，逐步形成立体、多维、高中低分辨率结合的全球综合观测能力，以全球性的整体观、系统观和多时空尺度来研究地球整体行为，综合提高对地观测系统能力。陆地观测系统向高精度定量化发展。在陆海测绘方面，向着更高定位精度、更大比例尺、更高分辨率、光学激光手段相融合方向发展。在资源调查方面，向着高空间分辨率、高光谱分辨率、宽谱段范围、快速覆盖和高定量化的方向发展。海洋观测系统向全要素精细化发展。在海洋动力方面，海面高度的探测手段逐步由传统星下点高度计向合成孔径高度计、宽幅成像高度计发展，海面高度测量精度逐步由 5 cm 向 3 cm 发展；海面温度测量精度提升至优于 0.5 K，并进一步提升分辨率；海面风场逐步拓展风速测量范围至大于 50 m/s，地面分辨率优于 5 km。大气观测系统向全谱段立体化发展。在大气成分探测方面，以光学探测和光谱数据解析为核心，以紫外、可见到红外全谱段为探测波段的各种高分辨率光学监测技术，逐步实现大气痕量成分实时探测能力。在大气剖面探测方面，综合应用光学临边、激光、微波等多种探测手段，结合大气剖面成分特性，不断提高对大气剖面的垂直分辨率。在大气风场方面，利用激光获取全球三维风场数据，对于增强微观气候观测、完善气象模型，服务高精度数值天气预报具有重要意义。

（4）空间科学与技术试验卫星领域。主要发展方向包括天文观测像质保证技术、日球层物理探测技术、天体物理探测等相关技术。重点内容是进一步突出和强化空间科学的牵引和主导作用，进一步完善空间科学与技术试验卫星的实施能力，并在任务规划、工程实施、数据研究等方面协同规划与推进。

三、小卫星技术与应用

随着小卫星平台与载荷功能和性能的不断提高，低轨道大规模开发利用的"轨道革命"正在发生，航天将迎来一个前所未有的新的发展与变革时期。主要发展方向是：星地一体、通–导–遥综合应用等。

（1）超前布局空间设施发展，进一步发挥小卫星系统优势，强化星地一体化同步发展，进一步强化卫星研制模式优化调整，改变地面系统建设滞后于卫星的局面，以适应基于未来大规模星座系统在通信、导航、遥感等领域的综合应用。

（2）通导遥星座系统融合构建，加速天地一体化应用。构建功能互联互通的空天地一体化卫星应用系统，实现通信、导航、遥感卫星系统之间互联互通，打破信息互联互通壁垒。针对不同用户群体，可提供多样化、定制化、实时化的天基信息增值服务。

（3）加速卫星小型化、智能化发展进程。加速微型推进器、微型电源系统等小型化系统研制，降低卫星研制成本，强化与互联网、网络、计算机、人工智能等技术的融合，提升卫星功能密度与智能化水平。

（4）进一步加强大规模小卫星系统标准体系建设。加强与国际组织协同，组织研究确定大规模星座建设的轨道规制要求、性能指标协同体系、数据产品质量要求、卫星运行管控、应用服务要求、应急事件国际协同工作要求等，依据相关的小卫星标准体系，以推进卫星发射、测控、运行管理的统筹建设。

四、载人航天器技术

载人航天器技术将向可重复、低成本、长期在轨运行、载人深空探测等方向发展。

（1）载人天地往返运输技术。采用可重复使用技术，着重突破主结构重用、设备重用、无损着陆等一系列关键技术，构建适用于航天器的重复使用标准体系；提升自主化能力，实现自主任务规划和轨道控制，提高任务适应性和应急反应能力；充分利用先进技术提升宜居性。

（2）货物补给运输服务技术。采用低成本货运服务技术，突破低成本货运服务关键技术，降低运营成本并提升应用效益；提升货物下行运输能力，满足空间站运营需求。

（3）载人空间长期飞行技术。开发受控生态生命保障技术，为航天员提供长期基本生命物资保障的人工闭合生态系统；发展空间站健康管理技术；突破充气居住舱技术，满足空间站舱段扩展、载人月球基地等任务对大型长寿命密封舱的需求。

（4）在轨服务技术。突破基于智能机器人的空间站自主建造与维护技术，提升空间站在轨服务能力；发展空间增材制造技术。

（5）载人深空探测技术。突破月面长期驻留技术、月面探测技术、月面受控生态技术等。

五、深空探测器技术

持续开展探月探火为代表的深空探测任务，突破一系列关键核心技术。

（1）月球探测。在探月工程四期任务基础上，我国计划广泛开展国际合作，共同建设国际月球科研站，以期更好地探索月球环境，和平开发利用月球资源。国际月球科研站将会成为在月球表面与月球轨道长期自主运行、短期有人参与、可进行扩展和维护的综合性科学试验设施，可用于持续开展科学探测研究、资源开发利用、前沿技术验证等多学科、多目标、大规模科学技术活动。

（2）行星探测。在行星探测工程任务基础上，我国部分科研单位正在开展后续行星探测任务的论证工作，主要包括近地小行星防御、太阳系边际探测、金星探测、水星探测以及冰巨星探测、主带小行星探测任务。这一系列研究工作，将显著扩大我国行星探测研究范围，提高我国行星探测技术水平。

（3）突破一系列关键技术。重点突破深空探测器总体、新型能源、新型深空测控通信、智能自主控制、新型结构与机构、新型科学载荷等关键技术。

六、航天推进技术

液体发动机、固体发动机以及特种及新型发动机等推进技术，都面临着新的更高需求，将促进技术发展。

（1）液体发动机。液体发动机在新时期催生了新的发展需求，新任务背景要求发动机可大范围变工况工作、由单一单次使用机械产品升级为机电一体化可多次使用产品、生产批量逐步增加、提供单一产品转变为提供产品和服务、商业化等。新需求带来了更高的发展目标，包括重复使用设计和应用、生产制造模式革新、全寿命周期可靠性和经济性平衡、应用场景服务模式多元化、组合动力实用化等。

（2）固体发动机。固体发动机正在向大型化、强适应化、绿色化、数字化与低成本化发展。加快推进千吨级推力大型固体发动机技术攻关，牵引大型固体火箭发动机的技术发展和工程应用，支撑固体动力技术的可持续发展，推动火箭运载能力和空间科学探索能力提升。

（3）特种及新型发动机。电推进将会持续向着提高性能、降低成本、增强可靠性的方向发展，不断提升任务适应能力，拓展航天应用领域。在新型发动机技术领域，未来将继续开展核热/核电推进系统关键部件的研制和地面原理样机测试工作，部分技术突破难度较大；加大对天梯、绳系推进、太阳/电磁帆、吸气式电推进等前沿动力技术方向的投入和探索力度。

七、空间能源技术

针对空间太阳能电站、深空探测、月球基地等特殊场景的应用需求，未来空间发电技术、储能技术以及能源控制技术主要发展方向为高效率、轻量化、小型化、长寿命。

（1）发电技术。太阳电池向着发电效率，提升抗辐射性能，减小厚度及重量，提高柔韧性方向发展，太阳电池阵向着轻量化、柔性化、小型化方向发展。针对大规模卫星星座的发展需求，太阳电池及太阳阵探索批量化、低成本路线，并推进硅电池、钙钛矿以及叠层电池等电池空间应用等。对于核动力电源，正在开展效率提升研究同位素温差电源，但整体温差发电效率相对偏低，较难实现大功率发电。布雷顿体系的核反应堆电源仍需克服超高温、环境适应性等问题。燃料电池技术致力于提高设备在轨可靠性，减少故障率和维护难度。

（2）储能技术。空间锂离子蓄电池的发展趋势为更高比能量、更高比功率、更高安全可靠性、更长循环寿命。构建致密化电化学体系，实现更高比能量，构建高功率电化学体系，实现更高比功率。基于表界面构建及强化机制，实现器件的长效稳定，实现更长寿命。从设计、过程控制和材料选用等方面实现器件全寿命周期的可靠性运行，实现更高安全可靠性。空间用锂氟化碳电池一方面向高比能方向发展，应用于深空探测等领域；另一方面向高功率、长贮存（15年以上）方向发展，需要进一步降低锂氟化碳电池的发热量，主要用于特殊供电场合等。

（3）能源控制技术。能源控制技术发展趋势为高密度、高效率、智能化、低成本。国内电源控制与电池管理产品在体积、重量、工艺等方面与国外先进水平有一定差距，需进一步开展新器件新材料应用和机电热一体化设计研究；在商业星座的高性价比能源控制方面，需要兼顾可靠性和成本进行统一设计，并进行空间飞行验证，满足发展需求。

八、航天制导、导航与控制技术

航天制导、导航与控制技术的总体发展趋势可以概括为：智能化、一体化、分布式。

（1）超大结构航天器姿态轨道控制。重点关注多刚柔体系统动力学建模与模型降阶、复杂结构状态空间模型构建与能控性研究、航天器姿轨运动与大型柔性结构振动的混合控制律设计等基础科学问题，实现超大结构航天器的振动抑制和精准控制。

（2）轨道空间博弈控制。重点关注非合作全天时精准感知测量、不完全信息博弈策略求解与任务规划、动态目标高精度跟踪指向控制等基础科学问题，实现对非合作航天器和空间碎片的安全适度应对。

（3）网络化航天器集群控制。重点关注分布式异构多智能体系统决策控制、类脑集群行为智能涌现等基础科学问题，实现大规模异构星群的自主组网、协同控制与快速重构，支撑低轨卫星互联网等建设。

（4）地外探测智能无人系统控制。重点关注先验知识欠缺带来的小样本训练问题、地外环境物理化学特性不确知导致的操控风险问题、低功耗、低主频和低存储约束下的智能计算问题，支撑未来月球科考站、载人登月、火星探测任务的实施。

（5）跨域航天器自主控制。重点关注复合抗扰、预设性能、在线学习等先进控制理论的研究与应用，支撑航班化航天运输系统的建设。

（6）在轨建造与维护控制。重点关注多模态智能感知、多智能体协同控制等基础科学问题，支撑下一代空间站、空间太阳能电站等大尺度航天器的在轨建造与维护以及空间碎片清除等重大航天工程的建设。

九、航天探测与导引技术

航天探测与导引技术将向协同、一体化、集成化等方向发展。

（1）协同探测技术。发展"弹-星-地"三位一体跨域协同感知架构设计技术和跨域多尺度多源异构信息关联技术，建立"弹-星-地"三位一体跨域协同感知架构，形成信息网络互联标准，系统构建多平台探测传感器联合引导机制，实现预警探测—搜索识别—末端引导的全链路信息保障与快速处理能力，提升协同探测能力；同时针对战场目标识别面临的类型多、分布广、机动性强，以及主被动传感器数据定位精度差异大，异构平台数据获取目标信息时空不同步等问题，开展跨域多尺度多源异构信息关联研究。

（2）探通一体化技术。加强分立通信系统与探测系统集成研究与系统开发，实现探测辅助通信或通信辅助探测；深度融合通信与探测的频谱资源、硬件设备、波形设计、信号处理、协议接口、组网协作等，建立多平台传感器接口标准，形成网络互惠的统一互联互通模式，使探测网络与通信网络互惠共赢。

（3）传感器集成技术。进一步缩小传感器芯片和模组尺寸，并集成人工智能、云计算、大数据等新技术，实现更加智能化的数据采集、处理和分析，同时加强如数据加密和身份认证、强化硬件安全等方面安全性和可靠性设计，保证传感器芯片和模组设备的安全性和可靠性。

（4）边缘计算与先进计算技术。结合5G网络提升探测与导引数据获取量，提升传感器网络互联互通、可重构、实时数据分析能力；突破开放式标准与框架，打通各传感器信息壁垒，开发开放式、易迁移的边缘计算标准与框架，优化信息融合渠道，提高探测效率与导引精度；加速数据空间化，使探测与导引数据实现数字化、探测与导引设备实现分布式，提升快速决策能力；利用联邦学习模式，有效提升探测系统协同计算效率以及实时数据分析能力，同时增强数据安全性。

十、航天智能探测与识别技术

随着各国大型研究计划的共同推动，类脑智能探测与识别专业将进入快速发展阶段。该技术衍生出的科技成果也将应用于自动导航、精确制导以及空间目标探测等领域，解决现有第二代人工智能存在的计算负荷高、应用鲁棒性弱以及可解释性差等问题。基于类脑计算智能特点，其在航天领域的应用潜力，主要有高速目标探测跟踪、空间目标探测跟踪、自主导航、决策算法、环境交互等。未来在航天领域需要关注的基础性问题与应用重点包括：

（1）四个基础性问题。低功耗神经形态器件研制；面向航天任务的事件相机探测技术；多模异构数据类脑芯片高速处理技术；可解释轻量化脉冲神经网络构建。

（2）高速目标探测跟踪。利用事件相机高速响应与高分辨成像特性，实现目标快速精准探测，并结合类脑芯片的高效计算，实现目标的精确高速识别。

（3）空间目标探测跟踪。事件相机可以在复杂环境背景下开展航天器追踪其他卫星或物体，精确地跟踪目标的位置和运动，提高航天器的导航精度。

（4）自主导航。航天器自主导航需要对各种复杂的环境和任务进行快速准确的判断和响应，类脑计算可以通过自主学习和适应能力对航天器进行自主导航控制，从而实现更高效的任务完成。

（5）决策算法。在航天任务中，决策需要考虑多种因素，例如资源利用效率和信息安全等，传统的算法可能无法高效地处理这些因素的综合关系，而类脑计算通过神经网络的高度并行性和自学习能力，可以更好地完成复杂决策算法的设计。

（6）环境交互。事件相机可以利用其低延迟和高速度快速响应环境变化，从而实现与环境之间的快速交互。例如，事件相机可以用于自主导航、决策算法和机器人控制中。

十一、航天遥测遥控技术

航天遥测遥控领域未来将建成全域覆盖、泛在互联、安全弹性的天地一体化空间网络信息体系。未来发展重点是：

（1）强化理论与标准规范。理论与标准规范是支撑航天测控技术发展的支柱，定期推进对航天测控标准进行修改和完善，使其发挥规范和引领作用。

（2）加快测量与控制技术发展。随着测控设备发展呈现出一体化、芯片化、网络化、总线化的趋势愈发明显，不断更新完善测控体制，从而适应卫星/火箭等任务目标的测控需求。

（3）持续发展和完善跟踪与数据中继技术。重点发展基于跟踪与数据中继技术的高速数传、多目标测控通信等技术，持续发展跟踪与数据中继卫星系统。

（4）重点突破激光测控通信、天地一体化测控网络、测量系统安全防护、智能化航天测控等关键技术，加速技术的转化与应用。

十二、空间遥感技术

空间遥感领域的发展趋向：一体化多维融合遥感技术是发展热点；高光谱成像技术向纵深发展；动目标探测、检测、识别、跟踪一体化发展。技术发展重点为：

（1）超大口径遥感器组装技术。为了满足高分辨率观测需求，我国对未来大型空间光学设施建造的需求主要面向超大口径光学遥感器，其光学系统主镜口径达到 10 m 量级。同时，超大口径遥感器建造可以满足远距离暗弱目标探测以及天文观测等科学研究领域的大型规模需求。

（2）微纳、智能化载荷技术。具有感知、处理、控制、通信等功能的智能化集成微纳系统不断发展，建设遥感器智能设计系统，发展具备精确感知状态信息能力、成像参数自主可调的智能遥感器成为趋势。

（3）低温成像技术。面向深空天文观测需求，随着探测谱段向长波红外延伸，探测系统的工作温度要求更低。在中波红外谱段，需要将遥感器制冷至 30 K。在长波红外谱段，需要将遥感器制冷至 3~5 K。进一步深化低温光学技术的研究工作，具体包括：超大口径低温光学系统及其应用、超低温制冷技术等关键核心技术，以及低温镜头性能测试与评价、低温光学元件加工工艺及镜面镀膜技术等制造技术。

（4）微光成像技术。新一代微光夜视技术将更注重与夜天光辐射相匹配，以期拓宽多波段感知水平。进一步研究大口径长焦距物镜系统、高灵敏度微光探测器组件技术、智能化电子学控制技术和微光图像处理技术等。

（5）高分宽幅微波成像技术。采用先进的多通道数据体制，将同等分辨率下的幅宽提升 5~10 倍，满足未来应用对高分宽幅的需求。

（6）空间微波辐射基准技术。针对空间微波辐射探测资料在高精度、高稳定性、高一致性方面存在的观测能力不足和缺乏基准溯源链的问题，开展毫米波亚毫米波低温冷光学技术、毫米波亚毫米波高灵敏高稳定接收机技术、超高发射率微波定标黑体技术、微波基准辐射计高精度定标技术、全链路微波空间辐射基准传递框架与辐射基准溯源技术等研究，进行星地/星星微波辐射基准传递一体化验证，建立天基微波辐射传递和误差评估模型。

十三、航天先进材料

面向航天装备应用需求，特别载人航天、新型运载火箭等的需求，加强材料基础研究，提高材料技术的成熟度，提升材料的自主保障能力，持续推进新材料、新工艺、新方法的研究与应用，实现一代材料对一代装备的有力支撑。技术发展重点为：

（1）金属材料与工艺技术。完善航天材料发展体系，形成相对完整的产品谱系；加强航天金属材料的基础研究，建立不同性能特征（高强、耐腐蚀、耐损伤、可焊、高成形性、高淬透性）的合金设计准则，继续研发第四代铝锂合金、新型电铸镍钴合金，高强/超高强大型复杂整体粉末冶金成形构件以及研制耐温更高、使用寿命更长的高温特种防护涂层，形成有自主知识产权的新型航天金属材料体系；建立材料研制与应用研究平台。

（2）非金属材料及工艺技术。进一步提升阻尼及密封结构的设计水平，突破组合密封、大尺寸弹性金属密封制品、结构阻尼一体化的设计技术，发展密封及阻尼材料-性能-制品的数字化仿真设计；提升原材料自主保障能力，实现非金属产品关键原材料的国产化保障；突破新一代耐高温热密封及粘接、耐大冲击载荷阻尼等关键技术，提高材料系列化水平；开展智能密封/阻尼材料及结构、形状记忆智能囊体材料等新一代非金属材料的探索性研究。

（3）先进功能复合材料及工艺技术。进一步提升先进功能复合材料的性能，满足航天器经历的极端环境中服役的需求；强化结构多功能一体化，满足新型航天器对防热承载、防热隐身、透波隔热、防热隔热等多功能一体化的迫切需要；降低成本，强化材料性能、工艺和经济性的协调。

（4）表面工程材料技术。烧蚀防热涂层方面，发展主被动协同式防热方式；隐身材料方面，解决舵翼等在高温高气动剪切环境服役的结构件雷达特征降低的问题；热控涂层方面，发展主动段气动加热后性能无退化的热控涂层等；热喷涂方面，发展耐更高温度的超高温抗氧化涂层等；环境防护涂层方面，发展长寿命镁合金防腐蚀涂层等。

（5）航天结构复合材料及工艺技术领域。研发第三代先进结构复合材料、超结构复合材料等新型材料体系；开展第二代先进结构复合材料、耐高温结构复合材料、结构透波一体化复合材料等关键材料的工程化应用技术研究；开发复杂结构件的 RTM 成形、自动铺丝/铺带、3D 打印等先进制造技术。

十四、空间生物与医学载荷技术

随着我国深空探测任务的持续推进，围绕空间生物与医学研究需求，空间生物与医学载荷技术的发展趋势为：多学科深入交叉、融合协作，智能化系统创新。未来空间生物与医学载荷技术的发展重点为：

（1）多样性和灵活性。随着太空任务的变化，实验需求也将不断变化。未来的空间生物与医学载荷技术需要更加多样化和灵活，以满足各种不同类型的实验需求。

（2）自主化和智能化。未来的空间生物与医学载荷技术需要更加自主化和智能化，以应对复杂的操作环境和操作流程。例如可以利用人工智能、机器学习等技术，提高载荷设备在微重力、辐射等恶劣条件下的自主适应能力。

（3）高效率和低成本。未来的载荷技术需要更加注重高效率和低成本，以降低实验成本和提高实验效率。

十五、航天器回收着陆技术

航天器回收着陆专业技术发展趋势主要包括：满足更多样化的工程需求，实现更重的载荷进入减速与着陆，适应更快的进入或返回速度，适应高空乃至地外天体等更为复杂的环境，达到更高的下降及着陆精度，要求进入减速与着陆系统的可靠性安全性不断提升，实现航天器的重复使用。其发展重点包括：10 t 级大载重航天器的进入减速与无损着陆、适应第一宇宙速度高超再入的柔性展开气动减速与防热、适应高空乃至地外天体等更为复杂的环境、10 m 量级飞行器定点着陆与避障下降、可重复使用 10 次要求下进入减速与着陆系统的性能评估等。

第三节　未来发展策略

我国航天事业实践表明，在向航天强国迈进的历史进程中，航天科学技术学科发展的作用愈加凸显，它为技术发展与应用提供了越来越丰富和坚实的理论指导，而一系列航天重大成果的取得无不体现了多学科理论指导下的创新实践。

我国将秉持继承与创新的原则，不断推进航天学科高质量发展与航天重大成果的涌现。

一、持续实施重大航天工程，带动和牵引学科发展

一是通过全面实施月球和火星后续探测、小行星探测、载人航天、重型运载火箭等一批重大工程或重大项目，牵引一批学科技术发展，攻克并掌握一批具有自主知识产权的关键核心技术，全面提升航天科技整体水平。二是创新开展科学任务规划、任务系统设计以及关键技术解决途径等论证，超前培育和储备一批备选重大项目。

二、不断夯实航天学科基础和产业发展基础

一是加强基础与前沿研究，超前部署关键核心技术攻关。重视并强化航天技术基础理论、空间科学、深空探测科学理论及创新技术机理研究，率先提出新颖、先进的创新科学问题及目标，超前部署有效载荷、探测平台及科学数据指标体系搭建及创新关键技术攻关，丰富健全技术体系，夯实基础理论研究、科学发现及工程实施基础。二是重视基础原材料、标准件、元器件、关键单机产品的研制。为补齐生产制造短板，降低复杂航天产品实现难度，加大关键核心设备研制力度，尤其是功能复合、可靠性高、精度与效率俱佳的加工及检测设备，改变大量需要引进高端装备的状况；重视关键工业软件研制，为未来产业发展提供支持。

三、扎实推进研制模式转型，满足产业高质量发展要求

一是推进航天产业科研模式转型。我国现有的运载火箭、航天器等研制、生产、测发仍然沿用传统的科研模式，已经难以满足未来规模化、高效化进出空间、利用空间的需求。必须充分利用已有的技术优势和基础工业的规模优势，推动社会化配套，逐步建立面向市场、面向社会的航天产业研发制造生态体系，提升运载火箭、航天器制造的产业化水平，加速数字化、智能化及先进设施建设及应用，完善基于系统工程的管理体系建设，降低研发制造和服务成本，提高可靠性，保证质量。二是创新研制设计理念。以重复使用运

载火箭为代表的诸多研究领域，其技术跨度大，对许多复杂问题的机理国内外均缺乏足够认识，采用传统研制设计理念将导致周期长、投入大、效率低。因此，须借鉴国内外研制经验，加强航天技术与人工智能、云计算、大数据、物联网及其他新技术的融合，充分发挥总体集成验证优势，优化单机研制流程，强化系统仿真和飞行演示验证，按照一次性确定目标、分步实施验证、关键技术逐项突破的发展思路，稳步开展工程研制和产品应用。

四、加强科技创新人才队伍建设

一是以重大工程实施和基础研究实践为平台，推动建设一批跨行业、跨学科、跨技术领域、跨组织的创新团队，培养造就一批素质高、能力强、具有强烈创新意识的领军人才。二是完善科技创新激励措施，健全科技成果产权制度，强化知识产权保护和运用，培养技术转移人才，积极探索科技成果转化路径。

参考文献

［1］ Space Foundation. The Space Report 2022 Q1［R］. 2022.
［2］ Space Foundation. The Space Report 2022 Q2［R］. 2022.
［3］ Space Foundation. The Space Report 2022 Q3［R］. 2022.
［4］ Space Foundation. The Space Report 2022 Q4［R］. 2023.
［5］ US Satellite Industry Association. 2021 State of the Satellite Industry Report［R］. 2021.
［6］ US Satellite Industry Association. 2022 State of the Satellite Industry Report［R］. 2022.
［7］ 国务院新闻办. 2021 中国的航天［R］. 2022.
［8］ 中国航天科技集团有限公司. 中国航天科技活动蓝皮书（2020年）［R］. 2021.
［9］ 中国航天科技集团有限公司. 中国航天科技活动蓝皮书（2021年）［R］. 2022.
［10］ 中国航天科技集团有限公司. 中国航天科技活动蓝皮书（2022年）［R］. 2023.
［11］ 中国航天基金会. 2019 世界航天发展报告［R］. 2020.
［12］ 中国航天基金会. 2020 世界航天发展报告［R］. 2021.
［13］ 中国航天基金会. 2021 世界航天发展报告［R］. 2022.
［14］ 中国航天基金会. 2022 世界航天发展报告［R］. 2023.

撰稿人：王一然　朱林崎　姜　军　张　瑶　何　颖　冯培松

专题报告

航天运载器专业发展报告

一、引言

航天运载器是在地球表面和空间轨道之间以及空间轨道与轨道之间运输各种有效载荷的运输工具系统的总称，一般可分为一次性运载火箭、轨道转移运载器和重复使用运载器。航天发展，运载先行，航天运载器的发展直接促进了卫星应用、载人航天、深空探测等技术的发展，在通信、导航、环境监测、资源勘察、科学研究等方面给国民经济的各部门带来直接的经济效益，是牵动航天产业发展的龙头。航天运载器的技术水平更决定着一个国家进入空间的能力，目前已成为世界各国参与全球战略竞争、提升国家综合实力的重点领域。

过去五年，我国航天运载器领域取得了一系列成果：新一代长征系列运载火箭进入应用发射阶段，成功实施我国火星探测、月球取样、空间站建造等一系列重大工程任务，全面开启长征系列火箭更新换代进程；固体运载火箭成功实施海上发射，实现我国固体火箭从固定到机动再到海上发射的三步跨越；可重复使用运载器成功首飞和复飞，全面加快我国重复使用运载器建设进程；我国首款固液混合动力运载火箭成功首飞，多家商业航天公司实现入轨发射，不断丰富我国进入空间的运载工具谱系。随着全新航天运载器完成研制，我国进入空间能力显著提升，综合性能指标达到国际先进水平；同时以大直径箭体结构设计制造与试验技术、大推力氢氧发动机制造技术、发动机大范围推力调节、故障诊断与容错重构、着陆支撑等技术取得突破，我国航天运载器核心竞争力不断提升。

本报告主要包括近五年来我国航天运载器领域主要进展、与国外航天运载器领域发展的对比分析、未来我国航天运载器发展方向与展望等内容。

二、近五年的主要进展

（一）国外航天运载器发展情况

近五年，世界各航天大国均把发展航天运载器技术作为首要战略部署之一，以巩固强化其在航天运载器领域的战略地位，全球航天发射次数更是连续五年突破百次。

以美欧俄为代表的航天强国及地区，形成了较为完备的航天运输体系，通过攻关先进动力、先进结构、新型材料等创新技术，不断提高运载器总体性能；在智慧赋能方面进行大力探索，智能技术开始融入航天运输领域设计、制造、测发、飞行等全流程；重复使用技术已经在以猎鹰 9 为代表的火箭中成熟应用。

1. 美国

美国一次性运载火箭和可重复使用运载火箭并行发展，发射方式多样、进入空间能力覆盖全面（图1）。在太空探索计划指导下研制的 SLS 重型运载火箭（太空发射系统），于 2022 年 9 月完成首飞，其 LEO 运载能力达 70 t，是当前全球现役火箭能力最大的火箭，其后续最大构型 LEO 运载能力可达 130 t，将支撑美国 2025 年实现载人重返月球计划实施。

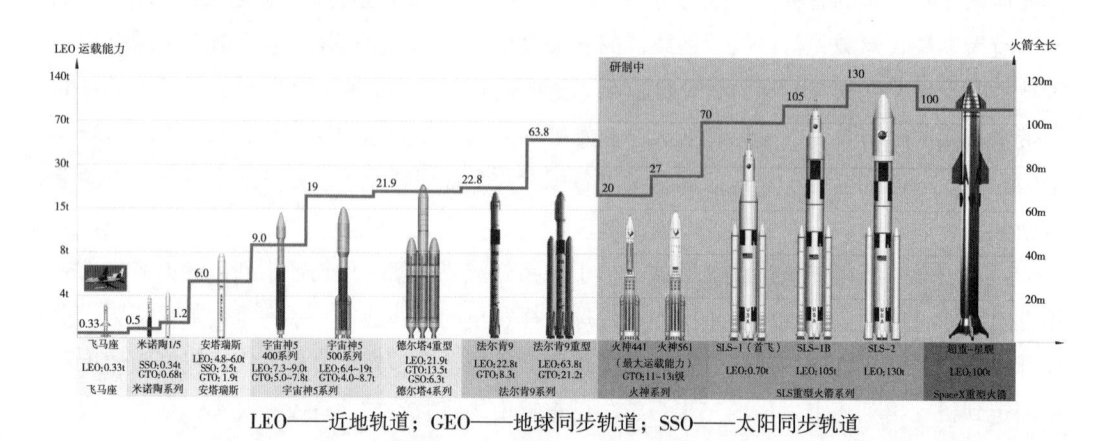

LEO——近地轨道；GEO——地球同步轨道；SSO——太阳同步轨道

图 1 美国主流运载火箭

猎鹰 9 是美国近年发射频度最高的运载火箭，也是全球唯一常态化重复使用运载火箭，截至 2023 年 6 月 30 日已有 2 枚箭体复用次数达到 16 次，最短翻新复用时间缩短至 27 天，极大提高了进入空间的效率和效益。猎鹰 9 火箭通过重复使用技术获得了更大的降价空间，对外宣称单发产品发射服务费用为 6700 万美元（官网），在多个项目竞标中打败了欧美传统竞争对手。超重 - 星舰是全球第一款两级垂直起降完全重复使用火箭，LEO 最大运载能力达 150 t，虽然首飞折戟，但其多项新技术应用和快速迭代 - 试验的研制理念，都对世界航天运载器领域产生了巨大影响，让其首飞成为 2023 年世界航天最受瞩目的发射。

2. 欧洲

欧洲航天运载器长期以来坚持"一大一中一小、固液并存"的发展模式，构型数量较为精简，满足进入空间大部分需求（图2）。

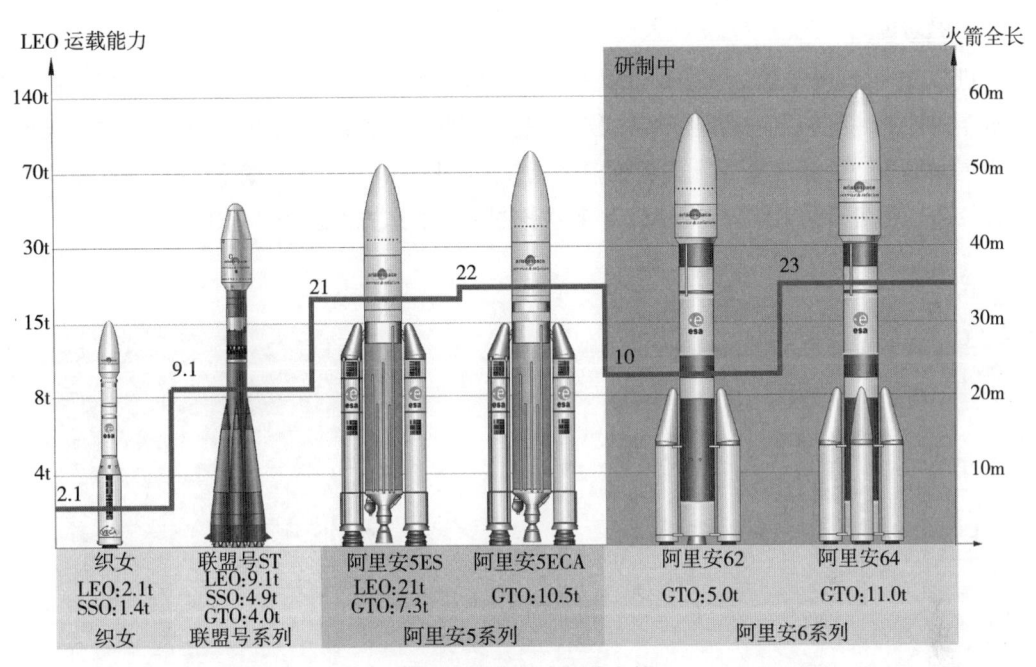

图2 欧洲主流运载火箭

2023年，欧洲航天局久负盛名的阿里安5火箭，在完成其第117次发射后正式谢幕。阿里安5火箭于1987年11月立项，目的是向地球同步转移轨道和太阳同步轨道发射各类卫星、向近地轨道发射空间站大型舱段等。在成功研制基本型后，为了提升运载能力以确保阿里安5火箭在商业发射市场上占主导地位，欧洲航天局还先后研制了阿里安5G+、阿里安5GS、阿里安5ECA等改进型号。基于5款型号，阿里安5火箭在27年服役期间，共进行117次发射任务、112次成功，是一款成熟、可靠的火箭，在世界火箭发展史上留下了浓墨重彩的一笔。不过，其综合性能和近2亿美元昂贵的发射价格，在面对以猎鹰9火箭为代表的火箭时根本无力抗衡。为确保国际商业发射市场竞争力，欧洲航天局正重点发展阿里安6系列火箭，运载能力虽未体现出较大增长，但火箭的整体性能得到提升和优化，成本大幅下降。此外，织女星升级版火箭于2022年7月成功首飞，其2.3 t最大运力相比基本型有了大幅提升。

同时，欧洲正积极推动重复使用技术应用。FROG垂直着陆小型演示器，在2019年完成了几次演示飞行；正在攻关的名为"阿尔忒弥斯"的部分复用火箭项目，计划2023

年至 2025 年完成高空跳跃测试及回收，技术成熟后将为"下一代阿里安（ArianeNext）"火箭提供设计支撑。开展"艾德林"发动机部段带翼飞回式的火箭部分复用方案，有望在 2030 年左右实现应用。英国喷气发动机公司开展了关于高效预冷器、变工况发生器 / 推力室、高效燃烧组织与热防护以及模态转换与调节控制等关键技术研究，取得大量研究成果，计划在 2025 年进行首次飞行试验，有望成为最早投入使用的单级入轨空天飞机。

3. 俄罗斯

进入 21 世纪的第二个十年，俄罗斯经济虽然在逐步恢复，但是速度非常缓慢，再加上近年的俄乌冲突，更让其经济形势不容乐观。因此，俄罗斯疲软的经济形势对其航天事业发展极为不利，俄罗斯主流运载火箭见图 3。其中，最为著名的就是持续了 20 多年的安加拉系列火箭研制工作，以及经历了数次推迟完工的东方发射场工程建设。

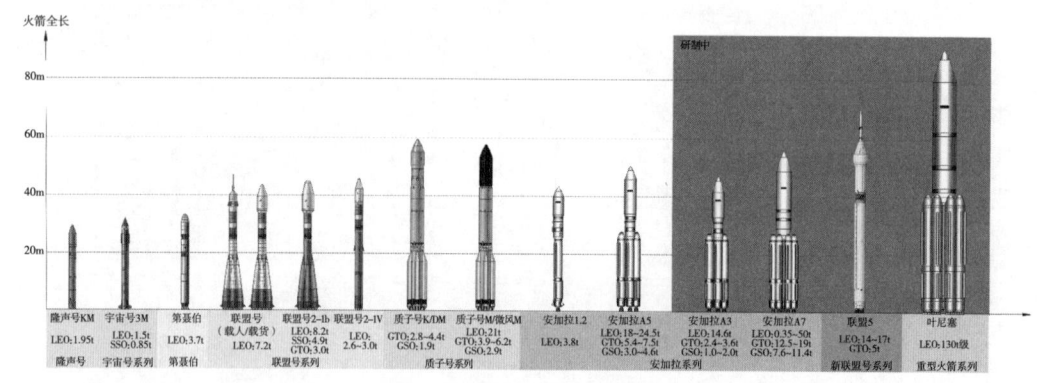

图 3　俄罗斯主流运载火箭

在《俄联邦 2016—2025 年航天计划》中规划的联盟号 5 已正式启动研制。联盟号 5 为两级火箭，直径 4.1 m，使用液氧煤油推进剂。安加拉系列火箭由赫鲁尼切夫国家航天科研生产中心研制，主要包括小型安加拉 1.2 和大型安加拉 A5，LEO 运载能力可覆盖 3.8～24.5 t，GTO 运载能力可覆盖 5.4～7.5 t，可实现对质子号系列火箭的替代。

在重复使用方面，2020 年 10 月 5 日，俄罗斯国家航天集团宣布研发"阿穆尔"的两级重复使用火箭，火箭长约 55 m，直径 4.1 m，重复使用状态下 LEO 运载能力达 10.5 t，一次性状态下 LEO 运载能力达 12.5 t，初期设计重复使用 10 次，远期设计目标为 100 次。重复使用状态下发射服务费用瞄准 3000 万～3500 万美元 / 发。

（二）国内航天运载器发展情况

2019—2023 年（截至 2023 年 6 月 30 日），我国共进行了 217 次发射，其中长征系列运载火箭 180 次、商业航天 37 次，具体统计见表 1。发射的有效载荷包括气象卫星、通信卫星、导航卫星、海洋卫星、光学卫星等应用卫星，还包括空间站核心舱、实验舱、载人飞船、货运飞船、火星探测器、月球探测器等。

表 1　国内发射服务统计　　　　　　　　　　　单位：次

年度	长征系列	商业航天	年度总计
2019 年	26	8	34
2020 年	32	5	37
2021 年	50	7	57
2022 年	53	11	64
2023 年（1—6 月）	19	6	25
总计	180	37	217

通过重大航天工程项目的牵引，我国航天运载器研制开展了大量技术研究与工程应用，并建成了新一代运载火箭研发体系。突破了大直径火箭总体优化及环境预示、准实时双向弹道风修正、栅格舵一子级落区控制、基于翼伞的分离体落区控制等总体技术；全面应用全三维设计与制造，大量应用仿真手段代替试验，提升效率、降低成本；建立基于基础物理源变量的总体多专业耦合动力学模型和基于源变量的半实物仿真平台；攻克 5 m 直径箭体结构、搅拌摩擦焊等设计制造与试验技术；突破故障诊断与容错重构关键技术，支撑了现役运载火箭飞行可靠性提升和下一代运载火箭智能化升级。

1. 一次性运载火箭

近五年，长征五号 B、长征七号甲、长征八号火箭相继实现首飞，新一代运载火箭全面进入应用发射阶段，长征系列运载火箭近地轨道运载能力达到 25 t 级、地球同步转移轨道运载能力达到 14 t 级，运载能力、入轨精度、可靠性处于国际先进水平，进一步巩固了我国航天大国的地位。

长征五号 B 运载火箭先后将空间站天和核心舱、问天实验舱和梦天实验舱准确送入预定轨道，标志着我国空间站三舱"T"字基本构型建设正式完成；长征二号 F 运载火箭先后执行神舟十二号、神舟十三号、神舟十四号、神舟十五号载人飞船发射任务，将 12 名航天员送入空间站执行科学任务；长征七号运载火箭先后成功发射天舟二号、天舟三号、天舟四号、天舟五号货运飞船，为载人航天空间站建造及常态化运营做出重要贡献。2022 年 2 月 27 日，我国第一款固液混合动力运载火箭长征六号甲成功首飞，拓展了太阳同步轨道发射能力。长征三号乙运载火箭先后完成 9 次北斗卫星发射任务，历时 20 年的北斗卫星导航正式建成。新一代载人登月火箭长征十号，先后完成了我国首型高空型泵后摆大推力液氧煤油发动机长程试车、发动机地面环境火炬点火试验等重要节点性试验，并在以八通蓄压器研制为代表的多项关键技术中取得实质性突破，于 2023 年完成国家立项，正式转入初样研制。

长征十一号火箭自2019年首次海上发射以来，又先后四次成功实施海上发射，全面验证了海上发射技术流程，使长征十一火箭成为世界上第一款独立自主掌握海上发射技术并采用民用船舶完成海上发射的运载火箭（图4）。2022年12月9日首飞的捷龙三号固体运载火箭，按照商业化模式运营，进一步提升固体运载火箭运力的同时大幅降低成本，极大提升了长征系列运载火箭市场竞争力。

图4 长征十一号运载火箭海上发射

在国家倡导军民融合、发展商业航天的大背景下，国内商业航天公司在固体、液体领域均取得突破，能力不断向上跃升。目前包括航天科工集团的快舟一号甲、星际荣耀公司的双曲线一号、星河动力的谷神星一号、中科宇航的力箭一号、天兵科技的天龙二号等运载火箭均成功执行入轨发射；蓝箭公司的朱雀二号运载火箭虽然首飞失利，但2023年7月12日复飞成功，成为我国首款入轨的全液氧甲烷液体运载火箭。同时，商业航天公司在液氧甲烷发动机设计与制造技术、不锈钢贮箱设计与制造技术等方面持续攻关，取得了较好的效果。这些商业航天公司不断增强、丰富着我国运载火箭多样化发射服务能力。

2. 轨道转移运载器

在北斗三号重大工程需求牵引下，我国研制了支持直接入轨发射中高轨卫星的远征上面级轨道转移运载器。上面级可将一个或多个航天器直接送入预定工作轨道或预定空间位置。研制过程突破了多星异轨部署和多约束轨道设计、长时间在轨多信息融合高精度导航制导控制、长时间在轨推进剂管理及并联贮箱均衡输送技术、空间环境适应性防护设计等关键技术，开创了我国空间运输新领域。

以远征一号上面级为基础拓展创新，衍生发展出远征一号甲、远征一号S、远征二号等系列上面级，形成了我国"远征"系列上面级，被外界誉为"太空摆渡车"系列。远征二号是增强型，主要与长征五号系列火箭组合发射，在轨时间几小时、起动次数2次。远征一号甲在远征一号基础上进行长时间在轨和多次起动改进，起动次数达数十次，在轨时间达数小时，作为我国首型多任务、高适应性的空间试验平台，国际上首次实现了从再入轨道迅速拉起回到近地轨道的蹦极式 Lambert 变轨技术，完成了 5 类多项载荷的空间轨道部署，实现了能力升级。远征一号 S 商用型为满足不同的中低轨道多星发射任务需求而研制，已多次执行星座组网一箭多星发射任务。

3. 重复使用运载器

重复使用是未来航天运载器的核心特征，是航天运载器回归"运输"本质的重要路径。

近五年，我国积极布局发展重复使用技术，实现了现役火箭的落区控制。长征二号丙运载火箭完成了我国首个基于栅格舵的火箭一子级再入落点精确控制技术研究及工程应用，最终一子级残骸落点与设定落点偏差小于 2 km；长征二号丁、长征四号乙运载火箭先后完成基于栅格舵落区控制技术验证；长征三号乙运载火箭完成整流罩分离体再入控制技术攻关，突破和验证了减速伞超音速条件下的开伞技术，历史性实现整流罩再入过程中跨音速段由姿态高速翻转转为平稳飞行。

在垂直回收的重复使用运载火箭研制方面，返回着陆段导航、制导及控制、发动机重复使用设计及验证技术等关键技术取得了实质性突破，完成了大型地面着陆段力学环境试验以及新型回收机构等验证试验，其余各项系统级研制工作均在紧密开展当中。开展了多次低空垂直起降的验证试验，翎客航天使用 300 kg 级液氧酒精发动机开展了 300 m 垂直起降试验；深蓝航天采用 4 t 级电动泵液氧煤油发动机开展了 1 km 垂直起降试验，初步验证了再入过程控制算法。

随着重复使用运载火箭发展，甲烷不结焦、易维护、低成本的优势逐渐突显，重复使用技术赋能甲烷发动机竞争力提升。蓝箭航天 TQ-12 发动机已完成 200 s 变推力长程热试车；九州云箭公司设计了 10 t 级的凌云液氧甲烷发动机和 65 t 级的龙云液氧甲烷发动机，其中龙云发动机地面版完成了不少于 1600 s 试车，试验了 3 次启动和变推力工况。

成功完成了升力式重复使用运载器演示验证，2021—2022 年某重复使用运载器成功完成首次飞行和重复飞行试验任务，验证了水平飞回总体设计、滑跑着陆、重复使用检测维护流程等关键技术，为我国重复使用技术发展奠定了坚实基础。

重型运载火箭代表一个国家更大、更远、自主进入空间的能力，将使我国近地轨道运载能力、地月转移轨道运载能力得到跨越式发展，是国家综合国力和航天强国的重要标志。我国重型运载火箭突破了 10 m 级贮箱研制与制造技术、大型结构连接分离技术、大功率伺服机构技术、再入 GNC（制导、导航和控制）技术等，正在推进工程立项。新一代近地载人运载火箭长征十号 A 已于 2023 年完成国家立项，正式转入初样研制。

此外，我国在组合动力、核热推进、连续旋转爆轰等新概念运载器研制中持续攻关，取得了一系列进展。其中，2022 年 7 月，空天组合动力"飞天一号"验证机成功发射，其对火箭、亚燃、超燃等多飞行模态进行了综合验证，这些研究为丰富我国未来航天运输系统积蓄力量。

（三）研究团队

目前，国内有关航天运载器领域的研究团队主要分布在中国航天科技集团有限公司、中国航天科工集团有限公司和相关民营商业航天企业等单位。

1. 北京宇航系统工程研究所

北京宇航系统工程研究所隶属于中国航天科技集团有限公司中国运载火箭技术研究院，成立于1958年4月2日，是我国长征系列运载火箭的总体设计和系统集成单位，承担了以载人航天工程、探月工程和新一代运载火箭研制等为代表的国家重大项目。北京宇航系统工程研究所先后抓总研制了CZ-1、CZ-2、CZ-2C、CZ-2E、CZ-2F、CZ-3、CZ-3A/B/C、CZ-5/5B、CZ-7/7A、CZ-8、CZ-11等十几种长征系列运载火箭，形成了长征火箭系列型谱，使我国进入空间的能力达到世界一流水平，构建了具有我国独立知识产权的长征系列运载火箭家族，奠定了中国航天事业发展的基础。目前，重型火箭正在开展关深论证，重复使用领域已经实现落区可控重大突破，加速抢占世界航天技术制高点。

北京宇航系统工程研究所荣获708项国家级、省部级重大科技成果奖，以载人航天空间交会对接工程、嫦娥三号工程等为代表的9个项目获得国家科学技术进步奖特等奖；重大科技成果奖120项、国防科学技术进步奖85项、军队科学技术进步奖45项。荣获中国载人航天工程突出贡献集体、首次月球探测工程突出贡献单位等称号。

2. 上海宇航系统工程研究所

上海宇航系统工程研究所隶属于中国航天科技集团有限公司上海航天技术研究院，其前身是国防部第五研究院第二十设计所，于1984年成立，1994年独立建制。经过40年发展，已逐步由单一的运载火箭总体研制单位发展成到覆盖"箭、船、星、器"多个领域，成长为以运载火箭总体、空间科学总体、空间飞行器结构与机构产品三大主业为核心的综合性宇航研究所。

上海宇航系统工程研究所先后抓总研制七型运载火箭（风暴一号、长征四号甲、长征四号乙、长征四号丙、长征二号丁、长征六号、长征六号甲），配套两型运载火箭研制任务（长征三号一二级、长征五号 3.35 m 模块助推）。近五年运载火箭进入高密度发射常态化和多型新火箭研制并举时期，发射任务年均保持在两位数以上，其中长征六号甲作为我国首款固液捆绑运载火箭，突破了固体捆绑、发动机故障诊断、无人值守等新技术，拓展了太阳同步轨道发射能力。上海宇航系统工程研究所正积极布局下一代垂直起降重复运载火箭，不断致力于为用户提供高可靠、低成本的运载火箭发射服务。

三、国内外发展比较

我国已经建立了较完备的运载火箭体系，部分技术指标达到了世界先进水平。构建以能力、成本、效率、可靠性与安全性为顶层的指标评价体系（图5），开展比对分析（图6）。

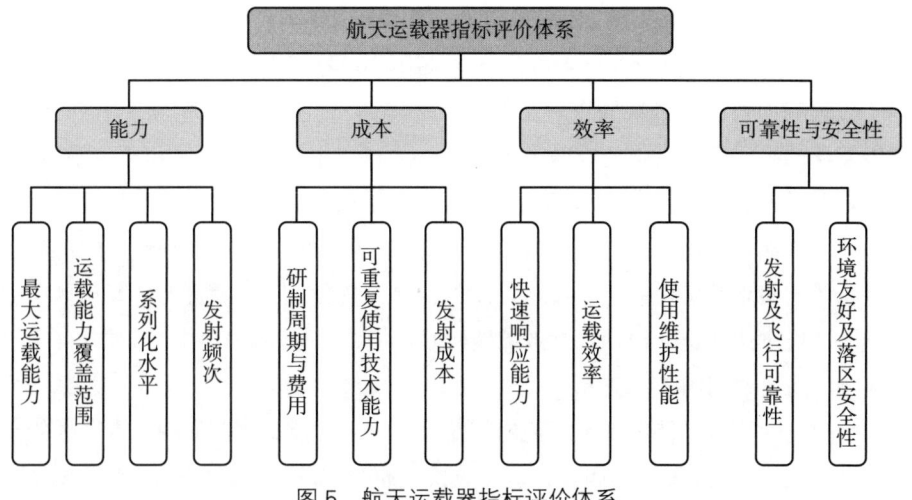

图 5　航天运载器指标评价体系

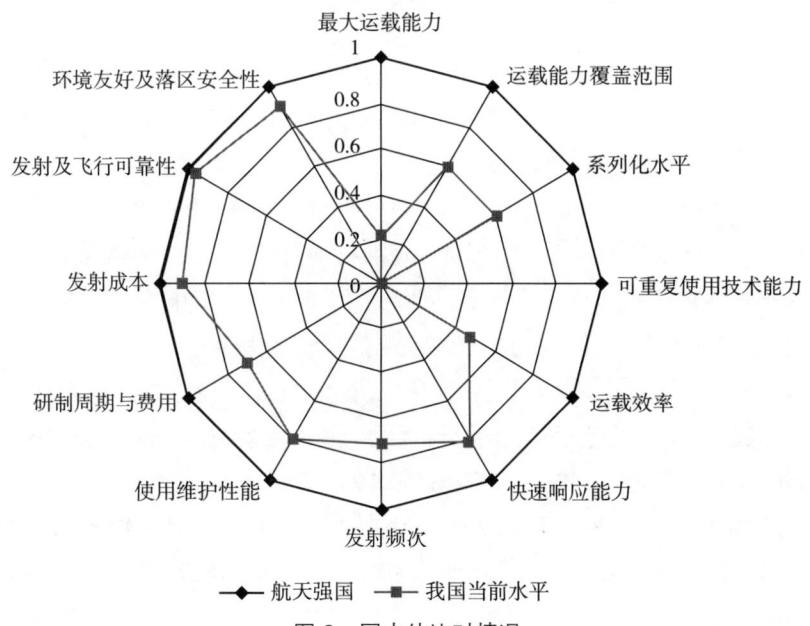

图 6　国内外比对情况

（1）最大运载能力：世界上现役最大运载能力的火箭为美国的 SLS 运载火箭，LEO 能力达 70~100 t。太空探索技术公司（SpaceX）的超重-星舰完全重复使用状态 LEO 能力达 150 t。

（2）运载能力覆盖范围：火箭型谱对运载能力连续覆盖，是国家或主体规模化进出空间的体现。以美欧俄为代表的航天强国，通过对运载能力的全面、有序覆盖，形成小、中、大、重梯度合理的火箭型谱；通过整流罩选配，形成更灵活的载荷包络。

（3）系列化水平：系列化水平是指利用通用模块组合形成不同运载能力的火箭，满足不同轨道、不同载荷运输需求的能力。构建通用模块的批量生产能够实现产业规模的扩大，控制研制和生产成本。国际上主流运载火箭均采用模块化、组合化、系列化的研制理念。

（4）发射频次：发射频次和发射工位数量是反映一个国家进入空间能力的重要指标。美国和俄罗斯的主流发射工位均有数十个，以SpaceX为代表的商业公司大量采用新技术、新工艺，提升了火箭生产制造及返回后处理效率。

（5）研制周期与费用：国外主流运载火箭正在开展新一轮的更新换代，借助数字化和信息化等手段，实现数字化制造、数字化试验、集中数据管理、高性能计算和多专业协同设计。同时，通过快速迭代设计，有效缩短研制周期，节省研制费用，猎鹰9火箭研制耗时仅4年半，研发费用约3亿美元。

（6）可重复使用技术能力：重复使用是航天运输通过技术创新实现成本降低的重要手段，猎鹰9已实现16枚火箭的回收，总回收次数超过200次；超重-星舰未来将实现全球点对点1小时送达和载人登火；新格伦、下一代阿里安、云霄塔等多种可重复使用方案均有重大进展。

（7）发射成本：用户衡量发射服务的重要指标。国际主流运载火箭的发射市场竞争异常激烈。猎鹰系列火箭凭借重复使用技术的成熟应用，将GTO轨道的发射价格拉至约8000美元/kg，且还有较大的利润空间。

（8）快速响应能力：快速响应、机动发射是应对军事航天快速发射需求的重要手段。美国的飞马座、米诺陶等固体火箭均具备快速、机动发射能力，发射准备时间小于12小时。海射天顶号通过一系列自动化技术，具备了海上平台发射中型液体火箭的能力，27小时内可完成箭体起竖、加注与发射，大幅提升火箭任务适应性。

（9）运载效率：运载效率是运载能力与起飞质量之比，是表征运载火箭技术水平先进程度的核心参数。主要由火箭总体设计、箭体结构和动力系统技术水平综合决定，目前土星5号、猎鹰9等火箭LEO运载效率都超过了4%。

（10）使用维护性能：通过采用简化发动机维护和远程测试发射技术，精简测发流程和人员保障数量，提升火箭的任务适应性，如猎鹰9火箭测试发射队伍不到50人，发射周期缩减至两周以内。

（11）发射及飞行可靠性：发射及飞行可靠性是评价发射服务质量的重要指标。除了提升产品的本质可靠性外，各国均采取创新手段实现指标的提升。俄罗斯在联盟号等火箭发射中采用了牵制释放技术；美国在航天飞机、宇宙神5、猎鹰9等火箭设计中，均采用了飞行故障诊断与自适应控制技术。

（12）环境友好及落区安全性：国外主要航天大国均已完成运载火箭推进剂的更新换代，除上面级和载人等特殊需求外，常规有毒推进剂已基本退出历史舞台。在落区安全性方面，美、欧、日等主要航天发射场皆是位于海岸线，子级落区位于海面，无落区安全性问题；SpaceX、蓝色起源等公司在子级回收等方面做了大量工作并成功进行工程应用。

四、发展趋势与展望

随着世界主要航天大国和主体加速太空经济与军事发展，航天运输领域对于运载火箭的需求呈现快速上升趋势，2022年世界运载火箭全年入轨级发射186次，创下历史新高，2023年预计发射次数超过200次，将再创新高。爆发式增长的入轨发射需求对运载火箭发展提出了新要求，结合与国外航天大国差距比对，综合分析得到如下方向和展望。

（一）基于国家意志的航天重大工程牵引人类走向深空以远

一个国家航天运载器的运载能力直接决定了这个国家航天活动的规模。重型运载火箭是航天强国的重要标志，是人类走向深空的必要基础。相关研制工作对航天运输系统的设计理念与方法、生产制造技术水平、试验保障与测试能力提出全面而深刻的需求，必将伴随总体、动力、结构、控制等一系列关键技术的集群突破。美、俄均基于航天重大工程积极牵引重型火箭的发展，从"星座"计划到"阿尔忒弥斯"计划，美国载人登陆地外天体的国家意志从未中断，由此催生的SLS火箭研制工作于2010年正式启动，首飞时间虽几经推迟，最终于2022年11月完成首飞。

我国重型运载火箭大规模论证在2011年启动，与美国的发展模式不同，我国工业基础发展相对薄弱，设计、仿真、试验、制造、原材料、元器件等环节相对国外先进水平存在短板，需要国家层面通过重型运载火箭的工程立项并辅以政策支持，在上述共性基础领域持续突破，牵引带动自主可控元器件、原材料等全行业技术发展与进步。

（二）加速开展重复使用技术验证

世界各国加速开展重复使用的技术验证，期望采用重复使用技术从本质降低成本。重复使用推动研制理念从"技术及需求驱动"到"经济效益驱动"转变。在一次性运载火箭升级改进的同时，各国积极布局重复使用运载器，推进超重-星舰、阿穆尔等研制。

我国重复使用航天运输系统针对回收模式不同（带动力和不带动力），形成伞降、带翼飞回、垂直起降三条技术路径，多主体参与催动技术快速发展，当前带翼飞回、伞降回收、垂直起降等已经完成了关键技术验证，但距离工程化应用尚存差距。而国外伞降回收模式在电子号小火箭上成功验证，带翼飞回模式在维珍银河公司的"太空船二号"上得到应用，完全重复使用的航天运输系统超重-星舰，持续推动世界航天运输技术向重复使用方向迈进。

面向未来，进出太空的方式将进一步向重复使用转变，在一些企业成功应用的刺激下，重复使用带来的不对称竞争优势有可能加速这一转变进程，甚至以技术代差的形式强力压缩一次性运载火箭的市场份额。

（三）着力推动发射效率提升

我国建成了4个航天发射场，正在建设文昌商业发射场，也具备低、中、高轨发射能力，但发射保障自动化、信息化水平不高，测发流程烦琐，发射工位通用化程度低，导致年发射频次不高、单发任务发射周期较长，与猎鹰9火箭2022年成功发射61次、7天/发相比有一定差距。

面向未来，通过发射流程再造、减少运载火箭在发射场保留工序、优化进场运输及发射场测发工作流程，开展火箭动力系统自动测发技术研究，探索氧化剂和燃烧剂并行加注、低温推进剂大流量过冷加注等新方式，缩短火箭测发时间，提升发射效率。建设远程辅助测发系统，以远程数据传输网络建设为根本，将发射场数据安全回传至远程测发大厅，基于音视频监测系统、通用化判读平台、全系统健康管理平台、远程诸元设计系统等，实现"运筹帷幄，决胜千里"。

（四）开放融合实现创新驱动，推动航天运载器领域全产业升级发展

新兴航天主体引入多行业研制模式与理念，采用扁平化的管理方式、快速迭代的研制模式，融合利用跨行业的先进技术，推进集成创新，并向上游、下游延伸，打造全产业链、全生命周期的创新产业体系，驱动航天跨越升级发展。以人工智能、重复使用为代表的新技术加速突破和应用，为航天领域发展带来新动能。

小型火箭方面，电子号火箭结构系统全面采用碳纤维复合材料和3D打印部件以提高效率，动力系统采用电动推进循环减少系统复杂度，微型航电系统和箭载计算机仅重8.6 kg，是小型运载火箭技术先进性的典型代表；中大型火箭方面，伴随着以市场机制为主导的商业航天兴起和发展，个别头部企业在技术创新、降低成本、快速响应等方面取得了显著进步，垂直起降、伞控回收等应用的日趋成熟亦刺激俄罗斯、欧洲航天局分别推出了"阿穆尔"和"苏西"计划；在重型火箭方面，超重-星舰采用了创新的技术方案，采用船箭一体化设计，星舰既是火箭系统的二子级，同时也是货运飞船+载人飞船，突破了基于小贮箱的多次启动、基于大气减速的回收形式、在轨加注等技术方案。在可预见的未来，先进动力、先进结构、新型材料、智能化及重复使用，以及全新研制模式和机制的不断应用，必将推动航天运载器领域向高性能、低成本方向发展，以不断提高竞争力。

附表　航天运载器专业技术体系表

一级指标	能力	效率	成本	可靠性与安全性
二级指标	①最大运载能力 ②运载能力覆盖范围 ③运载效率	①系列化水平 ②发射频次 ③快速响应能力 ④使用维护性能	①研制周期与费用 ②可重复使用技术能力 ③发射成本	①发射及飞行可靠性 ②环境友好性
我国技术水平 （相较国际先进）	重大：① 较小：②③ 相当：无	重大：① 较小：②③④ 相当：无	重大：② 较小：① 相当：③	重大：无 较小：无 相当：①②

航天运载器领域技术体系评价可以从不同视角、不同维度进行阐述和分析。本专题报告重点聚焦由顶层指标和技术基础构成的专业技术体系。通过"能力、效率、成本、可靠性与安全性"四类一级指标，针对一次性运载火箭、可重复使用运载火箭、轨道转移运载器三个方面细化相应的二级技术基础指标。

参考文献

[1] 龙乐豪，等. 我国重复使用航天运输系统发展现状及展望[J]. 国际太空，2019，9（2）：4-10.
[2] 李东，等. 长征五号 B 运载火箭及其发射服务展望[J]. 国际太空，2020，5（497）：4-7.
[3] 包为民，汪小卫. 航班化航天运输系统发展展望[J]. 宇航总体技术，2021，5（3）：1-6.
[4] 宋征宇，等. 长征八号：长征火箭系列商业化与智慧化的先行者[J]. 深空探测学报（中英文），2021，8（1）：3-16.
[5] 李东，等. 中国航天运输系统发展及未来趋势展望[J]. 前瞻科技，2022，1（1）：51-61.
[6] 宋征宇，等. 重复使用航天运载器的发展及其关键技术[J]. 前瞻科技，2022，1（1）：62-74.
[7] 徐利杰，等. 长征七号甲运载火箭总体方案及发展展望[J]. 导弹与航天运载技术，2022，2（386）：1-4.
[8] 宋征宇，等. 重复使用运载器回收技术现状与挑战[J]. 深空探测学报（中英文），2022，9（5）：457-469.
[9] 何巍等. 下一代主力运载火箭发展思考[J]. 宇航总体技术，2023，7（2）：1-12.

研究团队：王子瑜　朱海洋　樊晨霄　王　夕　王浩苏
审稿人：牟　宇　魏　威　陈晓飞
撰稿人：王子瑜

卫星专业发展报告

一、引言

卫星用于科学研究、通信、导航、地球观测等活动的人造物体，可以通过对其轨道进行改变，对地球进行观测和监测。本文主要聚焦遥感卫星、通信卫星、导航卫星以及空间科学与技术试验卫星等四类人造卫星，概述卫星发展情况。

近五年，我国航天事业蓬勃发展，卫星整体水平持续稳步提高，民用首颗亚米级光学传输型立体测绘卫星成功发射，中国首颗 Ku 频段高通量宽带卫星在轨应用，北斗三号全球卫星导航系统建成开通，具备了对地感知、通信中继、导航定位能力，实现引力波、暗物质等领域探测技术新突破。在遥感、通信、导航、空间科学与技术试验领域的卫星数量、规模、性能稳步提高，实现从试验应用向业务服务转型，在空间科学、空间技术、空间应用等方面取得丰硕成果。

新时期我国卫星发展迈入新阶段，整体水平位居世界前列，但仍有部分卫星产品性能和关键技术水平存在代差，在卫星应用效能、国际影响力等方面还存在一定差距。未来五年，我国需要立足长远发展，以强化原始创新、增强创新驱动源头供给为发展重点，加快实现我国科技高水平自立自强。

二、近五年的主要进展

（一）遥感卫星

1. 主要进展情况

2019—2023 年，随着高分辨率对地观测系统重大专项空间段建设圆满完成，国家空间基础设施建设进入高质量发展新阶段。我国遥感卫星在轨遥感卫星数量、种类和性能都居于世界前列，遥感卫星定量化、业务化、产业化发展的态势已经形成，对国民经济和社会发展的支撑能力显著增强。

陆地观测卫星方面，卫星在探测精度、观测时效、探测手段等方面有了显著提升。2019年9月12日发射的资源一号02D星和2021年12月26日发射的资源一号02E卫星，可以获取大幅宽多光谱及高光谱数据。2019年11月3日发射的高分七号作为我国首颗民用亚米级光学传输型立体测绘卫星，实现了我国民用1∶10000比例尺卫星立体测图。2019年12月20日发射的资源一号04A卫星，是中国和巴西两国合作研制的第6颗卫星。2020年7月3日发射的高分辨率多模综合成像卫星最高分辨率0.5 m。2020年7月25日发射的资源三号03星，实现立体测绘卫星星座3星组网运行，常态化业务数据更新周期缩短至15天，重访周期缩短到1天。2022年1月26日、2022年2月27日分别发射L波段差分干涉合成孔径雷达卫星A/B星，是目前国内在轨口径最大的SAR卫星。2022年8月4日发射成功的陆地生态系统碳监测卫星实现植被生物量、大气气溶胶、植被叶绿素荧光等要素的探测和测量。

海洋观测卫星方面，2020年8月10日发射的海洋一号D星，组成了我国首个海洋业务卫星星座，标志着我国海洋观测卫星组网业务化运行能力基本形成。2020年9月21日发射的海洋二号C星，组成海洋动力环境卫星星座，全球海洋监测的覆盖能力达80%以上，全球海洋观测仅需6小时。2021年11月22日发射的高分三号02星，2022年4月6日发射的高分三号03星共同组成了我国海陆监视监测星座，实现了高分辨率SAR图像在国民经济发展各行业的业务化应用，平均重访时间缩短至4.8小时。

大气观测卫星方面，2021年6月3日成功发射的中国风云四号B星，标志着我国新一代静止轨道卫星观测系统正式进入业务化发展阶段，进一步满足我国及"一带一路"国家、共建国家、"一带一路"合作伙伴及地区气象监测预报、应急防灾减灾等服务需求。2021年7月5日发射的风云三号E星是全球首颗民用晨昏轨道气象卫星，有效补充了6小时同化时间窗内卫星观测资料的空白。2022年4月16日成功发射的大气一号卫星是中国首个专门用于大气环境综合监测的卫星，是世界首颗二氧化碳激光探测卫星。2023年4月16日成功发射的风云三号G星，是我国首颗主动降水测量卫星。

商业遥感卫星方面，近年来商业遥感蓬勃发展，吉林一号系列卫星在轨数量超过100颗，可对全球任意地点实现35~37次重访；高景一号、二号卫星实现组网运行，具备国内领先的光学SAR一体服务能力，在自然资源、农业农村、水利、应急、生态环境等领域具有较高应用价值。

2. 技术发展与成果

我国近年来在遥感卫星领域取得了举世瞩目的成就，突破了以高分辨率对地观测、大比例尺测绘、敏捷成像、海洋动力、高分辨率SAR（合成孔径雷达）成像、高轨光学成像卫星为代表的一系列先进遥感技术，形成了低、中、高轨道的大中型遥感卫星平台。

卫星系统技术方面，遥感卫星在几何精度、辐射精度上有了巨大的进步，特别是通过载荷平台一体化、激光等多载荷数据融合等方法，以及星上定标、偏航定标、对月定标等新技术手段应用，推动我国遥感卫星数据定量化应用能力有了显著提升。

卫星平台技术方面，在敏捷机动能力上实现了重大突破，新一代中型敏捷遥感卫星公用平台完成首飞及各项技术在轨验证，通过双超、三超平台研制突破了包括超高稳定度平台姿态控制、超高精度惯性指向测量、多级减隔震超静设计等关键技术，牵引了卫星姿态机动、动中成像、自主任务规划等新的平台技术发展。

卫星载荷技术方面，载荷口径不断增大，牵引载荷器件加工、状态和测试实验能力不断提升；载荷工作新体制不断涌现，高光谱、全极化等新方法得到更广泛应用；在轨精密组装、相干干涉成像等前沿技术正在走出实验室，展现载荷技术发展的广阔未来。

（二）通信卫星

1. 主要进展情况

2019—2023 年，我国在通信卫星领域取得了显著的发展。

（1）天地相"链"。2019 年 3 月 31 日，天链二号 01 星发射成功，这是我国第二代地球同步轨道数据中继卫星的首发星，其成功发射推开了第二代中继卫星的大门；2021 年 7 月 6 日，天链一号 05 星腾空而起进入预定轨道，托载着我国东方红三号平台最后谢幕，点亮了西昌的星空。2021 年 12 月 14 日，天链二号 02 星的成功发射进一步提升了我国天基测控和数据中继的能力。2022 年 7 月 13 日，天链二号 03 星成功发射，三星组网，从无到有，实现了天地相"链"若比邻。自此，两代数据中继卫星为空间站和地面站建起可靠的信息"天链"，先后为载人航天、中低轨卫星、运载火箭、航空器、其他通信卫星提供了天基测控和数据中继服务。2021 年 6 月 23 日，习近平总书记与神舟十二号航天员乘组亲切通话，以天链二号 01 星为接入接点的中继卫星系统为这场跨越高空的天地通话提供了稳定流畅的中继服务保障。自卫星组网以来，天链卫星已经协同用户目标完成了多样化任务，在维护国家空间安全等方面发挥了重要作用。

（2）"安播"卫士。2019 年 3 月 10 日，中星 6C 卫星成功发射，卫星的发射主要依托于我国广播电视迅猛发展的需求，是保证国内电视转播信息安全的关键业务卫星。2021 年 9 月 9 日，中星 9B 卫星成功发射，标志着我国又一颗广播电视直播卫星正式入编，卫星增加南海区域覆盖，为广大船舶、岛民提供高速直播通信业务，同时卫星配置 400W 功率合成通道，为 8K 视频的高速传播提供支撑。2022 年 4 月 15 日，中星 6D 卫星成功发射，我国民商用通信卫星领域首次采用中继测控技术。卫星发射后，成为广电安播工程业务的主力，有力助力了党的二十大直播等任务，为中国广电安播事业做出了杰出的贡献。

（3）通天联地。2020 年年底至 2021 年年初，天通一号 02、03 星成功发射，与天通一号 01 星的组网，极大地提升了我国应急通信保障能力。卫星在覆盖我国国土的基础上扩大至"一带一路"国家和地区，用户只需要一部普通手机，就可以实现通信的互联互通，有力地保障了水利、消防等多个行业在偏远、复杂应用场景下的应急通信,摆脱了对国外卫星移动通信服务的依赖,其成功发射对我国持续发展卫星移动通信业务,具有重要的里程碑意义。

(4)高速通联。2020年7月9日,中国首颗Ku频段高通量宽带卫星亚太6D成功发射,卫星主要面向亚太区域用户提供优质、高效、经济的全地域、全天候的卫星宽带通信服务,在商业通信、应急通信和公共通信方面发挥了重要作用,有力地促进和推动了服务地区的社会进步和经济发展。高通量卫星逐渐成为通信卫星发展的重要方向。2022年11月5日,中星19号卫星成功发射,我国高通量卫星家族又添一员,卫星可覆盖跨太平洋航线、东太平洋海域和美国西海岸,可持续为用户提供语音、数据等通信服务。2023年2月23日,中星26卫星成功发射,是目前我国通信容量最大、波束最多的商用通信卫星,其通信容量超100 Gbps,配置94个用户波束和11个信关波束,覆盖我国国土和周边地区,为固定终端、车载终端、船载终端、机载终端等提供高速宽带接入服务,标志着我国目前高通量卫星的最高水平。

(5)技术跨越。2019年12月27日,实践20号卫星在海南文昌成功发射,多项新技术成功在轨验证,是我国发射的质量最重、技术含量最高的地球同步轨道卫星。2021年8月15日,互联网融合实验星成功发射,卫星采用先进的数字载荷技术,实现一箭三星发射,标志着中国卫星正式加入低轨竞争大平台。通信领域始终坚持国际化发展战略,以国际对标牵引领域发展。2023年7月9日,我国在酒泉卫星发射中心使用长征二号丙运载火箭,成功将卫星互联网技术试验卫星发射升空,卫星顺利进入预定轨道,发射任务获得圆满成功。

2. 技术发展与成果

(1)天链数据中继卫星系统。2022年7月,伴随着天链二号03星的成功发射,我国顺利完成第二代数据中继卫星三星组网任务,五年来,持续为我国载人航天工程提供可靠稳定的天基测控和数传服务,将多条高速"天路"织制成一张多重覆盖的高速"天网"。天链二号卫星兼容并扩展了天链一号的带宽和通道数量,传输速率增加了1倍,大大提升了传输效能,其覆盖范围也有了极大的提升。通过集结航天系统内外的专家力量,在热控、结构、控制、电子、天线以及材料方面的攻关,研制团队完成了上百项试验验证,我国中继卫星迈出了升级换代的第一步。从短暂的天地通话到如今空间站上的航天员可以随时与地面进行视频和语音通信,畅享全Wi-Fi智能生活,天链中继联通天地已经尽在掌握。

(2)移动通信卫星系统。天通一号03星与01、02星组网后,我国国家应急通信保障能力进一步提升。天通卫星网络可以为小型化移动终端提供多样化的中低速率的通信服务,其灵活移动和便携的特点具有很高的商用价值。天通卫星研制过程中,持续突破了大口径可展开网状天线技术、多波束形成技术、信道化技术等,卫星平台研制核心部组件全部自主研发，关键技术拥有自主知识产权。三星联合控制突破了星地一体资源动态管理和多星联合控制等关键技术，有力地提升了资源利用效率和系统服务能力。

（3）高通量卫星系统。五年来，高通量卫星经历了从亚太6D到中星26的长足发展，通信容量从Ku 50 Gbps到Ka 100 Gbps，覆盖范围持续扩大，每一颗卫星的发射都刷新了国内同类通信卫星的最高纪录。在亚太6D的研制过程中，自主项目团队攻克了Ku频段超宽带多端口功率放大器（MPA）、轻量化无法兰减高波导、新一代小型化轻量化变频器、高集成超大规模多波束阵列天线、太阳翼二次展开、长寿命高可靠国产LIPS200离子电推进等技术，使卫星通信容量在当年位列全国首位。着眼于未来通信卫星发展趋势，亚太6D卫星成功在东四增强型卫星平台发射。在中星26、亚太6D的基础上，研制团队相继攻克了超宽带低PIM一体化馈源设计、天线在轨自主校准等多项技术，大幅度提升了卫星载荷性能。卫星团队创新性采用载荷链路与布局三维联动设计、转发器设备与馈源共安装面设计、波导精确定位支架设计等方法，解决了高密度、多波束复杂链路的布局设计难题，为高通量卫星的高难度布局设计探索出一条新的技术途径。

（4）最大卫星应用平台。东五平台卫星作为目前国内最大卫星应用平台，东五创新地采用了桁架结构技术，承载能力大幅提升，整星功率28kW以上，载荷功率达18 kW，散热能力9 kW，可以满足未来20年的大容量卫星的应用需求，搭载了激光、Q/V频段载荷，满足对大容量通信卫星的迫切需求，双通道激光终端，传输速率更大，保密性能更好。可展开热辐射器流体回路技术更是助力大型卫星高效散热。实践二十号卫星的成功发射，不仅是东五平台卫星的首次亮相，更代表了我国在大卫星研制基础的突破和能力。

（5）整体自主可控。坚持系统观念、坚持问题导向，开展多项专项基础工程，经过国内通信卫星研制团队的不懈努力，对进口关键重要元器件、原材料的国产化产品进行应用验证，全面解决国产化应用问题。通信卫星整体国产化率已提升至97%以上，除部分关键核心高端元器件采用进口以外，均实现自主可控。

（三）导航卫星

1. 主要进展情况

2019—2023年，我国北斗三号全球卫星导航系统于2020年建成，由30颗组网卫星组成，实现北斗三号卫星导航系统全球组网，服务区域从北斗二号的我国国土及周边国家区域扩展到全球，并提供全球、重点地区、我国及周边地区三个差异化服务区域，实现了从局部区域到全球的跨越。从2017年11月5日首组MEO卫星发射开始，至2020年6月23日收官之星发射为止，北斗三号卫星导航系统先后发射24颗MEO卫星、3颗IGSO卫星、3颗GEO卫星，完成了北斗三号全球卫星导航系统的空间段建设。2020年7月31日，习近平总书记宣布北斗三号全球卫星导航系统正式开通。2023年5月17日，我国北斗三号工程的首颗备份卫星成功发射，将有效扩大短报文服务区域，提高精密单点定位能力，肩负起提升系统服务连续性和健壮性的重任。

北斗三号卫星导航系统面向全球提供定位导航授时、全球短报文通信和国际搜救3种服务；面向亚太地区提供星基增强、地基增强、精密单点定位和区域短报文通信4种服务，处于世界先进水平，为北斗卫星导航系统开辟了新天地。

系统开通服务运行连续稳定，卫星可用性均值优于0.99、连续性均值优于0.999。定位导航授时服务，经全球连续监测评估系统实测，全球范围水平定位精度约1.52 m，垂直定位精度约2.64 m（B1C信号单频、95%置信度）；测速精度优于0.1 m/s，授时精度优于20 ns，亚太区域精度更优。

全球短报文服务，通过14颗MEO卫星，已为授权用户、低轨卫星提供试用服务，单次最大通信能力560 bit，约40个汉字；国际搜救服务，通过6颗MEO卫星提供符合全球卫星搜救系统标准的406MHz前向报警服务（MEOSAR），以及通过24颗MEO和3颗IGSO卫星提供基于B2b信号的返向链路服务（RLS），并正式加入国际搜救卫星组织；星基增强服务，定位精度、告警时间、完好性风险等指标满足要求；地基增强服务，利用在中国范围内建成的框架网基准站和区域网基准站，面向行业和大众用户提供实时厘米级、事后毫米级高精度服务；精密单点定位服务，通过3颗GEO卫星播发精密单点定位信号，实测水平定位精度0.24 m，垂直定位精度0.41 m（95%置信度），收敛时间少于20分钟；区域短报文通信，短报文通信已进入大众手机应用。

2. 技术发展与成果

我国北斗三号导航卫星技术近年来的发展主要体现在以下几个方面。

（1）北斗三号全球卫星导航系统实现了全球组网，服务区域从北斗二号的我国国土及周边国家区域扩展到全球，实现了从区域到全球的跨越。

（2）完成了以新一代高精度星载原子钟技术、上行测距抗干扰、下行测距稳定等为代表的导航卫星载荷技术，以星间链路体制、天线技术等为代表的星间链路技术，以综合电子技术、导航卫星平台为代表的卫星平台技术等卫星系统相关的多项关键技术攻关，实现了关键技术突破。

（3）器部件国产化应用纳入型号管理，分步实施、充分验证、扎实推进，取得自主可控卓越成绩。关键器部件实现100%国产化，星载原子钟、行波管放大器、微波开关、固态放大器等关键部件全部实现国产化应用，以CPU、高性能DSP、大容量存储器、高速A/D和D/A转换器等为代表的关键器件全面替代进口产品，性能达到国际先进水平。探索形成器部件国产化的全国大协作模式，牵引宇航器部件自主可控研制与应用，带动基础工业和军民一体化发展。

（4）探索实践了新型举国体制的工作体系和运行机制，形成"小核心、大协作"的核心技术攻关体系，研制参与单位涉及国内多家科研院所及高校，是探索新型举国体制的生动实践，提升了国家基础能力。

（5）探索形成批产卫星产品保证管理能力，实践了宇航单机产品批产保证模式、批产软件管理模式；探索形成批产卫星研制质量问题快速反应机制，拓展宇航项目群管理新办法；践行凝练风险管控新方法，贡献宇航项目群风险管控新思路和新方法；开拓了产品保证的信息化支持手段，丰富宇航项目群管理新内容。

（四）空间科学与技术试验卫星

1. 主要进展情况

2019—2023 年，我国在空间科学与技术试验卫星数量稳步发展和持续提高，在新领域、新技术、新方向上取得一系列的突破。

（1）空间科学卫星方面。2019 年 12 月 20 日，天琴一号卫星成功发射，该任务是我国空间引力波探测系统的首颗试验卫星。2020 年 7 月 25 日成功发射龙虾眼 X 射线探测卫星，在轨验证 X 射线能段上的超大视场聚焦成像技术，对 X 射线能段上的暗物质信号进行高精度探测。2020 年 12 月 10 日，GECAM 卫星（怀柔一号）成功发射。它们分布于地球两侧，对黑洞、中子星等极端天体的剧烈爆发现象进行观测，一旦探测到这些触发信号，能够快速下传并发布观测警报。该卫星针对引力波伽马暴的综合探测能力处于世界领先水平，成为正在兴起的"多波段，多信使"天文学时代非常重要的空间高能望远镜之一。2022 年 10 月 9 日，成功发射先进天基太阳天文台卫星夸父一号。卫星主要用于研究太阳磁场与耀斑、太阳磁场与日冕物质抛射的关系、日冕物质抛射与耀斑的关系，还用于研究它们的形成、演化、相互作用和可能存在的因果关联，为空间天气预报提供支持。该卫星实现国际上首次在莱曼阿尔法谱线波段实现全日面和近日冕无缝同时成像观测。

（2）技术试验卫星方面。2019 年 6 月 5 日，捕风一号 B 卫星成功发射，该卫星主要用于准确测量海面风场信息，实现对台风的预报，该任务实现了利用卫星进行海面风场探测零的突破。2019 年 8 月 31 日，微重力技术试验卫星成功发射，该卫星主要用于在轨试验验证空间微重力条件下超高精度控制和测量技术。2020 年 2 月 20 日，新技术试验卫星 C、D、E、F 星成功发射，主要用于在轨开展新型对地观测技术试验。2021 年 10 月 14 日，我国太阳 Hα 光谱探测与双超平台科学技术试验卫星羲和号成功发射，填补我国在太阳爆发源区高质量观测数据的空白，提高了我国在太阳物理领域研究能力。2021 年 10 月 24 日，成功发射实践二十一号卫星，主要用于空间碎片减缓技术试验验证，该卫星将一颗失效的北斗导航卫星从拥挤的地球同步轨道上拖离。2023 年 1 月 9 日，实践二十三号卫星成功发射，该卫星主要用于开展科学试验和新技术验证。

2. 技术发展与成果

（1）空间天文与天体物理方向。我国过去五年发射了有关高能宇宙射线、X 射线、伽马射线探测方面的卫星，精确探测了迄今最亮的伽马射线暴，在多信使、多波段天文领域特别是引力波伽马暴及其电磁对应体探测研究领域填补国内空白。在太阳物理方向，2021

年，有了专门针对太阳空间观测的卫星，任务主要针对太阳Hα波段、太阳磁场、耀斑和日冕物质抛射等开展科学研究，其中，中国太阳Hα光谱探测与双超平台科学技术试验卫星首次实现了双超平台在轨应用，实现了无线能源传输等原创性技术验证。载荷的光谱分辨率达到国际先进水平，高质量观测数据填补太阳爆发源区的信息空白，并通过数据共享和联合研究，显著提高我国在太阳物理领域的国际影响力。在地球科学和新技术方向，利用实践系列和新技术试验等卫星，开展了一系列的空间环境监测，微重力试验，空间电子、质子、重粒子辐射计量，空间碎片清除等任务。

（2）卫星平台方面。采用了模块化、轻量化设计，实现了安全、可靠和低成本。怀柔一号采用多级隔热及主动加热的保障措施，实现了载荷的低温高精度控温技术，提高了载荷的分辨率和成像质量。在发射平台方面，捕风一号首次从海面发射，大幅度提高发射的机动性和灵活性。在载荷指向精度方面，利用卫星平台+太阳导行镜方式，即太阳中心偏离探测器测量坐标系的偏差角，实现卫星指向太阳中心的高精度高稳定度控制。天琴一号技术试验卫星采用高精度惯性传感技术，无拖曳控制技术，微牛级可变推进技术，高精度激光干涉测量技术等，达到国际先进水平。

（3）自主可控方面。完成了无源互调（PIM）抑制、大口径相机装调稳定性等瓶颈技术攻关，行波管放大器、大功率电源控制器等问题和难题得到有效解决。为解决电子元器件、原材料自主可控，完成了抗辐照的PROM、高压二极管、DC-DC转换电路、焊接用金丝等的国产化替代，完成了大规模集成电路的大尺度红外光学透镜材料等技术研发。自主可控能力持续提升，为我国空间科学和技术试验卫星的自主可控水平起到了关键作用。

（五）研究团队

目前，国内卫星领域的研究团队有中国航天科技集团有限公司第五研究院、中国航天科技集团有限公司第八研究院、中国科学院等多家单位。中国航天科技集团有限公司第五研究院下属的北京空间飞行器总体设计部、通信与导航卫星总体设计部、遥感卫星总体部等三家总体单位是我国遥感、通信、导航、空间科学与技术试验领域卫星的主要研制单位，其中北京空间飞行器总体设计部是中国航天第五研究院宇航重大工程任务抓总单位，载人航天、空间科学与深空探测等相应宇航总体业务的经营管理主体和责任主体，宇航总体专业技术发展的责任主体；通信与导航卫星总体设计部是五院通信、导航领域业务的责任主体和系统总体单位，负责通信、导航领域各类卫星的研发、总体设计、系统集成、在轨技术支持及产品售后服务，引领专业单位发展相关技术和产品；遥感卫星总体部是五院遥感卫星任务抓总单位，相关陆地观测、海洋观测、大气环境观测等宇航总体业务的经营管理主体和责任主体。

随着商业航天的蓬勃发展，一些商业航天公司也参与了卫星的研制。

三、国内外发展比较

（一）国外卫星领域发展动态

1. 遥感卫星国外发展动态

遥感卫星系统加快向综合化集成化发展，已迎来新一轮创新发展和升级换代热潮，兼顾地球整体观测和多星组网观测发展，构建立体、多维、高中低分辨率结合的全球综合观测能力。

陆地观测系统向高精度定量化发展。在陆海测绘方面，向着更高定位精度、更大比例尺、更高分辨率、光学激光手段相融合方向发展。在资源调查方面，向着高空间分辨率、高光谱分辨率、宽谱段范围、快速覆盖和高定量化的方向发展。欧洲航天局、美国等都有在轨运行的资源环境卫星高低轨星座。在环境监测方面，在谱段配置中注重数据反演需求，增加大气、水汽等探测通道以提高数据反演精度。

海洋观测系统向全要素精细化发展。在海洋动力方面，海面高度的探测手段逐步由传统星下点高度计向合成孔径高度计、宽幅成像高度计发展，海面高度测量精度逐步由 5 cm 向 3 cm 发展；海面温度测量精度提升至优于 0.5 K，并进一步提升分辨率；海面风场逐步拓展风速测量范围至大于 50 m/s，地面分辨率优于 5 km。

大气观测系统向全谱段立体化发展。在大气成分探测方面，以紫外、可见光到红外全谱段为探测波段的各种高分辨率光学监测技术，逐步实现大气痕量成分实时探测能力。在大气剖面探测方面，综合应用光学临边、激光、微波等多种探测手段，结合大气剖面成分特性，不断提高对大气剖面的垂直分辨率。在大气风场方面，利用激光获取全球三维风场数据，对于增强微观气候观测、完善气象模型，服务高精度数值天气预报具有重要意义。

2. 通信卫星国外发展动态

由高通量向甚高通量发展（单星容量从 100 Gbps 发展到 1 Tbps）。卫星市场需求持续增长，容量大幅提升，单颗卫星容量从 10 Gbps 级增长到 100 Gbps 甚至 Tbps 级。高通量卫星采用多点波束频率复用技术，使得相同频段条件下容量达传统通信卫星的数倍。预计到 2029 年，高通量（HTS）需求近 25 Tbps，业务收入占 2/3。国际高通量卫星经历了四代的发展，研制水平从数十 Gbps 级增长到 Tbps 级。

由部分灵活向全灵活发展（包括频率、带宽、功率、交换、覆盖等多域灵活能力）。随着容量不断提高，为了提高有效容量使用率，通信卫星用户对灵活性提出了越来越高的要求，包括频率、带宽、功率、交换、覆盖等多种灵活需求，同时，配置以星地一体化资源管控系统为代表的地面灵活应用软件是后续灵活高通量卫星的必然趋势，是充分发挥灵活载荷能力，提升运营商收益的关键产品。国际上，65 nm 制程的四代 DTP、宽带 DBF 产品目前已顺利在轨运行，28nm 制程的 DTP、DBF 产品已顺利在研。灵活资源管控技术顺利投放使用。同时，微波光子技术已顺利应用。以上技术的发展，大大提升了通信卫星载荷的数字化、集成化、标准化水平。

由传统平台向新一代高承载比卫星通用平台发展（具备更高承载能力）。随着电推进为代表的多项技术的不断成熟，卫星平台具备更高承载能力，包括载重能力、功率能力、散热能力、空间收纳能力。2015 年以来，欧美等一流卫星制造商均推出了以 Spacebus NEO、Eurostar NEO、Small GEO、LM-2100、BSS-702X、Inspire、Onesat 等为代表的新一代通信卫星平台，在国际通信卫星市场上屡屡斩获多项订单。特别是，2019 年以来，多款全电推进平台正式推向市场，成为"市场游戏规则的改变者"，在国际市场上逐步形成"技术壁垒"，使全电推进卫星成为打入国际高通路卫星市场的"门槛"。

3. 导航卫星国外发展动态

随着导航技术的发展，国外导航卫星积极筹划导航卫星更新换代。美国 GPS（全球定位系统）现代化计划进展顺利，GPS IIIF 卫星采用 A2100 平台，承载、功率等能力进一步提升，计划 2026 年至 2034 年完成 22 颗 GPS IIIF 卫星部署。俄罗斯的现代化计划加速提升，计划 2030 年建成以 GLONASS-KM（格洛纳斯-KM）为主体的卫星星座。欧盟开展了第二代系统建设，新的 G2G 卫星发射重量提升至伽利略 FOC 卫星的 2 倍以上，计划 2025 年至 2035 年完成第二代伽利略系统建设。

各导航卫星系统更加注重系统架构实现的系统能力的升级。美国 NTS-3 卫星将成为首颗运行于 GEO 轨道的 GPS 系统卫星；格洛纳斯系统将在 MEO 和 GEO 卫星的基础上增加 6 颗 IGSO 卫星，提高受限环境、城市峡谷和极区的导航性能；伽利略系统将增加 LEO 卫星星座。在服务上，各大系统提供的服务更加多元，格洛纳斯、伽利略系统均提供精密单点定位服务、高完好性服务，伽利略系统提供紧急告警服务，伽利略、GPS 和格洛纳斯系统正在或计划提供搜救服务。日本、印度等国家也在大力提升区域导航系统能力。

4. 空间科学与技术试验卫星国外发展动态

美国已成功发射韦伯望远镜（JWST）、成像 X 射线偏振探测器（IXPE），目前正在研制广域红外巡天望远镜（WFIRST）；欧洲成功发射太阳轨道器（SolO）、"欧几里得"空间天文望远镜，继续稳步推进增强型激光干涉引力波空间探测（eLISA）和雅典娜（ATHENA）X 射线空间天文台等空间科学任务，并在系外行星搜寻和宜居行星探测方面布置了多项中小型任务。引力波的发现，逐步推动了多波段、多信使观测的热点。美国、欧洲计划在数个太阳半径到数十个太阳半径的距离对太阳进行系统观测，以进一步扩展太阳观测信息，从多个方面研究太阳与地球空间之间的相互作用。

美国通过试验卫星不断提高其航天核心能力，确保了美国在航天领域的领导地位，已实施了数十个具有空间试验性质的卫星计划，比较典型的试验卫星计划有"新盛世"计划、"试验卫星系列"（XSS）计划等。2021 年 11 月发射入轨"双小行星重定向测试卫星（DART）"，通过撞击方式改变目标小行星运行轨道。欧洲航天局研制了 Proba 系列和

Smart 系列，日本持续发展工程试验卫星（ETS）系列及专题技术试验卫星，一些在航天领域起步较晚的国家针对本国的发展态势，也规划了专用的技术试验卫星系列。

（二）国内外发展对比分析

1. 国内外遥感卫星发展对比分析

（1）系统技术水平还未达到国际领先水平，前沿、战略性技术方向上距离美国等先进国家，水平还存在较大差距。根据专家研判，我国遥感技术距离世界先进水平存在10年左右的差距，特别是在观测精度、时效性等方面。依托先进基础技术的系统集成上存在差距被拉大风险，美国已经可以利用750 kg左右的卫星实现0.3 m左右分辨率，欧洲相同分辨率则需要900 kg左右卫星，需要在设计理念、系统集成等方面加大投入。

（2）天基遥感体系设计不足。目前卫星仍按用户领域划分，当各领域间存在交叠或需要相互协同完成时，则出现规划的冲突，缺少面向整体应用的规划。多轨道、多手段、多功能协同配合能力不足。星间尚未连通、天－空－地获取平台协同体系还未形成：星间缺乏互联互操作，缺乏有效配合，协同工作能力较弱；卫星任务调度链条长，信息获取、分发不及时。"天－空－地"各自闭环，未形成协同应用体系，天基信息和地基、空基信息尚未有效融合。数据的连续性及组网应用能力有待提升。卫星在科研星立项时，往往很少规划后续组网的使用状态或如何与其他星的组网使用，且具备组网应用状态周期较长，对应用的时效性有待提升。

（3）遥感卫星任务实时响应性与可操控不足。用户提出的任务需求后，往往需要较长时间才能获得相关信息，对于行业部门等实际操作用户来说，遥感卫星的操作透明度、便捷操控能力离信息快速获取的需求也有很大差距。天基系统信息快速接入基层单位能力不足。地面数据处理应用能力建设滞后。数据后处理的时效性和精度对系统的应用起着至关重要的作用，卫星研制过程中主要以多功能、高指标、高性能为出发，缺乏对配套地面处理算法设备的重视，在卫星发射后，数据的地面处理和应用水平却往往无法满足应用需求。

（4）卫星定量化探测能力存在较大差距。在轨遥感卫星定量化水平有待提高。目前已有数据的图像质量、定位精度、辐射精度等定量化指标与国际先进水平相比仍有较大进步空间，特别是在精度稳定度、最终数据产品质量上存在较大差距。探测要素不齐全，需要填补空白。面对多种环境要素的多层次、多尺度、全方位探测需求，在探测要素的齐全性上还有一定欠缺。例如，对于PM2.5、臭氧等气态的探测手段尚属空白。卫星载荷光谱数据类型不够丰富。目前在轨遥感载荷类型仍以中高分辨率全色光学加4~8个多光谱为主，光谱信息获取能力有限，特别是高光谱相机几何分辨率偏低，地物光谱信息混合严重，应用场景受限，难以满足应急、环保等复杂场景观测。

2. 国内外通信卫星发展对比分析

近五年，我国在通信卫星领域的投入有序加大，极大地促进了通信卫星全面多维发展，但国际形势依旧严峻，通信卫星发展仍面临巨大挑战。

（1）高通量载荷差距。高通量卫星采用多点波束频率复用技术，使得相同频段条件下容量达传统通信卫星的数倍。预计到2029年，高通量（HTS）需求近25Tbps（×12倍），业务收入占2/3。国际高通量卫星经历了四代的发展，研制水平从数十Gbps级增长到Tbps级。目前，载荷重量的系统容量仍然与国际在轨和在研有一定差距。以最新发射的中星26卫星为例，其通信容量为100 Gbps，单位重量系统容量为12 Gbps / 100 kg，而卫讯–3的系统容量已经突破1 Tbps，其单位重量系统容量为50 Gbps / 100kg。其差异主要表现在核心技术的落后，如天线面密度、天线口径、波束大小、波束数量以及指向精度均与国际先进水平有较大差距。

（2）灵活载荷差距。灵活载荷主要体现在星上配备DTP（数字透明处理器）、DBF（数字波束形成）、微波光子等灵活载荷，以实现交换、覆盖、频率等多维灵活能力；同时系统具备灵活资源管控功能，以实现星地一体资源管控。从目前技术发展来看，我国四代DTP产品在研，Ka频段宽带DBF产品暂无，微波光子处于原理样机研制阶段，系统灵活资源管控处于研究起步阶段，与国外先进水平存在较大差距。其中DTP、DBF与国外差距主要体现在处理芯片能力、高速AD/DA采样率和片间高速传输速率等方面，二者存在两代技术水平的差距。针对微波光子，国内基于分立器件，刚完成了微波光子柔性交换转发载荷样机研制，仅对微波光子阵列变频、微波光子信道化、光交换转发等关键技术进行了初步验证。

（3）平台差距。当前我国主力平台为DFH-4E平台（混推），与国际上主流的全电推进通信卫星平台相比不具有优势，主要反映在承载能力、功率能力、散热能力以及空间收纳能力方面，均有较大差距。

3. 国内外导航卫星发展对比分析

北斗三号全球卫星系统开通并提供服务以来，基本导航定位授时服务精度、可用性、连续性等各项性能指标均满足预期要求，达到国际一流水平，并具有全球短报文通信、区域短报文通信、国际搜救、星基增强、地基增强、精密单点定位等6类特色服务。

对标GPS系统，随着GPS系统现代化计划的推进，截至2023年4月，GPS III卫星已发射6颗（共10颗）。2018年，美国空军推出了"先锋"之一NTS-3项目，使GPS保持在卫星导航系统创新地最前沿并且提供未来场景所需的先进能力，其催化的技术和获取的知识将被用于GPS IIIF等卫星，计划2023年年底发射；同时，新一代GPS IIIF卫星（22颗）计划于2026年开始发射，至2034年完成GPS III系统建设。伽利略系统注重系统精度、完好性、连续性、抗干扰、安全认证等的提升，计划2025年左右首发第二代伽利略卫星，也提出了面向更高的、厘米级精度的开普勒（Kepler）系统，将广泛应用光学时钟、光学数据通信、原子干涉测量等新技术，极具前瞻性。

北斗三号与未来以 GPS III/III F 卫星为主的 GPS 系统相比，在安全、灵活等方面存在差距；与伽利略系统相比，空间信号精度等部分指标仍存在差距。

4. 国内外空间科学与技术试验卫星发展对比分析

近五年，我国在空间科学与技术试验卫星领域的研制、投入持续加大，在轨运行的卫星进一步填补了一系列的空白，获取了第一手的数据，但是由于一系列因素的限制，我国在空间科学与技术试验卫星领域从整体的科学任务论证、技术牵引、项目投入、任务规划上同国外有一定差距。

（1）任务投入方面。相较美欧，我国实施的空间科学任务次数偏低，即使与日俄相比，我国在空间科学领域经费投入的数量相对较低。

（2）性能指标方面。与哈勃望远镜、詹姆斯韦伯望远镜、斯皮策望远镜、欧几里得望远镜，以及尚未发射 X 射线望远镜雅典娜望远镜和引力波探测 LISA 任务相比，国内不论从空间科学卫星的种类以及关键技术指标均有一定差距。

（3）人才与学科发展方面。新型举国体制对空间科学在政策、规划方面的支持作用显著，部分空间技术水平已经达到世界领先，论文专利等有了明显进步，也表明我国后续强大的发展潜力。

四、发展趋势与展望

（一）遥感卫星领域重点技术发展趋势与展望

1. 遥感卫星领域重点技术发展方向

（1）星上数据处理技术。遥感卫星星上处理技术主要是采用星地一体化设计思想，根据用户要求开展任务需求分析与工作模式设计，开展指标分析论证，有效分配星地、星间的处理资源及处理流程，最终完成载荷数据的快速乃至实时的信息处理技术。

（2）星群协同任务规划。具体包含星群任务筹划、动态任务分配（又称任务自组织、任务自协同等）、单星任务规划、单星任务执行等过程，技术理念新、可研究内容多，目前是各方研究的热点。

（3）星间网络互联技术。遥感卫星网络互联是通过星间、星地链路等多种手段将不同轨道、种类、性能的卫星、地面系统和应用系统组成空、天、地一体化综合信息网，在多个卫星之间、卫星与地面之间实现双边流量交换、业务彼此交互支持，通过卫星网络实现各节点之间数据信息实时传递，以达到战时战场态势实时感知、资源实时共享、作战指令快速下达和多兵种协同工作的目的。

2. 遥感卫星领域未来发展展望

随着以数字化、网络化、智能化为突出特征的新一轮科技革命孕育发展，卫星系统加快向综合化集成化发展，已迎来新一轮创新发展和升级换代高潮，强调地球整体观测和多星组网观测发展，已逐步形成立体、多维、高中低分辨率结合的全球综合观测能力，以全球性的整体观、系统观和多时空尺度来研究地球整体行为，综合提高对地观测系统能力。

（1）陆地观测系统向高精度定量化发展。在陆海测绘方面，向着更高定位精度、更大比例尺、更高分辨率、光学激光手段相融合方向发展。法、日、印、美等国家都陆续发射了具有立体成像功能的光学测绘卫星系列，测图比例尺从 1:50000 提升至 1:5000，定位精度已优于 3 m，分辨率优于 0.3 m。在资源调查方面，向着高空间分辨率、高光谱分辨率、宽谱段范围、快速覆盖和高定量化的方向发展。欧洲航天局、美国等都有在轨运行的资源环境卫星高低轨星座，光学分辨率提升到了 0.3 m，覆盖周期已经做到每周 2 次，具备可见光到短波波段的高光谱观测能力和可见光到长波红外的多光谱观测能力。

（2）海洋观测系统向全要素精细化发展。在海洋动力方面，海面高度的探测手段逐步由传统星下点高度计向合成孔径高度计、宽幅成像高度计发展，海面高度测量精度逐步由 5 cm 向 3 cm 发展；海面温度测量精度提升至优于 0.5 K，并进一步提升分辨率；海面风场逐步拓展风速测量范围至大于 50 m/s，地面分辨率优于 5 km。

（3）大气观测系统向全谱段立体化发展。在大气成分探测方面，以光学探测和光谱数据解析为核心，以紫外、可见到红外全谱段为探测波段的各种高分辨率光学监测技术，逐步实现大气痕量成分实时探测能力。美国、日本、欧洲等都陆续发射了具有大气成分探测功能的光学卫星系列，探测对象包括温室气体、污染气体等。在大气剖面探测方面，综合应用光学临边、激光、微波等多种探测手段，结合大气剖面成分特性，不断提高对大气剖面的垂直分辨率，其中，CloudSat 利用云剖面雷达将垂直分辨率提高到 500 m。在大气风场方面，利用激光获取全球三维风场数据，对于增强微观气候观测、完善气象模型，服务高精度数值天气预报具有重要意义，美欧积极推进 ALADIN、GWOS 卫星的研制应用，开利用激光雷达对局部风场进行精细观测的先河。

（二）通信卫星领域重点技术发展趋势与展望

1. 通信卫星领域重点技术发展方向

综合考虑用户需求、国际趋势以及工业基础，国内通信卫星领域重点发展方向包括以下几个方面。

（1）增大系统总带宽：发展四馈源合成技术，波束形成数量由 94 个提升至 180～500 个，有效提升系统总带宽 2～4 倍。

（2）提升频谱利用效率：发展大口径高精度反射器技术，天线口径提升至 2.6 m～5 m；采用高精度波束校准技术，实现高精度信标跟踪算法，指向精度达到 0.06°@5m；频谱效率可进一步提升。

（3）提升单位重量提供的系统容量：发展轻量化载荷设备工程化技术，使行波管放大器重量降低20%，无源产品重量降低20%~40%。

（4）发展高制程宇航芯片及微系统集成技术，使DTP等重点数字单机工艺制程由65 nm提升至28 nm。

（5）发展更高性能基础元器件技术，使AD/DA采样率提升至8 Gbps，片间数据传输速率提升至25 Gbps。

（6）发展大型复杂数字载荷单机工程化技术，使单机芯片化、集成化能力大幅提升，降低单位功耗、体积、重量。

（7）发展星地一体化资源管控软件技术，开发与卫星灵活性能匹配的配套地面应用软件，可根据需要适配实际硬件系统升级。

（8）发展新一代高性能、高承载比平台技术，重点发展大功率高效率全电推进技术、平台电子设备高集成度设计技术、高功率轻量化太阳翼技术、高比功率密度国产数字化PCU技术、新型散热材料及热设计技术、泵驱两相流体回路散热技术、轻量化板式结构与构型设计技术，使平台性能、承载能力进一步提升。

2. 通信卫星领域未来发展展望

从近期的发展来看，未来2到3年通信卫星将继续着眼于基于DFH-4E平台的高通量卫星的技术突破，希望系统容量由100 Gbps提升到240 Gbps以上，同时可实现部分灵活。在核心技术攻关层面，持续加紧攻克2.6 m大口径长焦距轻量化反射器技术、多馈源合成等技术、多关节展开臂技术，实现高精度信标跟踪算法等，持续增大系统带宽，提升频谱利用效率，提升单位重量系统容量。在工艺突破层面，希望可以进一步攻克28 nm制程工艺、高速DA/AD、基于光模块的片间高速传输，完成五代DTP的关键技术攻关并推动上星应用。在卫星平台方面持续推进DFH-4E平台优化设计，平台减重措施进一步落实，平台承载能力由1030 kg提升至1200 kg。

从长远发展来看，未来3~5年，通信卫星发展希望立足于平台多面化发展。基于DFH-4E平台的高通量卫星，系统容量由240 Gbps提升到500 Gbps以上，可实现全灵活。基于东五平台的高通量卫星，系统容量由600 Gbps提升到1 Tbps以上，可实现全灵活。在核心技术攻关方面，攻克5 m以上大口径长焦距轻量化反射器、宽带数字波束形成、高自由度展开臂技术，实现超高精度波束校准算法。通过3D打印技术生产波导、开关、天线馈源，研制可"1拖4"的高性能双管EPC，实现减重40%。在工艺突破方面，完成六代DTP加DBF的关键技术攻关，推动上星应用。在卫星平台发展方面持续研制DFH-4E全电推进平台，卫星发射重量约4500 kg，载荷重量1500~1600 kg，整星功率25~30 kW，入轨周期约6个月，实现在轨验证及应用。通过对关键技术的攻关，全面提升我国通信卫星的蓬勃发展。

（三）导航卫星领域重点技术发展趋势与展望

1. 导航卫星领域重点技术发展方向

（1）时频基准技术。面向下一代卫星导航系统更加精准的发展方向，在高精度星载原子钟技术、星载时频管理技术、星载守时技术等方面重点发展，为导航服务精度提升奠定基础。

（2）导航载荷技术。面向下一代卫星导航系统业务能力提升的发展方向，在数字化载荷技术、导航信号体制技术、宽频带精密导航天线技术等方面重点发展，支撑导航卫星工程研制。

（3）自主运行技术。面向下一代卫星导航系统自主运行能力提升的发展方向，在自主导航技术、星间链路技术、自主健康管理技术等方面重点发展，为卫星导航系统长期可靠自主运行奠定基础。

2. 导航卫星领域未来发展展望

结合各大卫星导航系统及技术的发展，未来 5~10 年，卫星导航系统将进一步强化其空间位置、时间基准以及空间基础设施属性，满足全球各类用户的定位、导航、授时服务需求，实现更精准、更安全的服务。

目前我国已经形成北斗三号全球系统，未来，伴随着我国航天事业发展和国家综合定位导航授时（PNT）体系的规划，仍需进一步发展高精度、高安全、数字化、智能化的下一代北斗导航卫星，满足未来军民需要。同时，保持北斗系统自主可控的传统，始终需要贯彻国产化与低成本的发展理念，在任务规划、组网升级、在轨稳定运行等方面重点规划，在保持北斗卫星导航全球系统稳定运行的同时，逐步实现系统的更新换代。

（四）空间科学与技术试验卫星领域重点技术发展趋势与展望

1. 空间科学与技术试验卫星领域重点技术发展方向

（1）天文观测像质保证技术。面向高能多波段光谱及偏振成像探测卫星、太阳极区探测器、觅音试验星、月背低频射电探测阵列、原初引力波探测等背景任务，构建覆盖微波、红外、可见光至高能谱段的成像观测像质保证技术体系，为空间天文成像观测卫星提供成像服务保障。

（2）日球层物理探测技术。围绕日地全景科学主题，探索太阳活动对日地空间的影响，实施太阳极区探测、太阳立体探测、太阳系边际探测等任务，实现首次太阳活动全周期、全视场观测，揭示太阳内部结构和太阳活动周起源，深化日球层三维不对称性和动态变化等研究。

（3）天体物理探测技术。围绕极端宇宙、时空涟漪、宜居行星等科学主题，通过实施增强型 X 射线时变与偏振天文台、高能多波段光谱及偏振成像探测、月背低频射电探测阵列、觅音计划等探测活动，揭示宇宙起源与演化，探测空间引力波，搜寻并认证太阳系近邻类地行星。

2. 空间科学与技术试验卫星领域未来发展展望

空间科学需要重点针对宇宙起源、生命起源以及天体起源等基本科学问题开展引力波探测、极端宇宙探测、系外行星大气光谱探测等任务，研究宇宙天体的高能过程，认识黑洞、暗物质、暗能量的物理本质，理解宇宙起源和演化规律。在空间太阳物理领域，将对太阳进行高分辨率、多视角、多波段的高精度观测，在太阳磁场起源和演化，太阳内部结构及演化，日冕结构及其动力学，以及太阳爆发过程的机理及变化规律等方面开展研究。在空间物理与空间环境领域，将突出对日地系统整体过程的研究，在日地关系，特别是太阳活动—行星际空间扰动—地球空间暴—地球全球变化—人类活动的链锁变化过程等方面取得重大突破。在新技术试验方面，将对微重力、空间环境、空间天气等领域开展研究。

进一步突出和强化科学的牵头地位和主导地位。伴随着我国航天事业发展，目前我国已经形成较为完备的空间科学与技术试验卫星的实施能力，但仍需进一步发挥中国特色，在任务规划、工程实施、数据研究等方面重点规划，提升工程实施效率和投入产出比。

提前布局先期启动关键技术研究和核心能力建设。未来的卫星发展具有一次任务实现多目标，多探测形式等特点，技术难度大，实施风险高，应不断提高原材料、元器件、工艺等基础研究能力，提前布局并先期启动先进探测、智能机器人等关键技术攻关和核心能力的建设，推动未来的深空探测技术发展从传统的任务牵引转向能力驱动。

以推动自主可控、提高技术成熟度、推动技术进步、形成技术能力为发展趋势和定位，加速创新能力，构建灵活统一的空间科学和技术试验体系，培育新系统、新能力与新动力。

合作共赢是航天未来空间科学发展的主题，系统、技术和产品多层次的全面合作成为未来重要的发展方向。通过重大专项工程和国际合作项目投入和带动，使我国在空间科学和技术试验卫星领域的发展水平和国际影响力显著提升。

附表 1　卫星专业技术体系表：遥感卫星领域重点技术发展方向

一级专业	二级专业	我国技术水平（相较国际）	目前专业地位	后续重点发展方向
体系设计专业	①面向应用的体系设计与效能评估技术 ②面向卫星系统的仿真与设计评估技术 ③跨域系统集成联试技术	领先：无 先进：②③ 一般：无	核心：① 重要：②③ 一般：无	①
任务规划专业	①遥感卫星星群协同任务规划技术 ②遥感卫星单星自主任务规划技术 ③引导捕获闭环跟踪技术	领先：无 先进：②③ 一般：①	核心：①② 重要：③ 一般：无	①
网络互联专业	①面向全域体系融合的天基跨域网络架构及关键技术 ②面向联合作战应用的天基战术数据链技术 ③空天一体随遇高可信信息网络架构设计与仿真验证技术	领先：无 先进：无 一般：①②③	核心：① 重要：②③ 一般：无	①③
智能处理专业	①星载成像与智能处理一体化技术 ②星上轻量级目标检测与识别技术 ③星上定量遥感处理关键算法验证 ④星上激光遥感处理关键算法验证 ⑤星上软硬件分离架构设计及关键算法验证	领先：③④ 先进：①⑤ 一般：②	核心：②⑤ 重要：①③④ 一般：无	①⑤
像质保证专业	①星上综合定标及自补偿技术 ②"端到端"图像仿真及应用效能评估技术 ③面向星地应用的数据质量保证架构设计技术 ④星上多源数据应用提升技术	领先：③④ 先进：① 一般：②	核心：① 重要：② 一般：③④	①②
卫星运控专业	①多星需求筹划技术 ②基于语义文本的需求分析技术 ③通用运控系统	领先：① 先进：②③ 一般：无	核心：② 重要：①③ 一般：无	①②
数据应用专业	①目标特性分析技术 ②智能化图像处理与信息提取技术 ③多源数据融合与态势生成技术 ④遥感数据处理与反演技术	领先：② 先进：① 一般：③④	核心：② 重要：① 一般：③④	①③

附表 2　卫星专业技术体系表：通信卫星领域重点技术发展方向

一级专业	先进载荷技术	新一代平台技术	元器件技术	软件技术
二级专业	①四馈源合成馈源阵技术 ②大口径高精度反射器技术 ③轻量化载荷设备工程化技术 ④发展大型复杂数字载荷单机工程化技术	①大功率高效率全电推进技术 ②平台电子设备高集成度设计技术 ③高功率轻量化太阳翼技术 ④高比功率密度国产数字化 PCU 技术 ⑤新型散热材料及热设计技术 ⑥泵驱两相流体回路散热技术 ⑦轻量化板式结构与构型设计技术	①发展高制程宇航芯片及微系统集成技术 ②发展更高性能基础元器件技术	①星地一体化资源管控软件技术
我国技术水平（相较国际）	领先：无 先进：①②③ 一般：④	领先：① 先进：②④⑤ 一般：③⑥	领先：无 先进：无 一般：①②	领先：无 先进：无 一般：①
目前专业地位	核心：② 重要：①③④ 一般：无	核心：① 重要：②③④⑤⑥⑦ 一般：无	核心：① 重要：② 一般：无	核心：① 重要：无 一般：无
后续重点发展方向	④	①③⑦	②	

附表 3　卫星专业技术体系表：导航卫星领域重点技术发展方向

一级专业	时频基准技术	导航载荷技术	自主运行技术
二级专业	①高精度星载原子钟技术 ②星载时频管理技术 ③星载守时技术	①数字化载荷技术 ②导航信号体制技术 ③宽频带精密导航天线技术	①自主导航技术 ②星间链路技术 ③自主健康管理技术
我国技术水平（相较国际）	领先：无 先进：①②③ 一般：无	领先：无 先进：①②③ 一般：无	领先：无 先进：①②③ 一般：无
目前专业地位	核心：① 重要：②③ 一般：无	核心：①③ 重要：② 一般：无	核心：①② 重要：③ 一般：无
后续重点发展方向	①	①③	①②

附表 4　卫星专业技术体系表：空间科学与技术试验卫星领域重点技术发展方向

一级专业	天文观测像质保证技术	日球层物理探测技术	天体物理探测技术
二级专业	①全频段微振动抑制技术 ②成像基准高稳定控制技术 ③高精度稳像技术	①亚角秒长期姿态稳定技术 ②极端热流环境下探测器热防护技术 ③先进载荷技术	①超低温热控技术 ②高精高稳结构技术 ③编队飞行 GNC 技术

续表

一级专业	天文观测像质保证技术	日球层物理探测技术	天体物理探测技术
我国技术水平 （相较国际）	领先：无 先进：①③ 一般：②	领先：无 先进：① 一般：②③	领先：无 先进：②③ 一般：①
目前专业地位	核心：①② 重要：③ 一般：无	核心：①② 重要：③ 一般：无	核心：①② 重要：③ 一般：无
后续重点 发展方向	①②	①②	①②③

参考文献

[1] 中国大百科全书出版社编辑部. 中国大百科全书——航空航天［M］. 北京：中国大百科全书出版社，2004.

[2] 赵志明，翟峰，付重，等. 科学技术试验卫星发展与展望. 航天器工程，2021，30（6）：31–41.

[3] DONG Lianqing, YANG Lixin, SU Yun, et al. Development Trend of the Space X-ray Detection Technology［J］. Spacecraft Recovery & Remote Sensing, 2022, 43（4）: 67–77.

[4] Prospects of Global Space Science Breakthroughs and China's Contributions［J］. Bulletin of Chinese Academy of Sciences, 2022, 37（8）: 1050–1065.

[5] 王赤，杨帆，韩淋，等. 2021年空间科学热点回眸［J］. 科技导报，2022，40（5）：6–21.

[6] 国务院新闻办公室.《新时代的中国北斗》白皮书［R］. 2022，11.

[7] 冉承其. 北斗卫星导航系统建设与发展［J］. 卫星应用，2019（7）：8–11.

[8] 杨长风. 进入全球服务新时代的北斗系统［J］. 卫星应用，2022（4）：8–9.

[9] 周志成. 通信卫星工程［M］. 北京：中国宇航出版社，2014.

[10] Gerard Maral, Michel Bousquet. Satellite Communications Systems［M］. New York: John Wiley & Sons, Inc, 2020.

[11] 蒋兴伟，林明森，张有广，等. 海洋遥感卫星及应用发展历程与趋势展望［J］. 卫星应用，2018（5）：10–18.

[12] 国务院新闻办公室.《2021中国的航天》白皮书［N/OL］.（2022–01–29）［2022–02–25］. https://language.chinadaily.com.cn/a/202201/29/WS61f4dee-0a310cdd39bc84216.html.

研究团队：张庆君　梁桂林　高峰　史文华　梁秀娟　张也弛
　　　　　朱成林　程侃　姚远　郭嘉　周耀华　周一鸣
审稿人：　王大轶　白光明　刘兆军　陈忠贵　代树武
撰稿人：　张庆君　梁桂林　高峰　史文华　梁秀娟
　　　　　张也弛　朱成林　程侃　姚远　郭嘉

小卫星技术与应用专业发展报告

一、引言

小卫星的质量在 1000kg 以下。与大卫星相比，小卫星功能密度高、研制周期短、成本风险低、应用模式灵活、适于批量生产，依据卫星质量划分，小卫星又可以进一步细分为五个等级：100～1000 kg 为小型卫星（smallsat），10～100 kg 为微卫星（microsat），1～10 kg 为纳卫星（nanosat），0.1～1 kg 为皮卫星（picosat），0.1 kg 以下为飞卫星（femtosat）。当前，小卫星技术发展迅速，已突破以科学与技术试验为主要用途的传统思维，广泛应用于遥感、通信、导航、空间科学探测等领域。

由于小卫星技术的巨大进步，人们开始发现低轨巨型星座在天基全球通信、遥感等一系列应用领域的巨大价值，掀起了低轨巨型星座发展热潮。大规模低轨星座发射计划层出不穷，呈爆炸式发展态势。卫星总体及配套产品的相关技术正在往小型化、微型化的方向发展，具备高集成度、高智能化、高性能和低成本特性，满足大规模星座快速构建要求。高集成性不仅是一种设计理念，更是一种生存策略，高集成度的实现依赖微电子、微机械和微光子等多个学科的交叉融合。高智能化的卫星系统可完成更复杂的任务并更好适应不确定的外界环境，将机器学习等人工智能技术应用于小卫星领域，可提高卫星系统的自主性与智能化水平，实现感知智能、决策智能。通过采用先进的材料科学、电子工程和空间技术，小巧轻便的微小卫星在地球观测、深空探测乃至行星探测领域可执行与传统大卫星相当的任务，在降低成本的同时，提供高性能天基产品与服务。

随着小卫星平台与载荷功能和性能的不断提高，近 10 年在新兴技术持续突破、"互联网＋航天"跨界融合、商业资本涌入的促动下，新兴商业航天公司异军突起，商业小卫星蓬勃发展。随着航天及相关领域一系列技术的巨大进步，进入和利用空间的门槛大幅降低，航天的商业价值愈发凸显，吸引了大量新兴力量。许多试图投身航天商业应用领域的新参与者带来了独特的商业模式，进一步促进了相关产业的发展。低轨道大规模开发利用的"轨道革命"正在发生，航天将迎来一个前所未有的新的发展与变革时期。

二、近五年的主要进展

（一）技术发展总体趋势回顾

1. 卫星应用的拓展与深化催生大规模星座的提出

从小卫星应用领域看，近五年通信领域卫星保持主导地位，2018—2022年共发射5654颗小卫星，其中星链共发射4388颗，占比高达77.6%，遥感应用次之；2018—2022年共发射1113颗小卫星，各应用领域小卫星主要以商用为主，占比达到80.4%（图1）。

卫星技术进步大大助推了卫星应用产业的发展，卫星在通信、导航、遥感卫星实用能力已经深入人心。当前卫星应用逐渐从政府或公益性领域向地方及大众化应用方向发展，实时性的卫星服务能力已经成为大众对卫星能力的基本需求或支撑。全球经济一体化要求全球无缝服务。对于空间运动的卫星，实现这些能力就需求众多的卫星数量，大规模星座也就孕育而生。

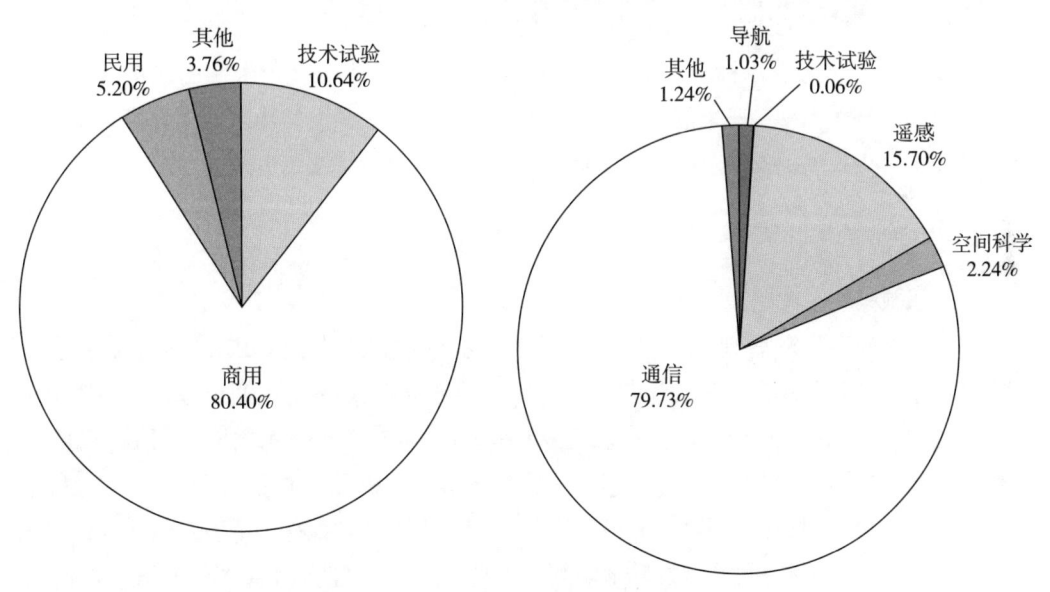

图1　2018—2022年小卫星发射数量按领域分布统计图示

2. "通导遥"是大规模星座建设的主要领域，发展各有特点

卫星通信支撑卫星电视、铱星全球电话系统、海事卫星全球电话系统已经成为相关领域不可缺少的手段，卫星在通信从铱星座开启了全球化、实时语音通信服务，星链卫星系统正在向更高数据服务能力发展。卫星导航在交通管理、航海、大众出行等方面发挥了重要作用，美国的GPS系统、中国的北斗导航系统等已经在多个国计民生领域应用，更高定位精度与更广覆盖能力上发展。遥感卫星种类繁多，卫星遥感支撑气象、环境、资源、农业、林业等各个领域的应用，但高空间分辨率能力上还需要进一步提升，数据精度与星

上数据处理或信息化提取能力有待提升。

3. 小卫星是大规模星座发展与支撑的主体

卫星技术不断的进步、发射数量的不断增加，卫星研制技术成熟度在快速提升，卫星的研制难度再不断降低。新材料、新器件、新技术等的不断应用，使得卫星集成度越来越高，相同功能的卫星规模也越来越小，成本越来越低。目前各类星座建设均是以 1 t 以下的小卫星为主体。实用性大规模星座规模化建设的基础是可实现性，低成本小型化卫星自然成为大规模星座建设的主体。一是小型卫星已经具备很强的任务能力；二是动则成千上万的卫星不断要求批产研制，更是需要快速入轨，小型卫星便于一箭多星发射，明显利于星座的快速建立；三是小型卫星有助于压缩成本；四是小型卫星利于批量化生产。

4. 大规模星座建设需统筹规划、统一协调

自太空探索技术公司（SpaceX）公司提出 Starlink 大型低轨通信星座并开始先期组网以来，国内外各航天机构都在规划自己的大规模星座方案，涵盖通导遥等各卫星应用领域。卫星低轨道空间有限，加上频率资源的约束，大规模小卫星星座的批量部署发射，必然导致空间资源使用的紧张，有限的空间资源具有极其重要的国家战略意义。当前大规模星座建设缺乏统一的技术标准与空间准入机制，缺乏对空间环境与资源的保护观念。因此，当前国内外大规模星座发展亟须统筹规划、统一协调，从总体出发对大规模星座进行系统设计，对相关关键技术及时识别，提前攻关，建设可持续发展道路。

（二）国际研究进展

1. 遥感领域

（1）大规模高分辨率小卫星星座发展迅速，光学遥感商业化运营成熟。美国行星公司拥有全球最大的卫星星座，目前运营天空（Skysat）和鸽群（Doves）两个星座，鸽群卫星分辨率达 3 m，是目前世界上最大的遥感卫星星座，具备对全球任意地点每天拍摄的能力，开创了"遥感数据大数据服务"商业模式（海量数据+分析平台+终端用户）和"敏捷航天快速迭代"设计理念；美国 Black Sky 卫星星座计划由 60 颗地球观测卫星组成，目前包含 0.85 m 到 1.3 m 分辨率的十余颗陆地观测小卫星，旨在将高性能卫星图像的访问商业化。"3D 光学星座"（CO3D）是法国发展的新型光学侦测一体卫星，在全球范围内提供 50 cm 分辨率的立体图像，用于制作全球任意地区的数字高程模型，未来 CO3D 星座有可能扩充成为由 20 颗卫星组成的星座系统。

（2）多光谱、激光等多种手段小卫星星座服务于气象应用，大幅度提高时间分辨率。美国 Hpyer Cube 星座由 12 颗 6U CubeSat 卫星组成，分为 4 个具有相同地面轨迹但相隔约 15 分钟的组合，条带宽度允许每 6 小时进行一次完整的全球 3D 风测量，使得风数据摄取到数值天气预报模型中；美国航空航天局（NASA）冰冻圈科学计划支持发展的小卫星 ICESat-2 重量为 155 kg，搭载了先进地形激光测高仪系统（ATLAS），通过发射 3 组 6

个激光束对地表目标物扫描，监测和研究掌握因气候变化对冰冻圈和生态圈造成的影响情况，同时还可以测量云和气溶胶分布结构；加拿大 GHGSat 卫星为温室气体卫星星座，由 10 颗卫星组成，当前在轨 8 颗，可以有效监测甲烷等异常排放源。

（3）雷达成像技术取得突破，商业遥感卫星服务拓展。芬兰 ICEYE 星座由大约 18 颗具备 X 波段 SAR 的小卫星组成，率先利用低于 100kg SAR 卫星通过聚束成像模式获得了优于 1m 分辨率图像；美国 Capella 星座将由 36 颗微型卫星组成，地面分辨率和条带宽度随视角而变化，用户可以选择传输带宽和 PRF 的组合来满足他们的成像要求；日本 Synspectibe 公司计划于 2030 年建成 25 星的 SAR 卫星星座，最终建立一个由 100 颗微型卫星组成的星座，从而实现高频次地获取全球 SAR 影像。

（4）微波环境监测持续发展，全球环境监测仍是热点。阿根廷 SAOCOM 卫星星座系列是极化 L 波段 SAR 星座，总体目标是提供有效的地球观测和灾害监测能力；轨道微系统公司（OMS）全球环境监测星座系统（GEMS）共包含 48 颗立方星将显著改善全球微波辐射监测的时间频率，从间隔几小时甚至几天到接近 15 分钟。

（5）多微波手段气象小卫星星座快速建设，弥补现有气象系统不足。美国 Spire 公司狐猴（Lemur）微纳卫星星座由 125 星构成，单星质量为 4.6 kg，该系列卫星为无线电掩星大气探测星座，通过收集天气数据，可提供全球精确温度、压力、湿度信息，填补美国天气数据的空白；美台合作的"气象、电离层与气候星座观测系统"（COSMIC）接续星座 COSMIC-2 由 6 颗微卫星（COSMIC-2A）构成，通过搭载无线电掩星系统、离子速度计和射频信标机，收集、处理气象和电离层数据，进而改进气象预报准确度，提升灾害性天气防御能力和电离层预报保障能力；美国 TROPICS 星座由 6 颗 3U 立方体微波小卫星组成，以通过快速重访采样来研究热带气旋的发展；美国 ClimaCell 公司 2021 年启动"明日太空行动"（Operation Tomorrow Space）计划，由 30 颗雷达卫星构成首个太空天气雷达星座，具备收集全球平均重访率为 1 小时的高分辨率降水数据能力。

2. 通信领域

美国已形成由太空探索公司、Astra、亚马逊、波音公司等为主要核心成员的强大的低轨卫星网络发展团队。2015 年，特斯拉旗下太空公司 Space X 的首席执行官伊隆·马斯克推出"星链（Starlink）"计划，预计总发射低轨卫星数量达 4.2 万颗，以提供覆盖全球的高速互联网接入服务；2021 年，火箭制造商 Astra 计划部署 1.3 万颗低轨卫星组成星座，支持通信、环境和自然资源应用，以及国家安全业务；同时，美国联邦通信委员会宣布批准波音公司发射和运营 147 颗低轨卫星，为用户提供高速宽带互联网服务。2022 年，亚马逊公司推出的"柯伊伯项目（Project Kuiper）"计划，将部署 3236 颗低轨卫星组成太空卫星网络，为全球提供高速宽带互联网接入服务。

英国/印度太空互联网公司 One Web，目前拥有世界第二大规模的卫星星座，在轨卫星数量已达 540 颗，仅次于 Space X 的 Starlink。另外，One Web 还预计发射 32.7 万颗小型卫星，数量达到世界之最。

加拿大通信公司 Telesat 在 2016 年宣布推出 Lightspeed 计划，预计发射 1671 颗低轨卫星，提供全球网络服务。

欧洲航天局计划进一步开展对低轨导航卫星进行在轨演示，补充伽利略系统。位于卢森堡的 Leo Sat 公司推出 Leo Sat 星座，利用激光通信的方式部署 108 颗低轨卫星，以实现高质量的数据服务通信网络，链路速率最大能达 10 Gbit/s。

俄罗斯国家航天集团公司的"球体"（Sfera/Sphere）多功能卫星星座项目，旨在用于卫星定位（导航）、地球监测和通信，实现真正意义上的卫星网络技术突破，与 SpaceX 的"星链"（Starlink）以及英国的"一网"（One Web）卫星计划三足鼎立。2022 年 4 月，该公司已将球体卫星系统的航天器数量成功扩展至 600 颗左右。

澳大利亚 Fleet（全称 Fleet Space Technologies）公司计划发射 100 颗纳米卫星，主要服务于物联网。

韩国政府于 2021 年 6 月表示在 10 年内建设 100 颗微小卫星组成的卫星星座，早期三星公司还制定了由 4600 颗微小卫星组成的互联网星座蓝图。

3. 导航领域

基于低轨卫星星座构型和信号的独特优势，卫星导航增强的发展方向向低轨领域逐渐倾斜，成为下一代卫星导航系统新的增长点和赋能点。

美国低轨卫星系统指标及规划较为明晰，低轨卫星星座建设正朝着多功能综合、全球物联网方向有条不紊地发展。美国传统低轨星座铱星（Iridium）、轨道通信（Orbcomm）和全球星（Globalstar）卫星系统已实现在轨运营，其中最具代表性的为下一代铱星系统（Iridium NEXT）提供的卫星授时与定位（Satellite Time and Location，STL）服务，下一代铱星系统为当前唯一投入运营并提供成熟定位与授时服务的低轨卫星系统，已成为低轨导航定位的技术标杆并纳入国家战略定位、导航和授时（Positioning, Navigation, and Timing, PNT）体系中。新兴低轨星座以 SpaceX 商业运载公司的星链计划进展最为迅速，SpaceX 公司在美国联邦通信委员会（FCC）的申报资料显示，计划 2024 年部署完成 4425 颗卫星，2027 年部署完成 7518 颗卫星，预备占位卫星 30000 颗，共计 42000 多颗卫星，在全球范围内提供高速、低延迟的互联网接入服务。

欧洲基于开普勒低轨系统大幅增强伽利略定位系统能力。开普勒系统由 4~6 颗低轨卫星构成小规模星座，以及激光星间链路（ISL）来完善现有星座体系，在实现对伽利略系统完好性和精度增强的同时，减轻对地面系统的依赖。

（三）国内研究进展

1. 遥感领域

（1）高分系列完成部署，是民用空间基础设施的重要组成部分。高分六号卫星是一颗三轴稳定的对地观测卫星，于 2018 年 6 月 2 日成功发射，其宽幅相机在国际上首次采用了先进的自由曲面、四反离轴全反射式光学系统设计，用单相机超大视场成像替代了传统多相机拼幅成像体制，是首颗采用国产 CMOS 成像器件的多光谱遥感卫星，具有多传感器在光谱 – 空间 – 时间等多维综合观测信息方面的优势。

（2）海洋水色卫星持续业务运行，达到国际先进水平。海洋一号 C 卫星于 2018 年 9 月 7 日在太原卫星发射中心成功发射，是我国《国家民用空间基础设施中长期发展规划》中海洋系列卫星的首颗业务卫星。海洋一号 C 卫星的成功发射和在轨运行，结束了我国没有海洋业务卫星在轨运行的现状，实现了海洋卫星从试验应用向业务服务的转变。

（3）商业卫星服务能力稳步提升，星座规模与运营模式对比国外仍有差距。高景一号（SuperView）是中国首个 0.5 m 级高分辨率遥感卫星星座，增强了中国商业遥感数据服务能力；"珠海一号"规划研制发射 34 颗光学星组成星座，能对植被、水体和海洋等地物进行精准定量分析，是中国民营上市公司建设并运营的星座；吉林一号星座计划于 2030 年完成 138 颗吉林一号卫星组网，实现全球任意地点 10 分钟重访目标，为林业、草原、航运、海洋、资源、环境等行业用户提供遥感数据和产品级服务；中国零重空间公司计划创建灵鹊星座，初期计划由 132 颗 6U 立方体星组成，对重点区域实现 30 分钟重访时间，覆盖全球实现 12 小时重访时间。

（4）微波探测技术发展，高性能 SAR 小卫星星座开始部署。2019 年捕风一号 A、B 卫星的成功发射，实现我国卫星导航信号探测海面风场零的突破，对我国台风预警、防灾减灾具有重要意义，填补我国台风眼观测空白；"天仙星座"计划由中国电子科技集团公司第三十八研究所牵头发起，该星座由 96 颗轻小型、高性能 SAR 雷达卫星构成，部署在多个轨道面，能够实现高分辨率、宽覆盖、持续监测、快速遥感信息处理能力，可提供更高效率且具有极致性价比的对地遥感数据服务，将为国家应急救灾体系打造一支可信赖的天基商业 SAR 力量。

2. 通信领域

低轨移动通信技术创新突破，支撑发展星座通信系统，"灵巧通信"卫星在轨验证了基于通信小卫星一体化设计技术、智能天线技术等技术的低轨移动通信。中继通信技术是是深空探测的关键一环，极大提高卫星使用效益，为深空探测提供通信保障。嫦娥四号中继星鹊桥号运行在环绕地月 L2 平动点轨道，实现月球背面的着陆器和巡视器与地面站之间前向 / 返向的实时和延时中继通信，支撑了我国月球背面探月任务实现。

卫星互联网列为"新基建"范畴，我国将其上升到国家战略高度，表明了对空间主动权的高度重视。中国版星链计划启动，中国星网通过统筹整合航天科技集团、航天科工集团的多个低轨星座计划，即鸿雁星座、虹云工程、行云工程等，申请建设一个包含 12992 颗卫星的庞大星座系统，2023 年 7 月已完成首颗卫星互联网技术试验卫星发射。北京国电高科科技有限公司打造和运营我国首个低轨卫星物联网星座，即天启星座，由覆盖全球的 38 颗低轨卫星组网，具有高容量、低延时、低成本等特点，为全球用户提供全天候物联网数据通信服务。除国企央企外，我国民企也相继推出卫星组网计划。银河航天推出的"银河 Galaxy"卫星星座是当前国内民企规模最大的卫星星座，计划到 2025 年前发射 1000 颗卫星，通信能力达 10Gbps，成为我国通信能力最强的低轨宽带卫星。九天微星公司计划全球部署 72 颗小卫星星座，成为中国第一个商用低轨物联网星座，进行全球数据采集及重型资产监控，服务全球物资监控、智能物流、环境监控等多种物联网应用场景。

3. 导航领域

国内多家企业成功发射低轨卫星旨在增强北斗卫星导航系统的性能，实现高精度位置服务，但目前还未形成业务化运行。鸿雁、虹云、天地一体化信息网络等通信星座均考虑了低轨卫星增强的需求，微厘空间、箭旅镜像主打低轨高精度增强；同时鸿雁星座试验星、珞珈一号、珞珈二号、微厘空间、网通一号等低轨试验卫星的在轨技术试验，为低轨卫星导航信号增强技术、精度增强等技术积累了试验数据。现阶段基于低轨卫星导航增强系统的研究分析显现出尤为重要的实用价值和应用意义，我国有望借助后发优势，充分挖掘低轨导航系统背后的空间资源和战略价值，把握低轨系统新增量，实现卫星导航领域的超越。

（四）研究团队

目前，基于卫星研制能力与产业布局，国内参与小卫星研制的单位可分为传统航天力量、商业航天公司、高校等三类，其研制和计划研制的卫星覆盖通信、导航、对地观测、空间科学、技术试验等业务领域，布局呈现全面化特点。

传统航天模式以任务保障为核心，经过多年发展，积累了先进的技术，建立了成熟的体系，有很好的保障能力。中国空间技术研究院主要通过航天东方红、深圳东方红公司开展小卫星业务，涉及光学遥感、电磁与微波、中继通信等多个领域，是我国航天事业的主力军之一；上海卫星工程研究所发射"风云""实践""遥感"等系列卫星，是我国气象卫星、对地遥感、空间监测的主要研制基地之一；中国科学院上海微小卫星创新研究院发射新一代北斗导航卫星、天宫二号伴随卫星、暗物质粒子探测卫星、量子科学实验卫星等，是我国科学卫星领域的重要力量。

商业航天模式以客户和服务为核心，采用市场化竞争管理方式，管理灵活、效率高、有较好的创新机制，通过整合社会资源共同合作，不断磨合逐步发展。长光卫星技术有限公司打造全球最大的亚米级商业遥感卫星星座，是集卫星研发制造、运营管理和遥感信息服务于一体的全产业链商业遥感卫星公司；信威通信公司利用低轨移动星座开展全球语音、集群、全球短信、全球数据、全球 M2M、全球多媒体等业务；二十一世纪空间技术公司发射北京一号、北京二号卫星，提供商业遥感卫星运行、遥感和空间信息综合应用服务及系统集成服务；中国四维的高景星座是我国首个 0.5 m 级高分辨率商业遥感卫星星座，增强了我国高品质商业卫星遥感数据应用服务能力；珠海欧比特控制工程股份有限公司正在构建由 34 颗卫星构成的珠海一号卫星星座，开展面向国土资源、农林牧渔、环保交通、智慧城市、个人消费等应用的卫星大数据服务。

高等院校开展了大量新器件、新技术、新平台在轨试验，促进航天技术发展。清华大学发射灵巧通信试验卫星、纳星二号、紫荆一号、紫荆二号等卫星，开展创新技术试验、新型载荷验证、通信试验等业务；国防科技大学发射天拓系列、星尘系列等卫星，开展海事、对地观测、通信、在轨加注、空间环境探测等多类应用；哈尔滨工业大学掌握了微小卫星平台的核心技术，包括星载电子系统、COTS 器件可靠应用、高精度卫星控制、微小卫星总装集成与测试等，形成了 200 kg 量级微小卫星平台，可用于遥感、通信、技术试验等领域；浙江大学致力于皮纳卫星领域研究，验证皮卫星的总体设计和单机部件等关键技术、创新空间展开机构等；南京理工大学开展工程教育，实现航天新技术、新材料、新工艺的在轨验证和空间应用；西北工业大学形成了 2U、3U、6U、12U 等系列化的立方星及其组件产品，建成了完善的微小卫星总体设计、组装集成与测试、测控条件；武汉大学布局夜光成像和多角度雷达成像领域，卫星功能和性能达到世界先进水平。

三、国内外发展比较

（一）国内外研究进展总体比较

近五年，国际上小卫星发射数量呈跨越式增长，世界各航天大国和商业公司都提出了极其庞大的小卫星星座发射部署计划，以太空探索公司（SpaceX）、行星公司（Planet）等为代表的商业航天企业快速推进星链（Starlink）天基互联网巨型星座、鸽群（Flock）大规模遥感卫星星座部署进程，小卫星产业已从呈现快速发展"趋势"变为发展"常态"。其中 100～1000 kg 小型卫星数量遥遥领先（表 1），自 2020 年以来翻倍增长，并且发射数量稳步保持，2018—2022 年美国 SpaceX 公司通过一箭 60 星部署发射 4388 颗，贡献了超过 100～1000 kg 小型卫星数量的 3/4。

表 1　2018—2022 年小卫星发射数量按质量分布统计

年份	皮卫星 （<1 kg）	纳卫星 （1～10 kg）	微卫星 （10～100 kg）	小卫星 （100～1000 kg）	大中卫星 （>1000 kg）
2018	1%	45%	14%	25%	16%
2019	3%	33%	13%	39%	12%
2020	4%	7%	6%	80%	4%
2021	5%	10%	6%	76%	3%
2022	3%	8%	7%	79%	3%
总计	3%	13%	8%	72%	5%

从卫星所属国家看（图2），2018—2022年美国发射数量高居榜首，高达4669颗，欧洲、印度、俄罗斯、中国、加拿大分别发射763颗、43颗、112颗、527颗、37颗卫星，中国近五年卫星发射数量逐年增高，2022年由于吉林卫星星座、遥感35卫星星座等发射，卫星数量突破年发射150颗，高达178颗，比2021年增加64.8%，是世界第二发射大国，但相较于美国每年千颗发射规模还有一定的差距。

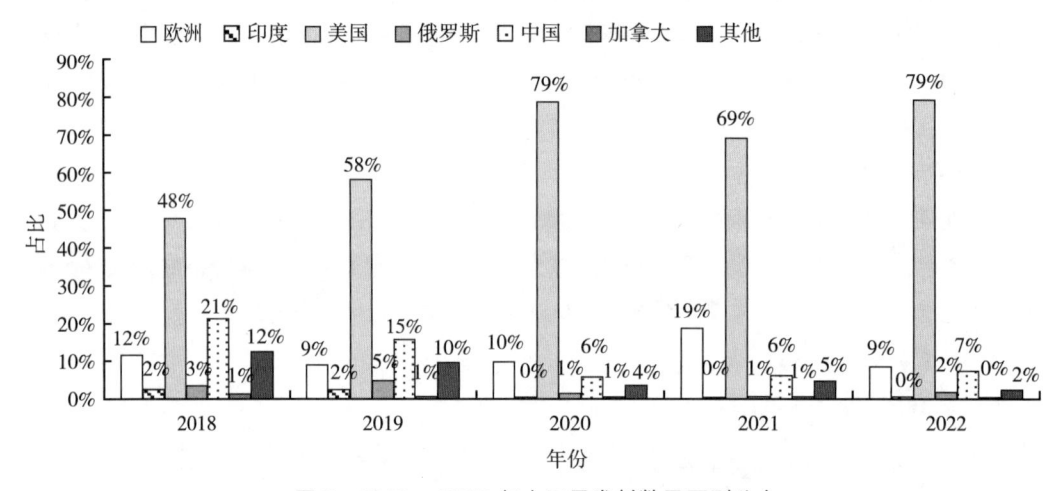

图2 2018—2022年小卫星发射数量国别分布

一是完善顶层政策环境，推动商业航天发展。美国推进商业航天发展，维持太空疆域领导地位。《国家航天战略》强调国家安全航天、商业航天和民用航天3个领域应充分互动、合作，同时将商业航天纳入国家战略中，以蓝色起源、维珍银河、Space X等为代表的商业航天公司在美国航天领域的地位迅速提升。欧洲重视发展小卫星技术，重点采用分阶段理念，提升小卫星星座技术。《TEM技术发展优先级与路线图（2018—2030）》提出将按照2018—2020年、2021—2025年以及2026—2030年三个阶段，通过一系列举措发展小卫星星座技术，以提升其在小卫星领域的竞争力。俄罗斯加强航天成果民用化，提升商业航天服务能力。通过颁布《2030年及以后国家航天政策》《国家航天集团公司发展战略》等文件改造航天体系，加强航天成果民用化，提升在全球商业航天服务市场份额。中国以技术创新为驱动，发展新型基础设施建设。《国家创新驱动发展战略纲要》提出："大力提升空间进入、利用的技术能力，完善空间基础设施，推进卫星遥感、卫星通信、导航和位置服务等技术开发应用，完善卫星应用创新链和产业链。"2020年国家发改委确定了"新基建"的定义和范围，卫星互联网首次被纳入新基建范围，明确了国家未来的战略方向。

二是突破关键核心技术，增强星座使用效能。卫星效能是大规模星座运行追求的目标，既是市场化的需要，也是卫星产业发展的必然趋势。卫星的实现途径以轻小型化、集成化为主，既有利于压缩卫星研制周期与成本，又有利于一箭多星发射，方便星座快速构建。国外视频成像小卫星上已经广泛采用卫星载荷一体化设计技术，SkySat 系列卫星和 surrey 小卫星等都采用了这种以载荷为中心，围绕载荷进行布局的高度一体化的设计方法，我国高景 –1 卫星利用高度集成的智能化芯片，把单机集成为单板，通过开展电源管理和配电模块集成、应用小型化应答机等设计，最终使得卫星的平台载重比提高到近 50%。

三是创新商业运行模式，直面卫星应用服务。随着技术的发展和商业模式的创新，小卫星逐渐突破以科学与技术试验为主要用途的传统思维，新的航天应用业务正在逐渐形成。商业微纳卫星星座正在实现从试验型向应用型的过渡，通过采用互联网、大数据思维，开创遥感卫星新的商业运营模式。例如：美国行星实验室公司（Planet Lab）将利用鸽群星座通过商业应用模式实现突发状况应急响应和提前预警服务。利用视频卫星 SkySat 建立融合各类图像数据的云服务平台，提供图像 / 视频数据在线浏览和分发业务，通过大数据挖掘技术提供定制服务。当前我国利用高景一号、吉林一号等卫星星座已经初步形成以天基对地观测业务为核心的应用服务产业链，应用市场已从政府采购为主向商业市场拓展。

（二）重点学科具体进展比较

小卫星技术迭代与突破实现卫星系统降本增效。集成设计、模块化设计是将多种功能单机综合一体的设计，加强卫星平台功能模块的定型设计和载荷模块的通用化设计，形成多系列产品型谱和规范，通过缩减星上产品配套数量，降低整星重量，同时集约单机的环境试验等，可大幅降低研制费用。SpaceX 公司采用充分借鉴成熟技术并加以简化和优化，实现流水线方式生产，达到成本最小化。

低配置技术方案加速小卫星批量发射部署。创新低成本卫星技术方案，提升卫星批量发射部署能力，是快速获取空间资源、提升卫星系统应用效能的关键。根据国际主要航天企业公布的卫星互联网组网计划，美国计划部署卫星数量超过 2 万颗，美国商业公司 SpaceX 一次性可发射 60 余颗卫星，后期预计会增加到 400 颗，批量化发射部署形成较强的能力。采用供货周期短、性能指标高、成本低的商业货架（Commercial Off the Shelf，简称 COTS）器件是降低卫星成本、加速卫星批产效能的有效途径。美国、欧洲、日本等相继开展了 COTS 技术研究与应用实践，积累了 COTS 器件应用管理经验，形成了以美国航空航天局（NASA）的 PEM-INST-001 和 EEE-INST-002 两指南为基础的质量保证方法，国内商业航天也是参考该指南进行针对性试验。

大规模星座系统稳定运行推进应用产业链融合发展。通过大规模星座部署运行，实现小卫星产业链上下游的融合发展是卫星应用的重要趋势，产业链融合在对地观测卫星领域体现得尤为明显。传统遥感卫星运营商一方面重视增值服务和增值产品的研发，例如加拿大商业卫星制造商 MDA 公司基于雷达卫星数据开发了"蓝鹰"（Bluehawk）产品，用于船只监视，向产业链下游拓展；开发了"油跟踪者"（Oil tracker），致力于海上溢油事件的快速响应。另一方面，对地观测卫星企业也高度重视其他领域先进技术融合发展，将人工智能技术用于对地观测卫星应用，开发了零售商利润预测、农作物产量预测、石油产品预测、经济活动预测等对地观测增值产品，提供定制化解决方案。与世界领先企业相比，我国大规模遥感卫星星座尚属起步，星座规模有限，应用模式还需进一步拓展，业务生态圈还需进一步完备，目前主要靠融资推动项目建设，业务应用回报有限，应用产业链还不太完备。

四、发展趋势与展望

（一）小卫星发展定位稳步提升，促进空间设施发展规划提早布局

未来大规模星座必然以小卫星为主体，国际上政府部门是小卫星的重要推动力量。空间基础设施应坚持实用化、高效能，特别是高时间分辨率必然需要星座来实现，由于小卫星有利于降低成本、缩短研制周期、提高发射效率，应在未来空间基础设施规划中有明确的定位。同时应尽早布局，抢占有限资源。根据 ITU 的规则规定，轨道和频谱资源主要以"先到先得"的方式分配，后申报方不能对先申报国家的卫星产生不利干扰。目前国外大规模星座已经发展很快，我国也应统筹分析，尽早规划，从速行动，部署我国后续大规模低轨星座设施，在空间竞争中抢占有限资源。

（二）小卫星发展理念持续革新，推进卫星研制模式不断优化调整

小卫星具有低成本以及高功能密度和性价比等优势，通过在低轨道以星座系统方式运行，无论是在气象、导航增强等领域，都能够与高轨的大卫星形成互补，系统应用效能明显提升，例如在气象观测领域，CYGNSS、RainCube、TEMPEST-D 等多个气象小卫星已开展部署，与已有的大卫星系统结合，弥补气象大卫星时间分辨率低的缺陷，可以构成能力更强大的多要素、高时空分辨率、满足多样需求的气象卫星观测体系。小卫星星座系统发展，推进卫星研制模式优化调整。一方面为应对小卫星的快速发展，需要发展 3D 打印、智能制造等先进卫星制造技术，降低部组件研制成本和组装周期；另一方面需提升平台柔性，满足各类市场需求。要着力探索适用于小卫星项目短周期、低成本特点的小卫星研制、发射和运行管理模式，这是实现小卫星快速部署的重要保证。

（三）小卫星技术不断创新突破，加速卫星小型化、智能化发展进程

微电子技术、微机械技术、微纳技术、精密加工技术和集成化综合电子技术等创新

技术的发展，加速了卫星轻小型化进程，推动航天低成本进程，使小卫星应用能力不断提升。微型推进器、微型电源系统等小型化系统研制，极大降低卫星研制成本，在轻小型光学探测技术方面，国外实现了更高的分辨能力，美国"天空卫星"（SkySat）以 100 kg 质量实现了 0.9 m 分辨率，采用了与传统 TDI CCD 不同的面阵 CMOS 探测器，减轻了系统质量；商业 GPU 和人工智能芯片等商业器件的上星应用在降低生产制造成本的同时，极大提升了卫星的处理性能。同时随着互联网、网络、计算机等技术的发展，以前沿技术为驱动，卫星智能化水平不断提升。通过将人工智能技术与软件卫星相结合，构建具有信息数据的智能获取、智慧空间的数据处理与挖掘及数据的驱动应用三部分功能的智能软件系统，进而在星上进行自主决策与自主运行，完成复杂的空间任务，大大提升了卫星的自主性与智能化水平。

（四）通导遥星座系统融合构建，加速天地一体化应用

当前我国现有的通信、导航、遥感卫星系统三者各成体系，"卫星获取图像—数据分级处理—用户终端获得数据"整个链路时效性低，远不能满足快速响应的要求，需要构建功能互联互通的空天地一体化卫星应用系统，实现通信、导航、遥感卫星系统之间互联互通，打破信息互联互通壁垒。针对专业用户，突破单纯定期提供数据的服务模式，按需向各类用户提供实时天基信息服务，包括城市交通监控、精准农业、目标持续监控、实时态势感知等，从而将空天实时信息变成智慧产业的组成部分；针对大众用户市场，主要以移动终端为载体，提供定制化、实时化的天基信息增值服务，包括基于实时遥感数据的定位服务、实时高精度导航服务等，真正提供覆盖全球 70 亿人的互联网＋空天信息实时服务。

（五）小卫星标准体系协同建设，指导民商卫星健康发展

空间是人类共有，需要与国际组织协同，组织研究确定大规模星座建设的轨道规制要求、性能指标协同体系、数据产品质量要求、卫星运行管控、应用服务要求、应急事件国际间协同工作要求等，依据相关的小卫星标准体系，以推进卫星发射、测控、运行管理的统筹建设。同时由于卫星发射、管控、数据应用不单纯是商业市场行为，甚至涉及国家安全、国际纷争等问题，需要政府层面组织制定相关法制或标准文件，以指导民商卫星健康发展。

附表　小卫星领域专业技术体系表

一级专业	总体技术	轨道控制技术	姿态控制技术	综合电子技术	供配电技术	AIT技术
二级专业	①星上智能处理技术 ②自主多星任务筹划规划技术 ③卫星低成本研制	①高精度轨道维持与控制技术 ②大规模星座运行轨道控制技术 ③地月空间轨道设计技术	①高性能姿态控制技术 ②高精度指向测量技术 ③新型空间推进技术	①综合电子系统设计 ②星务软件设计	①物理电源技术 ②储能电源技术 ③电子电源技术	①自动化测试设计与实施技术 ②测试设备自动化管控技术 ③测试数据自动化分析评价技术 ④卫星通信射频自动化测试技术 ⑤卫星供配电自动化测试技术
我国技术水平（相较国际）	领先：无 先进：①② 一般：③	领先：无 先进：①③ 一般：②	领先：无 先进：①②③ 一般：	领先：无 先进：①② 一般：	领先：② 先进①③： 一般：	领先：无 先进：①②③ 一般：④⑤
目前专业地位	核心：①② 重要：③ 一般：无	核心：①② 重要：③ 一般：无	核心：①② 重要：③ 一般：无	核心：①② 重要：无 一般：无	核心：①②③ 重要：无 一般：无	核心：①③ 重要：② 一般：④⑤
后续重点发展方向	①②③	①②③	①②③	①②	①③	①面向批产卫星的测试智能规划与实施技术 ②星群卫星协同测试技术 ③测试设备智能化管控技术 ④卫星数据智能化分析评价技术

参考文献

［1］魏鹏，李海涛，葛海峰，等. 美国太空探索技术公司成本控制分析［J］. 航天产业观察，2021，（3）：53-56.

［2］白照广. 中国现代小卫星发展成就与展望［J］. 航天器工程，2019，28（2）：1-8.

［3］徐伟，贾晓东，鄢婉娟. 低成本卫星电源供配电系统［C］//2015年小卫星技术交流会论文集. 北京：中国宇航学会，2015：381-386.

［4］李军予，闫国瑞，李志刚，等. 智能遥感星群技术发展研究［J］. 航天返回与遥感，2020，41（6）：34-44.

［5］段锋. 美国商业航天的新发展及军事影响［J］. 国际太空，2019，491（11）：54-59.

［6］付郁，韩维. 欧洲航天产业对小卫星技术的发展规划［J］. 国际太空，2019，486（6）：42-45.

［7］Christopherson J B, Chandra S N R, Quanbeck J Q. 2019 Joint Agency Commercial Imagery Evaluation—Land remote sensing satellite compendium［R］. US Geological Survey, 2019.

［8］Tyc G, Tulip J, Schulten D, et al. The RapidEye mission design［J］. Acta Astronautica, 2005, 56（1-2）：213-219.

［9］JN Pelton, Safyan M. Handbook of Small Satellites：Technology, Design, Manufacture, Applications, Economics and Regulation［M］. Berlin: Springer, 2020：1-17.

［10］李铁骊，袁菁. 2019年商业遥感卫星产业报告［J］. 卫星应用，2020（2）：17-19.

［11］刘洁，于洋. 商业遥感卫星及应用发展态势［J］. 中国航天，2022（8）：24-30.

研究团队：白照广　杨　志　王晓宇　王丹丹　马琦秀　林　墨　陆春玲

审稿人：白照广　杨　志　王晓宇

撰稿人：王丹丹　马琦秀

载人航天器专业发展报告

一、引言

载人航天是人类驾驶和乘坐航天器进入太空进行科学研究、资源开发应用的活动，载人航天器是人类进行载人航天活动的平台。从1961年苏联宇航员乘坐"东方一号"宇宙飞船进入太空开始，载人航天已经经历六十多年发展，形成了包括载人飞船、货运飞船、空间实验室、空间站、航天飞机、登月飞行器在内的一系列载人航天器。

载人航天发展水平是衡量一个国家科技水平和科技能力的重要标准。1986年我国开始实施国家高技术研究发展计划，正式把发展载人航天列入其中，立足自力更生、自主创新。目前已经成功实施了16次神舟载人飞船任务、1次新一代载人飞船试验船任务、6次天舟货运飞船任务以及天宫一号、天宫二号和天宫空间站等任务。掌握了载人天地往返、天地运输、航天员出舱、交会对接、在轨组装建造等关键技术，建立了航天员系统、空间应用系统、载人飞船系统、货运飞船系统、运载火箭系统、发射场系统、测控通信系统、空间站（空间实验室）系统、着陆场系统等全套载人航天配套系统。在过去五年，中国载人航天按照既定的规划持续稳定发展，完成了载人航天工程第三步走，取得了以空间站在轨组装建造完成为代表的重大进展。载人登月计划正式立项实施，各项重大技术攻关稳步推进。

本报告基于载人航天器学科发展需求和服务航天强国战略，系统总结了近五年我国载人航天器专业的发展情况和主要研究成果，并调研了国外载人航天器领域的研究热点和亮点、发展趋势。对比分析了国内外载人航天器发展的现状和差距，立足我国航天器实际发展现状，着眼未来需求，对我国载人航天器专业未来的发展策略提出建议。

二、近五年的主要进展

（一）近五年我国载人航天飞行任务

1. 天宫二号空间实验室

天宫二号空间实验室（图1）作为我国发射的第二个空间目标飞行器，于2016年9月15日发射升空，先后完成与神舟十一号交会对接、首次人机协同机械臂在轨维修试验、首次推进剂补加、天舟一号交会对接及首次快速交会对接等任务，完成了空间站相关技术验证的重要使命。2019年7月16日终止数据服务，2019年7月19日受控离轨落入南太平洋预定安全海域。标志着中国载人航天工程第二步圆满完成。

图1 天宫二号空间实验室

2. 新一代载人飞船试验船

2020年5月5日，新一代载人飞船试验船搭载长征五号B运载火箭首次执行飞行任务，5月8日13时49分，新飞船返回舱按照预定程序在东风着陆场回收成功，试验取得圆满成功。期间完成了多项空间科学实验和技术试验，验证了新一代载人飞船高速再入返回、防热、控制、群伞回收及部分重复使用等关键技术。

3. 天宫空间站（中国空间站）

建设天宫空间站是中国载人航天工程三步走的收官之战。整个飞行任务分为关键技术验证阶段、组装建造阶段以及应用与发展阶段。

（1）关键技术验证阶段飞行任务。关键技术验证阶段自2021年4月29日天和核心舱发射，至2022年4月16日SZ-13载人飞船完成径向分离和返回，共计12个月。关键技术验证阶段实施了5次飞行任务，包括发射天和核心舱、2艘天舟货运飞船和2艘神舟载人飞船。顺利完成空间站组装建造及运营阶段所需的各项关键技术在轨验证。

（2）组装建造阶段飞行任务。组装建造阶段自2022年4月20日天舟四号发射至2022年12月4日SZ-14载人飞船完成径向分离和返回。建造阶段实施了6次飞行任务，包括发射问天实验舱、梦天实验舱、2艘天舟货运飞船和2艘神舟载人飞船，全部过程历时约8个月，顺利完成空间站组装建造阶段两次舱段转位形成T字构型和乘组不间断轮换。目前空间站已全面完成组装建造，转入应用与发展阶段。

（二）主要技术进展

1. 空间机械臂技术

面向在轨维修和人机协同的任务需求，突破了面向在轨复杂任务的空间机械臂关键技术，通过天宫空间站大机械臂、小机械臂产品攻关和两套机械臂组合使用模式创新，实现了机械臂三舱爬行全覆盖、操作区域全覆盖以及操作对象全覆盖，机械臂控制精度达到国际领先水平。

2. 推进剂补加技术

推进剂补加技术是空间站长期在轨工作的基础。经过天宫二号空间实验室的先期验证，推进剂补加在空间站时代实现了长足进步。当前空间站推进剂补加具备根据需要分次分贮箱安全接受货运飞船进行氧化剂和燃料在轨补加的功能，具备接受货运飞船从前向对接口、后向对接口向核心舱补加推进剂的能力，还开创了对来访飞行器提供跨舱补加服务的新模式。

3. 再生生保技术

天宫空间站是我国第一个长期在轨运行载人航天器平台，为保证航天员在空间站内生命安全、生活舒适、工作高效，在空间站密封舱内通过再生生保技术为航天员创造了一个接近于地面环境的在轨载人环境。研制了电解制氧系统、CO_2去除系统、微量有害气体去除系统、尿处理系统、水处理系统。通过在轨验证，各系统在轨连续运行正常，载人环境控制结果满足指标要求。满足了航天员在大气环境、饮水供应、卫生活动支持等方面的医学和生活要求。

4. 出舱活动技术

空间站在轨期间需要进行空间站平台的大型结构组装装配、舱外载荷科学试验设备更换、舱外设备巡检和更换等舱外活动。设计了气闸舱、舱外服、舱外活动支持方式与设施和舱外活动舱载支持系统。并通过合理安排航天员舱外转移及操作项目，保障确保出舱任务与天地协同程序相匹配。

5. 在轨维修技术

空间站长期飞行期间，要达到系统整体的长期高可用性，仅仅通过提高部件可靠性的途径来实现，代价是高昂的，甚至是不切实际的。通过在轨维修可以有效提高系统安全性，降低运行成本。神舟十二号至神舟十六号乘组期间相继进行了舱外相机抬升、扩展泵组安装、舱外电缆安装等操作，有效验证了在轨维修技术。

6. 货物装载技术

针对空间站长期在轨飞行期间所需的航天员食品、水、空间站部件、备件、维护维修工具、推进剂、气体及科学载荷等各类货物上行需求，货运飞船基于平台化技术进行了适应性设计，平台提供标准机、电、热接口，研制了货物标准装载设备（图2），适应空间站不同运输任务、不同阶段货物运送需求。同时制定了货运飞船对货物标准接口要求，明确货运飞船与上行运送货物的机、电、信息、热等标准接口，作为货物运送实施基础。

图2 货柜结构货架示意图

7. 大型舱段空间转位技术

为实现天宫空间站三舱T字基本构型在轨组装，空间站共进行2次舱体转位任务，分别是：问天实验舱Ⅰ从核心舱节点舱轴向对接口转位至节点舱Ⅳ象限停泊口永久停泊，梦天实验舱Ⅱ从核心舱节点舱轴向对接口转位至节点舱Ⅱ象限停泊口永久停泊。空间站实验舱转位通过转位机构（主份）或核心舱机械臂（备份）完成，是空间站建造任务的最关键环节。首次提出了基于重力梯度被动稳定的舱段转位方案，解决了大吨位舱段转位过程姿态稳定性及与测控、能源等多学科状态匹配的难题。

8. 柔性太阳翼和驱动机构技术

为提高空间站组合体的发电能力，天和核心舱、问天实验舱和梦天实验舱都采用大尺寸柔性太阳翼技术。通过柔性电池片和铰接式伸展机构在轨展开形成大尺寸平面太阳电池阵列。并且将实验舱大面积太阳翼布局于整站T构型的两侧，同时配置双自由度驱动机构，保证发电效率始终保持在最高状态。经在轨验证，组合体太阳翼在轨展开正常，太阳翼在轨运行稳定，突破了大尺寸柔性太阳翼生产制造、在轨展开及驱动机构控制技术。

9. 大型组合体控制技术

空间站在轨飞行期间构型和飞行模式多样，突破了大型变结构柔性组合体控制技术，实现了 53 种构型的多体柔性变构型空间站的高精度控制；采用轨道系力矩平衡姿态长期飞行，利用重力梯度力矩实现 CMG 角动量管理，有效减少了发动机使用寿命和推进剂消耗。

10. 超快速交会对接技术

货运飞船采用全相位、全自主、全方位的多模式交会对接方案，突破了 0°～360° 任意相位差交会、自主完成快速交会对接、不同对接口的自由转换等技术难题，实现了交会对接飞行任务快速规划和灵活实施，具备了船箭分离后 2 小时全自主交会对接的能力。天舟五号货运飞船对超快速交会对接技术进行了在轨飞行验证，创造了交会对接过程最快时间的世界纪录。

11. 载人天地往返快速返回技术

神舟十三号载人飞船首次实施了 5 圈快速返回。通过对飞行事件合理剪裁和调整，将返回时长从 11 圈缩短至 5 圈，进一步提高了返回任务执行效率，缩短了返回飞行任务的实施时间，减少了载人飞船与空间站分离后航天员在载人飞船内工作的时间，提高了返回过程的舒适度。

12. 元器件技术

空间站在研制阶段，高度重视元器件国产化需求。实现了空间站平台关键元器件的 100% 自主可控以及 40 余项新品元器件的首飞应用。牵引研制的宇航级大门阵列系列化 FGPA、100V DC/DC 变换器等关键元器件不仅解决了空间站迫切需求，还广泛应用于北斗及国内其他航天器领域，填补了国内产品空白，带动了我国宇航用核心器件产业链发展。

（三）我国已服役和正在研发的载人航天器

1. 神舟载人飞船

神舟载人飞船主要执行人员和物资的天地往返运输任务。由轨道舱、返回舱和推进舱 3 舱组成，起飞重量 8.13 t，总长 9 m，最大直径 2.8 m。轨道舱配备了航天员在轨生活支持设备、对接机构和交会测量敏感器。返回舱作为控制舱，航天员通过舱内仪表板以及控制手柄实施手控交会对接任务。推进舱作为动力舱，为飞船飞行提供能源等资源保障。

2. 天舟货运飞船

天舟货运飞船主要任务是为载人空间站补加推进剂和运输货物，并将空间站废弃物带回大气层烧毁。天舟货运飞船采用货物舱和推进舱两舱构型，全长 10.6 m，最大直径 3.35 m，翼展 14.9 m。采用模块化设计思想，货物舱包括全密封、半密封半开放（简称"半开放"）和全开放三种构型，与标准状态的推进舱模块组合，形成基本型全密封、半开放和全开放货运飞船的型谱。全密封货运飞船主要执行密封加压货物（航天员生活货物、试验载荷、维修备件等）以及推进剂运输任务。半开放货运飞船除具备全密封货运飞船的运输能力外，可运送舱外非密封试验载荷（如测控天线）以及舱外维修备件（如太阳电池翼）。全开放货运飞船用于运送空间站拓展舱段、大型天线等大型货物。三型货运飞船配合使用，可以满足空间站工程各类货物（含试验载荷）运输需求。

3. 新一代载人飞船

新一代载人飞船是面向我国空间站运营以及未来载人登月需求而研发的新一代天地往返运输器，在神舟飞船基础上全面升级，采用模块化设计，由返回舱和服务舱组成（图3）。

图3 新一代载人飞船

4. 月面着陆器

月面着陆器是我国全新研制的地外天体载人下降与上升飞行器，由登月舱和推进舱组成（图4）。主要用于环月轨道和月球表面间的航天员运输，可搭载2名航天员往返，并可携带月球车和科学载荷。

图4 月面着陆器

5. 中国空间站（天宫空间站）

中国空间站（又称天宫空间站）由天和核心舱、问天实验舱和梦天实验舱三个舱段组成，呈 T 字构型，天和核心舱居中，问天实验舱和梦天实验分别连接于两侧（图 5）。空间站设置有前向、后向和径向三个对接口，前向对接口主要用于对接载人飞船和巡天空间望远镜，后向对接口主要用于对接货运飞船，径向对接口主要用于对接载人飞船。空间站预计将在轨运行 15 年以上，长期可支持 3 名航天员驻留，短期可支持 6 名航天员驻留，整站加压空间达到 110 m³。

图 5　天宫空间站站舱段组成

（四）研究团队

目前，国内有关载人航天领域的研究团队主要分布在中国航天科技集团有限公司，主要包括北京空间飞行器总体设计部和上海宇航系统工程研究所。北京空间飞行器总体设计部成立于 1968 年 8 月 16 日，是我国组建成立最早、总体领域最多、专业技术最齐备的空间飞行器研制核心总体单位，抓总研制了载人航天、空间科学与深空探测、太空态势感知、空间安全与在轨维护等多领域航天器研制。上海宇航系统工程研究所于 1984 年成立，1994 年独立建制，是运载火箭总体、空间科学总体、空间飞行器结构与机构产品三大主业为核心的综合性宇航研究所。

三、国内外发展比较

（一）国外载人航天发展动态

载人航天技术在 20 世纪经历了跨越式发展，如今，世界各航天强国仍将载人航天任务作为国家重大科技工程。以国际空间站为代表的近地载人航天仍是当前载人航天领域的主要任务，载人登月重新迎来发展，以载人火星探测为代表的深空探测处于初步探索阶段。近五年，国际上美、俄、欧、日、印大力发展载人航天事业并相继发布了未来载人航天发展规划。

1. 美国

美国仍是载人航天领域战略最全面、目标最宏大、体系最完备、技术最先进的头号强国。美国高度重视保持近地轨道长期载人能力，超前开展商业化航天服务。其间既有美国国家宏观政策的引导，也有行业主管部门提供的经费、技术、基础设施等全面支持。"载人龙""货运龙"和"天鹅座"飞船已经完成常规载人和货运任务，大力推进"星际客船""追梦者"太空飞机等新型运输系统发展。2021年7月美国航空航天局（NASA）启动商业近地轨道发展计划（commercial LEO destinations，CLD），扩展私人航天员任务，持续推进国际空间站的商业化，着手将国际空间站的建造和运营权转移给商业公司。提出用商业空间站取代国际空间站。未来美国商业空间站的建造和运营将完全由商业公司承担，NASA仅作为使用者参与其中。

载人深空探测领域美国重点围绕重返月球和火星探测，2022年11月，美国发布首份《地月科学与技术战略》，提出将整合国务院、国防部、商务部、能源部、NASA等所有政府机构，形成合力进行地月空间的探索与开发，旨在将地球轨道已有的领导权和绝对优势拓展到地月空间。研制"猎户座"多用途乘员飞行器，以及"空间发射系统"（SLS）重型运载火箭，提供全新的近地以远载人和科学探索能力。NASA于2019年5月发布阿尔忒弥斯计划，计划于2025年左右，将2名宇航员送上月球。截至目前，已有28个国家签署了《阿尔忒弥斯协定》，各国通过国际合作，在协议框架下积极开展月球探测活动。在载人月球探测计划中，主要航天国家不再采用太空竞赛时期一次性登月的思路，而是通过部署月球空间站、月面基地等设施，支持开展长期、多次的载人月球探测活动。

根据NASA在2015年公布的《火星之旅：开拓太空探索新篇章》报告，美国载人火星探索系列任务分为3个阶段实施，建立在近地空间载人探测（"国际空间站"）和地月空间复杂任务的既得经验的基础上，执行前往火星附近（低火星轨道或火星其中一颗卫星）的载人任务，最终实现载人登陆火星并长期驻留。计划于2035年左右实施载人绕火星轨道飞行，之后实现载人火星探测的空间探测战略规划。

2. 俄罗斯

俄罗斯受限于国际形势的变化和经费原因，在载人航天领域的重心集中于近地领域，地月空间的发展计划和研发遭遇延迟。俄罗斯计划开始组建俄罗斯轨道服务站ROSS，最迟于2035年完成建造。在载人登月领域，俄罗斯已经制定了2030年登月计划。但由于经费和技术问题，俄罗斯已宣布暂停重型火箭"叶尼塞"（Yenisei）的研制工作，正在重新设计新型重型运载火箭。新设计将在兼顾经济性的同时使近地轨道运载能力大幅提升。俄罗斯继续推进"雄鹰"（Orel）载人飞船开发，以取代现役的联盟-MS载人飞船，飞行测试工作计划于2024年开始。总体来看，俄罗斯登月计划中新一代载人飞船和重型运载火箭研发进度滞后，2030年前后完成载人登月存在风险，存在巨大的不确定性。

3. 其他国家和组织

欧盟在载人航天领域重视航天产业经济性和可持续性，重点开展载人航天国际合作的同时也在积极谋求发展独立的载人航天能力。曾在国际空间站建造中主导研制了哥伦布号实验舱、观测舱、节点舱和ATV货运飞船，目前正与NASA合作建造猎户座飞船服务舱并积极参与美国载人登月计划。

日本由于不具备独立的载人航天能力，一直依靠国际合作开展载人航天活动。曾参与了国际空间站计划中希望号实验舱、HTV货运飞船的研制，掌握了部分载人航天技术。当前日本积极参与美国阿尔忒弥斯计划，持续支持载人航天活动开展。2021年1月，日本与美国签署月球"门户"空间站平台合作协议，明确日本将为"门户"空间站提供支持，以换取日本航天员进驻"门户"空间站。

印度在俄罗斯的支持下，积极推进载人航天相关技术发展，计划于2024年进行印度自主研发的加甘扬1号载人飞船发射任务，于2030年左右建成印度第一个空间站。当前印度和美国达成合作意向，计划于2024年将印度航天员送往国际空间站。此外印度还和NASA、欧洲航天局（ESA）开展深空载人探测领域合作，印度将在载人火星任务国际合作中提供低成本、高端运载火箭技术。

澳大利亚、巴西、加拿大等非航天大国此前积极参与了国际空间站计划，后续参与美国"深空之门"任务。2021年先后与美国签署《阿尔忒弥斯协定》，希望通过与美国合作实现本国航天员登月，发展本国太空经济。

综合来看，载人航天在各国的科技发展中仍处于举足轻重的地位，正在从近地载人向深空载人、从短期到访到长期驻留的方向发展。在发展模式上，呈现国际合作和商业化的特征。

（二）国外已服役和正在研发的载人航天器

1. 载人天地往返运输

国外在服役的载人飞船主要有俄罗斯的联盟号、美国的猎户座和龙飞船，在研的载人飞船有美国的星际航线飞船和俄罗斯的雄鹰号飞船。

（1）联盟号飞船（Soyuz）。联盟号系列飞船自1960年代首飞，由圆柱形服务舱、钟形返回舱、近似球形的轨道舱和对接装置组成。质量约6.8 t，长7.5 m，直径约2.7 m，可搭载3名航天员。

（2）猎户座飞船（Orion）。猎户座飞船是NASA面向月球、火星等深空探测任务开发的，由返回舱和服务舱构成。发射重量25.8 t，返回舱大底直径5 m，最大支持4人，采用群伞减速、水上溅落回收方案，返回舱具备可重复使用能力。2022年12月猎户座飞船完成无人飞行试验，完成绕月飞行后成功返回地面。

（3）载人龙飞船（Dragon V2）。龙飞船由太空探索技术公司（SpaceX）2005年开始研制，分为货运版和载人版，采用同步论证、先后开发的研制模式，用于近地轨道货物补给及乘员运输服务。载人版龙飞船高 8.1 m，发射重量约 12 t，返回舱大底直径 4 m，返回舱密封舱内容积 9.3 m³，最大载 7 人，采用群伞回收、水面溅落回收方案，采用返回舱集成逃逸系统的逃逸方案，返回舱具备可重复使用能力。载人龙飞船（图 6）于 2020 年 5 月进行了首次载人飞行测试，将 2 名航天员送往国际空间站。

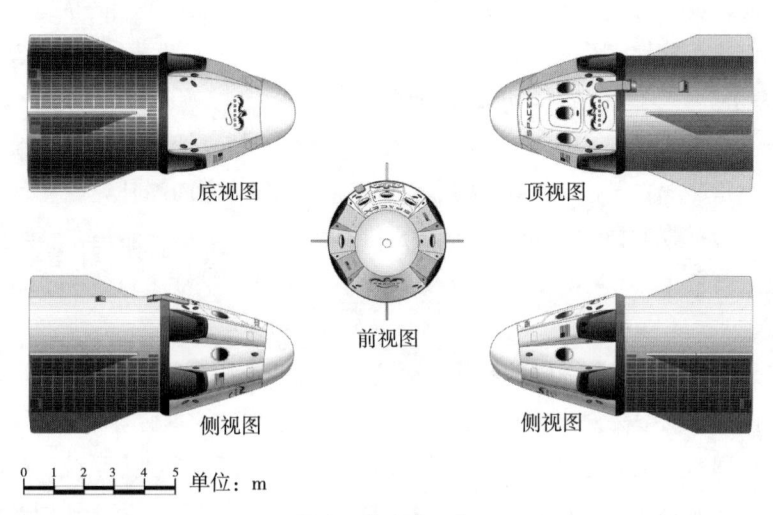

图 6　载人龙飞船

（4）星际航线飞船（CST-100 Starliner）。星际航线飞船由美国波音公司研制，用于近地任务。由返回舱和推进舱组成，发射重量 13.5 t，返回舱大底直径 4.56 m，最大载 7 人，采用群伞减速气囊缓冲回收着陆方案，采用服务舱集成逃逸系统的逃逸方案，返回舱具备重复使用能力（图 7）。星际航线飞船 2019 年的首次无人验证飞行因软件问题没能与国际空间站对接，2022 年 5 月星际航线飞船第二次无人验证飞行成功与国际空间站对接。

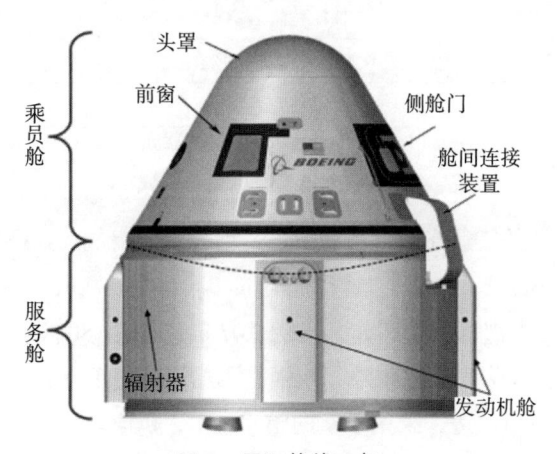

图 7　星际航线飞船

（5）雄鹰飞船（Orel）。雄鹰飞船由俄罗斯研制，目前还处于研发状态，主要用于载人月球探测任务，并能够完成近地任务。飞船发射质量20 t，最多可搭载4人，采用返回舱和推进舱两舱构型，推进舱采用模块化设计，可分别执行近地轨道任务和登月任务；采用传统逃逸塔式逃逸方式。采用群伞减速、缓冲腿着陆，返回舱具备重复使用能力。

2. 货运补给运输服务

国际空间站现役的货物运输系统由俄罗斯进步号货运飞船和美国的货运龙飞船和天鹅座货运飞船组成，能够满足现有国际空间站上下行运输需求。欧洲ATV货运飞船、日本HTV货运飞船已分别于2015年、2020年退役。

（1）进步号货运飞船。从第一艘进步号货运飞船开始，俄罗斯先后研制了包括进步号、进步M、进步M1、进步MS等系列货运飞船，负责为空间站补充燃料、运送物资和带走废弃物，停靠期间协助空间站进行轨道维持。进步号货运飞船是在联盟号载人飞船的基础上改进而来，总质量7 t，整船长度7.9 m，有效载荷重量2.3 t左右，货舱最大直径2.7 m，货舱最大容积6.6 m^3。

（2）货运龙飞船。目前在役的二代货运龙飞船是基于去除逃逸系统和生命支持载人龙飞船，由美国私营太空探索技术公司研制。采用两舱结构设计，前半部分为可往返大气层内外的空间返回舱，也被称为"加压货舱"，具备完整的姿轨控动力系统。尾段则是飞船延伸段，被设计为非密封服务舱。龙飞船利用头锥部的标准国际太空站通用停泊装置与其美国舱段对接。主要技术指标如表1所示。

表1 货运龙飞船的主要技术指标

序号	项目	指标
1	发射重量	12519 kg
2	货物上行总能力	6000 kg
3	加压舱货运容积	9.3 m^3
4	服务舱（非密封）货运容积	37 m^3
5	货物舱直径	4.0 m

（3）天鹅座货运飞船。天鹅座货运飞船是轨道科学公司参与NASA的商业运输计划而为国际空间站专门建造的货运飞船，由服务舱、增压货舱组成。天鹅座飞船有标准型和增强型两种。标准型货物舱长3.66 m、直径3.07 m、质量1500 kg、容积18.9 m^3，能够运送2000 kg货物。增强型货物舱长4.86 m、直径3.07 m、质量1800 kg、容积27 m^3，能够运送超过3500 kg的货物。除货舱加大外，增强型飞船还改用了更轻、更紧凑的圆形太阳能电池阵，燃料贮箱也有所改进，采用了新的膜片技术，以改善推进剂控制。主要技术指标见表2。

表 2　增强型天鹅座飞船的主要技术指标

序号	项目	指标
1	发射重量	7492 kg
2	货物上行总能力	3513 kg
3	加压舱货运容积	27 m^3
4	货物舱长度	4.86 m
5	货物舱直径	3.07 m
6	供电能力	3500 W

3. 载人空间长期飞行

国际空间站（International Space Station，ISS）是当今规模最大、结构最复杂、技术最先进的长期在轨载人航天器。它是以美国、俄罗斯为主要参与者，联合日本、加拿大、欧洲空间局共同建造和运行的大型空间设施。ISS包括美国、俄罗斯、ESA和日本提供的研究舱体和实验设备，以及加拿大提供的移动服务系统，集中了世界主要航天大国各种先进设备和技术力量。总质量约417t，桁架长度约109 m，加压体积约916 m^3，居住体积约388 m^3，轨道高度278～460 km，倾角51.6°，额定乘员6人，有8副太阳翼，最大输出功率110 kW，船内气压97.9～102.7 kPa，相对湿度25%～70%。ISS为桁架挂船式结构，即以桁架为基本结构，加压轮和其他各种服务设施挂靠在桁架上。站上各种结构件、舱体、设备等分多次运往轨道，然后由站上的航天员和遥控机械臂在轨道上进行组装，逐步形成规模庞大、结构完善的空间站。国际空间站自1998年开始组装建造，至2010年完成建造任务转入全面使用。

国际空间站建成后共经历两次延寿。2014年1月8日，NASA宣布将国际空间站现有的运行期限至少延长4年，即延至2024年。2023年4月27日，NASA再次宣布支持国际空间站运行至2028年。目的是实现更多的关键目标，包括发展和支持商业航天与载人空间探索，使国际空间站的价值最大化。

4. 载人深空探测

在载人深空探索领域主要有美国猎户座飞船和俄罗斯雄鹰号飞船，具体设计指标在前文中已经提及。

载人月面往返运输技术方面，SpaceX公司提出的星舰载人航天系统是为阿尔忒弥斯计划的首选载人月面着陆器，具备完全可重复使用能力。星舰直径9 m，高度50 m，加压容积1100 m^3，最多能容纳100人，总质量1320t，近地轨道运载能力100 t，地球同步转移轨道运载能力21 t。

2023年5月，蓝色起源公司的"综合着陆器"也获得了NASA的登月合同支持，与SpaceX公司的星舰系统共同角逐最终的登月任务，综合着陆器由下降级、上升级、转移级三舱组成，下降级用于向月球部署乘员及货物，具备自主导航控制能力，配备垂直着陆架、大推力可变液体发动机；上升级用于将航天员和月面样品返回环月轨道，很大程度上利用了洛马公司之前为 NASA 研制的猎户座载人飞船的经验；转移级采用天鹅座飞船的技术，用于将大质量着陆系统运送至近月轨道。

（三）国际载人航天器技术发展和对比分析

1. 载人天地往返运输技术

根据载人航天器技术特点，分别从载人天地往返运输技术、货物补给运输服务技术、载人空间长期飞行技术三个方面展开比较。

目前我国载人飞船与国外飞船技术指标比较如表 3 所示。可以看出我国在役的神舟飞船与国外在役的飞船相比在承载人数及可重复使用上还存在差距。应尽快进行新一代载人飞船的研发投入到我国近地空间和未来载人深空探索服务中。

表 3　国内外载人飞船指标比对

指标名称	国内	国外			
	神舟飞船	联盟飞船（俄）	龙飞船（美）	星际航线（美）	雄鹰号（俄）
外形					
服役情况	现役	现役	现役	研发中	研发中
载人次数	11	149	7	0	0
总飞行次数	16	158	8	2	0
重量	约 8t	7.2t	约 12t	13.5t	14.4t
乘员人数	3 人	3 人	最大 7 人	最大 7 人	最大 6 人
重复使用	否	否	10 次	10 次	10 次
回收着陆	单伞 + 反推发动机	单伞 + 反推发动机	群伞	群伞 + 气囊	群伞 + 反推发动机 + 着陆腿
着陆适应性	陆地、海上	陆地、海上	海上	陆地、海上	陆地

2. 货运补给运输服务技术

在货运补给运输服务方面，我国货运飞船与国外飞船在功能及指标对比如表 4、表 5 所示。可以看出，我国货运飞船在发射重量、货物上行能力等关键技术指标上处于领先地位，但是在货物返回和重复使用能力上存在不足。为适应货物下行的任务需求，实现降本增效的目标，应尽快启动可回收货运飞船和可重复使用货船的研制。

表 4　国内外货运飞船功能比对

名称	国内	国外				
	天舟	ATV	HTV	天鹅座	货运龙	进步 MS
货物运输与废弃物销毁	√	√	√	√	√	√
推进剂补加	√	√	×	×	×	√
全自主快速交会对接	√	×	×	×	×	×
空间应用及实验支持	√	√	√	√	√	×
货物返回	×	×	×	×	√	×
重复使用	×	×	×	×	√	×
组合体轨道控制	√	√	×	×	×	√
组合体姿态控制	√	√	×	×	×	×

表 5　国内外现役货船指标比对

名称	国内	国外			
	天舟	天鹅座	货运龙	进步 MS
发射重量	14000 kg	7492 kg	8620 kg	7020～7040 kg
货物上行能力	7500 kg	3513 kg	2550 kg	2300 kg

3. 载人空间长期飞行技术

我国天宫空间站与国际空间站在重要性能指标上的对比如表 6 所示。可以看出中国空间站建设起步较晚，但也有后发优势。中国空间站体现了中国智慧，体现了鲜明的中国特色和时代特征，即"规模适度、安全可靠、技术先进、系统优化、经济高效"的理念，走出了独立创新的跨越式发展道路。在供电、信息传输、物资循环利用效能和运行经济性等关键性能指标上比肩国际空间站或已经部分实现超越。

表 6　天宫空间站与国际空间站重要性能指标对比

性能指标	天宫空间站	国际空间站
建造方法	火箭发射；独立航天器；在轨交会对接	航天飞机运送；非独立航天器；由机械臂拼接
冗余方式	功能级 + 舱段级	舱段级
质量	约 100 t	约 417 t
信息传输能力	1.2 G	300 M
电推进	配置	未配置

4. 载人深空探测

我国载人月球探测工程已立项实施，计划在2030年前实现中国人首次登陆月球。初步方案是采用两枚运载火箭分别将月面着陆器和载人飞船送至地月转移轨道，飞船和着陆器在环月轨道交会对接，航天员从飞船进入月面着陆器。其后月面着陆器将下降着陆于月面预定区域，航天员登上月球开展科学考察与样品采集。在完成既定任务后，航天员将乘坐着陆器上升至环月轨道与飞船交会对接，并携带样品乘坐飞船返回地球。

四、发展趋势与展望

（一）载人航天技术发展方向及建议

对比国内外载人航天器发展情况并结合我国未来发展需要，在载人天地往返运输技术、货物补给运输服务技术、载人空间站长期飞行技术、在轨服务技术、载人深空探测技术方面发展建议如下。

1. 载人天地往返运输技术

根据我国载人天地往返技术发展趋势，结合我国发展需求，建议重点发展以下方向：

（1）突破可重复使用技术，着重突破主结构重用、设备重用、无损着陆等一系列关键技术，实现飞船大部分有价值设备的重复使用，大幅降低飞行器运营成本，突破可重复使用评价、检测、验证技术，构建适用于航天器的重复使用标准体系。

（2）提升自主化能力，提高姿轨控、信息等关键功能的自主故障诊断与重构能力，实现自主任务规划和轨道控制，提高任务适应性和应急反应能力。

（3）充分利用先进技术提升宜居性，利用触摸屏等先进人机交互技术进行宜居性设计，全面提升航天员在飞行期间的用户体验。

2. 货物补给运输服务技术

（1）低成本货运服务技术。针对未来空间低成本货运服务技术发展和使用需求，需要开展低成本货运服务关键技术攻关，为空间站长期提供灵活的低成本货物运输方案，降低运营成本并提升应用效益。

（2）货物下行运输能力提升。天宫空间站运营对货物下行有强烈的需求，目前神舟载人飞船的货物下行能力远不能满足要求，应尽快研制可返回货运飞船，满足空间站运营需求。

3. 载人空间长期飞行技术

（1）受控生态生命保障技术。指完全意义上再生式生命保障系统，是针对长时间、远距离和多乘员的载人航天任务，为航天员提供基本生命物资保障的人工闭合生态系统。基本功能包括食物生产、水循环再生、废物处理。

（2）空间站健康管理技术。空间站的健康管理主要由空间站自身的在轨管理系统完成，研究在轨管理的技术和能力对空间站的安全和可操作性影响，主要内容包括空间站的正常控制、故障检测、隔离和恢复，空间站寿命评估与验收等。

（3）充气居住舱技术。空间站舱段扩展、载人月球基地以及载人火星探测等任务对大型长寿命密封舱的需求日益突出，而大型刚性密封舱结构重量重、体积大、发射成本高、在轨组装难度大，将难以满足未来载人航天发展的需要。充气展开密封结构具有重量轻、折叠效率高、展开可靠、工程实施方便等优点，是未来大型空间居住舱建造的有效途径之一。

4. 在轨服务技术

（1）基于智能机器人的空间站自主建造与维护技术。随着空间站平台建成和在轨应用的不断深入，面向空间站平台自身维护维修升级、机械臂系统能力扩展、载荷在轨试验支持等为代表的舱内外作业任务，需要解决机器人灵巧操作技术、多臂机器人协同操作技术、机器人智能作业技术等难题，提升空间站在轨服务能力。

（2）空间增材制造技术。未来在外层空间，使用增材制造技术按需制造零部件，可逐步消除太空探索对地球的依赖，带来显著的经济和社会效益。通过空间增材制造在太空中生成需要的产品，可以降低运输的复杂性和发射费用，突破火箭保护罩的容积限制，有效节约成本。

5. 载人深空探测技术

当前我国载人月球探测工程已立项实施，计划在2030年前实现中国人首次登陆月球。建议尽快启动载人月球探测后续任务论证，并开展载人火星探测任务先期论证工作。结合我国发展现状和国内外发展趋势，重点发展以下方向：

（1）月面长期驻留技术。开展月面试验需要实现长期月面驻留人的生存与工作，据此需要解决月球就地取材建造、月面水、氢、氧制备与存储技术以及氦-3（^{3}He）等原位能源开发技术。

（2）月面探测技术。未来月球探测需要进行月面快速、灵活或大范围转移活动，支持月球探测、科学研究和技术试验等任务。月球表面的特殊物理特性及月面环境因素对移动探测系统的设计提出了严格的要求，要求具有较大的机动性、良好的平顺性、可靠性与安全性、极端环境适应性与长寿命等特点。

（3）受控生态技术。月球探测期间生命保障系统由大气控制与供应、温湿度控制、空气再生、在轨生活支持等多个系统组成。面向地外驻留的生命保障系统应整合非再生、物化再生和生物再生等环控生保技术，解决食物、水和氧气的再生与补给难题。

（二）我国载人航天器未来任务

未来五年，在空间站应用与发展阶段每年将发射两艘神舟载人飞船将两批航天员乘组运送至空间站，每个航天员乘组在轨驻留约六个月，每年将发射一两艘天舟货运飞船为空间站运送各类物资。在空间科学试验上,计划开展空间生命科学与人体研究、微重力物理科学、空间天文和地球科学、空间新技术与应用四个领域研究,包含了空间环境对人体生理影响、空间基础生物学研究、微重力流体动力学及其应用研究、重要应用新材料和制备技术研究、空间冷原子物理及应用研究、空间天文与地球科学、在轨制造与建造技术、环控与生保系统技术、航天器共性新技术等。还将发射巡天空间望远镜与空间站共轨飞行,并短期停靠空间站进行维修维护。

在载人深空探测领域,我国计划在2030年前实现载人登陆月球的目标,正在开展新一代载人飞船、月面着陆器的研制,实现航天员地月往返运输、月面往返运输。为拓展航天员在月面的活动范围,正在研制载人月球车,航天员将乘坐载人月球车在10 km范围内开展月球采样以及相应的月面实验。

附表　载人航天器领域专业技术体系表

一级专业	载人天地往返运输技术	货物补给运输服务技术	载人空间长期飞行技术	载人深空探测技术
二级专业	①交会对接技术 ②人员承载技术 ③可重复使用技术	①货物装载技术 ②可重复使用技术	①生命保障技术 ②组合体控制技术 ③能源系统技术 ④信息管理技术 ⑤热管理技术	①月面着陆技术 ②月面活动技术
我国技术水平（相较国际）	领先：① 先进：② 一般：③	领先：① 先进：无 一般：②	领先：③④ 先进：①②⑤ 一般：无	领先：① 先进：无 一般：②
目前专业地位	核心：①②③ 重要：无 一般：无	核心：① 重要：② 一般：无	核心：①②③④⑤ 重要：无 一般：无	核心：①② 重要：无 一般：无
后续重点发展方向	③	②		②

参考文献

［1］杨宏. 从空间实验室到空间站的总体设计思路［J］. 航天器工程,2022,31（157）:7-14.

［2］赵毓,王平,侯振东,等. SpaceX公司星舰航天器载人深空探测任务浅析［J］. 宇航学报,2023,44（5）:814-819.

［3］吴志强,高峰,邓一兵,等. 空间站再生生保关键技术研究［J］. 航天医学与医学工程,2018,31（2）:105-111.

[4] 刘宏, 刘冬雨, 蒋再男. 空间机械臂技术综述及展望[J]. 航空学报, 2021, 42（1）: 33-46.

[5] 廖小刚, 王岩松. 2020年国外载人航天发展综述[J]. 载人航天, 2021, 27（99）: 127-134.

[6] 张强, 陈长青, 刘宗玉, 等. 天舟二号货运飞船全相位自主快速交会对接技术和在轨验证[J]. 空间控制技术与应用, 2021, 47（5）: 33-39.

[7] 宋国梁. 2021年国外载人航天发展综述[J]. 国际太空, 2022（2）: 15-19.

[8] 廖小刚, 王岩松. 2021年国外载人航天发展初步分析[J]. 载人航天, 2022（1）: 113-120.

[9] 郭筱曦. NASA《火星之旅: 开拓太空探索新篇章》报告分析[J]. 国际太空, 2016（5）: 79-83.

[10] 王友渔, 胡成威, 唐自新, 等. 我国空间站机械臂系统关键技术发展[J]. 航天器工程, 2022, 31（157）: 147-155.

[11] 王翔, 张峤, 王为. 中国空间站建设系统方案特点与展望[J]. 航天器工程, 2022, 31（157）: 26-39.

[12] 张柏楠, 马晓兵, 郑伟, 等. 中国载人交会对接技术的设计与实现[J]. 中国科学: 技术科学, 2014, 44（1）: 1-11.

[13] 李志杰, 果琳丽, 张柏楠, 等. 国外可重复使用载人飞船发展现状与关键技术研究[J]. 航天器工程, 2016, 25（117）: 106-112.

[14] 彭坤, 杨雷. 利用地月间空间站的载人登月飞行模式分析[J]. 宇航学报, 2018, 39（5）: 471-481.

研究团队: 张柏楠　王　为　商　帅　李兴乾　霍佳婧　王　平　侯振东

审稿人: 杨　雷　贾世锦

撰稿人: 张柏楠　王　为　商　帅　霍佳婧　侯振东

深空探测器专业发展报告

一、引言

深空探测是对地球以外天体开展的空间探测活动，深空探测任务具有系统复杂、技术新、环境极端、风险高的特点，是当今世界航天活动中极具挑战性的领域之一，也是国家综合国力和创新能力的重要标志，对提升国际影响力、促进科技进步具有重要的意义。深空探测可以增进人类对宇宙空间未知领域、太阳系和生命起源的认识，还可以推动空间科技的发展，促进空间资源的开发和利用，目前深空探测已成为世界航天领域发展的重要方向之一。

近五年来，深空探测热度不减。月球探测方面，国外共实施了8次月球探测任务，美国、俄罗斯和欧洲均制定了重新开展月球探测的规划，日本、韩国、印度、以色列等国也纷纷开展了月球探测活动。我国于2018年发射了鹊桥月球中继通信卫星和嫦娥四号月球探测器，成功实现了月球背面软着陆和巡视探测，之后于2020年发射了嫦娥五号月球探测器，成功实现了月球无人采样返回，标志着探月工程绕、落、回三步走战略圆满收官；行星探测方面，中国、美国、阿联酋均开展了火星探测，日本和美国相继发射了小行星采样返回探测器，我国的天问一号火星探测器于2020年成功发射，在2021年实现了火星环绕、表面软着陆与巡视勘察，使我国成为第二个成功踏上火星表面的国家，向全球充分展现了中国智慧、中国方案、中国力量。此外，我国正在按计划实施探月工程四期和行星探测工程任务，并同步开展近地小行星防御、太阳系边际探测等任务的论证工作。深空探测器专业技术能力上，通过近五年发展，我国在行星际探测轨道设计、采样机构、智能自主运行、行星际测控通信、探测载荷等方面均有大幅的提升，未来将进一步突破和掌握复杂序列借力轨道设计、空间核堆、长期自主运行与控制、激光通信、大型轻质展开机构等一批具有代表性的深空探测专业技术。

本报告介绍了近五年来深空探测器专业发展情况，包括国外深空探测的发展情况，我国深空探测研究的新进展，对比分析了国内外发展与差距，提出未来的发展趋势与展望。

二、近五年的主要进展

（一）近五年我国深空探测任务

1. 嫦娥四号月球探测任务

嫦娥四号月球探测器于2018年12月8日成功发射，探测器系统由着陆器和巡视器组成，总发射质量约为3780 kg。2019年1月3日，探测器成功着陆在月球背面南极－艾特肯盆地冯·卡门撞击坑的预选着陆区，实现了人类探测器首次在月球背面软着陆，中国成为世界上首个在月背实施软着陆的国家。2019年1月11日，嫦娥四号着陆器与玉兔二号巡视器完成了两器互拍，嫦娥四号任务取得圆满成功（图1）。

嫦娥四号首次利用地月拉格朗日L2点中继通信实现人类探测器月球背面着陆与科学探测，树立了人类探月史上新的里程碑。嫦娥四号突破并掌握了月背与地球可靠中继通信，月背复杂崎岖地形自主避障与高精度着陆等关键技术，各项关键技术均处于国际先进水平。

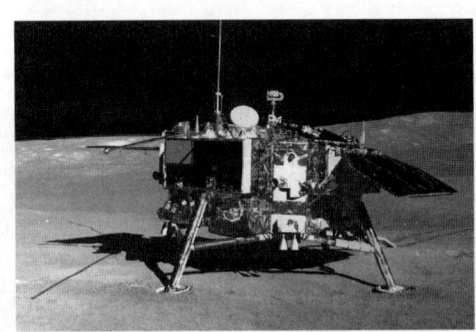

图1 嫦娥四号着陆器与巡视器自拍图

嫦娥四号取得了多项原创性研究成果，实现了空间同位素热/电源的成功应用，使我国成为继美、俄之后第三个掌握核同位素热/电源空间应用的国家；在月背地质结构研究方面，首次揭示了着陆区地下40 m深度之内的地质分层结构；在月背矿物组分研究方面，着陆区以富含橄榄石和低钙辉石的镁铁质物质为主，这与月球正面的月海区域明显不同；在月背空间环境探测方面，月表中子与辐射剂量探测仪首次测得了月面的辐射剂量。

2. 嫦娥五号月球探测任务

嫦娥五号月球探测器于2020年11月24日成功发射，探测器系统由轨道器、返回器、着陆器和上升器组成，总发射质量约为8200 kg。2020年12月1日，着陆上升组合体完成月面软着陆，12月3日，着陆上升组合体完成月面采样，12月6日，探测器完成月球轨道交会对接和样品转移，最终于 2020 年 12 月 17 日携带月球样品在内蒙古四子王旗着陆区安全着陆。嫦娥五号任务共采集月球样品 1.731 kg，探测任务取得圆满成功。

嫦娥五号突破并掌握了一系列深空探测关键技术，包括月球探测轨道设计技术、月球无人采样与封装技术、月面起飞与上升技术、月球轨道无人交会对接与样品转移技术、地球大气高速再入返回技术和探测器轻小型化技术，各项关键技术均处于国际先进水平。

科学家通过研究嫦娥五号月球样品取得了丰硕的科研成果，研究结果表明，嫦娥五号月球样品为一类新的月海玄武岩，填补了美国和苏联月球样品的空白。月球的岩浆活动一直持续到距今约 19.6 亿年，比此前已知的月球地质寿命延长了约 10 亿年，此外准确测定了月壤样品中 40 多种元素的含量，对于研究月球的形成和演化具有重要的参考作用。

3. 天问一号火星探测任务

天问一号探测器于 2020 年 7 月 23 日成功发射，探测器系统由环绕器和着陆巡视器组成，总发射质量约为 5000kg。2021 年 5 月 15 日，探测器着陆于火星乌托邦平原南部预选区域，在火星上首次留下中国人的印迹。5 月 26 日，火星车拍摄并传回着陆平台照片，照片清晰地展示了在火星表面闪耀的五星红旗和留下的"中国印迹"。6 月 11 日，国家航天局发布天问一号着陆火星后的首批科学影像图，标志着中国首次火星探测任务取得圆满成功（图 2）。

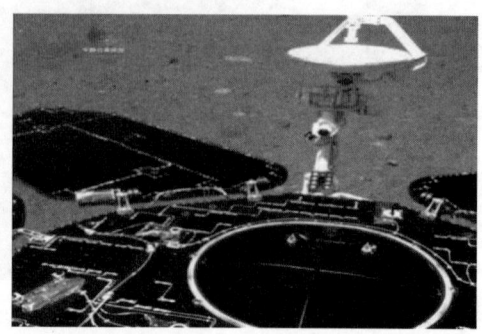

图 2 天问一号示意图及在轨部分图像

天问一号通过一次飞行实现了火星环绕、着陆和巡视探测，成功经受了火星进入过程中严酷环境、表面风沙环境、极低温环境的考验，突破了火星制动捕获、火星进入着陆、火星表面巡视、长期自主管理、行星际测控通信等关键技术，实现了深空探测技术的跨越。

探测器通过环绕与巡视探测，在科学上实现了对火星表面形貌、火星土壤特性、物质成分、水冰、大气、电离层、磁场等科学探测。同时，我国积极开展了火星数据交换等国际合作任务，并与欧洲航天局（ESA）火星快车开展了在轨中继通信对接试验，验证了相关设计标准与国外设备的兼容性。

4. 当前在研项目

（1）探月工程四期。我国正在开展探月工程四期研制工作，整个工程计划于2030年前后完成，共包括嫦娥四号（已完成）、嫦娥六号、嫦娥七号和嫦娥八号四次任务。①嫦娥六号任务以完成月背南极－艾特肯盆地采样返回为目标，并开展着陆区形貌探测和地质背景勘察，获取与月球样品相关的现场分析数据，深化月球成因和演化历史的研究。将突破月球逆行轨道设计与控制技术、月背智能采样技术和月背起飞上升技术。②嫦娥七号任务采用绕、落、巡、飞跃等综合探测方式实现月球南极环境与资源勘查，为后续月球科研站建设奠定基础。将突破月面高精度详查、定点着陆、阴影坑飞跃探测、适应极区极端环境的智能机器人等关键技术，实现航天技术新跨越。③嫦娥八号将与嫦娥七号共同构建月球科研站基本型。将突破月面投送能力提升、多器协同作业、月面通信组网、智能化综合指挥控制中枢等关键技术，初步构建月球科研站工程体系，为开展更大规模的月球探测与开发利用活动奠定基础。

（2）行星探测工程。我国正在开展行星探测工程各项目的研制工作，整个工程计划于2030年前后完成，共包括天问一号（已完成）、天问二号、天问三号和天问四号四次任务。①天问二号任务将实现近地小行星2016HO3的科学探测和采样返回，实现主带彗星311P的转移飞行和科学探测。将突破微引力天体表面采样、高精度相对自主导航与控制、小推力转移轨道、轻小型超高速再入返回、多模式长寿命高可靠电推进等关键技术，为小行星起源及演化等前沿科学研究提供探测数据和样品。②天问三号任务有望实现人类航天史上首次火星无人采样返回，使我国深空探测能力达到与世界航天强国并行的先进水平。将突破上升器动力系统、火星表面起飞上升、火星表面智能取样／封装和传递、环火轨道交会等关键技术。③天问四号任务将通过一次发射实现木星系探测和行星际穿越探测。将突破木星系空间环境适应和防护、空间同位素电源、弱光照条件下高效光电转换等关键技术，具备实现木星系环绕和天王星达到的技术的能力，为深化对木星系和行星际的相关科学研究提供科学探测数据。

（二）近五年突破的关键技术

1. 月球及行星际探测轨道设计

月球轨道设计方面，突破了月球探测轨道设计技术，掌握了变射向多弹道装订地月转移轨道弹道拼接技术，制定了月球轨道交会对接远程导引变轨策略、月地转移与中途修正策略，完成了再入点误差分析与精度指标的确定，进行了返回器再入走廊的设计，突破了地月L2点HALO轨道精确到达和长期维持控制技术。行星际轨道设计方面（图3），首次实现行星际飞行，创新性提出适应多任务多目标的轨道设计和优化算法，成功实现火星精确制动和捕获控制，突破了小推力连续工作的行星际转移轨道设计技术。

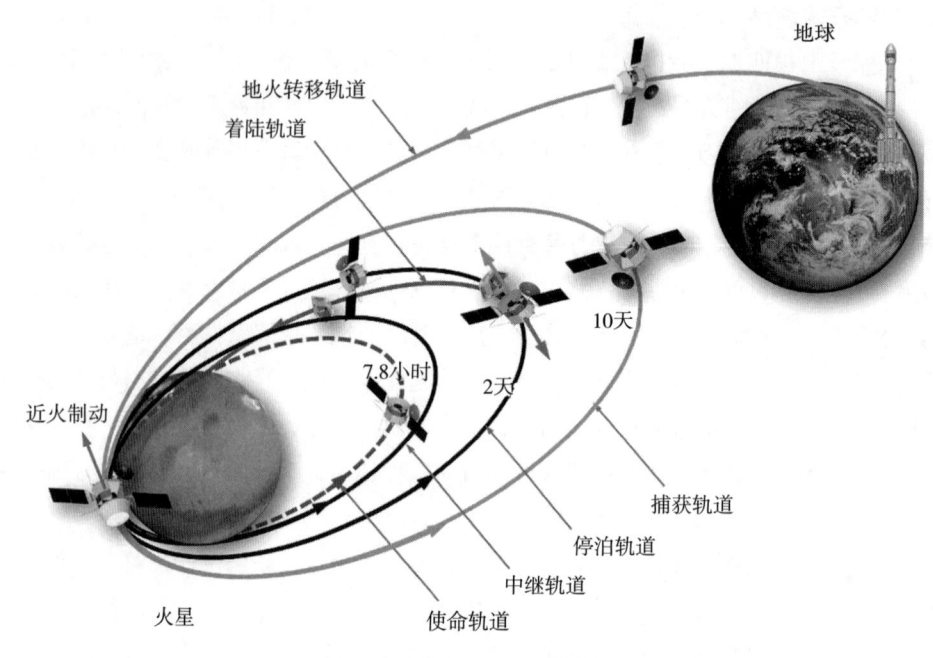

图3　火星探测器飞行过程示意

2. 月面采样封装

突破了月球采样封装关键技术，制定了表取与钻取两种互为备份的采样方案，完成了轻重量、功耗低、高精度、设计优化的采样装置与密封封装装置产品的研制，形成了可适应不同任务环境的自主采样封装技术方案，构建了完整的地面任务支持系统，制定了适应于不同月壤剖面下的采样任务规程与故障解决预案，有效支持了月面采样封装任务的顺利实施。

3. 月面起飞上升

突破了月面起飞上升关键技术，形成了月面起飞总体技术路线，建立了初始对准精度、姿控引入时机等技术指标体系，明确了器间连接解锁和接口设计方案，开展了上升器起飞稳定性分析与动力学模型工作，制定了上升器起飞稳定性判据和月面起飞上升GNC（制导、导航与控制）设计方案，完成了月面起飞综合验证试验和发动机羽流导流试验，确认了关键技术方案的可行性。

4. 月球轨道交会对接与样品转移

突破了月球轨道交会对接与样品转移关键技术，制定了交会对接与样品转移总体技术方案，确定了工作模式与流程，开展了相对测量敏感器配置方案、姿控发动机使用策略、交会对接制导导航与控制方案、交会对接与样品转移机构方案等研究工作，完成了微波雷达、激光雷达、远（近）场光学敏感器、交会对接与样品转移机构等一系列新型重要单机的研制，组织开展了全系统的交会对接与样品转移专项验证试验，确保交会对接与样品转移方案正确有效。

5. 地外行星软着陆及巡视

首次实现地外行星软着陆，国际上首次采用带翼可变气动外形的弹道－升力式气动减速方案，攻克了EDL（进入、下降及着陆）系统优化设计、全自主EDL控制、复杂流场下多体可靠分离等关键技术，解决了短钝体气动外形优化、轻质防热材料、大型超音速降落伞等研制难题，实现探测器可靠安全着陆火星表面，EDL综合技术指标达到国际先进水平（图4）。

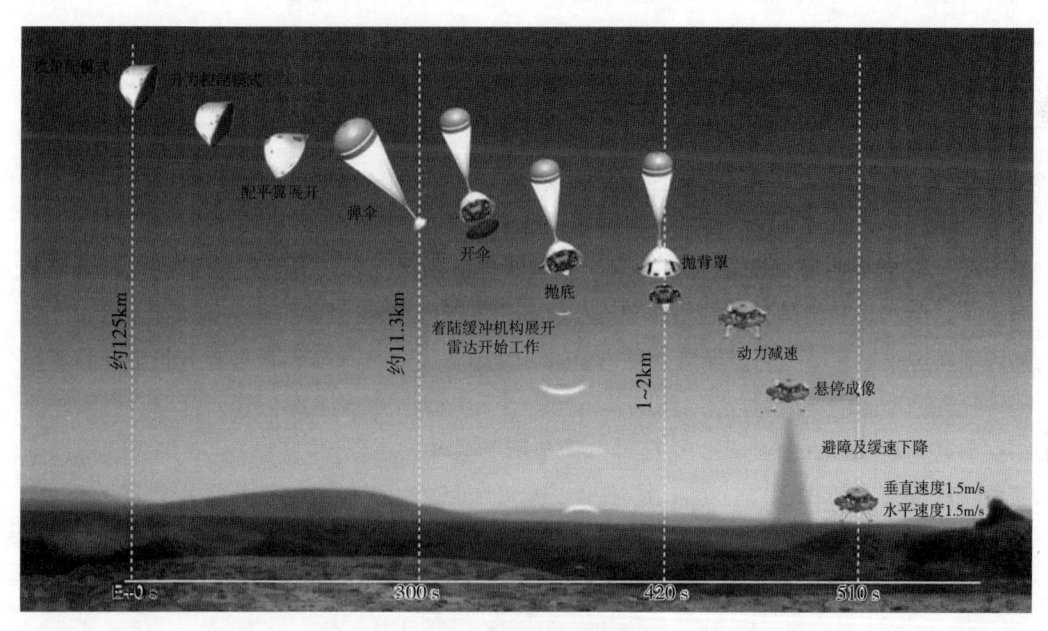

图 4　火星 EDL 过程

6. 地外行星表面巡视

首次实现地外行星表面巡视，突破了主动悬架移动、火星光谱发电、太阳能直接收集利用、纳米气凝胶隔热、自主休眠唤醒与智能管理等关键技术，解决了火星车复杂地貌下高效移动与沉陷脱困、无核源情况下能源平衡和热控保障、大时延条件下高效工作与自主生存等难题，实现了火星车百日千米、广达尽探的高效工作目标。

7. 行星际测控通信

首次实现了4亿千米远距离测控通信，突破了星载应答机大动态/超低信噪比的捕获跟踪与解调、UHF/X双频段全自主中继、地面天线异地组阵信号合成、行星际高精度测定轨等关键技术，首次实现了先进自主的行星际天地一体化测控数传。火星探测定轨精度达到百米量级，4亿千米时数传码速率达到 1 Mbps，测控和数传整体技术达到国际先进水平。

（三）国外深空探测任务发展动态

1. 月球探测情况

美国的月球探测始于20世纪50年代末，在之后的十余年间，完成了月球飞越、着陆、采样返回和阿波罗登月。90年代，美国开启了新一轮月球探测活动，于1994年至2013年间实施了6次无人月球探测，获得了大量的探测成果，为再次载人登月乃至载人火星探测进行了技术储备。2019年5月，美国发布了阿尔忒弥斯计划（Artemis），计划分为两个阶段：第一阶段，于2025年前实现本世纪首次载人登月，第二阶段，于2030年前建设一系列的地月空间基础设施及月面基地。2022年11月16日，美国新一代重型运载火箭"太空发射系统"成功发射，将猎户座载人飞船及10颗立方星送入月球轨道，开始执行"阿尔忒弥斯-1"任务，本次任务系统检验了超重型运载火箭的飞行性能和猎户座飞船从月球返回地球高速再入过程的热防护能力。2022年6月28日，美国地月空间立方星任务"地月自主定位与导航实验"（CapStone）成功发射，任务对"近直线晕轨道"（NRHO）的稳定性进行了模拟验证。

苏联的月球探测通过月球号（Luna）和探测器号（Zond）两个系列任务实现了对月球飞越、撞击、软着陆、环绕、采样返回等探测。21世纪初，俄罗斯再次提出重返月球的计划，重点聚焦月球南极地区，计划对月表水冰分布、内部结构、月壤成分、外逸层与行星际介质的关系等方面开展全方位的研究。俄罗斯计划通过Luna-25至Luna-28（2028年前）共4次月球探测任务，实施月球南极探测与采样返回，为月球基地建设进行技术储备。Luna-25、Luna-27计划对月球南极开展着陆探测，Luna-26开展月球遥感探测，Luna-28计划进行深层低温月壤采样返回。

欧洲航天局除了积极参与美国阿尔忒弥斯计划和俄罗斯探月计划外，提出了"月光"（MoonLight）计划构想，计划于2024年研制发射一颗月球通信探路者，在月球部署共享的通信与导航网络。

日本积极地通过小规模探测项目拓展对月球的认识，2022年12月，日本发射首次商业月球着陆"白兔重启任务-1"，2023年4月25日，白兔着陆任务失败。

印度、以色列等国家均不同程度地开展了对月球的探测，2019年7月，印度发射了月船2号探测器，2019年9月，探测器携带的维克拉姆着陆器因发动机控制逻辑问题着陆失败。2023年7月，月船3号发射，探测器已于8月23日在月球69.37°S，32.35°E软着陆。以色列于2019年发射了创世纪1号，探测器因主发动机故障已坠毁月面，2020年12月，以色列宣布计划2024年前后发射创世纪2号着陆器。

2. 行星探测情况

美国是目前唯一对太阳和太阳系八大行星开展过探测的国家，实现了行星及其卫星、矮行星、小行星及彗星探测，在科学认知、成果转化等方面取得了巨大成功。自20世纪

60年代以来，实施了40余次行星探测活动，实现了首次飞越八大行星及其卫星、首次火星软着陆、首次木星大气进入、首次穿越小行星带、首次小行星环绕/着陆探测、首个核动力火星车、首个火星直升机、首次飞出太阳系等多项第一。2020年7月30日，美国发射"火星2020"，探测器携带的毅力号火星车已于2021年2月18日着陆火星，火星车携带的机智号直升机已于2021年4月19日在火星上起飞，这是人类首次实现飞行器在其他星球上的受控飞行。2020年10月20日，美国欧西里斯小行星探测器完成首次采样，其返回舱携带小行星贝努的样品于2023年9月24日返回地面。2021年10月16日，美国发射"露西"小行星探测器，这是第一个探索特洛伊小行星群的探测任务。2021年11月24日，美国发射"双小行星重定向测试"（DART），开展全球首次近地天体撞击防御技术试验。2022年4月，美国发布行星科学十年调查，总结了三大类十二项科学问题，明确火星采样返回是最高科学优先级的无人探测任务，采用多次发射方案，将于2033年将样品带回地球，同时提出了未来十年应支持的任务建议，包括天王星环绕、土卫二环绕与着陆、木卫二着陆、水星着陆、金星旗舰探测、海王星/海卫一探测共6项旗舰任务，木卫一探测、谷神星采样返回等7项新疆界任务。

苏联/俄罗斯截至目前在行星探测次数上与美国相当，在金星、火星方面取得较多的成果，实现了首次金星软着陆及环绕探测、首次金星原位采样、首次金星漂浮探测、首次抵达火星表面。俄罗斯在未来一段时间将行星探测作为航天重点发展方向，依据探测计划，俄罗斯拟于2024年通过火星－土壤探测计划实现火星采样返回，2029年通过金星-D计划实现金星环绕及着陆探测，2030年通过"水星-P"计划实现水星环绕及着陆探测。

欧洲航天局通过国际合作与创新性发展，实现了火星、金星、彗星探测，惠更斯探测器首次成功着陆土卫六。2018年10月20日，欧洲－日本联合实施了水星探测任务"贝皮－科伦布"，将对水星的表面和内部结构开展探测。2021年6月，欧洲航天局发布了空间科学中长期规划，将太阳系巨行星的卫星探测、行星磁层系统探测、金星地质地球物理探测、冰态巨行星/类海行星探测作为未来探测的方向，反映了其对行星探测的高度关注。

日本在行星探测上以小行星探测为主，率先实现了小行星采样返回，走出了一条具有特色的行星探测之路。同时，日本积极开展对火星、金星、水星的探测，日本的火星卫星探测任务（MMX）计划于2024年发射，2029年实现火卫一样品采集并返回地球。

印度、阿联酋通过火星探测踏入了行星探测国家行列，印度正在研发首个金星探测器"舒克拉雅"，计划2024年12月发射，实现金星环绕探测。阿联酋计划于2028年实现金星飞掠及对小行星探测。

（四）研究团队

目前，国内从事深空探测器研制的单位主要包括中国空间技术研究院、中国运载火箭技术研究院、上海航天技术研究院及中国科学院等单位。五院深空探测团队是我国深空探测领域总体设计和研制的技术抓总团队，自2007年以来，团队顺利完成了7次月球和1次火星探测器的研制任务，实现了八战八捷。团队圆满完成了嫦娥五号月球无人采样返回任务和我国首次火星探测任务。同时团队还承担着探月工程四期和深空探测专项任务探测器论证等多个系统级项目研究工作，以及地外天体采样与返回、深空远距离高速通信、新型空间科学探测技术等专项技术研究工作。

三、国内外发展比较

（一）总体探测能力

深空探测总体探测能力主要体现在探测目标和探测手段的多样性。

在探测目标方面，国外深空探测目标已经覆盖了太阳系内各种天体，基本具备了太阳系内全区域到达能力。我国深空探测起步较晚，开展了8次深空探测活动，其中包括7次月球探测任务和1次火星探测任务，虽然探测目标较为单一，但各次任务逐步递进，取得了良好的效果。后续我国正在开展探月工程四期和小行星采样返回任务，并规划了火星采样返回、木星探测和月球科研站建设等任务，但相比于国外探测目标多样性而言，我国还有一定差距，仍需不断提高技术水平，拓展探测范围，获取更多成果（表1）。

在探测手段方面，我国已经实现了飞越、环绕、着陆巡视探测、采样返回，形成了一整套探测器总体设计的规范和方法，建立了任务仿真分析系统和专业分析模型，处于国际先进水平。但与国外相比，在地外有大气天体飞行探测、弱引力天体附着采样、小天体撞击探测、近距离太阳探测等方面，还未执行过相关探测任务，具有较大的发展空间。

表1 各国深空探测活动对比统计表

项目	美国	俄罗斯	欧洲	日本	印度	中国
发射次数	115	114	12	9	5	8
探测目标	月球、太阳、太阳系八大行星、小天体	月球、火星、金星	月球、火星、金星、小天体、太阳	月球、火星、金星、小天体	月球、火星、太阳	月球、火星
探测形式	飞越、环绕、着陆巡视、采样返回	飞越、环绕、着陆巡视、采样返回	飞越、环绕、着陆巡视、采样返回	环绕、采样返回	环绕	飞越、环绕、着陆巡视、采样返回

（二）专业技术能力

在深空探测器的专业技术能力方面，通过近五年的发展与积累，我国在能源先进性、智能自主运行、测控数传能力、结构机构技术、探测载荷先进性等方面均有一定的提升。

在能源先进性方面，我国深空探测器主要使用以太阳能为主的技术，其发电技术、储能技术及功率调节与分配技术已成熟应用，面向木星以远的探测必须采用核电源。与国外相比，我国核能技术发展与应用还存在一定的差距，需结合深空探测任务需求发展核能源技术。

在智能自主运行方面，我国已在嫦娥四号、嫦娥五号、天问一号等任务中进行了应用，降低了对测控与中继链路的依赖，提高了探测器自主性。但由于长周期任务较国外要少，长期自主运行与探测能力还有待加强。后续随着人工智能、传感器与故障诊断等技术的发展，需提高探测器在智能信息获取、自主决策与控制的能力。

在测控数传方面，我国在地月通信方面采用了技术成熟的 S 频段和 X 频段进行数传，而美国月球勘测轨道器使用了 Ka 频段和激光通信技术；在地火通信方面我国采用了 X 频段，美国火星勘测轨道器使用了 X 频段和 Ka 频段，而且月球勘测轨道器和火星勘测轨道器的星上放大器的输出功率及天线口径也具有一定的优势，能够实现更高的传输码速率。

在结构与机构技术方面，我国通过探月及行星探测工程，突破了结构轻量化、再入防热、着陆缓冲、器间连接分离、采样机构等一系列关键技术，但在大型轻质展开机构、高精度指向机构、智能操作机构等方面仍存在一定的发展空间。

在探测载荷先进性方面，我国发展了分辨率更高的 CCD 立体相机、激光雷达、微波雷达等新载荷技术，但科学探测类载荷的种类较少、精度不高，丰富性还有待增强，例如光学遥感类探测载荷分辨率和精度、月球和火星表面的多点移动采样范围、火星或小天体表面的钻取深度、地外天体原位资源利用、有效载荷的高度集成化和轻小型化等。

除此之外，我国的深空探测器在高精度定点探测、大质量着陆与起飞上升、天体表面快速和大范围巡视探测等方面还存在较大的差距。我国深空探测器在发展过程中，高度重视元器件、材料等国产化的需求，元器件与材料国产化率均高于 95%，关键元器件及材料均实现了 100% 完全自主可控，采用了 ASIC 器件、轻小型接插件、低密度结构材料等新型元器件与原材料，实现了单机产品的轻小型化，提高了深空探测器的集成化水平。

四、发展趋势与展望

在未来一段时间，国外深空探测将呈多样化发展，月球再次成为深空探测的热点，各航天大国均制定了发展规划，月球探测正逐步向资源利用方向转变，后续的月球探测将面向可长时间驻留，主要聚焦在月球南极（水冰探测），资源开发利用和可持续发展将成为未来热点。行星探测活动持续升温，火星探测将成为重点。国际深空探测力量将不断壮大，国际合作日益广泛，商业航天逐步参与，模式将更加灵活。

（一）我国深空探测器未来发展方向

1. 月球探测

在探月工程四期任务基础上，我国计划广泛开展国际合作，共同建设国际月球科研站，以期更好地探索月球环境，和平开发利用月球资源。国际月球科研站将会成为在月球表面与月球轨道长期自主运行、短期有人参与、可进行扩展和维护的综合性科学试验设施，可用于持续开展科学探测研究、资源开发利用、前沿技术验证等多学科、多目标、大规模科学技术活动。

2. 行星探测

在行星探测工程任务基础上，我国部分科研单位正在开展后续行星探测任务的论证工作，主要包括近地小行星防御、太阳系边际探测、金星探测、水星探测，以及冰巨星探测、主带小行星探测任务。这一系列研究工作，将显著扩大我国行星探测研究范围，提高我国行星探测技术水平。

（二）我国深空探测器技术发展方向

为促进未来深空探测任务平稳顺利发展，应先期开展若干关键技术研究，并取得突破。其中，深空探测器总体技术、新型能源、新型深空测控通信、智能自主控制、新型结构与机构、新型科学载荷等技术是亟须突破和掌握的关键技术。

1. 深空探测器总体技术

对于深空探测任务而言，探测器总体技术包括任务目标选择、科学任务规划、飞行任务设计、空间环境适应性设计、自主智能设计、探测器构形设计、地面试验验证技术等方面，体现在多任务多目标多约束下的深空探测器优化设计技术，未来瞄准以燃料最省、时间最短到达预定目标的轨道设计与控制策略的需求，将深入研究多体系统低能量轨道设计与控制策略、不规则弱引力场轨道设计与控制策略、电推进轨道设计与控制策略等技术，发展探测任务目标选择、复杂序列借力轨道等深空探测轨道设计与优化技术，形成总体技术能力的提升。

2. 新型能源技术

新型能源系统是深空探测活动的基本保障。核能源具有能量密度高、寿命长的特点，可大幅提高空间可用电功率水平和推进系统可使用时间，特别适用于难以获取太阳能或具有瞬时大功率能量需求特点的深空探测任务，未来发展的主要技术包括空间核堆技术、超高效率太阳电池阵、空间同位素电源技术、轻质高效辐射屏蔽技术、无线能量传输技术等。

3. 新型深空测控通信技术

深空探测器的测控通信面临着遥远距离所带来的信号空间衰耗大、传输时间长、传播环境复杂等一系列问题，测控通信技术需要针对远距离、高效性和灵活智能三大需求不断突破，保证技术指标与任务需求相适应，并符合国际发展方向，未来发展的主要技术包括射频通信技术、激光通信技术、深空网络通信技术、深空测控通信融合性技术和深空测定轨技术。

4. 智能自主技术

深空探测器所处环境复杂、任务周期长、与地球通信存在较大时延，利用地面测控站进行遥测遥控已经很难满足探测器控制的实时性和安全性要求。需要通过在探测器上构建一个智能自主管理软硬件系统，自主地进行工程任务与科学任务的规划调度、命令执行、器上状态监测与故障时的系统重构，完成无地面操控和无人参与情况下的探测器长时间自主安全运行，未来需突破自主任务规划、自主导航、自主控制、自主故障处理等关键技术。

5. 新型结构与机构技术

深空探测器结构机构是承受有效载荷、安装设备、在轨操作和提供探测器主体骨架构型的基础。深空探测任务目标的多样性与特殊性决定了需要研发新型轻质大承载的结构与机构，尤其是对于在地外天体表面开展巡视探测的航天器。为完成这一目标，未来必须发展适应不同天体与目标要求的新型着陆器结构与机构、巡视器结构与机构、采样结构与机构等技术。

6. 新型科学载荷技术

科学有效载荷是直接执行特定航天器任务的仪器设备，直接关系科学探测成果的获取和传输。深空探测科学目标的多样性包括水和冰的探测、空间环境探测、金属等各类矿物质探测等，决定了需要不同的新型载荷。同时，深空探测器的小型化和轻量化以及科学探测精细化等特点，对载荷的小型化、轻量化和探测精度提出了新的要求。

附表 深空探测器领域专业技术体系表

一级专业	先进能源技术	智能与自主管理技术	测控通信技术	进入、下降、着陆和起飞技术（EDLA技术）	大功率空间推进技术	材料、结构、机械制造技术	轨道设计技术	空间环境效应分析与防护技术	先进载荷技术
二级专业	①超高效率太阳电池阵技术 ②空间核反应堆电源技术 ③空间同位素电源技术 ④无线能量传输技术	①星际自主导航技术 ②长期自主管理技术 ③智能感知、识别与规划技术	①超远距离测控通信技术 ②月面高速无线组网技术 ③超远距离激光通信技术	①气动设计技术 ②防热技术 ③开伞控制技术 ④降落伞减速技术 ⑤着陆缓冲技术 ⑥定点软着陆技术 ⑦火星表面起飞上升技术	①电推进技术 ②核推进技术	①先进机器人技术 ②结构轻量化材料制造技术	①多天体行星借力轨道设计技术 ②小推力轨道设计技术	①木星强辐射防护设计技术 ②复杂环境热管理技术 ③高精度高稳定度控温	①弱引力天体表面多样化采样技术 ②星表环境大范围机动作业技术 ③地外天体表面采样封装技术 ④原位资源利用技术 ⑤大型充气密封结构技术
我国技术水平（相较国际）	领先：① 先进：②③ 一般：④	领先：③ 先进：② 一般：①	领先：① 先进：② 一般：③	领先：①②③④ 先进：⑤ 一般：⑥⑦	领先：无 先进：① 一般：②	领先：无 先进：①② 一般：无	领先：② 先进：① 一般：无	领先：③ 先进：①② 一般：无	领先：③ 先进：①② 一般：④⑤
目前专业地位	核心：① 重要：②③ 一般：无	核心：① 重要：②③ 一般：无	核心：① 重要：②③ 一般：无	核心：⑥⑦ 重要：①②③④⑤ 一般：无	核心：① 重要：② 一般：无	核心：② 重要：① 一般：无	核心：② 重要：① 一般：无	核心：② 重要：①③ 一般：无	核心：①② 重要：④⑤ 一般：无
后续重点发展方向	④	①	②③	⑥⑦	①②	①②	①	①②	②④⑤

参考文献

[1] 孙泽洲,孟林智. 中国深空探测现状及持续发展趋势[J]. 南京航空航天大学学报,2015(6):785-791.
[2] 叶培建,邹乐洋,等. 中国深空探测领域发展及展望[J]. 国际太空,2018(10)4-10.
[3] 叶培建,于登云,孙泽洲,等. 中国月球探测器的成就与展望[J]. 深空探测学报,2016,3(4):323-333.
[4] 于登云,孙泽洲,孟林智. 火星探测发展历程与未来展望[J]. 深空探测学报,2016,3(2):108-113.
[5] 葛平,张天馨,康炎,等. 2021年深空探测进展与展望[J]. 中国航天,2022(2):9-19.
[6] 张荣桥,耿言,孙泽洲,等. 天问一号任务的技术创新[J]. 航空学报,2022,43(3):626689.
[7] 王琼,侯军,刘然,等. 我国首次月面采样返回任务综述[J]. 中国航天,2021(3):34-39.
[8] 李春来,刘建军,左维,等. 中国月球探测进展(2011—2020年)[J]. 空间科学学报,2021,41(1):68-75.
[9] 耿言,周继时,李莎,等. 我国首次火星探测任务[J]. 深空探测学报,2018,5(5):399-405.
[10] 王帅,李鹏,郭文博,等. 美国毅力号火星车成功着陆火星[J]. 国际太空,2021(3):10-15.
[11] 张扬眉. 美国露西任务将首探木星特洛伊小行星[J]. 国际太空,2021(11):4-9.
[12] 张扬眉. 2019年国外空间探测发展综述[J]. 国际太空,2019(2):25-29.
[13] 张扬眉. 2020年国外深空探测领域发展综述[J]. 国际太空,2021(2):31-35.
[14] 王帅. 2021年全球深空探测领域发展综述[J]. 国际太空,2022(2):20-24.
[15] 林仁红. 2022年全球深空探测领域发展综述[J]. 国际太空,2023(3):26-30.
[16] 中国科学技术协会. 2018—2019航天科学技术学科发展报告[M]. 北京:中国科学技术出版社,2020.
[17] http://www.spaceflightfans.cn[EB/OL]. 2023-3-15.
[18] http://www.nasa.gov/missions/future/index.html[EB/OL]. 2023-3-15.
[19] http://www.nasa.gov/missions/current/index.html[EB/OL]. 2023-3-15.
[20] http://www.nasa.gov/missions/past/index.html[EB/OL]. 2023-3-15.
[21] http://m.esa.int/ESA[EB/OL]. 2019-3-15.
[22] http://www.zh.wikipedia.org/zh-cn/嫦娥四号[EB/OL]. 2023-3-15.
[23] http://www.zh.wikipedia.org/zh-cn/嫦娥五号[EB/OL]. 2023-3-15.
[24] http://www.zh.wikipedia.org/zh-cn/天问一号[EB/OL]. 2023-3-15.

研究团队:孙泽洲 于杭健 张正峰 马继楠 缪远明
温 博 邹 昕 韩承志 陈诗雨
审稿人:张 熇 彭 兢 黄晓峰
撰稿人:孙泽洲 于杭健 张正峰 马继楠 缪远明

航天推进专业发展报告

一、引言

航天推进专业一般指在进出空间、空间轨道转移、空间探测时航天器动力系统所涉及的技术专业,根据技术体系不同包括了液体推进、固体推进、特种及新型推进,包含了燃烧学、工程热力学、流体力学、结构力学、材料化学、传热学、声学等多个基础学科及其交叉学科。航天推进动力系统体现了系统工程科学的复杂性,其水平的高低代表了进出空间能力大小,是国家实力的象征。

航天推进领域已工程应用的发动机均是用不同方法将自带的推进剂转变为飞行反方向的高速射流,从而产生向前推力,使航天器得以高速飞行。通常的液体、固体火箭发动机、组合动力发动机利用燃料和氧化剂剧烈燃烧产生高温高压气体,从燃烧室高速喷出从而产生大推力;电推进发动机则是利用外部电能电离中性推进剂产生等离子体,然后采用带电粒子加速技术使等离子体沿特定方向高速运动,从而产生推力;核热推进是利用核反应堆产生的裂变热能把推进剂加热到很高的温度,然后将高温高压的工作介质从喷管高速喷出,产生推力,核电推进则是基于核电转换技术的大功率电推进技术,其推力产生本质与电推进相同。图 1 将航天推进专业细分为多个热门产品领域和技术路线,部分技术路线未列出。

近年来,我国航天推进专业领域硕果累累,相关专业研究持续攻关,支撑了我国成功实施载人航天、北斗导航、高分专项、探月工程、火星探测等国家重大工程任务;国外老牌航天强国发展势头依然迅猛,新型动力层出不穷。

在未来,我国航天推进领域依然紧跟先进航天技术步伐,以重复使用发动机工程应用、低成本发动机试验制造、电推进发动机低成本可靠使用、发动机增材制造快速生产实现、先进特种推进论证探索等为目标,支撑我国未来运载火箭、航天器、导弹、航班化运输系统发展,实现航天大国到航天强国的转变。

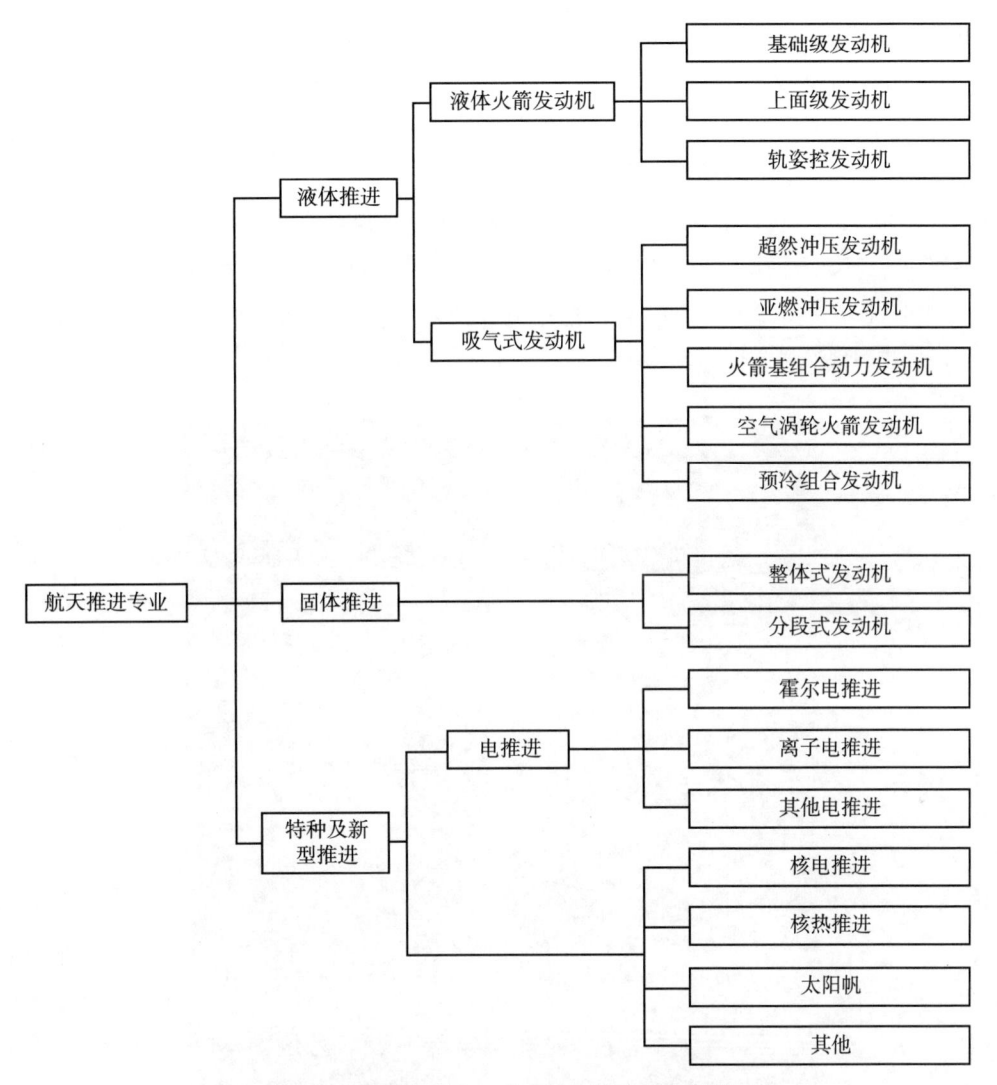

图 1 航天推进专业细分产品领域和技术路线

本报告以航天推进专业为视角，解读近五年航天推进专业取得的主要成果和未来五年发展重点方向。

二、近五年主要进展

（一）液体发动机

1. 液体火箭发动机

液体火箭发动机主要包括运载火箭基础级、上面级主动力发动机、轨姿控发动机等类别，根据推进剂又可分类为现役运载火箭常温推进剂发动机、新一代及重型火箭使用的液氧煤油、液氧液氢、液氧甲烷发动机。

现役第二代运载火箭（CZ-2C/D/F、CZ-3A/B/C、CZ-4B/C）所采用的常温推进剂发动机稳定发挥，助力了载人航天、北斗组网等重大工程和卫星发射。随着增材制造等设计及工艺改进，常温推进剂发动机生产能力和可靠性保障逐年提升。

近年来，新一代运载火箭长征五号（CZ-5/5B）、长征六号（CZ-6/6A）、长征七号（CZ-7/7A）、长征八号（CZ-8）逐步服役（图2），使用的主动力发动机包括：

1）采用高压补燃循环的1200 kN液氧煤油发动机，地面比冲300 s，地面推力约120 t，是我国现役最大推力发动机。

（a）1200 kN液氧煤油发动机 　　（b）180 kN液氧煤油发动机

（c）500 kN液氧液氢发动机 　　（d）90 kN液氧液氢发动机

图2　新一代四型液体火箭发动机

2）采用富氧补燃循环的 180 kN 液氧煤油发动机，比冲约 342 s，真空推力 18 t。

3）采用燃气发生器循环的 500 kN 液氧液氢发动机，比冲 438 s，地面推力约 52 t，是我国自主研制的首型大推力用于芯一级的氢氧发动机。

4）采用闭式膨胀循环的 90 kN 液氧液氢发动机，比冲约 442 s，真空推力 9 t，见图 2。

通过四型主动力的组合运用，完成了我国第三代运载火箭型谱的确立。1200 kN 级高压补燃循环液氧煤油发动机实现了我国航天液体火箭发动机代的跨越，完成了从有毒到无毒、小推力到大推力、开式到闭式循环的技术进步。目前，我国运载火箭主发动机存在常规发动机与新一代发动机并存的现状，后续将逐步更新换代。

我国上面级发动机技术在载人航天、月球探测等工程型号牵引下得到快速发展。已形成从 1N 到 600N 单组元发动机和 2 N 到 7500 N 双组元发动机共 70 多个推力品种。2018 年 12 月，5 kN 推力的"远征"三号上面级首飞成功。7500 N 变推力发动机助力嫦娥三、四、五号平稳落月，探月工程三期圆满收官，见图 3；天问一号动力系统首次实现我国航天器"绕着巡"火星的壮举。

图 3　7500 N 变推力发动机

新型液体火箭发动机研发工作也稳步推进，见表 1。

表 1　新型液体火箭发动机及研制进展

序号	推进剂	特点	推力/t	进度	备注
1	液氧煤油	最大推力双喷管发动机	500	2022 年 11 月首次整机试车成功	见图 4（a）
2	液氧煤油	高压补燃循环	139	2023 年 4 月在亚洲最大推力试车台试车，并连续试车成功	用于新一代载人运载火箭，见图 4（b）

续表

序号	推进剂	特点	推力/t	进度	备注
3	液氢液氧	闭式膨胀循环发动机	25	2021年首次半系统试车成功	
4	常温推进剂	空间用、大推力	8	2022年4月首次整机试车成功	
5	液氧甲烷	全流量补燃循环、重复使用	200	关键部件点火成功	用于我国重型运载火箭，见图4（c）
6	液氧甲烷	开式循环、重复使用、变推力	80	2022年11月首次整机试车成功	

（a）500 t级液氧煤油发动机　　（b）新一代载人运载火箭发动机　　（c）200 t液氧甲烷发动机

图 4　三款新型发动机

民营商业航天企业液体动力方面，2023年4月，85 t级开式循环液氧煤油发动机［图5（a）］与30 t富氧补燃液氧煤油发动机［天火-11，图5（b）］，助推天龙二号火箭首飞成功，成为我国首枚入轨的民营液体火箭。2023年7月，采用80 t级液氧甲烷发动机的朱雀二号发射成功，天鹊-12成为全球首款成功入轨的液氧甲烷发动机，见图5（c）。

国外液体火箭动力强国有美国、俄罗斯、欧洲、日本等。

（1）美国

美国航天液体动力技术于20世纪初起步，随着载人登月等重大工程实施，研制了SSME等多型经典液体动力产品。近年来，在"绿色、低成本"等理念下，民营商业航天发展迅速，液体动力逐渐向高性价比、重复适应、快速发射维护等方向发展。

美国10 t级RL-10膨胀循环氢氧发动机，历经60多年改进，比冲提升到了465.5 s，用于"火神"火箭和SLS火箭上面级。200 t级航天飞机主发动机RS-25经过更换新型控制器等改进及大量试车后，用于SLS火箭一级。2022年11月，SLS火箭成功首飞。

美国太空探索技术公司（SpaceX）的梅林发动机，多次改进迭代至当前的"Merlin-

(a) 85 t 级开式循环液氧煤油发动机 　　(b) 30 t 液氧煤油发动机（天火 -11）

(c) 4 台天鹊 -12 成为全球首型入轨的液氧甲烷发动机

图 5　三款民营商业航天企业液体发动机

1D+ 版",推力达到了 845 kN,调节范围 40%～100%,衍生出真空版二级发动机 Merlin-1D Vac,真空推力 935kN。

SpaceX 公司正在为"星舰"研制 200 t 级全流量补燃循环液氧甲烷发动机"猛禽"（Raptor）,2023 年 4 月,星舰首飞,起飞后多台猛禽发动机工作异常,最终解体爆炸,发射失败。

蓝色起源公司正在研制 250 t 级的 BE-4 富氧补燃循环液氧甲烷发动机,用于自研的"新格伦"（New Glenn）火箭和联合发射联盟的"火神"（Vulcan）火箭。

（2）俄罗斯

俄罗斯推力 740 t 级的 RD-171 富氧补燃液氧煤油发动机,不断衍生发展出新版本；推力将超过 800 t 的 RD-171 MV 发动机,计划用于俄罗斯联盟 5 中型火箭一级、"叶尼塞"

重型运载火箭助推级；400 t 级的 RD-180 发动机用于美国宇宙神火箭；200 t 级的 RD-191 发动机用于俄罗斯安加拉火箭。

（3）欧洲、日本

欧洲正在逐步淘汰阿里安 -5 火箭，并为阿里安 -6 火箭研制了推力为 18 t 的膨胀循环液氧液氢发动机 Vinci，升级了火神发动机 Vulcain2.0 至 2.1 版，发动机均已经过鉴定级测试，但还未首飞。

日本的大推力开式膨胀循环氢氧发动机 LE-9，真空推力为 150 t，用于 H-3 火箭芯级，在 2023 年 3 月，H-3 火箭首飞失利，二级未能点火。

2. 吸气式发动机

近五年来，国内外典型吸气式动力方案主要包括超燃冲压、亚燃冲压、火箭基组合动力发动机（RBCC）、空气涡轮火箭发动机（ATR）以及预冷组合发动机等。

（1）国内主要进展

国内针对各型动力形式开展了大量研究工作。近五年，我国超燃冲压发动机进入了工程研制和演示验证阶段。不同尺度规模的碳氢燃料超燃冲压发动机先后完成了演示飞行。除此之外，国内还探索了更高马赫数的超燃冲压发动机技术，广泛开展了斜爆轰燃烧、蒸汽重整、二氧化碳辅助冷却等技术研究。

针对 RBCC 发动机，国内已经完成小尺度 RBCC 发动机演示飞行验证，对火箭冲压组合发动机一体化设计、大范围变工况火箭引射增强技术、多模态高效稳定燃烧与热防护等关键技术进行了全面验证。

在 ATR 发动机方面，国内掌握了多项关键技术：包括 ATR 发动机系统优化技术、高效气 - 气混合燃烧及热防护技术、大范围变流量发生器技术、高性能斜流式压气机设计技术、大膨胀比高效率涡轮技术，完成了 ATR 发动机与冲压发动机的模态转换等技术验证。

国内在预冷发动机领域开展了近十年的持续研究工作，掌握了大尺度深度预冷器、微通道高低温换热器的设计和制造，突破了超临界氦叶轮机设计、闭式布雷顿氦循环、氢 / 空气高效燃烧等关键技术，支撑我国未来可重复使用航天运输系统建设。

（2）国外主要进展

1）超燃冲压发动机。美国自 2018 年以来持续开展大量的高超声速发动机原型机开发工作，完善了高超声速风洞建设，将风洞的试验能力提升至 Ma15，持续支持航空喷气 - 洛克达因公司、通用电气公司（GE）亚利安超声速公司、赫梅斯公司等开展超燃冲压发动机以及基于超燃冲压的组合动力研究。2021 年 9 月，美国国防高级研究计划局（DARPA）成功进行了高超声速巡航导弹验证项目"吸气式高超声速武器概念"（HAWC）的首次样机自由飞行试验，验证了超燃冲压动力飞行器的集成和释放程序。美国空军在 2022 年正式启动"高超声速攻击巡航导弹"（HAWC）项目的研制，该项目将在 DARPA "吸气式高超声速武器概念"技术成果转化的基础上，发展一种同时适用于轰炸机和战斗机的超燃冲压发动机动力高超声速巡航导弹原型。为加快高超声速巡航导弹技术的成熟，美国联合澳大利亚启动"南十字星综合飞行研究实验"（SCIFiRE）项目，开展高效率、可重复使用的氢燃料超燃冲压发动机技术合作，基于该发动机的 Delta-Velos 飞行器将是一种可重复使用的氢动力高超声速运载飞行器，可加速至马赫数 12，并能够在常规的跑道上降落。

2）亚燃冲压发动机。近年来国外新研制亚燃冲压发动机较少。已装备比较成熟的亚燃冲压发动机有法国的 ASMP、美国的"超声速战术导弹"（STM）"先进战略空射导弹"（ASALM）、俄罗斯的"宝石"、印度的"布拉莫斯"等。

3）RBCC 发动机。美国在美国航空航天局（NASA）、DARPA、空军和国防部的主导下，在 CCE 和 ISTP 等计划支持下开展了一些新型结构 RBCC 发动机的研究工作，对引射火箭推力增强技术、模态转换技术、塞式喷管技术及进排气系统动态工作技术等单项技术进行了深入验证，在天地往返领域的应用开展了多方案研究。日本宇宙航空研究开发机构（JAXA）已完成亚声速到超声速的引射模态飞行试验验证，以及覆盖引射模态、亚燃模态及超燃模态的自由射流试验。

4）ATR 发动机。美国、日本在 20 世纪 80 年代开展了大量 ATR 发动机研究工作，完成了 1~5 kN 级的多型样机研制及试验验证。近年来国外披露的研究进展较少，2021 年 JAXA 围绕新型无人重复使用运载器的动力需求，公布了一种空气涡轮冲压发动机+火箭组合循环推进系统方案（ATRIUM），2020 年 12 月在能代火箭试验中心完成了燃气发生器独立燃烧试验，2021 年 8 月空气涡轮组件在能代火箭试验中心进行了"冷流"旋转试验，同时正在开发缩比飞行试验台（FTB，图 6），用于在飞行环境中验证 ATRIUM 发动机，

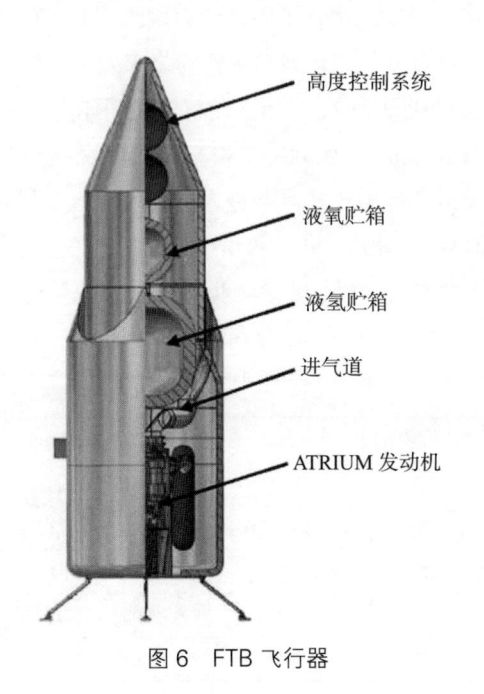

图 6 FTB 飞行器

预计将在2023年底完成飞行器地面验证试验，2024年中期和2025年初将进行两次飞行试验。2022年8月，日本室兰工业大学利用2022年度JAXA / ISAS战略开发研究经费，进行了以液氢/液氧为推进剂的ATR发动机燃烧试验，通过燃气发生器的燃气驱动涡轮，与压气机输送的空气进行混合实现了二次燃烧，对燃烧室进行了试验验证。

5）预冷组合发动机。英国REL公司提出的SABRE预冷组合发动机最具发展前景，近几年不断取得新的突破。2018年到2022年，REL完成了全尺寸预冷器HTX在马赫3.3、马赫5条件下的高温考核试验、HX3换热器和先进氢气预燃器系统测试、预冷器国外性能对比测试，见图7。

图7 REL公司预冷器样机HTX试验照片

（二）固体发动机

2018年以来，在"大型化、系列化"发展的指导思想下，依托"整体式"和"分段式"两条技术路线，围绕固体运载火箭和捆绑式固体助推器对大推力固体发动机的需求，全面开展固体运载动力技术研发，优化了固体动力供给端有序的型谱化发展路线，将深空探测的重型运载火箭以及可重复使用运载技术作为未来发展主要方向。

我国主要固体火箭发动机见表2、图8。在整体式固体发动机方面，SP70发动机规模为世界前三（仅次于欧洲航天局的P120C、P80）。SP150综合性能达到国际同类发动机领先水平，标志着我国固体运载能力正式具备进入国际主流运载行列的能力。在分段式固体发动机方面，按照"直径由小到大，分段数由少到多"的攻关思路，逐步考核关键技术。SPB90发动机为我国固体助推发动机技术迈入世界先进梯队奠定了基础。

表2 我国固体火箭发动机

序号	名称	推力/t	装药量/t	用途	首飞/试车时间	特点
1	SP35	120	35	CZ-11	2015年9月	12次陆基、4次海基发射
2	SP70	200	70	ZK-1A、SD-3	2022年7月、12月	国内最大，世界前三
3	SP150	500	150	在研	2021年10月	国际同类领先水平
4	SPB60	120	60	CZ-6A	2022年3月	分段2段
5	SPB90	260	90	在研	2020年12月	分段3段

(a) SP35 发动机 　　　　(b) SD-3 运载火箭

(c) SP70 发动机 　　　　(d) CZ-11 发射

(e) SPB90 分段固体发动机

图 8　不同类型固体发动机及对应火箭

我国固体辅助动力技术应用广泛，主要包括 CZ-2F 运载火箭逃逸动力系统固体发动机、新一代载人飞船逃逸系统固体发动机等。CZ-2F 运载火箭逃逸动力系统包括逃逸主发动机一台、分离发动机一台、偏航俯仰发动机四台、高空逃逸发动机四台。自 1992 年研制以来，CZ-2F 已完成 15 次飞行试验，全部成功。目前，正在开展新一代飞船高可靠逃逸固体发动机的研究。

近年来，固体动力技术在国外新型运载火箭的发展中得到了进一步的加强，并持续向"增大推力、提升性能、降低成本、提高可靠性"方向发展。国外在整体式固体火箭发动机方面，实现了系列化和组合化。具有代表性的全固体运载火箭，主要有美国的"米诺陶"系列、"OmegA"，欧洲的"织女星"。在各类运载器发展需求的牵引下，明确了固体动力供给端有序的型谱化发展路线，逐步形成了美国的"CASTOR"系列、欧洲的"P"系列等多系列固体发动机，促进了国外固体动力技术和产业迅速而有序的发展。世界航天大国均以进一步提升其进入空间能力为抓手，将可实现快速进入空间的固体运载火箭、适应高密度发射的新型中型大型运载火箭、面对未来深空探测的重型运载火箭以及可重复使用运载技术作为未来发展主要方向。

美国一直引领着世界航天发展的主要方向，是发展全固体运载火箭最多的国家。OmegA-500运载火箭将新型大直径固体发动机用作一、二级主动力，其中一级发动机为Castor 600，装药量252 t；二级发动机为Castor 300，装药量126 t。可捆绑2～6台GEM-63固体发动机。该型运载火箭于2016年1月、2019年10月从美国空军获得第一、二阶段研制合同，共计7.9亿美元，于2019年5月完成一级发动机地面试车。用于战神运载火箭或美国太空发射系统（SLS）的RSRMV助推器，发动机直径3.71 m，总长47.36 m，分5段，装药量647 t，质量比0.883，真空推力1311 t，最大推力1633 t，工作时间132 s。2022年11月，美国登月火箭"太空发射系统"（SLS）在肯尼迪航天中心发射升空，携带猎户座飞船，执行"阿耳忒弥斯1号"任务，取得圆满成功。

欧洲大力发展固体运载火箭，其"织女星"系列火箭达到了很高的技术水平。P120C固体发动机直径3.4 m，装药量142 t，采用复合材料壳体，轻质自保护矢量喷管等技术，质量比0.92以上。主要用于织女星C运载火箭，也可用于阿里安6助推器。2018年6月，P120C固体发动机首次结构试车成功。2022年7月，织女星-C火箭首飞圆满成功，P120C也是迄今世界在役最大整体式复合材料固体发动机。截至目前，织女星-C火箭共进行了15次发射，1次失败。

日本发展了1.8 m和2.5 m两个直径系列的大型固体助推发动机，分别用于H-2火箭和H-3火箭。H-2运载火箭的固体助推器SRB-A，直径1.8 m，长23.4 m，分4段，装药质量59 t。基于SRB-A改进，日本研制了SRB-3固体助推器，直径2.5 m，真空推力220 t，长15.1 m，用于其新型H3运载火箭。

印度研制的大型分段式固体发动机主要是PSLV芯级发动机PS-1和GSLV-MK Ⅲ捆绑固体助推器S-200。其中，S-200发动机直径3.2 m，装药量达到200 t，性能参数仅次于美国航天飞机助推器，而强于欧洲的阿里安5火箭助推器，居于世界第二水平。

在固体逃逸动力系统方面，美国的阿波罗飞船固体逃逸动力系统、猎户座逃逸动力系统仍处于世界领先水平。

阿波罗飞船固体逃逸动力系统的主要特点是主发动机采用后置喷管通过塔架结构和整流罩连接，分离发动机采用斜切喷管结构，并采用了备用抛塔技术方案以提高逃逸塔分离的可靠性。整个逃逸动力系统总长10.2 m，直径0.66 m，总质量4170 kg。

猎户座逃逸动力系统是美国轨道ATK公司正在研究的新一代逃逸动力系统。主要包括逃逸发动机、分离发动机和姿控发动机三种固体发动机。

国外整体式固体发动机的直径范围为2.3～3 m，通常根据运载能力的需要进行合理选择。而发动机的推进剂通常选用HTPB推进剂，壳体选用复合材料壳体，喷管采用摆动喷管，喉衬材料选用C/C材料或石墨。从性能上看，发动机没有追求较高的性能，而是提高了发动机的工作可靠性、降低成本。固体发动机在助推动力方面的应用与发展持续发力，大型分段式固体发动机仍然作为国外大型、重型运载火箭技术发展的重要方向。运载器需求端的型谱规划明确，针对不同的运载能力和发射需求，对固体动力和液体动力的型谱范围进行了明确的划分，先后形成了多系列型谱。

（三）特种及新型发动机

电推进是一种利用电能将推进剂内能转化为动能的航天空间动力技术，电推进系统主要由电推力器、电源处理单元、推进剂供给单元等组成，工作原理是利用外部电能电离中性推进剂产生等离子体并采用带电粒子加速技术使等离子体沿特定方向高速运动，从而产生推力。相比传统的空间化学推进系统，电推进克服了能量的限制，比冲较化学推进高近10倍，其显著特点是比冲高、寿命长、推力精确。电推进一般分为霍尔电推进技术、离子电推进技术和其他种类电推进技术。

在霍尔电推进领域，我国霍尔电推进系统已实现小批量飞行应用，并形成了100 W至100 kW的霍尔电推进型谱产品。在中小功率电推进技术领域，2021年，中国空间站选择80 mN霍尔推力器作为轨道抬升的备份系统，采用长期点火的方式抵消大气阻力，延缓空间站的轨道衰减，开创了我国电推进技术应用于载人航天工程的历史。在中大功率电推进技术领域，2020年，我国首台20kW量级霍尔推力器完成研制并通过各项点火测试，推力器采用了国际最新的第三代磁屏蔽长寿命技术，主要性能指标达到国际领先水平。20 kW推力器的成功研制，是我国电推进发展历程中的重要节点，标志着我国霍尔电推进成功迈入牛级推力时代。2022年，单环大功率霍尔推力器原理样机研制完成突破，在地面实验中最大推力达到4.6 N（以氙气为工质），最大功率达到105 kW，整体性能达到了世界先进水平。

在离子电推进技术方面，2019年，RIT-1在微重力技术实验卫星"太极一号"上正式应用，国内首次实现了微牛级射频离子推进技术的在轨验证。2020年，中等功率离子电推进系统成功应用于亚太6D卫星，执行南北位保任务，开启了中高功率离子电推进系统的商业应用之旅。同年，5kW级离子推力器系统在实践20卫星上完成技术验证。2023年，亚太6E全电推进卫星实现5kW的LIPS-300离子推力器和5kW的SPT-140霍尔推力器的在轨应用。此外，国内完成了射频离子推进系统工程样机研制，并积极开展了大口径栅极系统研制以及环形离子电推进技术关键技术攻关，极大推动大功率离子电推进技术创新发展。

在大功率磁等离子体推进技术方面，我国还完成了MPD、VESIMR等100 kW功率量级的大功率电磁推进的点火，完成锂工质磁等离子体推力器方案设计和系统方案论证。

在其他电推进技术方面，2022年固态碘工质电推进系统搭载用户卫星成功入轨，实现国内首台碘工质电推系统实现在轨应用。开展了微弧阴极推进、电喷推进等技术研发，实现脉冲微弧推进、脉冲等离子体推进等在轨成功点火验证。

在民营商业航天企业方面，自2020年来，星辰空间、北京遨天、星空动力、易动宇航、蓝箭等商业航天公司陆续开展了霍尔、微功率等电推进产品研制。商业航天通过引入资本投入，采用低价策略快速推广产品，电推进市场竞争日益激烈。

在核推进领域，国内完成了百千瓦级空间核电源超高温核反应堆方案设计及水力试验、百吨级空间核热推进系统的方案设计，提出了10 t级核热推进系统概念方案。开展了空间核动力用高效热电转换关键组建研制及系统设计研究。在绳系推进、空间吸气式电推进、太阳帆、光波纳米推进、超声电喷等前沿动力技术方面的相关基础研究持续深入。

国外在特种及新型发动机技术方面发展迅猛，尤其是在电推进技术工程应用领域取得了长足的发展。

2018年以来，受益于蓬勃发展的卫星星座建设浪潮和新一代GEO全电卫星市场需求，国外电推进规模化在轨应用规模技术不断发展成熟，截至2022年年底，太空中已有超6000颗卫星配备了电推进系统，其中90%以上为霍尔电推进系统。同时，受到氙气成本上升的影响，电推进技术正向使用低成本工质方向发展，国际上掀起了包括Ar、Kr、I_2、N_2等推进剂在内的多元推进剂适用性研究。2018年，美国NASA的6U立方星应用BUSEK公司研制的BRFIT-3碘工质射频离子电推进系统，首次实现了碘工质射频离子电推进技术在轨应用，见图9。2021年3月，意大利T4i公司开发的磁增强型等离子推力器搭载在UNISAT-7立方卫星上发射，成为第二个在轨验证的碘工质电推进系统。2019年5月，美国SpaceX公司成功将星链首批60颗卫星送入轨道，卫星使用以氪气为工质的霍尔推力器，与传统氙气工质相比，其成本下降了约一个数量级。2023年2月，美国SpaceX公司首次在太空中运行了配备氩气霍尔电推力器的星链二代卫星，推力达到了170mN，比冲为2500s，与第一代的氪气工质相比，其成本继续下降了一个数量级，这也是航天史上第一次在太空中运行氩工质霍尔推力器。2023年5月，美国Momentus公司成功完成对Vigoride-5飞行器水基微波电热推力器（Microwave Electrothermal Thruster，MET）的全部在轨测试，实现了抵消阻力并抬高飞行器的轨道、高度和倾角等参数的目标。同时，美国、俄罗斯等航天大国仍在不断推进大功率电推进技术的发展。2021年，美国的改进型氙离子推进器（NEXT）离子电推进系统已用于执行双小行星重定向（DART）任务；美

图9　BRFIT-3碘工质射频离子推力器及点火情况和X3霍尔推力器放电测试

国研制由 3 台 10kW 级 HERMeS 霍尔推力器和 4 台 BHT-6000 霍尔推力器构成 60kW 级的 AEPS 电推进系统，计划用于深空门轨道站，同时还开展 100kW 的 XR-100 霍尔电推进系统研制。在欧洲 HiPER 项目支持下，意大利 Sitael 公司开发了 HT-20k 霍尔推力器，功率 20kW，推力 1N 以上；法国 SNECMA 公司研制 PPS-20k 霍尔推力器，推力也在 1N 以上。日本、英国、德国等国家同样也在积极推进 MPD 大功率电磁推进技术发展，拓宽电推进技术的性能边界。

在核推进领域，近五年来美国和俄罗斯纷纷推出规划，旨在 2025 年前完成核动力航天器的研制和飞行试验准备工作，并在低地球轨道上演示验证。2020 年，美国政府发布了《6 号航天政策指令》，要求加强太空核技术的发展，并应用太空核动力技术来维持美国在太空领域的领先地位。美国国防高级研究计划局（DARPA）于 2021 年启动"敏捷地月空间行动示范验证火箭（DRACO）"计划，计划目标是与私营企业合作开展核热火箭发动机的设计、开发、制造、组装和测试工作。该项目的第一阶段包括对反应堆和推进子系统进行初步设计，以及设计"演示验证系统"航天器。2022 年 5 月，DARPA 发布了 DRACO 项目的第二和第三阶段征询书，计划设计、开发、制造和组装核热火箭发动机。第二阶段的目标是完成演示系统的初步和详细设计，并建造和试验核热火箭发动机；第三阶段则计划在 2026 年进行核热火箭发动机的全功率在轨飞行试验。通用电子电磁系统公司已经成功完成了 DRACO 计划 A 任务第一阶段的关键里程碑，包括交付核热推进反应堆和发动机的基线设计，以及使用 NASA 核热火箭元件环境模拟器成功测试核反应堆的耐高温元件等关键部件。2023 年 1 月，NASA 宣布加入 DEACO 计划。根据合作协议，NASA 负责核热发动机的技术开发，而 DARPA 则负责火箭系统集成，包括火箭的采购、批准、调度和安全保障，以确保发动机与航天器的整体组装与集成。2023 年 7 月，洛克希德·马丁公司成为 DRACO 计划主承包商，负责核动力航天器的设计、集成和测试，预计最早于 2027 年在轨演示核动力火箭，飞行时间约为 2 个月；2020 年 12 月，俄罗斯联邦航天局与圣彼得堡设计局阿森纳公司签署合同正式开展基于运输和能源模块（TEM）的"宙斯"号核动力太空拖船的设计工作。2022 年 4 月，俄罗斯首次展示了"宙斯"核动力太空拖船的工作原理。2023 年最新研制进展表明，"宙斯"核拖船推进系统、散热器冷却和自修复材料的工作正在俄罗斯凯尔迪什中心开展。目前已开始生产四台超大功率霍尔电推力器模块，总功率高达 250 kW，并计划于 2024 年进行地面测试。"宙斯"号核动力太空拖船预计 2030 从东方发射场发射执行第一次木星月球任务，欧盟也计划在 2030 至 2040 年间发射兆瓦级核电推进航天器。2023 年 4 月，欧空局未来空间运输系统部门（STS-F）资助启动了两项可行性研究，分别是"RocketRoll"项目和"校友"项目，将确定成熟的关键技术和发展核动力的步骤，预计核电推进航天器将于 2035 年投入使用。2021 年，英国航天局与罗罗公司达成协议，合作开展了一款空间微型核反应堆的早期设计。2023 年，英国航天局宣布将持续支持罗罗公司开展空间微型反应堆动力技术研究。2023 年 7 月，英国脉冲星聚变公司宣布正在建造一款采用了直接聚变驱动技术的核聚变火箭发动机。它使用氘和氦3作为推进剂，能够提供高达101 N的推力。脉冲星聚变公司宣称目前已经进入了该发动机的初始测试单元的制造阶段。静态测试将于2024年开始，随后于2027年对该技术进行在轨演示。目前，面向未来超远距离的深空探测任务，空间核动力依旧凭借其高比冲、大推力、长寿命等特点成为此需求下目前最为可行的空间推进方案，各国正在积极开展核反应堆、空间散热、热电转换等多个领域的关键技术突破。

在新概念推进技术方面，以美国NASA为首的航天机构在继续推进绳系推进、空间吸气式电推进、太阳帆、电磁帆等新型特种推进技术研究外，开始积极探索双峰核推进、球束推进、光泳推进等前沿新概念技术，并展开相关机理探索和原理样机研制。

（四）国内研究团队

航天推进领域涉及面广，国内研究力量主要分布在航天动力技术研究院、航天推进技术研究院、中国航天科工飞航技术研究院、中国航天科工动力技术研究院和相关高校等单位，近年来国内多家民营航天公司开展航天推进技术和产品开发。

1. 航天推进技术研究院

航天推进技术研究院创建于1965年，是我国液体火箭发动机研制中心和专业抓总单位，承担着我国运载火箭和导弹武器液体火箭发动机研制重任。该研究院拥有先进的科研、生产和试验设施，具有雄厚的综合技术实力和完善的质量保证体系。为我国长征系列液体运载火箭，中国载人航天工程、探月工程、深空探测工程、北斗导航等航天器和卫星提供了全部动力支撑。

2. 航天动力技术研究院

航天动力技术研究院成立于1962年，是我国固体发动机专业研究院，承担着我国战略、战术，防空导弹和宇航工程型号应用领域固体动力研制、生产、试验及重大预先研究任务。研究设计了多种宇航动力装置，先后为东方红一号卫星、东方红二号通信卫星、东方红二号甲通信卫星、返回式资源卫星、风云系列卫星研制了动力装置，为载人飞船研制了逃逸系统动力装置。

3. 中国航天科工飞航技术研究院

中国航天科工飞航技术研究院成立于1961年，是目前我国集预研、研制、生产、保障于一体，配套完备，门类齐全的飞航技术研究院。以导弹武器研制生产为基业，逐步形成较为完备的飞航导弹家族，服务对象面向三军，研制生产的武器装备在我军装备体系中占有十分重要的地位。先后承担了载人航天、探月工程等国家重大科技专项，先后研制成功舰舰、岸舰、空舰等多系列、多型号飞航导弹20余种。

4. 中国航天科工动力技术研究院

中国航天科工动力技术研究院是我国固体火箭发动机专业研究院，主要承担着中国战略、战术和宇航工程固体火箭发动机的研制、生产、试验等任务，被誉为我国固体火箭发动机的"摇篮"，开发了快舟系列三级固体发动机。

5. 高等院校

全国重点科研高校在航天推进领域都有布局，开展相关动力基础研究、试验飞行验证等课题和产品，其中典型的包括：中国人民解放军国防科技大学，是直属中国共产党中央军事委员会领导的军队综合性大学，航空宇航科学与技术排名第5；北京航空航天大学，是工业和信息化部直属的全国重点大学，航空宇航科学与技术第四轮学科评估获A+等级，飞行器动力工程专业排名A+，航空宇航学科全国前2%；西北工业大学，隶属于工业和信息化部，多项宇航类学科排名A+，飞行器动力工程专业排名A+。

6. 民营航天公司

国内商业航天动力研制进展迅猛，蓝箭航天、九州云箭等4家公司开展了6型液氧甲烷发动机研制，天兵科技、星河动力等4家公司开展了4型液氧煤油发动机研制，中国火箭、中科宇航等采用多型不同直径的固体火箭发动机。截至2022年年初，典型的民营航天动力公司液体发动机发展见表3。星河动力公司的谷神星一号固体火箭已发射10次，连续成功9次。

三、国内外发展比较

相较于起步更早的国外航天大国，我国目前推进领域整体水平还存在一定差距，少部分专业和方向可以达到或领先国际先进水平，随着我国航天技术高速发展，国内外差距将逐步缩小。

（一）液体发动机

1. 液体火箭发动机

对比美俄等航天强国，我国液体火箭发动机技术还存在差距，主要体现在以下几个方面。

一是我国液体火箭发动机技术和产品型谱整体水平已基本接近美国、俄罗斯、领先欧洲和日本，部分关键技术处于国际领先水平，当前部分发动机产品性能距离世界先进水平还有一定差距，见图10。我国火箭发动机近年发展迅速，主要指标接近美、俄传统航天强国，已领先欧、日等航天国家。我国运载火箭主动力YF-100K推力量级为130 t，500 t级液氧煤油发动机则超过了俄罗斯RD-180最大推力，YF-77推力量级为50 t，但220 t级氢氧发动机推力是欧洲Vulcain 2和日本LE-7的一倍，超过了俄罗斯RD-0120，仅次于美国的RS-68。

二是发动机基础研究薄弱，制造检测、试验测试等共性技术有短板。受工业水平、基

表 3 民营航天液体动力发展表

应用火箭	天龙二号	天龙三号	双曲线二号	双曲线三号	双曲线三号改	液体火箭	达尔文二号	待定	宇航推进	待定	智神星一号	星云-1	星云-1H	朱雀一号	朱雀二号
	天兵科技		星际荣耀			中科宇航	九州云箭				星河动力	深蓝航天		蓝箭航天	
发动机名称	天火十一	天火十二	焦点一号	焦点二号	焦点三号	/	LY-10V	LY-70	LY-70V	沧龙一号	沧龙二号	沧龙三号	CQ-50	CQ-50V	雷霆-20	雷霆-100	TQ-11	TQ-12
推进剂	液氧/煤油	液氧/煤油	液氧/甲烷	液氧/甲烷	液氧/甲烷	液氧/煤油	液氧/甲烷	液氧/甲烷	液氧/甲烷	液氧/甲烷	液氧/甲烷	液氧/甲烷	液氧/煤油	液氧/煤油	液氧/煤油	液氧/煤油	液氧/甲烷	液氧/甲烷
循环方式	闭式补燃	开式	开式	开式	全流量补燃	开式	开式	开式	燃气发生器	燃气发生器	燃气发生器	开式	开式	开式	开式	开式
真空推力（t）	20	127	15	100	226	15	13	—	74	78	10	2.5	57	60	36	120	8	76
海平面推力（kN）	230	1090	118	834	1960	135	—	676	—	690	82	20	500	—	300	1000	—	670

(a) 液体火箭国内外一级典型发动机性能对比

(b) 液体火箭国内外上面级典型发动机性能对比

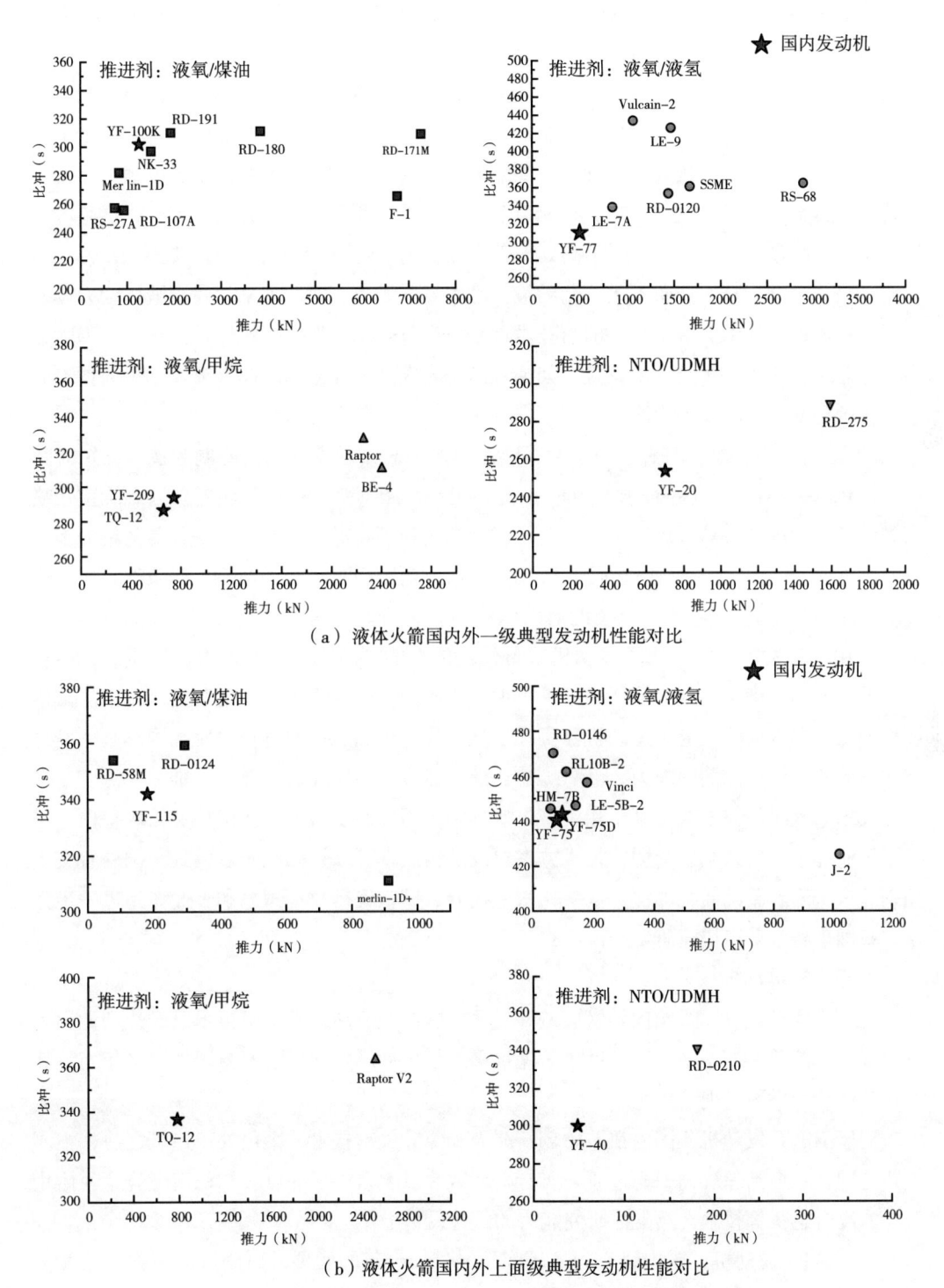

图 10 液体火箭国内外一级和上面级典型发动机性能对比图

础条件和专业理论认知不足限制，我国火箭发动机研制保持紧随工程应用的量入为出状态，研制的型号种类少、产品技术跨度大，技术研究不系统。工程研制多，基础研究少，对火箭发动机最为核心的燃烧过程、多场耦合、传热与热防护等认识不足。制造检测、试验测试等技术存在短板。发动机生产制造很大程度上仍停留在传统制造模式中，以手工操作，半机械化、半自动化为主；计量检测效率低、检测有效性受人为因素影响很大。发动机特殊的构造导致可检测性较差，检测覆盖性差。试验和数据处理方法不完善，试验覆盖性不全，试验过程的自动化水平不高，关键参数"测不到""测不准"的问题突出。

三是先进动力技术储备不足，制约液体动力发展潜力。面向未来，我国液体动力概念创新、集成创新技术储备不足，前沿技术创新研究急需统筹加强。液体动力技术与国际最高指标差距存在进一步拉大的风险，如国外已率先实现重复使用液体火箭发动机的技术应用，我国还处于研制攻关阶段。

四是敏捷化规模化研制生产的能力不足。以 SpaceX 猛禽发动机研制为例，在短时间内，二代降低 20% 重量同时增加 24% 推力，比冲性能不变，一代的涡轮泵、燃烧室、喷嘴和电子装置等部件均升级改进，更改了机械结构和管路等连接方式，一代猛禽绝大多数技术方案都被二代改进或者重新选择，可以说，二代猛禽是一台全新的发动机。如此快速的技术方案迭代得益于 SpaceX 的研发模式和成熟的工业体系支撑，为了降低成本，最大化利用一款发动机，这要求发动机具备优良的性能：高比冲、大推力、轻质量、小轮廓、重复使用，满足运载火箭任务需求。加之成熟的工业体系支撑，更改技术方案的试错成本较低。国内液体火箭主发动机才实现了从一代跨越到二代的过程，使我国具有了发射空间站舱段、深空探测的能力，液氧煤油、液氢液氧、高压补燃循环、大推力、深度变推力等技术掌握时间并不久，基于相关型号研发和应用，逐步填补了我国相关技术空白，支撑了工业能力建设，基础薄弱，技术方案更改试错成本较高，因此研发模式与国外有较大差别。未来随着基础研究加深、数字化水平提升、试验飞行数据积累和工业体系进一步完备，我国也将会开启快速研发迭代之路。

2. 吸气式发动机

近年来吸气式发动机国内外发展差异显著。国内亚燃冲压发动机技术已经达到世界先进水平，部分关键技术已经达到世界领先水平。超燃冲压发动机技术与国外水平相当，甚至在某些技术方面实现了领跑。

对于 RBCC 发动机，国内在原始创新能力和部分关键技术方案仍处于追赶之势，主要差距体现在亚燃到超燃的平稳过渡、飞行马赫数 8 以上条件下的点火和稳定燃烧、一体化设计、复合材料等技术，及支撑研究能力的试验设备上。

对于 ATR 发动机，国内研究起步较晚，经过十余年的发展，研制进展与国外公开披露的技术能力基本持平，但在总体技术积累和应用分析方面不够深入，与国外相比有明显差距。

在预冷组合发动机方向,国内外技术方案性能接近,研究工作重点存在区别。国外主要侧重于部件单项验证攻关,针对 SABRE 发动机的各项关键技术研究工作已持续多年,开展了大量的单项验证工作,涉及预冷器、进气道、塞式喷管、对转氦涡轮、微通道氢氦回热器、碳化硅氦加热器等多类技术,技术覆盖的广度较为全面。国内则侧重开展整机匹配性集成验证工作。基于当前发展规划,我国预冷组合发动机技术能力预计将在 2027 年左右与国外持平,在 2035 年实现对欧美技术能力的比肩和超越。

(二)固体发动机

我国固体动力技术发展总体缓慢,技术水平较国外有 30 年差距,性能和规模上存在代差。固体动力产品质量与本质可靠性较低,成本较高,模块化和智能化水平不足。固体逃逸动力系统与美国、欧洲国家存在明显差距。

国外整体式固体主发动机大部分采用纤维缠绕复合材料壳体技术、燃烧室高压强技术、轻质柔性喷管技术和自动化制造与成型技术等,最大的 P120C 发动机已经试飞成功;而我国目前最大装药量 71 t 的大型整体式固体发动机还未试飞。分段式固体发动机方面差距更大,美国最新研制的 5 段式 RSRMV 发动机直径 3.7 m、装药量 630 t、极限推力达 1500 t。而我国目前技术最成熟的分段式固体助推发动机为直径 2 m/2 分段式,装药量为 60 t,极限推力为 170 t。规模更大的直径 3.2 m/3 分段式固体助推发动机仍处于集成技术验证阶段,仅完成一发地面全尺寸原理样机热试车。

美国和俄罗斯的经验表明,利用退役的洲际弹道导弹改装可以形成具有一定快速发射能力的陆基和空射小型运载火箭。采取这种弹改箭的方式不仅可以充分利用退役的弹道导弹部件,还可节省运载火箭的研制费用。国内目前运载火箭固体发动机模块化设计仍处于起步阶段,固体火箭发动机的智能化制造还不完善,差距较大。

从我国固体火箭发动机发展现状来看,我国已经成为固体火箭发动机行业大国,有多种型号的火箭发动机供各种用途使用,并保证了极高的成功率,取得了令国外同行惊叹的成绩。但是,总体来说,我国的固体火箭发动机仍然处于成长期,仍需要赶超国外先进水平,特别是在大推力火箭发动机领域,需要付出更多的努力。

(三)特种推进

经过几十年的发展,国内电推进实现了从"跟跑"到"并跑"的跨越式发展。与国外相比,国内电推进产品的功率范围(1~100000 W)、推力范围(0.001~4600 mN)、效率范围(5%~78%)、比冲范围(800~5300 s)已全覆盖国外同类型产品的范围。中小功率主要指标与国际最先进水平相比还存在差距,而大功率(10~50 kW)电推进产品,部分性能指标达到国际领先水平。

近几年来,随着以 LIPS-200/300、HET-40/80、ET-H300/600 等为代表的一系列电推

进产品在高轨通信卫星、载人航天空间站、低轨商业卫星等平台的正式应用，标志着我国空间电推进已步入全面在轨应用阶段。后续，随着空间电推进产品在高低轨遥感卫星、深空探测、空间科学等领域的正式应用，我国空间电推进的应用领域将不断丰富，产品的型谱及验证将更加完善。

但是我国电推进核心技术指标与国外先进水平仍存在一定的差距。具体而言：

（1）产品成熟度低。国外 PPT、VAT、XIPS-25 等电推进已实现了批量化在轨应用，而国内部分电推进还处于在轨应用验证测试阶段，部分飞行履历偏少。大功率电推进产品更是在努力追赶研制中。

（2）批产化能力低。国外以美国 SpaceX 公司的 Starlink 卫星用中小功率霍尔电推进为典型代表，当前已完成数十次的批量化在轨应用，批产数量已超过 5000 台套，批产产品的可靠性和性能基本一致；国内小功率电推进尚未建立批量化的产品生产线，产品可靠性和性能一致性还有待进一步的应用验证。

（3）集成化水平低。国外以美国 Busek 公司的 BIT-3 射频离子电推进为典型代表，BIT-3 集成化系统体积仅（$180 \times 88 \times 102$）mm^3、总重仅 3 kg。

（4）生产成本高。国外以碘工质离子和氪气霍尔电推进为典型代表，通过采用新型推进剂，推进剂成本降之原来的 1/10；国内氪和固态碘工质霍尔电推进还未验证和投入使用。

（5）寿命可靠性低。国外以 Nstar 和 Next 为典型代表的空间电推进寿命试验验证时长是国内同类型产品的 3 倍以上。

（6）功率与核心性能指标低。国外在轨应用电推进产品最高功率 6.9 kW、国内仅为 5 kW，且 5 kW 级同类型电推进产品能源转换效率国际上最高 73%，国内最高仅为 65%。

（7）产品通用化程度低。国外以 XIPS、SPT 和 BHT 系列电推进产品为代表，已成为 BSS-702、Express 和 AM2100 等通用卫星平台标准化配置通用产品，而国内电推进还没有完全实现型谱化，面向不同任务应用需求，研制的电推进产品规格多样。

（8）基础配套能力弱。美国、欧洲和俄罗斯针对大功率电推进专项配套建设各类地面试验、诊断测试以及智能分析设备，能满足 5～10 mg/s 流量下 0.001 Pa 以上高真空环境长时间测试要求、高密度等离子体复杂环境下各放电参数及性能诊断要求；国内在大功率电推进的放电参数及性能诊断评价能力方面仍待加强。

在核推进领域，国内已经开展了空间核反应堆、大功率核电推进等关键技术的攻关，但核电源功率（国内只掌握了 10 kW 级空间核反应堆关键技术，国外已开展 MW 级核电源研制）和推进系统成熟度与国外有一定差距。在绳系推进、太阳/电磁帆推进、空间吸气式电推进等前沿推进技术方面，国外在大多领域已经完成了关键技术攻关、样机研制和空间飞行验证，而我国正处于制定相关发展规划、积极探索各类前沿新概念推进技术原理的初期阶段。

四、发展趋势与展望

（一）液体发动机

液体发动机新的发展时期面临新的发展需求，新任务背景要求发动机可大范围变工况工作、由单一单次使用机械产品升级为机电一体化可多次使用产品、生产批量逐步增加、提供单一产品转变为提供产品和服务、低成本可重复使用等。新需求带来了更高的发展目标：

1. 重复使用设计、应用和标准研究

未来重型运载火箭和大规模商业发射等应用场景要求液体发动机必须实现低成本、高可靠、可重复使用、快速使用维护等特性。对液体动力数字化设计、生产、试验、使用维护、无人运行提出了更高要求。要求发动机研发模式转型，实现向工业化、批量化方向发展，能力覆盖完全重复使用、大范围变推力、故障诊断控制、快速维护使用。可根据任务灵活调整产品使用方式，挖掘发动机性能极限和寿命极限。

2. 生产制造模式革新

液体发动机将聚焦研制推力适中、性能优化、使用便捷的产品，突出规模效益，精简产品型号。将小批量"工艺品"科研模式转变为大规模批量"工业品"生产模式。不仅加强设计生产基础研究，还要提高产品标准化、通用化、模块化水平，发展增材制造能力，提升特种构件规模化产能，构建基于数字模型的设计–制造–试验协同开发迭代应用模式。

3. 全寿命周期可靠性和经济性平衡

综合提升发动机本质设计质量和产品服务，适度优化发动机性能、功能判据，降低材料、制造和维护成本，开展全寿命周期动态经济性管理。在重复使用条件下充分考虑性能、寿命、使用次数和成本的相关性，不以追求极致性能为目标，综合衡量实现可靠性与经济性平衡。

4. 应用场景服务模式多元化

适应火箭构型和发射任务多元化需求，实现快履约、快发射，同时满足塔架发射、车载发射和海上发射能力。发动机能力应覆盖推进剂无毒化、多机并联捆绑、快速组装交付、全周期使用维护性能等能力。并且随着技术发展和重复使用进一步应用，用户方将直接购买入轨服务，发动机需同时提供产品和多元化服务。

5. 组合动力技术成熟度提升

各型组合动力的发展趋势均呈现大尺度、宽速域、低成本、重复使用特点，但同时又各有不同。面向导弹武器的碳氢燃料超燃冲压发动机的发展重点是高马赫数巡航，以实现快速抵近等需求；亚燃冲压发动机需要重点解决低成本的应用目标，同时优化与组合动力的推力衔接问题；RBCC发动机作为天地往返可重复使用运输系统和临近空间飞行器的技术衔接，有着更大尺度、更宽工作范围的发展需求；ATR发动机凭借水平起降、大空域、强加速性等特点，可单独作为临近空间高超声速投送平台的动力装置，也可作为高超声速飞行器的一级动力；预冷组合发动机则以重复使用航天运输系统应用为目标，瞄准两级入轨飞行器的一级动力需求，重点提升闭式氦循环集成、高集成度轻质化结构设计、全系统匹配验证等技术的成熟度。

（二）固体发动机

固体发动机以推进剂和材料为两大技术发展方向，持续以"增大推力、提升性能、提升可靠性"为目标，正在向大型化、强适应化、绿色化、数字化与低成本化发展。

1. 大型化

发展高性能整体式固体发动机，逐步取代部分中、小型分段式发动机，提高助推性能，加快推进千吨级推力大型固体发动机技术攻关，牵引大型固体发动机的技术发展和工程应用，支撑固体动力技术的可持续发展，推动固体火箭运载能力和空间科学探索能力提升。

2. 强适应化

通过低温固体推进计划实施，满足深空探测等对固体发动机的需求。采用低温适应性 –70℃以下的低温固体推进剂技术，采用固液混合动力技术（基于石蜡基燃料，H_2O_2 / MON_{3x}），采用超声速分离线球窝喷管技术等新型低温矢量技术。

3. 绿色化

通过绿色推进计划实施，实现固体发动机绿色化。采用绿色推进剂，主要是 AN、ADN、HNF 代替 AP 以及 HCL 消除技术。

4. 数字化

通过增材制造与拓扑优化，实现燃烧室按需设计、一体化增材制造，打破传统"可设计，难制造"难题，基于数字化设计与研制，降低发动机研制成本，以智能仿真模型为基础，实现数字试车、数字点火，解决固体发动机一次性使用难题，提升固体发动机可靠性和研发效率。

5. 低成本化

只有低成本发展，固体发动机的市场开拓和成本控制、经济性才有可能提高。随着深空探测活动的开展、可重复使用技术的成熟，传统化学动力需求将降低，必须着手布局开展特种动力、可重复使用动力研究，实现模块化设计、降低成本，达到发动机系列化、智能化、产品化，更好支撑航天强国建设。

（三）特种及新型发动机

在空间推进领域，尤其是在卫星领域，采用电推进技术已经成为一个重要的发展方向。2022 年，全球卫星电推进市场价值约 5.43 亿美元，预计到 2031 年将达到 7.8 亿美元，在预测期内（2023—2031 年）以 4.1% 的复合年增长率增长。目前国际上电推进产品在轨应用主要以中小功率电推力器为主，中大功率电推进技术正在开展推广应用，而超大功率电推进技术仍处于关键技术攻关阶段。三者处于不同的发展阶段,未来的发展趋势也各有侧重。

1. 微小功率电推进

微小功率电推进正在由单项技术创新为主,向系统级、体系化集成创新为主转变,系统集成创新是微小功率电推进发展的主旋律。在创新发展中,提升产品成熟度、降低成本、实现集成化设计、批产化制造和智能化应用是未来微小功率电推进需要重点解决的问题。

2. 中大功率电推进

中大功率电推进是当前国际社会上工程应用发展重点,其发展已从面向性能指标的技术创新为主,向面向系统装备全寿命周期的能力创新转变,未来将围绕开展更大规模工程应用、提升寿命可靠性、核心性能提升、应用策略优化和产品型谱化的方向发展。

3. 超大功率电推进

在超大功率电推进领域,未来将会围绕百千瓦级及以上功率、牛级大推力、5000 s以上高比冲电推进技术的应用需求,重点解决大功率电推进的共性难点技术,实现技术成熟度提升、原始创新和集成创新加强、系统产品研制水平提高、基础配套保障能力提升。

总体来看,电推进将会持续向着提高性能、降低成本、增强可靠性的方向发展,不断提升任务适应能力,拓展航天应用领域。

在新型发动机技术领域,未来将继续开展核热/核电推进系统关键部件的研制和原理样机在轨验证工作,部分技术突破难度较大;加大天梯、绳系推进、太阳/电磁帆、吸气式电推进等前沿动力技术方向的投入和探索力度,短期内难以出现颠覆性技术变革。

附表　航天推进领域专业技术体系表

一级专业	液体火箭发动机	固体火箭发动机	特种及新型发动机
二级专业	①液体火箭常规主发动机 ②液体火箭液氧煤油主发动机 ③液体火箭氢氧主发动机 ④液体火箭液氧甲烷主发动机 ⑤液体轨控发动机 ⑥液体姿控发动机 ⑦液体组合动力发动机 ⑧液体火箭重复使用发动机	①大型整体式固体发动机 ②分段式固体发动机 ③上面级发动机 ④千吨级大型固体发动机 ⑤分段纤维复合材料壳体发动机 ⑥超低温固体发动机 ⑦绿色低成本固体发动机	①电阻加热式推力器 ②微波等离子体推力器 ③电弧加热式推力器 ④霍尔推力器 ⑤离子推力器 ⑥场发射推力器 ⑦电喷推力器 ⑧脉冲等离子体推力器 ⑨磁等离子体推力器 ⑩可变比冲磁等离子体推力器 ⑪微弧阴极放电推力器 ⑫核热推进 ⑬核电推进 ⑭绳系推进 ⑮太阳帆推进 ⑯电磁帆推进 ⑰吸气式电推进

续表

一级专业	液体火箭发动机	固体火箭发动机	特种及新型发动机
我国技术水平 （相较国际）	领先：①②⑤⑥ 先进：③⑦ 一般：④⑧	领先：① 先进：②③ 一般：④⑤⑥⑦	领先：无 先进：④⑤ 一般：③⑧⑨⑩⑪
目前专业地位	核心：②③④⑧ 重要：①⑤⑥⑦ 一般：无	核心：①②③ 重要：④⑤⑥⑦ 一般：无	核心：④⑤ 重要：⑥⑦⑧⑨⑩⑪⑫⑬ 一般：无
后续重点发展方向	④⑦⑧	④⑤⑥⑦	①②④⑤⑥⑦⑧⑨⑩⑪⑫⑬

参考文献

[1] 包为民, 汪小卫, 董晓琳. 航班化航天运输系统对动力的发展需求与技术挑战[J]. 火箭推进, 2021, 47（4）: 1-5.

[2] 龙乐豪. 我国航天运输系统发展展望[J]. 航天制造技术, 2010（3）: 2-6.

[3] 谭永华, 李平, 杜飞平. 重复使用天地往返运输系统动力技术发展研究[J]. 载人航天, 2019, 25（1）: 1-11.

[4] 谭永华, 潘匡志, 周康, 等. 变推力液体火箭发动机研究进展[J]. 中国航天, 2023（5）: 24-31.

[5] 谭永华. 计量检测技术与航天制造[J]. 中国航天, 2018（10）: 6.

[6] 李斌. 液体火箭主发动机技术现状与发展建议[J]. 前瞻科技, 2022, 1（1）: 75-85.

[7] 李斌, 陈晖, 马冬英, 等. 500 tf级液氧煤油高压补燃发动机研制进展[J]. 火箭推进, 2022, 48（2）: 1-10.

[8] 岳文龙, 郑大勇, 颜勇, 等. 我国高性能液氧液氢发动机技术发展概述[J]. 中国航天, 2021（10）: 20-25.

[9] 孙海雨, 单磊, 王凯, 等. 上面级液体火箭发动机发展概述[J]. 中国航天, 2023（5）: 32-39.

[10] 张晓军, 高玉闪, 杨永强, 等. 我国液氧煤油发动机技术发展概述[J]. 中国航天, 2023（5）: 9-15.

[11] 高玉闪, 张晓军, 邢理想, 等. 我国液氧甲烷发动机技术发展概述[J]. 中国航天, 2023（5）: 16-23.

[12] 王海燕, 高玉闪, 邢理想. 全流量补燃循环液氧甲烷发动机系统方案研究[J]. 载人航天, 2019, 25（2）: 236-242.

[13] 固体火箭技术[J]. 固体火箭技术, 2018, 41（6）: 806.

[14] 陈士强, 黄辉, 邵业涛, 等. 航天动力系统未来需求方向及发展建议的思考[J]. 宇航总体技术, 2019, 3（1）: 62-70.

[15] 孙勇强, 佟明羲, 王鹏飞, 等. 国外固体运载火箭主动力系统发展研究[J]. 宇航总体技术, 2022, 6（4）: 56-64.

[16] 张灿, 林旭斌, 胡冬冬, 等. 2018年国外高超声速飞行器技术发展综述[J]. 飞航导弹, 2019（2）:

1-5，15.

［17］马帅，郭健鑫，周磊，等．固体火箭发动机技术发展综述［J］．火箭推进，2023，4（2）：2-14.

［18］Galina Ivanovna Shaidurova. Optimization of Solid Rocket Motor Quenching in Gas Dynamic Tunnelsduring Firing Bench Tests［J］. Key Engineering Materials, 2017-07-07.

［19］V. Murugesan, et al. Failure Mode Avoidance of Solid Rocket Motor Pressure Monitoring Joint Seals［J］. JPC Bulletin on Iron & Steel, 2017（6）: 138-148.

［20］DOD. United States Department of Defense Budget Fiscal Year 2020, Program Acquisition Costs By Weapon System［R］. 2019.

［21］USN. Department of Defense Fiscal Year（FY）2020 Budget Estimates［R］//Justification Book Volume 2 of 5, Research, Development, Test &Evaluation, Navy Budget Activity 4, 2019.

［22］Hypersonic Vehicles-JAPCC Journal-Volume 24-2017.

［23］于达仁，乔磊，蒋文嘉，等．中国电推进技术发展及展望［J］．推进技术，2020，41（1）：1-11.

［24］蔡婷．"长征"三号B运载火箭成功发射"亚太"6D通信卫星［J］．中国航天，2020（7）：28-29.

［25］Dotto E, Corte V D, Amoroso M, et al. LICIA Cube -the light Italian cubesat for imaging of asteroids in support of the NASA DART mission towards asteroid（65803）Didymos［J］. Planetary and Space Science, 2021, 199: 105185.

［26］方芳，吴明阁．"星链"低轨星座的主要发展动向及分析［J］．中国电子科学研究院学报，2021，16（9）：933-936.

［27］陈茂林，刘旭辉，周浩浩，等．适用于微纳卫星的微型电推进技术研究进展［J］．固体火箭技术，2021，44（2）：188-206.

［28］魏立秋，李文博，蔡海阔，等．霍尔推力器点火过程研究现状及展望［J］．宇航学报，2020，41（6）：666-675.

［29］Malphrus B K, Brown K Z, Garcia J, et al. The Lunar Ice Cube EM-1 mission: prospecting the moon for water ice［J］. IEEE Aerospace and Electronic Systems Magazine, 2019, 34（4）: 6-14.

［30］Rafalskyi D, Martínez J M, Habl L, et al. In-orbit demonstration of an iodine electric propulsion system［J］. Nature, 2021, 599（7885）: 411-415.

［31］李龙，杨景华，张振华，等．IRIT3.5-2D碘工质离子电推进系统研制［C］//第十六届中国电推进学术研讨会论文集．南京：中国宇航学会电推进技术专业委员会，2020.

［32］Polzin K, Martin A, Little J, et al. State-of-the-art and advancement paths for inductive pulsed plasma thrusters［J］. Aerospace, 2020, 7（8）: 105.

［33］Sercel C L, Gill T M, Woods J M, et al. Performance measurements of a 5 kW-class rotating magnetic field thruster［R］. AIAA 2021-3384, 2021.

［34］田恺，任亮，吴先明，等．LVAT-1微推进系统及其在皮/纳卫星上的典型应用［J］．真空与低温，2019，25（1）：46-51.

［35］田立成，王尚民，高俊，等．微电推进系统研制及应用现状［J］．真空，2021，58（2）：66-75.

［36］王玉男，韩佳，徐雪等．涡轮基组合动力技术发展分析［J］．航空发动机，2023，49（3）：29-35.

［37］曾家，黄辉，朱平平．火箭基组合动力研究进展与关键技术［J］．宇航总体技术，2022，6（3）：49-57.

［38］岳连捷，张旭，张启帆等．高马赫数超燃冲压发动机技术研究进展［J］．力学学报，2020，54（2）：263-288.

［39］王浩苏，尕永婧，黄辉等．国内外先进推进技术发展综述［J］．宇航总体技术，2019，3（2）：62-70.

［40］张蒙正，李斌，李光熙．组合动力：现状、问题与对策［J］．火箭推进，2021，47（6）：1-10.

［41］张蒙正，路媛媛．火箭冲压组合动力系统研究再思考［J］．推进技术，2018，39（10）：2219-2226.

［42］Matthew P. Richardson, Hiroaki Kobayashi, Yuki Sakamoto, et al. ATRIUM Combined Cycle Propulsion Flight Test Project［C］. AIAA 2021-4197.

研究团队：刘红斌　肖明杰　李光熙　吴宝元　张泽平　李　星　王永佳
　　　　　冯浩波　王　伟　王立武　林庆国　康小录　包海涛　王园丁
　　　　　　　　　　　　　　　　　　　　　　　　　刘　佳　夏　园
审稿人：张贵田　谭永华　李　斌　田维平　何景轩
撰稿人：冯浩波　马海波　吕亚锦　史子豪　许团委　王立强　董　蒙

空间能源专业发展报告

一、引言

随着人类对宇宙探索的不断深入，空间能源的开发与利用已成为宇航领域关注的焦点之一，其不仅关乎国家安全、经济发展，也是人类迈向"星辰大海"的关键所在。空间能源是研究在太空环境下获取、储存和利用能源的一类领域方向，包含太空中能源的产生、存储、转换和供配等。空间能源技术的发展对提高卫星和航天器的性能、延长寿命、拓展使用场景等具有重要意义。自1957年苏联发射第一颗人造卫星以来，多种空间能源技术有了飞跃式的发展，电源产品不断增多，电源系统逐渐完善。在过去的五年，我国在空间能源领域取得了一系列的新突破、新成果。柔性太阳电池阵成功赋能"天宫空间站"建设，填补国内技术空白；同位素温差核电源助力嫦娥四号探测器实现了世界首次月球背面软着陆；锂氟化碳电池助力天问一号火星探测器度过"黑色七分钟"成功着陆火星表面；最大功率点跟踪（MPPT）型电源控制器成功应用于低轨遥感卫星等。本报告将重点关注空间能源在发电、储能以及电源控制技术等方面的进展，对未来的发展趋势进行展望，助力我国在空间能源领域的长足进步。

二、近五年的主要进展

（一）新技术发展状况

1. 发电单元

（1）太阳电池

太阳电池通过光伏效应将光能转换为电能，为空间飞行器在轨的能提供电能源。国内在空间太阳电池的高效率、抗辐照、轻量化、柔性化方面均实现技术突破。高效太阳电池突破了带隙组合设计、大晶格失配外延生长和器件制备等关键技术，制备的空间五结砷化镓太阳电池的光电转换效率提升至35.5%（AM0，25℃，下同），并进行了高空标定。抗辐照电池方面，通过提升带隙宽度，优化反射器结构，持续提升抗辐照能力。1MeV、1E15电子辐照剂量下，电池效率的辐照衰降由15%降至10%。

对于轻量化太阳电池，突破无损减薄、剥离、键合等关键技术，研制的薄膜太阳电池于2019年7月已实现低轨在轨搭载。2022年，薄膜太阳电池面密度由传统刚性电池的1.1 kg/m² 降低到0.2 kg/m² 以下，电池厚度由刚性电池175 μm 降低至40 μm，比功率达2 kW/kg 以上，电池具有超高柔韧性，弯曲直径可达30 mm。

2019年，美国MircoLink Devices公司制备的大面积柔性砷化镓太阳电池效率达29%，美国Spectrolab公司生产的三结砷化镓太阳电池平均转换效率达到32.1%，德国AZUR Space公司研制的四结砷化镓太阳电池效率达到31.8%。2022年，美国能源部国家可再生能源实验室（NREL）研制的基于厚量子阱超晶格三结砷化镓太阳电池实现34.2%的效率。2021年，美国毅力号火星探测器携机智号直升机成功抵达火星表面，SolAero公司为机智号提供了超轻超薄的砷化镓太阳电池，重量较传统刚性电池减少了90%。

（2）太阳电池阵

太阳电池阵由电池电路和基板等组成，类型包含刚性太阳电池阵、半刚性太阳电池阵、柔性太阳电池阵和全柔性太阳电池阵等。近年来国内外太阳电池阵技术得到了快速的发展。

1）刚性太阳电池阵。采用铝蜂窝材料基板，贴附太阳电池电路，技术成熟、可靠，在卫星和航天器上应用最为广泛。国内的东三、东四平台卫星，欧洲空客集团卫星等均采用此种形式。

2）半刚性太阳电池阵。采用"网格式"基板，国内最早应用于天宫空间实验室，2020年发射的实践-20大功率通信卫星也采用了此种太阳电池阵。国际上，俄罗斯应用半刚性太阳阵较为广泛，典型代表为和平号空间站、快讯系列卫星等。

3）柔性太阳电池阵。国内外各研究机构及公司陆续推出体积更小，重量更轻的柔性太阳电池阵产品。按照收拢方式不同，分为手风琴式、卷绕式、扇形展开式等，均采用刚性电池和柔性基板的形式。国内的手风琴式太阳阵已在中国空间站在轨应用，扇形展开式太阳阵已突破技术瓶颈并研制出产品，未来将应用于深空探测等任务。2021年发射的中国空间站天和核心舱、2022年发射的问天、梦天实验舱均采用了手风琴式柔性太阳电池阵，实现了我国大型柔性太阳电池阵的首次空间应用。三舱太阳电池阵总面积约400 m²，太阳电池阵以面对面的形式进行收拢压紧，大大降低了收拢体积，设计寿命15年，属目前国内面积最大、设计寿命最长。手风琴式、扇形展开式柔性太阳电池阵技术在国际上已较为成熟，在国际空间站、火星探测等任务中均有应用。新研的太阳电池阵以卷绕式为主，卷轴半径为10 cm、25 cm不等，重量比功率约120 W/kg。2021年6月和9月，已应用于国际空间站和双小行星重定向（DART）任务，后续还将应用于美国阿尔忒弥斯登月计划中的"门户（Gateway）"飞行器等。

4）全柔性太阳电池阵。采用柔性薄膜电池、柔性基板和柔性封装的全柔性太阳电池阵具备更小的收拢体积和更轻的质量，是太阳电池阵未来的一个重要发展方向。目前，国内外基本处于同一水平，国内已于2022年实现在轨搭载，太阳阵最小可卷绕半径约5 cm，如图1所示。太阳电池阵质量比功率较传统刚性阵提升2~3倍，达230 W/kg，体积比功率提升4倍以上，达到26 kW/m³，指标达到国际先进水平。

图 1　全柔性太阳电池阵

2016年，日本在空间站6号货运船上搭载了采用反向薄膜太阳电池的"F-SSS型"全柔性太阳电池阵进行在轨演示验证。此后至2023年9月，国际上未见进一步全柔性太阳电池阵在轨搭载及应用等相关报道。

（3）核动力电源

核动力可以作为空间热源、核推进以及核电源，根据发电原理不同，空间核电源可分为温差电源（RTG）和反应堆电源。

嫦娥四号月球着陆器配备了同位素温差电源，2018年12月实现国内核电源的首次空间型号应用。2021年，研制出国内首台百瓦级RTG样机，热电转换效率7%以上。

国内多家单位也正在积极开展空间核反应堆电源技术研究，主要集中在静态高温温差发电和斯特林发电两大技术方向。高效自由活塞斯特林热电转换装置是反应堆电源的核心发电装置，2023年，国内已实现斯特林技术的首次空间搭载验证。样机采用电模拟热源供热，输出功率不小于60 W，热电转换效率约25%。

美国于2020年发射的毅力号火星车中应用了多用途放射性同位素温差电源（MMRTG），输出功率110 W，热电转换效率6.4%。为进一步提升同位素温差电源的热电转换效率，美国研发了新型方钴矿温差电材料，计划在未来的增强型多用途同位素温差电源（eMMRTG）中使用该型材料。

2018年，基于斯特林技术的Kilopower反应堆电源取得重要突破，电源可产生1~10 kW电力，重量1.5 t、高度1.9 m、寿命不低于10年。同时，美国航空航天局（NASA）设计的千瓦级热管式全静态微型核电源，计划采用中温方钴矿与高温Zintl材料形成双级级联，核电源重量有望降低至 600 kg，效率达到 8%。

（4）燃料电池

2020 年，国内已开展了 6 kW 级模块化空间燃料电池原理样机研制，燃料电池效率达到 65%，比能量达到 545 Wh/kg。针对空间微重力水管理、密闭空间零排放问题，2022 年成功开发出基于主动介质管理静态排水氢氧燃料电池模块化系统样机，实现密闭环境下尾气零排放运行，系统可靠性和功率密度显著提升，并通过运载上面级振动工况测试。2022 年 11 月，100 W 级燃料电池首次实现空间站在轨试验。初步验证了在轨舱外真空、低温及微重力条件下发电特性、变功率响应规律以及电化学反应的界面特性。

欧洲航天局（ESA）于 2019 年提出"赫拉克勒斯"计划，计划发射月球探测车满足月面探测以及样本采集需求。设计和制造的质子交换膜燃料电池样机已在常规和特定操作条件下进行了抗震动测试以及长时间额定工况测试。

2020 年，NASA 设计了"Altair 登月器"用氢氧燃料电池供电方案，额定功率 3 kW、峰值功率 5.5 kW，工作时间 220 小时无失效。其利用剩余推进剂发电，质量比能量为 2.3 kWh/kg，主要为下降段和上升段在近月轨道提供电力以及着陆后作为月球表面电源系统使用，同时航天员生保系统与供电系统一体化结合在一起，实现能源系统复用。2022 年，由 NASA 资助的基于氢燃料电池的先进模块化动力和能源系统在"蓝色起源"号航天飞机上成功运行，这是首次在具有航天能力的飞行器上发射完全集成的氢氧燃料电池动力系统。

2022 年，日本宇航开发机构（JAXA）与丰田正在合作开发燃料电池月球车，该月球车的主要动力来源为固体氧化物燃料电池，发电功率约 20 kW，计划在 2027 年前完成整车的制造。

2. 储能单元

（1）锂离子蓄电池

锂离子蓄电池已经成为空间储能电源领域的主流产品。国内的 LEO、MEO、GEO 卫星以及深空探测器储能电源全面采用锂离子蓄电池，2022 年成功发射的空间站问天、梦天实验舱，均采用了锂离子蓄电池组。2019 年，190 Wh/kg 高轨长寿命锂离子蓄电池实现了在轨应用，超越了国际同类产品水平。2022 年，新一代长寿命锂离子蓄电池比能量提升至 230 Wh/kg，继续保持领跑态势。

针对长寿命卫星的需求，开展了高镍正极/硅碳负极体系锂离子蓄电池研究，在硅基电极/电解液界面稳定性调控、硅基负极体积膨胀抑制等关键技术方面均取得了突破性进展，研制的 INR30 电池比能量达到了 305 Wh/kg，INR50 达到 310 Wh/kg；高轨设计寿命 15 年，比能量不低于 300 Wh/kg，目前正在进行寿命及可靠性试验验证。

为满足我国商业卫星的发展需求，智能一体化锂离子蓄电池技术得到快速发展。在电池上设计有断电装置，可以实现故障的自主隔离；在电池组上集成了自主均衡装置，实现了电池组的在轨自主管理。

国际方面，SAFT 公司系列产品包括：MPS176065、VES140、VES180、VL51、VES16、VL10ES 等。其中，VL51 是 VES180 的换代产品，电池比能量为从 158 Wh/kg 提升到了 175 Wh/kg，具体参数对比见表 1；VES16 和 VL10ES 是带有断电装置的锂离子蓄电池，在研的 VL10ES 电池比能量有望达到 220 Wh/kg。SAFT 公司锂离子蓄电池系列产品如图 2 所示。VL10ES 和 VES16 电池参数对比如表 2 所示。

表 1 VES180 和 VL51 电池的主要性能参数

型号	VES180SA/VL48E	VL51ES
4.1V 下的平均容量	48 Ah	51 Ah
4.1V 下的平均能量	175 Wh	186 Wh
平均重量	1128 g	1079 g
电压窗口	2.7 ~ 4.1 V	2.7 ~ 4.1 V
平均比能量	158 Wh/kg	175 Wh / kg
尺寸	H：247 mm，Φ：53 mm	H：222 mm，Φ：53 mm
内阻	2.5 mΩ	1.5 mΩ
工作温度	10 ~ 40 ℃	10 ~ 45 ℃

型号	MPS176065	VES140	VL48E	VES180	VES16	VL51ES	VL10ES
容量	5.8 Ah	40 Ah	48 Ah	50 Ah	4.5 Ah	51 Ah	12 Ah

图 2 SAFT 公司锂离子蓄电池系列产品

表 2 VL10ES 和 VES16 电池参数对比

型号	VES16（D-size）	VL10ES（F-size）
外型（$\Phi \times H$）	33 mm × 60 mm	33 mm × 103 mm
重量	≤ 115 g	≤ 215 g
体积	0.051 dm^3	0.086 dm^3
电压范围	2.7 ~ 4.1 V	2.7 ~ 4.2 V
容量	4.5 Ah @4.1 V，20℃	>12 Ah @4.2V，20℃

续表

型号	VES16（D-size）	VL10ES（F-size）
能量	16 Wh @ 4.1V，20℃	>47 Wh @4.2 V，20℃
比能量	>140 Wh/kg @4.1V	>220 Wh/kg @4.2 V
内阻	≤ 35 mΩ @20% DoD	≤ 25 mΩ @20%DoD/TBC
工作温度	10 ~ 40℃	10 ~ 40℃

（2）固态电池

固态电池具有高比能量和高的安全性的优势，可望成为下一代高性能储能电池。国内研制的金属锂二次固态电池的比能量达到 500 Wh/kg，电池的主要技术指标如表 3 所示。

表 3　固态电池主要参数

序号	项目	半固态电池	金属锂二次固态电池
1	电池容量	43 Ah	18 Ah
2	电池比能量	350 Wh / kg	500 Wh / kg
3	工作电压	3.0 ~ 4.2 V	3.0 ~ 4.4 V
4	工作电流	0.2 ~ 1 C	0.2 ~ 1 C
5	工作温度	−20 ~ 55 ℃	−20 ~ 55 ℃

2022 年，固态电池在我国天宫空间站实现首次搭载试验，初步验证了固态锂离子蓄电池能源系统在轨舱外真空、低温及微重力条件下倍率充放电特性。固态锂离子蓄电池采用叠片式电堆结构，其额定容量为 6 Ah。目前正在研制的容量 10 Ah 固态锂电池，比能量近 420 Wh/kg，稳定循环 200 次后容量保持率约 93%，将电芯充满电后可以通过钢针针刺测试，不起火不爆炸。

2022 年，JAXA 与日立造船首次实现了固态锂离子蓄电池在太空中的充放电验证。电池尺寸为 65 mm × 52 mm × 2.7 mm，重量 25 g，可在 −40 ~ 120 ℃的条件下稳定工作。

2022 年，NASA 研制出一种厚度只有 2 ~ 3 mm 的新型全固态锂电池，所占空间仅为现有电池的三分之一，非常适合于立方体卫星的应用。

（3）锂氟化碳电池

国内通过采用复合电极技术，进一步改善了锂氟化碳电池的功率性能，研制出兼具高比能量和高功率特点的锂氟化碳电池，电池组比能量达到 310 Wh/kg 以上，放电倍率 0.2 ~ 1 C，已用于天问一号火星探测器进入舱；18650 小容量锂氟化碳电池用于火星探测器的相机载荷中，LF-24A 用于星际开发的货运飞船中。能量型锂氟化碳电池单体比能量达到 1 kWh/kg（0.01 C，60 Ah），功率型电池，1C 放电比能量达到 520 Wh/kg（9 Ah）。

日本 2014 年发射的小行星探测器隼鸟 2 号于 2020 年 12 月返回地球，其返回舱中相机和数据存储单元使用了多只小容量圆柱形锂氟化碳电池，如图 3 所示。

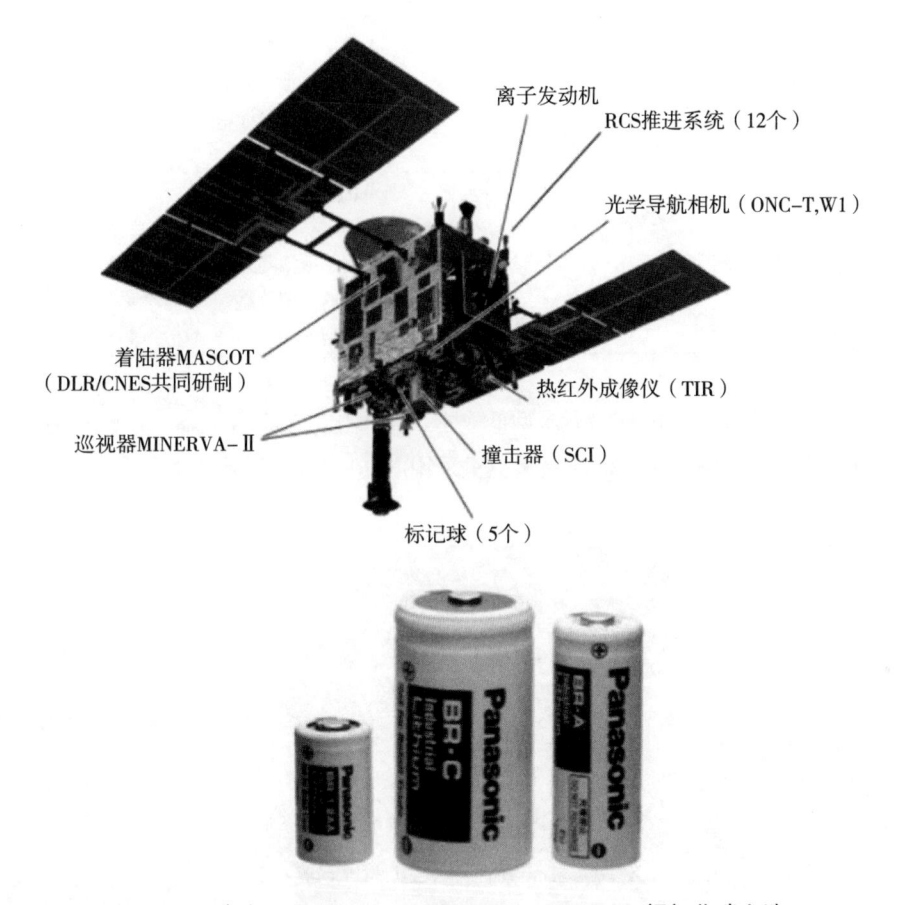

图 3　隼鸟 2 号及 BR–C、BR–AA、BR–1/2AA 锂氟化碳电池

NASA"木卫二探测器"锂氟化碳电池选用 EaglePicher 公司铝壳 D 型电池，能量密度达到 700 Wh/kg（50 mA 放电）。

3. 能源控制单元

（1）电源控制器

北斗卫星导航系统 2020 年完成组网，实现了全球无源导航定位。北斗三号卫星电源控制器采用高性能 100 V、42 V 全调节母线电源控制器；东方红五号卫星平台采用新一代 100 V 大功率电源控制器，性能指标又有了大幅度的提高，具体参数如表 4 所示。在低轨遥感科学领域与深空探测领域，基于硬件实现的 MPPT 型电源控制器在低轨长寿命卫星中实现了首飞应用，电路采用 Buck 降压拓扑，MPPT 跟踪精度达到 98%，太阳电池阵输出功率提升 20% 以上，单机产品如表 4 所示。

表 4　北斗三号卫星与东方红五号卫星电源控制器

序号	产品名称	应用型号	主要技术指标
1	千瓦级电源控制器	北斗三号卫星	42 V、100 V 全调节母线； 输出功率 3 kW、6 kW； 太阳电池阵分流效率 ≥ 98.5%； 充放电调节器效率 ≥ 95%； 比功率 180 W/kg
2	10 千瓦级电源控制器	东方红五号平台卫星	100 V 全调节母线； 输出功率 22 kW； 太阳电池阵分流效率 ≥ 99.3%； 充放电调节器效率 ≥ 97%； 比功率 400 W/kg

针对低轨星座卫星，国内开发了多型低成本、批量化的电源控制器，广泛采用了 30 V S3R 不调节母线架构。图 4 为某低轨星座卫星采用的 200 W 级电源控制器。

图 4　低轨卫星 MPPT 型电源控制器

针对未来深空探测超大功率需求，国内探索了 400 V／100 kW 级全调节母线电源控制器相关技术，样机已完成所有的鉴定级试验，为未来的工程化应用奠定了良好的基础。

美国的洛克马丁公司实现了 70 V 全调节母线电源控制器的升级换代，比功率较上一代产品提升了 40%，满足 20 kW 大功率的应用需求。

欧洲的泰雷兹公司新一代电源控制器 PCU-NG 在欧洲的通信卫星中实现了首飞应用，采用 100 V 全调节母线、两域控制方法，输出功率达到 21.6 kW，比功率达到 400 W/kg。

欧洲空客公司开发了低成本商业化电源控制器，采用了 30V S3R 不调节母线架构，包含 35 路配电功能，输出功率达到 1.5 kW，产品重量 2.5 kg。产品广泛采用 COTS 商业器件，在轨数量超过 400 台。

（2）蓄电池均衡管理器

国内研制的主从式可重构分布式锂电管理系统已应用于遥感系列卫星，可完成 24 串大容量锂离子蓄电池的管理。根据锂电池数量灵活配置自主均衡、旁路重构一体化从控单元，均衡电流最大可达到 4 A，均衡效率提升 2.6 倍，并且具备自主重构功能。

国内研制的芯片化分布式锂电管理系统已用于工程型号中。该系统采用环路控制型均衡管理模式，管理芯片电路由单体供电，接口简单，单只电池最大均衡能力 ≤ 50 mA；不依赖于电池电压采样精度，抗干扰能力强；无须依赖均衡算法，占整星资源少。

开发的两款均衡管理器产品分别适应 28 V、42 V 母线的均衡管理单元，采用模块化结构设计、422 总线通信、软件均衡控制，均衡电流在 0.47 A ~ 0.63 A 之间。

国际方面，SAFT 公司新开发的锂电管理系统采用了分布式芯片化管理技术。该均衡管理系统简单、高效、漏电流小、成本低。

美国 Cobham 公司新研发的锂电管理单元（BEU），包括单体电池电压监测、整组电池电压监测、1553 B 通信、Bypass 旁路开关驱动等功能。该单机采用非耗散型均衡技术，均衡电流随电体电池差异实时调整，采样精度 10 mV、均衡精度 5 mV，如图 5 所示。

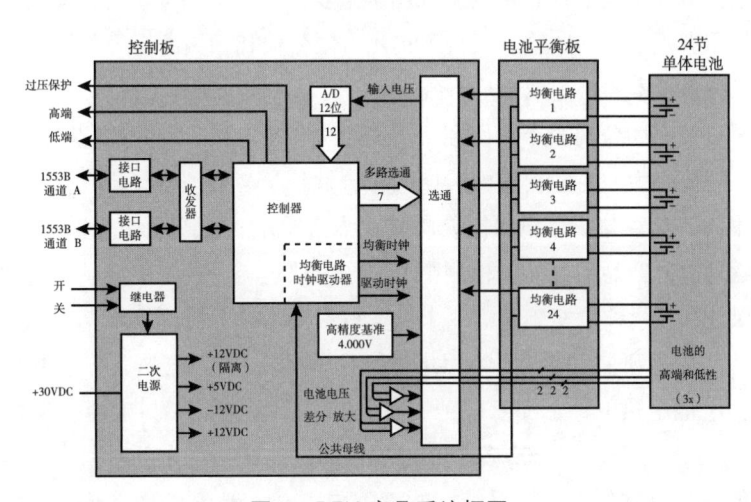

图 5　BEU 产品系统框图

4. 元器件、原材料相关

国内外在太阳电池在提高效率的同时还有两个发展趋势。第一是大尺寸外延片的应用，其中以 AZUR 为代表。外延片从 4 英寸更改到 6 英寸，可提高外延片的利用率从而降低成本。第二是轻量化及柔性化发展，其中主要为正向减薄和反向生长两种技术路线，可大幅提高太阳电池阵的比功率。

同位素温差电源中温差电材料的热电性能对效率影响显著。美国进行了新型中温方钴矿温差电材料的研发，该材料的热电性能和稳定性相比传统的中温温差电材料均具有优势，美国计划在后续的增强型同位素温差电源（eMMRTG）中使用该材料，实现电池热电转换效率 ≥ 8% 的突破。目前国内已实现了方钴矿材料的全流程自主研发，热电性能接近国际先进水平。

基础的元器件、原材料对推动能源控制单元的性能提升至关重要。开关器件MOS管、功率二极管已经全面实现国产化，新一代产品性能指标与国外IR公司的第六代产品相当；薄膜电容作为滤波的关键器件也实现了升级换代，C372系列产品实现了与Euroford公司PM984系列电容的全面对标，体积、重量较上一代产品提升60%以上。目前国外以EPC Space公司为代表的正在开发并推出宇航级高可靠氮化镓（GaN）器件，开关频率有望达到1 MHz，从而大幅提高电源控制器的小型化与轻量化水平。以FBG20N18B器件为例，单管耐压200 V、耐流18 A、导通电阻26 mΩ，抗辐射总剂量达到300 krad，抗单粒子能力83.7 MeV/mg/cm^2，栅极总电荷仅为2.7 nC，栅极驱动电压6 V/–4 V，SMD表贴封装，单管重量0.135 g。

（二）研究团队

目前，国内有关空间能源技术的研究团队主要分布在中国电子科技集团有限公司、中国航天科技集团有限公司、中国航天科工集团有限公司和相关高校等单位。

1. 中国电子科技集团公司第十八研究所

中国电子科技集团公司第十八研究所（简称电科十八所）是我国化学与物理电源行业中成立最早、规模最大、专业覆盖面最广的综合性化学与物理电源研究所。是新型电源国家工程研究中心、化学与物理电源国防科技重点实验室、中国化学与物理电源行业协会、国家化学与物理电源产品质量监督检测中心、国家认定企业技术中心、工业和信息化部工业产品质量保证和技术评价实验室等六个行业权威机构的依托单位。

电科十八所先后研制和生产出硅太阳电池、砷化镓太阳电池、锌银电池、镉镍和氢镍蓄电池、锂电池、热电池、海水电池、密封铅酸蓄电池、燃料电池、温差发电器及温差制冷组件等50多个系列、1000多个品种规格的电池产品。为卫星和临近空间飞行器等提供了高性能、高可靠的电能源系统，圆满完成了载人航天、北斗导航、嫦娥探月、火星探测、高轨通信、遥感卫星等国家重大任务，为国防建设和国民经济发展做出了突出贡献。

2. 中电科蓝天科技股份有限公司

中电科蓝天科技股份有限公司系中国电子科技集团有限公司立足国家能源战略发展需要设立的国有控股子公司，并受托管理电科十八研究所。主要开展军民融合业务，作为资源整合平台、产业发展平台以及资本运营平台，与电科十八所协同发展。主要从事化学与物理电源产品及系统的研发、生产、销售、服务，发展"宇航电源、防务电源、通用电源、智能网联装备能源、共性基础"等业务板块。

3. 上海空间电源研究所

上海空间电源研究所隶属于上海航天技术研究院，是国防科工局核定的国家空间能源专业核心保军单位，国内主要空间电源系统抓总单位，主要从事航天器、航空器、运载火箭、导弹武器及特殊飞行器用电源系统和关键单机的研发、制造和试验。先后承担载人航天、探月工程、北斗导航、深空探测、高分辨率对地观测、新一代及重型运载、新一代遥感平台、空天往返等国家重大工程，逐步形成了硅太阳电池、砷化镓太阳电池、锂离子蓄电池、锂金属电池、热电池、电源控制器等20余类产品系列。

上海空间电源研究所始终坚持以"发展航天事业、建设航天强国"为首要使命，致力于在"十四五"末建设成为世界一流的军工电源专业研究所，成为国内电源系统整体方案和核心单机产品的行业领导者，不断为航天强国建设贡献空间电源力量。

4. 贵州梅岭电源有限公司

贵州梅岭电源有限公司隶属于中国航天科工集团航天江南集团有限公司，创建于1965年9月，是一家集研究、设计、试制和生产为一体的厂所合一的单位，主要进行航空航天和国防科技工业用化学电源（电池）、电池配套检测设备和电源系统的研制生产。公司是我国特种化学电源的主要研制生产单位，我国航天航空化学电源研制生产的领头企业，先后承担了我国载人航天工程、探月工程、北斗卫星导航工程等国家航天领域重大工程中的长征系列运载火箭、神舟系列飞船、天宫一号空间站、嫦娥五号返回器等航天器，以及300多个国家重点装备型号配套电源的研发生产任务，为我国航天航空和国防科技工业装备提供了高性能和可靠的化学电源产品，航天装备型号的配套率达到90%以上。

三、国内外发展比较

（一）发电技术

1. 太阳电池技术

目前国内在高效和薄膜砷化镓电池技术正不断追赶国际最高水平，轻量化方面已实现国际领先。但在抗粒子辐照以及超高效率电池工程应用方面仍有差距，后续重点关注抗辐射加固、6英寸晶圆低成本、批量化生产等，使工艺环节更加精细化、自动化，从而提高抗辐射性能、量产合格率、降低制造成本，实现批量化制备，满足大规模应用需求。

2. 太阳电池阵技术

国外多种柔性太阳翼技术已实现在轨工程应用，国内仅手风琴式太阳阵实现在轨应用。在全柔性太阳电池阵方面，国内的卷绕半径、比功率等部分性能指标领先国外，但在大功率、长寿命方面与国外仍有较大差距。

3. 燃料电池技术

国外燃料电池的空间应用始于20世纪60年代，大量的技术路线产品如碱性燃料电池、质子交换膜燃料电池等在空间飞行器上已经得到了实效验证，而国内仅于2022年进行过燃料电池的空间站搭载试验，尚无正式产品空间工程应用，与国外差距较大。

4. 核电源技术

同位素温差发电方面，国内整体上在基础材料技术水平基本与国外相当。采用新体系中温温差电材料有望实现 RTG 热电转换效率 ≥ 8% 的突破，高温温差电材料有望实现 RTG 热电转换效率 ≥ 15% 的突破。采用核反应堆的动态电源系统方面，斯特林发电技术国内仅实现空间搭载，国外已有型号应用，技术差距较大。

（二）储能技术

国内储能电源技术发展迅猛，在高比能量长寿命电池方面，国内电池比能量均超过了国际上同类产品技术水平。在智能一体化技术方面国内外均实现了在轨工程应用，固态电池、锂金属电池的预先研究均处于国际先进水平。

1. 空间锂离子蓄电池技术

近年来，国外以 SAFT 公司为代表的相关公司的电池技术发展相对缓慢，主要聚焦于延长电池寿命和低成本。国内空间高比特性锂离子蓄电池技术发展迅猛，目前正在研究的长寿命电池的比能量有望突破 300 Wh/kg，并且实现自主可控。同时空间双高型锂离子蓄电池和空间超高功率锂离子蓄电池水平也从"跟跑"向"领跑"迈进。

2. 固态电池技术

总体来看，空间固态电池技术相对较新，国内外的技术积累、在轨数据均较少，基本处于同一起跑线。国内现阶段的发展重点是半固态电池，而国外研究更为全面，各类技术体系均在尝试。

3. 锂氟化碳电池技术

国内外锂氟化碳电池单体产品均达到 1200 Wh/kg 以上，性能指标相当。但国内锂氟化碳材料的成本、成品率等方面与国外差距明显。

（三）能源控制技术

国内的能源控制产品技术指标与国外相当，但集成化程度不够高，分立器件占比较大，需要开发电源专用集成控制电路。国外在氮化镓（GaN）器件的空间应用、电源数字化等方面仍走在前列，国内需要进一步提高相关技术能力，实现产品性能指标的进一步提升。此外，国外商业星座广泛采用 COTS 器件实现能源控制产品的高性价比，并且进行了充分的在轨验证，国内研究相对较少。

四、发展趋势与展望

针对空间太阳能电站、深空探测、月球基地等特殊场景的应用需求，超高压电源、超大功率电源、无线能量传输、电能源的在轨建造以及原位资源利用等方向也引起越来越多的关注，牵引空间能源技术发展。应加强空间能源新技术及其应用领域的研发工作，加快新技术验证，推动空间能源领域创新与进步。

在应用的空间发电技术、储能技术以及能源控制技术主要发展方向为高效率、轻量化、小型化、长寿命。

（一）发电技术

光伏发电是航天器的主要能量来源，太阳电池及太阳电池阵向着高效率、耐辐照、轻薄化、柔性化等方向发展。针对大规模卫星星座的发展需求，太阳电池及太阳阵探索批量化、低成本路线，并推进硅电池、钙钛矿以及叠层电池等空间应用。

对于核动力电源，同位素温差电源正在开展效率提升研究，但整体温差发电效率相对偏低，较难实现大功率发电。布雷顿体系的核反应堆电源具有环境适应性强、发电功率大、寿命长等特点，成为空间电源的一个重要发展方向，但仍需克服超高温、环境适应性等问题。

燃料电池具有较高的比能量，未来空间燃料电池技术致力于提高设备在轨可靠性，减少故障率和维护难度。

（二）储能技术

空间锂离子蓄电池的发展趋势为更高比能量、更高比功率、更高安全可靠性、更长循环寿命。基于新材料、新体系、新机制，构建致密化电化学体系，实现更高比能量。基于多维输运通道及快速传输机制，构建高功率电化学体系，实现更高比功率。基于表界面构建及强化机制，实现器件的长效稳定，实现更长寿命。基于电池安全性问题的机理，从设计、过程控制和材料选用等方面实现器件全寿命周期的可靠性运行，实现更高安全可靠性。高比能量高安全的固态电池有望在未来空间领域获得广泛应用。

空间用锂氟化碳电池一方面向高比能方向发展，比能量达到 1200 Wh/kg 以上，主要用于深空探测等领域；另一方面向高功率、长贮存（15 年以上）方向发展，需要进一步降低锂氟化碳电池的发热量，主要用于特殊供电场合等。

（三）能源控制技术

能源控制技术发展趋势为高密度、高效率、智能化、低成本。国内电源控制与电池管理产品在体积、重量、工艺等方面与国外先进水平有一定差距，需进一步开展新器件新材料应用和机电热一体化设计研究；在商业星座的高性价比能源控制方面，需要兼顾可靠性和成本进行统一设计，并进行空间飞行验证，满足发展需求。

附表　空间能源领域专业技术体系表

一级专业	空间发电技术	空间储能技术	空间能源控制技术
二级专业	①太阳电池及太阳电池阵技术 ②空间核电技术 ③空间燃料电池技术	①空间锂离子蓄电池技术 ②空间固态电池技术 ③空间锂氟化碳电池技术	①电源控制器技术 ②蓄电池均衡管理技术
我国技术水平 （相较国际）	领先：无 先进：① 一般：②③	领先：① 先进：②③ 一般：无	领先：无 先进：①② 一般：无
目前专业地位	核心：①② 重要：③ 一般：无	核心：①②③ 重要：无 一般：无	核心：①② 重要：无 一般：无
后续重点发展方向	②③	②③	①

参考文献

［1］Chen Q，Liu Z，Zhang X，et al. Spacecraft Power System Technologies［M］. Singapore: Springer Singapore，2020.

［2］Porras-Hermoso A，Cobo-Lopez B，Cubas J，et al. Simple solar panels/battery modeling for spacecraft power distribution systems［J］. Acta Astronautica，2021（179）：345-358.

［3］刘丙霖，杨文涛，韩梦娜，等. 空间站大面积柔性太阳电池阵模块化水平装配技术研究［J］. 航天制造技术，2022（5）：13-17.

［4］彭磊，侯旭峰，阎勇，等. 嫦娥四号着陆器同位素温差电池设计与验证［J］. 电源技术，2020，44（4）：607-612.

［5］米娟，谢欣，乔学荣，等. 锂氟化碳电池空间环境适应性研究［J］. 电源技术，2022，46（10）：1117-1120.

［6］Lu W. Low Cost Array Power Regulator for LEO Space Applications［C］//2021 Space Power Workshop.

［7］http://mldevices.com/index.php/news/67-microlink-devices-achieves-certified-37-75-solar-cell-power-conversion-efficiency.

［8］France R. Triple-Junction III-V Solar Cells with 39.5% AM1.5G and 34.2% AM0 Efficiencies［R］. National Renewable Energy Lab.（NREL），Golden，CO（United States），2022.

［9］张伟，兰志成，吴致丞. 卫星卷绕式柔性太阳电池阵关键技术研究［J］. 电子技术应用，2022，48（6）：10-13.

［10］于辉，张伟，崔新宇，等. 空间太阳电池阵技术现状及发展趋势［J］. 电源技术，2020，44（10）：1552-1557.

［11］Palomares K B. Foreword：Selected papers from the 2021 Nuclear and Emerging Technologies for Space Topical Meeting（NETS 2021）［J］. Nuclear Technology，2022，208（sup1）：iii-iv.

［12］Oleson S R，Schmitz P. A Kuiper Belt Object Orbiter Enabled By 10 kW Kilopower Electric Propulsion［C］//AIAA

Propulsion and Energy 2019 Forum, 2019: 3963.

［13］Gibson M A, Poston D I, McClure P R, et al. Heat transport and power conversion of the kilopower reactor test ［J］. Nuclear Technology, 2020, 206（sup1）: 31-42.

［14］付毅飞. 我国首台空间应用燃料电池升空［N］. 科技日报, 2022-11-14（005）.

［15］Smith P J, Bennett W R, Jakupca I J, et al. Effect of Reactant Pressure on Proton Exchange Membrane Fuel Cell Performance［R］. 2021.

［16］Defer M, Borthomieu Y, Ligneel E, et al. VL51ES（Generation 6）Li-Ion Cell for Satellites［C］//E3S Web of Conferences. EDP Sciences, 2017（16）: 08004.

［17］Yu X, Chen R, Gan L, et al. Battery Safety: From Lithium-Ion to Solid-State Batteries［J］. Engineering, 2023, 21（2）: 9-14.

［18］Lei Y, Han Y, Yang Y. Design of Power Supply System of Asteroid Exploration Spacecraft［C］//2022 12th International Conference on Power and Energy Systems（ICPES）. IEEE, 2022: 252-256.

研究团队：朱立宏　魏俊华　朱　凯　程保义　申雨情　王训春
　　　　　陈洪涛　谭思平　杨　华　潘延林　王　诚
　　　　　　　　　　　　　　　　　　审稿人：许　薇
　　　　　　　　　　　　　　　　　　撰稿人：鲁　伟　张　伟

航天制导、导航与控制技术专业发展报告

一、引言

航天制导、导航与控制（GNC）主要研究航天器的位置、方向、轨迹、姿态的测量、控制与决策问题，涉及近地卫星、载人航天器、深空探测器等各类航天器在执行飞行或探测任务过程中的姿态与轨道控制、在轨及地外星表的操作控制等，其技术范畴除了包括制导、导航和控制三大系统平台技术外，还包括计算机、敏感器、执行机构等诸多相关技术。航天制导导航与控制是航天器的"大脑神经""运动感知"和"执行驱动"系统，是完成各类复杂航天活动、服务空间应用和空间科学、拓展宇宙探索边界的使能技术，其技术水平很大程度上决定了航天器的能力和水平，是各国争相发展的重要技术领域。

近年来，新一代人工智能技术飞速发展，美国、日本、欧洲等发达国家或地区的研究机构持续发力，强势推动航天制导导航与控制技术与人工智能前沿技术的深度融合发展，意图实现航天器的智能控制。相较于传统控制，航天器智能控制要求系统进一步具备推理、认知等类人能力，能够使航天器在环境复杂不确定、任务连续高动态、故障未知难应对的条件下自主安全地完成任务。

在未来，GNC 的发展路径将愈发强调与环境的交互，并突破智能获取和水平提升瓶颈，实现更高级的自主控制。通过智能技术的赋能，GNC 的主要技术指标将得到显著提升，或使航天器具备以往不具备的能力，并能通过学习和训练，使能力得到持续提升，从而适应来自航天器本身、环境和目标的不确定性，完成复杂任务。

二、近五年的主要进展

（一）新技术发展状况

1. 高精度自适应返回 GNC 技术

国内方面，针对探月三期月球采样返回、新一代载人飞船试验船以及载人登月等重大任务的高精度安全返回需求，开展了月地返回跳跃式再入制导导航与控制、高速安全返回制导导航与控制等技术研究，提出月地返回跳跃式再入自适应预测校正制导导航与控制技术、月地转移轨道在线规划 – 高速再入一体化制导策略，研制了 IMU（惯性测量单元）高精度对准技术验证试验系统，突破了自适应预测校正技术，解决了返回再入速度大、再入过程约束严格、航程需求不确定性、再入位置与能量不确定性等条件下的高可靠、高精度制导控制问题。相关技术已在新飞船试验船、嫦娥五号中得到成功应用（图1），例如，2020 年 5 月 8 日，新飞船试验船完成全程自主制导导航控制，返回舱成功着陆；2020 年 12 月 17 日，嫦娥五号实现了首次带月壤第二宇宙速度返回地球，月地返回落点精度处于国际领先水平；2023 年 5 月 8 日，我国可重复使用试验航天器在轨运行 276 天后，成功返回预定着陆场，这是我国航天器自适应返回 GNC 技术的又一重大成功应用。

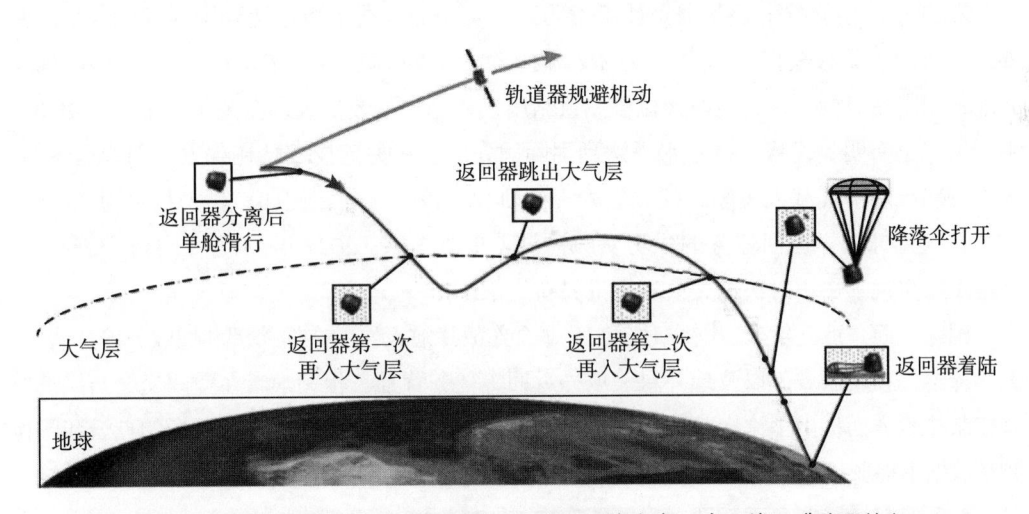

图 1　探月三期再入返回过程示意图（来源：陈春亮，张正峰，盛瑞卿等）

国际方面，近五年来，研究人员在再入飞行的参数辨识、制导回路的自适应调节、轨迹在线快速规划等方面均提出了新的解决思路，以提升轨迹规划和跟踪控制方法的适应性和鲁棒性，发展出轨迹规划与闭环制导相结合的数值预测校正再入制导、小升阻比航天器进入制导中倾侧角剖面的参数化方式等多种理论方法。

2. 大尺度柔性航天器动力学行为辨识与分布式控制技术

国内方面，开展了大尺度柔性航天器开展分布式测量与控制研究，突破了大尺度柔性结构形状测量与参数辨识、大尺度柔性航天器高精度全局指向分布式控制、分布式形状控制等关键技术；研制了基于重力梯度力矩的力矩平衡姿态控制方法，实现了 100 t 级大质量惯量组合体控制；设计载荷运动与基座控制的协调控制方法，实现在轨组合体组装控制。分布式振动控制方法支撑我国空间站建造工程，在空间站进行舱段转位时，大尺度柔性航天器分布式姿态轨道与挠性振动协调控制技术使转位过程中振动幅值减少 80% 以上。

国际方面，近五年来围绕大型柔性航天器在轨运行状态的动力学建模与振动响应分析、大型柔性结构振动与航天器姿轨控耦合动力学与混合控制等航天重大装备中涉及的动力学与控制问题，开展了多刚柔体系统动力学建模与模型降阶、复杂结构状态空间模型构建与能控性研究、航天器姿态运动与大型柔性结构振动的混合控制律设计等基础研究项目，取得丰硕结果。

3. 自主交会对接精确控制技术

国内方面，近五年来开展了全相位自主快速交会、人控遥操作交会对接、复杂航天器交会对接高精度鲁棒控制、交会对接姿轨控推力器指令分配及配置、月球轨道无人自主交会对接等技术研究，提出了高精度鲁棒远距离导引制导和近距离段停泊点优化等理论方法，2020 年，相关技术荣获国家技术发明二等奖，部分技术指标达到国际领先水平。此外，还研制了具有全自主知识产权的交会对接光学成像敏感器（CRDS），其与国际同类光电感知产品对标，在交会对接位姿测量精度上领先一个数量级，在视场、重量、功耗等主要指标也有明显优势，技术水平达到国际领先。这些关键技术已在载人二期货运飞船、载人飞船、新一代载人飞船、嫦娥五号等在轨型号得到应用，例如，相关技术为 2020 年我国首次月球采样返回任务的成功实施提供了重要支撑；2022 年 11 月 12 日，天舟五号货运飞船实现了 2 小时快速交会对接世界新纪录。

国际方面，近五年来，围绕对合作及非合作故障航天器的在轨修理和回收、碎片清除、燃料补给等在轨服务，以及地外星表取样返回等任务背景，相关学者在空间交会与接近停靠控制技术方面提出了许多新的理论方法。此外，利用深度学习从空间目标的点云和图像测量数据中提取目标特征，进而获得相对位姿估计，也是当前国际上备受关注的研究方向。

4. 深空软着陆与表面起飞上升智能自主 GNC 技术

国内方面，根据地外天体着陆巡视、采样返回及载人月球探测等任务需求，以智能自主软着陆、天体表面定位对准和地外天体起飞上升为重点，开展了地外天体精确定点软着陆导航制导与控制、月面自主起飞上升等关键技术研究，提出了一种精确垂直接近与智能避障相融合的控制方法，实现了崎岖地形下的安全软着陆（图 2）；提出了一套大质量、液体晃动约束下的月面高精度时间优化避障软着陆控制方法，实现了满足采样返回需求的指定落点安全着陆；提出了一套自主定位定向强适应月面起飞上升和精确入轨控制方法，实现了高可靠的月面自主起飞上升入轨；提出了一种适应着陆、起飞和交会任务于一体的控制系统架构及变结构运行模式，实现了系统资源受限条件下无人全自主可靠高稳定控制。相关技术已成功应用于嫦娥四号月球着陆器和嫦娥五号飞行器，实现了国际首次月球背面软着陆与首次月面自主起飞，为嫦娥四号和嫦娥五号任务的圆满成功提供了支撑。

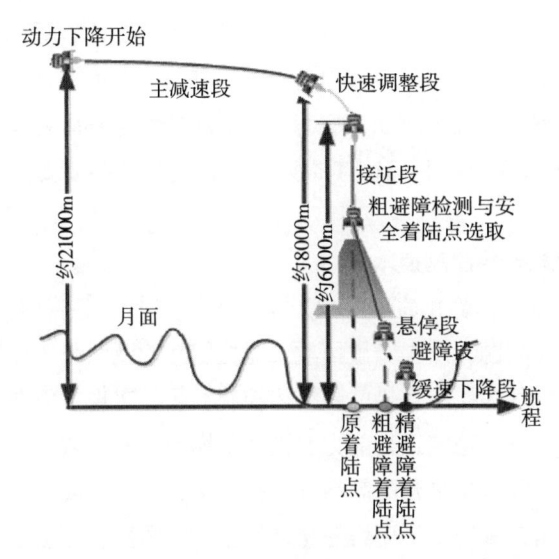

图 2　崎岖地形环境下软着陆智能自主导航、制导与控制

国际方面，近五年来美国在与深空软着陆相似的火箭回收着陆领域取得重大进展，截至 2023 年 6 月 13 日，美国火箭已完成 200 次火箭一级回收作业，极大降低了商业航天的发射成本，并展现出了极高的可靠性。

5. 航天器超精超稳超敏捷复合控制技术

航天器的精准指向、稳定控制、敏捷机动是重要的技术指标。国内方面，为满足先进航天器超高指向精度和超高姿态稳定度的需求，首先研究了一种"振源与载荷动静空间隔离、控制主从协同"的卫星平台设计方法，实现了高精度和高稳定度指向控制，并于 2022 年 8 月在羲和号太阳探测科学技术试验卫星中得到在轨成功验证。针对航天器高品质控制所面临的世界性难题，即复杂系统"快、稳、准"相互制约的矛盾和"宽频、多点、多源"扰动消除的难题与航天器精稳敏捷指标数量级跨越之间存在激烈冲突，进一步提出了航天器超精超稳超敏捷（"三超"）控制架构，提出了"集中消除、多级协同"的航天器控制新理念，在卫星平台和载荷之间设计了载荷控制回路，在载荷安装点集中消除星上各类干扰，使航天器"快、稳、准"性能指标提高了 10～100 倍。此外，"三超"控制方案还广泛集成了具有我国自主知识产权的 SOC2018 和多核 SOC2012 高可靠处理器、光纤陀螺以及控制力矩陀螺（CMG）等单机产品，以作为相应执行机构的 CMG 为例，其输出力矩远大于传统惯性飞轮的输出力矩，具有较高的能效比，在同样单位重量下，其角动量和输出力矩优于国外同规格产品，这些国产单机产品有力支撑了"三超"控制中的测量、计算与执行。目前，"三超"控制技术已经应用于天文观测、对地详察等领域最高水平的光学舱等多个重点型号，指向精度、长期稳定度、短期稳定度和敏捷机动等控制指标均优于国外最先进航天器的控制指标。

国际方面，近五年来，围绕美国新一代詹姆斯·韦伯空间望远镜（JWST）0.007″（24h）的指向稳定度指标，采用了多级控制方案，其第一级为平台姿态控制，第二级为精级稳像控制，采用双轴快反镜（FSM）视线稳定控制。经过FSM补偿后，精级指向稳定度达到0.0073″。2022年1月24日，JWST进入运行轨道，并在多级控制系统帮助下观测到大量空间科学数据。

6. 强鲁棒高可靠航天器控制技术

国内方面，针对新一代静止轨道气象卫星的跨代需求、复杂CMG配置控制系统应用面临的单机故障失效等问题，从提升敏捷航天器控制性能及系统鲁棒性与可靠性等方面开展了系统研究，提出一种多层级容错的强鲁棒控制方法，实现了面向多重故障稳定控制的系统设计架构，提升了卫星稳定运行能力；设计了模型自校正前馈与反馈复合控制律，实现两台动载荷安装在一颗卫星平台的高精度控制。研究成果已成功应用于海洋二号、风云四号等型号任务，风云四号卫星采用姿态与动量自主协同控制方法、多层级的强鲁棒控制方法实现的姿态控制性能国际领先，为我国首颗第二代静止轨道定量遥感气象卫星全天时稳定高水平运行提供基础条件。

针对双CMG系统欠驱动控制的鲁棒性难以适应空间复杂环境扰动的技术问题，提出了双CMG与磁力矩器组合的零动量混合控制方法，突破大差异混合执行机构配置下姿态控制技术难题，实现航天器在轨稳定运行的鲁棒性能提升。研究成果在配置有CMG的航天器型号中得到了广泛应用。

国际方面，近五年来学者利用不同理论进行了研究。考虑外界干扰的影响，研究了采用自适应控制、自抗扰控制、滑模控制、基于估计器的控制或模糊控制等理论方法；考虑敏感器测量误差，研究了滑模观测器、自适应观测器等处理方法；考虑执行器输入受限或饱和问题时，研究了利用饱和函数、双曲正切函数等来处理；考虑执行器故障，基于自适应控制、滑模控制和控制分配等理论设计容错控制方案。这些研究均取得了丰硕的理论和应用成果。

7. 航天器控制系统的自主诊断重构技术

国内方面，针对提升航天器安全可靠自主运行能力的重大需求，航天科研机构创建了一种航天器控制系统可诊断性与可重构性理论和方法，发明了一种航天器控制系统可诊断性评价技术与设计方法、一种航天器控制系统可重构性评价技术与设计方法、一种基于可诊断性与可重构性理论方法的天地结合故障诊断与重构技术，突破了航天器控制系统自主故障诊断与重构亟须解决的重大基础问题和技术难题，相关技术成功应用于导航试验卫星任务。

国际方面，与机器学习、智能决策等新一代人工智能技术相结合，实现基于数据挖掘的智能故障诊断，已成为目前的技术研究热点。基于数据挖掘的智能故障诊断技术，通过对海量的历史数据进行处理来获得系统的行为模型；在此基础上，利用先验知识来及时发现并准确定位故障。

8. 多航天器/星座编队控制技术

卫星编队构型保持的难点突出表现在需要获取高精度的编队构型参数，其中两星的相对漂移速度是最关键的参数。国内方面，提出了周期平均漂移速度的估计算法，实现了对漂移速度的准确估计；提出了基于相对轨道根数的控制方法，实现了对不同编队构型的保持，可将编队飞行的半长轴控制在几米的范围内，故而几圈甚至十几圈才需要进行一次保持控制喷气，很好地满足了长期编队构型保持的应用需求；此外，考虑到多星协同任务的复杂计算需求，相关单位还开发了具有自主知识产权的以宇航级 FT-M8024V 众核 DSP 芯片、玉龙 A810 计算处理器（内嵌多个 SPARC/ARM 处理器核以及神经网络智能加速引擎）等为代表的高性能星上计算系统，可支撑多星协同编队、自主协同观测等复杂控制任务。

国际方面，近五年来还出现了多种无需推进剂的编队控制方法的探索研究，包括：利用大气阻力差、电磁力、磁通钉效应等，展现出良好的应用前景；另外，围绕多星编队飞行协同控制的理论和应用研究，例如：主从式、行为方式及虚拟结构方式的协同控制，基于一致性算法的分布式协同控制等，可为未来多星编队飞行的分布式自主控制提供基础。

9. 在轨服务 GNC 技术

在轨服务是众多空间操作中最具研究价值的方向之一，其是指在空间通过人、机器人或两者协同完成涉及延长各种航天器寿命、提升执行任务能力、降低费用和风险的一类空间操作。

国内方面，航天科研机构针对在轨服务中的 GNC 技术开展深入研究，近五年来在翻滚目标运动特性探测识别、主被动探测成像测量、协同抓捕控制、网捕拖曳控制等技术领域取得一定突破。2021 年 10 月 24 日，我国实践二十一号卫星发射入轨，用于空间碎片减缓技术试验验证，这是我国航天器在轨服务 GNC 技术的一项重大成功应用。

国际方面，2020 年，美国的任务延寿航天器（MEV-1）采用喷管对接的技术手段接管 InterSat901 卫星辅助延寿是一个标志性事件，实现了对稳定非合作目标的"零距离"对接；2021 年 4 月，MEV-2 又对另一颗在轨卫星实现了喷管对接。

10. 航天器自主任务规划技术

航天器自主任务规划是指根据航天器个体能力及其功能分系统、有效载荷当前状态，利用人工智能中的计算机建模技术、自动搜索和推理技术等，针对一段时间的某个任务目标，对可选的动作和所涉及的时序、资源等约束进行推理，自主生成一组按照时间顺序有序排列、满足各类约束的动作执行序列。

国内方面，航天科研机构和相关高校在近五年来在规划建模语言与建模方法、多约束自主任务规划建模、规划模型轻量化快速优化求解、自适应规划修复等关键技术方面取得一定突破。2021年6月11日，北京三号遥感卫星成功发射入轨，其成功应用了单星自主任务规划技术，在轨首次实现了点、线、区域、单视、立体、凝视等多类复杂观测模式的自主规划，生成符合卫星资源状态的成像任务序列以及姿态机动序列，兼顾规划时间与优化效果，大幅提升了任务规划在轨应用效能。

国际方面，美国研制了"混合主动任务规划系统"（MAPGEN）、"观测规划与分析工作站"（CPAW）等地面离线任务规划系统以及"星上自主规划系统"（APS）、"星上自主探测系统"（OASIS）等星上在线任务规划系统，实现了动态滚动规划、多星协同任务规划以及星地一体联合任务规划，并应用于深空探测、对地遥感等多个领域；2021年6月30日，美国"黑杰克"LEO军用星座系统完成部署了两颗先导卫星，并已通过试运行期，其搭载的Pit Boss自主任务规划系统采用了分布式决策处理计算架构，能够快速适配多类型载荷，并具备高密度星座的自主任务规划能力。

（二）研究团队

近五年来，以北京控制工程研究所、北京航天自动控制研究所和上海航天控制技术研究所为代表的航天院所，以哈尔滨工业大学、国防科技大学为代表的高等院校，中国科学院积极参与了我国航天GNC关键技术的研究、开发与应用工作，在航天器再入返回、交会对接、微纳卫星控制、编队控制等领域取得多项重要突破，其相关研究成果代表了国内航天GNC技术的最高水平，相关研究团队的简介如下：

1. 北京控制工程研究所

北京控制工程研究所主要从事航天器控制系统、推进系统及其部组件的设计和研制，是国内空间飞行器控制与推进技术的开创者和引领者，在世界范围享有较高声誉，全面参与了载人航天、月球与深空探测、导航定位、对地观测、通信广播、空间科学与技术试验等系列航天器领域研制任务。近五年来，北京控制工程研究所在卫星姿态与轨道控制技术、航天器交会对接技术、飞船再入控制技术、深空探测软着陆技术等方面取得重要突破，部分技术和产品已达到国际一流水平，代表性成果包括：嫦娥五号再入返回GNC系统、天舟五号飞船2小时快速交会对接世界新纪录、天问一号火星软着陆GNC控制系统、航天器"三超"控制系统以及北京三号遥感卫星自主任务规划系统等。

2. 北京航天自动控制研究所

北京航天自动控制研究所是东风导弹和长征运载火箭等飞行器控制系统的总体研制单位，是航天控制技术和人才的卓越高地。近五年来，其代表性成果包括：长征五号、长征七号、长征八号等运载火箭的GNC系统。此外，北京航天自动控制研究所还在加速向智能控制进军，为增强飞行器适应本体不确定和复杂飞行环境及应对突发事件的能力，将基于机器学习的智能控制引入飞行控制系统，使飞行器具备状态自感知、飞行自学习、个体强适应、环境强抗扰等能力，并将上述智能技术集成至所属的宇航智能控制技术重点实验室自验的"孔雀"飞行器中，针对可重复使用运载火箭返回过程中最后时刻的动力软着陆段，开展了在线轨迹规划、高精度相对导航与制导控制等关键技术的研究工作，并于2018年10月29日取得外场飞行试验的成功；此外，还针对"会学习"运载火箭这一前沿概念进行了预先研究，形成了面向航天器自主在线学习智能控制算法、算力与数据研究平台，支撑航天装备对各种不确定性的适应能力。

3. 上海航天控制技术研究所

上海航天控制技术研究所是我国最早从事导弹武器、航天运输器、空间飞行器控制系统和惯性技术产品研制的单位之一，其飞行控制、光电探测与制导、惯性测量与导航、伺服驱动与控制等技术均达到国内先进水平，产品应用覆盖陆海空天全领域，是我国航天任务的主力军。近五年来，上海航天控制技术研究所取得了如下代表性成果：围绕可重复使用运载火箭高精度再入返回控制技术，突破了多源信息融合的高精度相对导航、推力特性在线辨识、自适应增广控制、基于凸优化的在线轨迹规划等关键技术，圆满完成了火箭着陆段制导控制技术低空低速试验验证任务；围绕大型复杂柔性航天器快速高精度控制需求，开展了大型柔性结构的低维解析动力学建模技术研究，为后续大型柔性载荷航天器的控制系统研制奠定了技术基础；围绕深空探测、空间操控、大规模星座控制需求，开展了大规模星座自主导航技术研究，达到了具备千颗星以上星座的自主导航能力的效果，奠定了星座长期自主控制技术基础。

4. 高等院校和中国科学院

高等院校和中国科学院主要围绕航天 GNC 基础理论、仿真试验系统以及微纳卫星 GNC 系统方面开展研究工作。哈尔滨工业大学航天学院马广程团队参与研制的空间站 GNC 地面验证系统，实现了空间站组合体制和转位控制的方案验证，为空间站在轨成功应用奠定了基础。2020 年 8 月 23 日，由国防科技大学牵头研制的天拓五号微纳卫星发射成功，该星是学校重大科技创新工程项目"纳星集群飞行计划"的重要延续，其在轨开展了微型控制力矩陀螺等 GNC 新技术的验证工作。中国科学院微小卫星创新研究院研制了向日葵一号和电磁力试验双星等微纳卫星，向日葵一号卫星于 2019 年 8 月 29 日发射成功，在 GNC 技术方面，该星突破了多体转动耦合及挠性力学下的复杂姿态控制技术；电磁力试验双星于 2022 年 7 月 27 日发射成功，主要用于空间电磁力近距离作用及其与卫星控制力的耦合规律研究，其载荷系统包括电磁对接系统、ADN 推进系统、远 / 近场视觉导航相机、微型激光测距仪、对地遥感相机等，卫星在轨开展了相对导航与控制规律研究，试验数据可为发展分布式可重构航天器技术提供支持。

三、国内外发展比较

（一）总体对比情况

目前航天器制导导航与控制系统正在由传统控制向智能控制迈进。面对新的发展态势，国内外研究动态存在一定差异，具体体现在：

（1）在控制理论方法、基础软硬件等基础支撑技术方面，国外更多聚焦可解释人工智能、复杂系统学科等，并已建立了相对完善的智能控制软硬件基础环境，意图在这一领域获取垄断性优势；国内在基础理论方面与国外水平相当，部分领域智能控制理论与算法已比肩国际先进水平，但在智能控制所需的机器学习框架、智能加速硬件方面，发展仍相对滞后，极大制约了智能技术在航天器 GNC 系统中的应用。

（2）在感知导航、决策规划、执行控制等共性应用技术方面，国内国际各有优势，国内的优势在于载人、深空等支撑型号众多，相关技术得到长期稳定验证，表现出相当的可靠性；国外，特别是美国，在商业航天的牵引下，大量先进技术得到强力推广，例如太空探索技术公司（SpaceX）的星链星座以及火箭回收控制技术，较之于国内，技术成熟度更高。

（3）在智能 GNC 技术的研究与应用方面，目前我国主要集中在故障诊断、健康监测等领域。然而，在在轨服务、地外探测、星群控制这类任务环境高度不确定、对智能控制需求最为迫切的领域，相较国外，目前将人工智能技术与航天 GNC 技术有机结合的工程应用案例较少。国外在"火星 2020"任务（美国，地外探测）和"黑杰克"项目（美国，星群控制）中，已初步尝试采用智能控制技术方案（环境自适应感知识别、星群智能任务规划与自主管理等），并积累了大量研究经验。

（二）细分领域对比情况

根据国内外公开资料，给出部分细分技术领域的国内外对标发展情况：

1. 高精度自适应返回 GNC 技术

嫦娥五号任务是人类历史上首次采用 300 kg 级别轻质量、低升阻比飞行器进行近第二宇宙速度半弹道式跳跃式再入飞行。虽然美国在阿波罗计划中首次执行了月地返回任务，但当时条件下指令舱再入航程均控制在 4000 km 范围内，跃升的最高点从未超过 90 km，大部分情况下再入后的弹道高点均在 80km 附近。目前国际上仅有苏联的 Zond 探测器曾经执行过长航程跳跃式再入任务，而考虑到苏联可供使用的着陆场面积广阔，对再入 GNC 系统控制精度的要求相应要低得多。相比之下，嫦娥五号飞行试验器和嫦娥五号返回器两次任务，以接近 7000 km 的航程，落点综合误差优于 1 km，我国在自适应返回 GNC 技术方面已取得国际领先地位。相关指标对比情况如表 1 所示。

2. 自主交会对接精确控制技术

嫦娥五号任务执行前，人类还没有实施过无人自主月球轨道交会对接。国内外各项交会对接任务对接初始状态指标要求梳理如表2所示，在所有非机械臂抓取的交会对接任务中，嫦娥五号月球轨道交会对接是唯一具有轴向位置要求、轴向速度要求最高、横向位置要求最高、横向速度要求最高的交会对接任务。

表1 国内外主要再入返回飞行器指标实现情况比对

名称	再入速度（km/s）	实际航程（km）	实际最高落点精度（km）	平均升阻比	参考直径/质量	再入方式
阿波罗指令舱	<12	<4300	±3.2	<0.32	3.9 m / 6000 kg	半弹道式
联盟/联盟TM	<7.8	<2200	统计约±30	<0.22	2.2 m / 3000 kg	半弹道式
神舟返回舱	<7.8	<2500	2.13～12.87	<0.25	2.5 m / 3300 kg	半弹道式
Zond/N-1/Зонд	<12	~9000	±24	<0.25	2.2 m / 2800 kg	半弹道跳跃式
嫦娥五号飞行试验器	<12	6654	0.509	<0.22	1.25 m / 330 kg	半弹道跳跃式
嫦娥五号	<12	6511	1.706	<0.22	1.25 m / 330 kg	半弹道跳跃式
猎户座飞船（在研阶段）	<12	<10000	指标±10	<0.40	5.5 m / 8913 kg	半弹道跳跃式

表2 国内外主要交会对接指标实现情况比对

飞行计划	空间环境	控制方式	对接方式	轴向位置指标（m）	轴向速度指标（m/s）	横向位置指标（m）	横向速度指标（m/s）
航天飞机（美国）	近地轨道	自动/手控	机械臂抓取	无约束	0.01～0.1	≤0.11	≤0.045
联盟号/进步号（俄罗斯）	近地轨道	自动/手控	异体同构式对接机构，撞击式	无约束	0.1～0.35	≤0.34	≤0.1
自动转移飞行器（ATV）（美国）	近地轨道	自动	异体同构式对接机构，撞击式	无约束	0.05～0.1	≤0.1	无约束
技术实验卫星-Ⅶ（ETS-Ⅶ）（日本）	近地轨道	自动	抱爪式对接机构，弱撞击式	无约束	0.01～0.05	≤0.1	无约束
神舟8~11飞船（中国）	近地轨道	自动/手控	异体同构式对接机构，撞击式	无约束	0.07～0.32	≤0.16	≤0.12
阿波罗工程（美国）	环月轨道	手控	锥杆式对接机构，撞击式	无约束	0.03～0.3	≤0.3	≤0.15
嫦娥五号（中国）	环月轨道	自动	抱爪式对接机构，弱撞击式	0.391～0.491	0～0.05	≤0.06	≤0.03

3. 深空软着陆与表面起飞上升智能自主GNC技术

总体来看，我国深空软着陆与表面起飞上升智能自主GNC技术总体上达到了国际先进水平。相关指标对标情况如表3所示。

表3 国内外主要软着陆与起飞上升GNC指标实现情况比对

序号	项目		月球21号（苏联）	勘测者7号（美国）	阿波罗11号（美国）	牵牛星号（Altair）	嫦娥三号（中国）	嫦娥四号（中国）	比较结果
1	避障	避障方法	首降	首降	依靠宇航员实施目视障碍识别和手动落点重置规避	利用敏感器LIDAR进行障碍识别与落点重置规避	接力避障：光学相避障+激光三维精避障	接力避障。相比嫦娥三号提高了崎岖地形适应能力和避障能力	国际领先
		避障高度	无	无	<1.5km	<1km	500m	2000m	
		避障范围	无	无	未见相关报道	尚未实现	±90m	±500m	
2	导航		雷达高度计+多普勒测速仪+利用推力矢量和动力学模型计算	雷达高度计和多普勒测速敏感器测距+速度测量	主份：平台式IMU+微波雷达测距测速+地面测控网 备份：捷联IMU	IMU（双份）+微波雷达测距测速+光学图像匹配	多波束容错自主导航：惯导IMU+两波束激光测距、五波束微波测速测距修正	前台与嫦娥三号一致；后台为加窗多次筛选导航方法。相比嫦娥三号在导航系统鲁棒性、可靠性上大大增强	国际先进
3	着陆速度（m/s）		垂向：5 水平：1	垂向：5.7 水平：2.1	垂向：0.2 水平：0.45	垂向：2 水平：1	垂向：<3 水平：<0.04	垂向：3.3 水平：0.1	国际先进
4	着陆精度（km）		5	6	7	指标：≤1 尚未实现	指标：6 实际：0.7	指标：6 实际：0.9	国际先进

4. 航天器超精超稳超敏捷复合控制技术

北京三号卫星于2021年6月11日成功发射，敏捷机动控制精度和姿态稳定度指标达到国际领先水平，其在轨"快、稳、准"性能指标大幅提升，首次实现高动态反向推扫等复杂敏捷动中成像，创造了单次成像最高幅宽等多项纪录。北京三号在轨测试期间采用CMG敏捷机动姿态角加速度最高达5°/s^2，角速度最高达10°/s，是我国第一代敏捷卫星的三倍，超过国外最高敏捷机动能力两倍。与国外具有世界先进水平的高分辨成像卫星相比，北京三号的机动控制指标如表4所示。

表 4　国内外卫星姿态与轨道控制系统的比较

主要性能	哈勃/JWST（美国）	ALOS（日本）	WorldView-4（美国）	北京三号（中国）
指向精度（°）	8.3×10^{-5}	0.0075	0.046	1.2×10^{-5}
短期稳定度（°）	—	1.9×10^{-5}	2.8×10^{-6}	1.3×10^{-6}
敏捷机动	90°/900 s	60°/159 s	56°/25s	90°/17s（含3s稳定）

四、发展趋势与展望

航天制导、导航与控制技术的总体发展趋势可以概括为智能化、一体化和分布式。

（一）智能化

我国正在实施和即将实施地外行星探测、月球科研站、载人登月、在轨服务与维护、大规模星座计划等重大工程任务，对航天GNC技术的智能自主化发展提出了新的需求。未来航天GNC系统一方面应具备可被人类智能赋能以及主动获取并生成知识的能力（即"智能生成"能力），另一方面，航天GNC系统还要能够主动适应环境变化，在线生成优化控制策略，并具有在运行中使自身知识和智能水平不断进化的能力（即"智能生长"能力）。落实到功能层面，应具有以下特征：

感知与导航层面：未来航天GNC系统中的感知与导航环节，不仅包括传统的导航，还包括对航天器与目标、环境组成的整个任务场景以及交互过程的理解和认知，需要综合处理不同模态的跨时空信息，实现数据融合，形成对环境的层次化透彻建模，并通过推理学习，实现场景理解和态势预测。

决策与制导层面：未来航天GNC系统中的决策与制导环节，直接面向任务和环境，针对顶层任务需求，根据感知/导航结果，对数据进行综合分析，通过知识推理和迭代优化，形成序列化的最优决策和制导指令，使航天器能够根据动态任务、运行环境和自身状态，自主完成任务调整、分解、规划与编排。此外，当航天器组成群体时，未来航天

GNC 系统还能够根据任务需要和环境变化，涌现出自组织、自演化的群体智能行为，达到 "1+1＞2" 的协同控制效果。

执行与控制层面：未来航天 GNC 系统中的执行与控制环节，是针对整个航天器的，不仅包括平台部分的姿态轨道控制，还包括对载荷、目标的操作和控制。由于先验知识欠缺，执行与控制过程中的交互作用复杂，目标的材质、质量特性等未知，需要通过学习和训练，使得执行过程具备对环境和对象的主动适应能力。

健康管理层面：未来航天 GNC 系统中的健康管理环节，不仅包含传统的数据有效性判断、故障诊断和硬件重构，还包括故障预警、寿命预测、健康评估和进化修复。健康管理作为独立模块，与 GNC 各模块都可进行信息交互，通过建立状态特征与异常之间的映射关系实现故障预警，构建从正常到异常再到失效的故障演化模型，实现系统性能退化分析和寿命预测，完成重构和进化修复，评估航天器健康状态与执行任务的能力。

（二）一体化

未来航天 GNC 系统将具备 "制导 – 导航 – 控制" 一体化深度融合的系统级智能，相应系统架构将具有多层级、多回路、深耦合、时间 / 事件混合触发的特点，在此情况下，具备自适应消解时间和资源冲突的能力，能够根据需求合理、高效地分配传感、计算、存储等资源，使系统总体性能达到最优，降低对星上资源的依赖，提升航天器应对突发事件和任务的能力。

（三）分布式

未来航天器正由传统单星应用向 "多星组网、多网协同" 的体系化、集群化应用转变，航天器集群由于功能聚合、构型分布、配置灵活、成本低、发射组网迅速等特点，已成为未来航天系统发展的方向，在军民用航天领域均具有重大应用需求。实现大规模航天器集群的自主管控，主要包含两种控制模式：集中式控制和分布式控制。集中式控制模式由中央控制节点进行全局优化计算，具有良好的全局性能，但当集群规模较大时，控制难度成指数上升；分布式控制模式尽管会使系统的整体效能有所降低，但其具有良好的鲁棒性和可扩展性，很符合未来航天器集群组网协同的趋势。目前，分布式航天器集群控制仍面临计算求解空间大、群智涌现机理可解释性差等关键问题尚未得到圆满解决，难以满足航天工程的高可靠性需求和星载算力约束条件，未来亟待突破相应的 GNC 技术，实现大规模异构航天器集群智能自主协同控制。

（四）未来需关注的重点问题

结合我国未来的空间任务和世界航天发展前沿，提出了需要重点关注的六个技术方向和基础性问题，牵引未来航天器智能自主控制技术的创新发展：

1. 超大结构航天器姿态轨道控制

载人航天等重大航天工程使得未来航天器正向超大尺度的方向发展，目前亟待突破大尺度柔性航天器动力学建模与动态响应分析、结构振动与航天器姿轨机动的混合控制等 GNC 关键技术。针对上述需求，未来需重点关注多刚柔体系统动力学建模与模型降阶、复杂结构状态空间模型构建与能控性研究、航天器姿轨运动与大型柔性结构振动的混合控制律设计等基础科学问题，实现超大结构航天器的振动抑制和精准控制，相关成果促进我国空间太阳能电站和下一代空间站的建设具有重大意义。

2. 轨道空间博弈控制

近年来，轨道空间冲突事件频发，我国航天器的在轨安全面临严重威胁。针对严峻的空间安全形势，亟待开展融合了轨道动力学、博弈论以及人工智能的轨道空间博弈 GNC 关键技术研究，未来需重点关注非合作全天时精准感知测量、不完全信息博弈策略求解与任务规划、动态目标高精度跟踪指向控制等基础科学问题，实现对非合作航天器和空间碎片的安全适度应对。

3. 网络化航天器集群控制

集群化、网络化是未来航天器发展的重要趋势，中国和美国均已开展相关星群项目的布局与建设工作（中国：星网项目；美国：星链项目、"黑杰克"项目）。随着星群的规模逐渐增大，其调度和控制难度也成几何级数上升，因此亟待突破多航天器姿轨分布式协同控制、大规模异构星座调度管控等 GNC 关键技术。针对上述需求，未来需重点关注分布式异构多智能体系统决策控制、类脑集群行为智能涌现等基础科学问题，实现大规模异构星群的自主组网、协同控制与快速重构，支撑我国低轨卫星互联网和遥感星座的建设。

4. 地外探测智能无人系统控制

我国嫦娥五号探测器成功实现了月球探测采样返回，后续计划进行火星采样返回任务，相应的地外探测无人系统控制技术关系着任务的成败。然而，巡视探测任务面临环境复杂不确知、通信时延大以及器上资源约束严苛之间的冲突，为进一步提高任务效能，实现星表大范围安全巡视探测，亟须突破地外探测无人系统智能感知与精准操控等 GNC 关键技术。针对上述需求，未来需重点关注先验知识欠缺带来的小样本训练问题，地外环境物理化学特性不确知导致的操控风险问题，低功耗、低主频和低存储约束下的智能计算问题，支撑我国月球科考站、载人登月、火星探测任务的实施。

5. 跨域航天器自主控制

跨域航天器是近年来国内外涌现出的新概念特种航天器，其飞行环境变化大，导致控制对象具有强非线性、强耦合性、强不确定性，对 GNC 技术提出较高的要求。目前亟待突破全速域高抗扰飞行控制、制导控制一体化、任务降级与故障可重构等 GNC 关键技术。针对上述需求，未来需重点关注复合抗扰、预设性能、在线学习等先进控制理论的研究与应用，支撑我国航班化航天运输系统的建设。

6. 在轨建造与维护控制

在轨服务相关技术在未来天基基础设施建设、载人航天等任务中具有举足轻重的地位，目前亟待突破翻滚空间目标探测识别和主动消旋控制、非合作目标多机械臂协同抓捕控制、受限空间下的柔顺精细操作控制等GNC关键技术。针对上述需求，未来需重点关注多模态智能感知、多智能体协同控制等基础科学问题，支撑我国下一代空间站、空间太阳能电站等大尺度航天器的在轨建造与维护以及空间碎片清除等重大航天工程的建设。

附表　航天制导、导航与控制技术领域专业技术体系表

一级专业	模式识别与智能系统	检测技术与自动化装置	控制理论与控制工程	导航、制导与控制
二级专业	①深空软着陆与表面起飞上升智能自主GNC技术 ②航天器控制系统的自主诊断重构技术 ③在轨服务GNC技术 ④新概念航天GNC技术（地外探测智能无人系统控制、在轨建造与维护控制方向）	①自主交会对接精确控制技术 ②新概念航天GNC技术（轨道空间博弈控制、地外探测智能无人系统控制方向）	①大尺度柔性航天器动力学行为辨识与分布式控制技术 ②航天器超精超稳超敏捷复合控制技术 ③强鲁棒高可靠航天器控制技术 ④航天器控制系统的自主诊断重构技术 ⑤新概念航天GNC技术（超大结构航天器姿态轨道控制、网络化航天器集群控制方向）	①高精度自适应返回GNC技术 ②自主交会对接精确控制技术 ③深空软着陆与表面起飞上升智能自主GNC技术 ④多航天器/星座编队控制技术 ⑤在轨服务GNC技术 ⑥航天器自主任务规划技术 ⑦新概念航天GNC技术（轨道空间博弈控制、跨域航天器自主控制、在轨建造与维护控制方向）
我国技术水平（相较国际）	领先：无 先进：①②③ 一般：无	领先：① 先进：② 一般：无	领先：②③ 先进：④⑤ 一般：①	领先：①② 先进：③④⑤⑥⑦ 一般：无
目前专业地位	核心：①③④ 重要：②④ 一般：无	核心：② 重要：① 一般：无	核心：②③ 重要：①④⑤ 一般：无	核心：②③④ 重要：①⑤⑥⑦ 一般：无
后续重点发展方向	②③④	②	②③	①③⑦

参考文献

[1] 包为民,祁振强,张玉.智能控制技术发展的思考[J].中国科学:信息科学,2020,50(8):1267-1272.

[2] 袁利,姜甜甜,魏春岭,等.空间控制技术发展与展望[J].自动化学报,2023,49(3):476-493.

[3] 袁利.面向不确定环境的航天器智能自主控制技术[J].宇航学报,2021,42(7):839-849.

[4] 胡军,张锦江,宗红.我国载人航天器制导导航与控制技术发展成就及展望[J].航天器工程,2022,31(6):139-146.

[5] Chai R, Savvaris A, Tsourdos A, et al. A review of optimization techniques in spacecraft flight trajectory design [J]. Progress in Aerospace Sciences, 2019 (109): 100543.

[6] 曹登庆,白坤朝,丁虎,等.大型柔性航天器动力学与振动控制研究进展[J].力学学报,2019,51(1):1-13.

[7] 解永春,张昊,胡海霞,等.我国载人航天工程交会对接控制技术发展[J].航天器工程,2022,31(6):130-138.

[8] Murtazin R, Sevastiyanov N, Chudinov N. Fast rendezvous profile evolution: From ISS to lunar station [J]. Acta Astronautica, 2020 (173): 139-144.

[9] 郑永洁,王泽国.嫦娥五号探测器GNC系统设计[J].空间控制技术与应用,2021,47(5):68-74.

[10] 郭杰,相岩,王肖,等.基于hp伪谱同伦凸优化的火箭垂直回收在线轨迹规划方法[J].宇航学报,2022,43(5):603-614.

[11] 张伟,赵艳彬,廖鹤,等.动静隔离、主从协同控制双超卫星平台设计[J].上海航天,2014,31(5):7-11,30.

[12] Tang L, Feng X, Guan X, et al. Modeling and control of spacecraft with multiple active pointing ultra-quiet platforms [J]. IEEE Transactions on Aerospace and Electronic Systems, 2022, 58 (4): 3524-3537.

[13] 徐广德,武江凯,苟仲秋,等.国外航天器高精度高稳定度高敏捷指向技术综述[J].航天器工程,2017,26(1):91-99.

[14] 袁利,王淑一.航天器控制系统智能健康管理技术发展综述[J].航空学报,2021,42(4):525044.

[15] 沈毅,李利亮,王振华.航天器故障诊断与容错控制技术研究综述[J].宇航学报,2020,41(6):647-656.

[16] Hasan M N, Haris M, Qin S. Fault-tolerant spacecraft attitude control: A critical assessment [J]. Progress in Aerospace Sciences, 2022 (130): 100806.

[17] Lasemi N, Shaker H R. Spacecraft attitude control: Application of fine trajectory linearization control [J]. Advances in Space Research, 2021, 68 (9): 3663-3676.

[18] 孙俊,黄静,张宪亮,等.地球轨道航天器编队飞行动力学与控制综述[J].力学与实践,2019,41(2):117-136.

[19] Andrievsky B, Popov A M, Kostin I, et al. Modeling and control of satellite formations: A survey [J]. Automation, 2022, 3 (3): 511-544.

[20] 肖余之,靳永强,陈欢龙,等.在轨服务若干关键技术研究进展[J].上海航天,2021,38(3):85-95.

［21］李侃. 全球首次商业在轨服务任务成功实施［J］. 国际太空，2020（3）：17-19.

［22］杜永浩，邢立宁，姚锋，等. 航天器任务调度模型、算法与通用求解技术综述［J］. 自动化学报，2021，47（12）：2715-2741.

［23］陈雄姿，杨芳，谢松，等. 北京三号自主任务规划设计与在轨应用［J］. 空间控制技术与应用，2022，48（5）：29-38.

［24］Tipaldi M，Glielmo L. A survey on model-based mission planning and execution for autonomous spacecraft［J］. IEEE Systems Journal，2017，12（4）：3893-3905.

［25］刘滔，陈双. "黑杰克"之"赌台官"自主任务系统进展［J］. 国际太空，2020（504）：32-37.

［26］王帅. 2021年全球深空探测领域发展综述［J］. 国际太空，2022（518）：20-24.

［27］赵力冉，党朝辉，张育林. 空间轨道博弈概念、原理与方法［J］. 指挥与控制学报，2021，7（3）：215-224.

［28］Yang C，Zhang H，Fu W. Pattern control for large-scale spacecraft swarms in elliptic orbits via density fields［J］. Chinese Journal of Aeronautics，2022，35（3）：367-379.

［29］邢琰，魏春岭，汤亮，等. 地外巡视探测无人系统自主感知与操控技术发展综述［J］. 空间控制技术与应用，2022，47（6）：1-8.

［30］张远，黄旭，路坤锋，等. 高超声速飞行器控制技术研究进展与展望［J］. 宇航学报，2022，43（7）：866-879.

研究团队：李　永　解永春　刘　磊　何英姿　魏春岭　汤　亮

审稿人：袁　军

撰稿人：张海博　吴健发　李克行　耿婧雅

航天探测与导引专业发展报告

一、引言

探测与导引技术是一项涉航空、航天、武器装备等多学科、多领域的综合性技术，主要研究内容涵盖环境探测、识别、跟踪、定位、制导与控制、传感检测等，该技术在导弹、航天器、运载火箭等各类设备中发挥探测、导航与控制功能，是现代航空航天系统和装备的重要核心技术。

近年来，由于航天探测与导引研究领域探测目标复杂多样、数据处理和传输需求增加、应用环境极端且复杂，催生先进概念的提出与技术转化，加速推进探测与导引技术的快速发展，探测与导引技术在航天领域特别是军事技术研究方向上进展尤为迅猛。然而，随着航天电子技术的快速发展，当前航天探测与导引技术研究过程中，面临探测场景日益复杂、电磁频谱拥挤、硬件设备空间及重量受限、大数据计算资源不足等技术难题。

针对上述问题，国内外研究人员分别在协同探测、探通一体化、传感器集成、边缘计算与先进计算等方面开展了大量技术研究工作，并产生了新技术突破与新应用转化成果。协同探测方面，美国率先提出联合全域作战、联合全域指挥与控制概念；法国研制多平台态势感知演示验证系统，成为继美国之后第二个具备海军协同交战能力的国家；我国首次完成统一无人机平台多模协同探测任务，增强隐身目标探测能力。探通一体化方面，美国完成微型传感器、5G通信、云计算、卫星通信关键技术研制，满足探通一体化技术在不同场景下的应用需求；我国则完成了多信道技术、自适应调制技术、多模态传感器、多探测传感器等技术攻关。传感器集成方面，美国持续开展系统级封装、三维集成、智能封装等技术；我国关注微机电系统、3D封装方向的技术研发。边缘计算与先进计算方面，欧洲航天局通过边缘计算实现航天器的导航和自主操作；美国航天局通过边缘计算优化国际空间站的资源管理和数据处理，并快速、准确处理火星图像和数据；我国在气象卫星、海洋卫星、北斗卫星系统、民用航天与军用方面均有较大的边缘计算应用，突破了多项关键技术。

二、近五年的主要进展

（一）新技术发展状况

1. 协同探测技术

协同探测指空间上分布的多传感器共同负责探测任务，并对探测场景中各传感器接收的所有数据进行联合处理。在现有航天领域应用场景下，探测系统面临的目标和电磁环境日趋复杂，对传感器测量精度提出了更高要求，仅靠单一传感器难以在短时间对目标进行有效探测，因此需要采用多传感器进行协同探测，以提高探测系统探测性能。协同探测具有探测范围大、目标识别率高、容错性高等特点，在航天领域具有重要的应用价值。

（1）国际方面。协同接战能力（Cooperative Engagement Capability，CEC）是美国海军针对防御巡航导弹对其舰艇的攻击而提出的，其在协同探测上的关键能力体现在复合追踪与识别以及精确提示上，通过将战场上的舰载和机载雷达链接起来，将各节点传感器的探测情况一并处理运算以产生非常精确的单一集成空中图像，允许舰艇与其本身传感器作用距离以外的目标作战。2020年2月，美国参联会和联合参谋部正式提出"联合全域作战"（JADO）概念，以"联合全域指挥与控制"JADC2概念为核心，旨在将太空、网络、威慑、运输、电磁频谱行动、导弹防御等能力结合在一起，与全球竞争对手在各种强度的冲突中竞争。法国海军目前已建成协同交战能力体系，也成为美国之外世界上第二个公开具备独立海军协同交战能力的国家。其协同交战能力体系称为"多平台态势感知演示验证系统"（TSMPF）。该系统与CEC一样，是高质量的态势感知和综合火力控制信息系统，通过将地理上分散的各个传感器实时连接，形成"统一整合的信息图谱"，提升整个传感器集团的协同作战能力。2018年，该系统进行了模拟作战演示，成功对八架"阵风"战斗机组成的模拟打击集团进行了有效的应对和拦截。

（2）国内方面。2018年5月，中国首颗也是世界首颗地球轨道外专用中继通信卫星鹊桥中继卫星成功发射，作为地月通信和数据中转站，为嫦娥四号的着陆器和月球车提供地月中继通信支持。搭载于鹊桥中继卫星上的低频射电探测仪，可以与嫦娥四号低频射电探测仪实现协同观测，并实时向地球传输嫦娥四号探测器从月面背面发出的科学数据，完成月球正、背面的协同探测与数据处理，对深空探测具有重要意义。2021年11月航空工业自主研发了翼龙-10无人机，该型无人机具有航速快、飞行高度高、自主能力强等优势性能。为更好地适配多型任务载荷，首次搭载多种探测载荷，开创了统一无人机平台多模式协同探测的先河。

2022年4月，中国航天科技集团彩虹无人机有限公司完成了国产无人预警机首飞，配合空警-500实现了协同探测与作战，有力增强了我国探测隐身空中目标的能力。协同探测等技术运用提高我国探测隐身目标的能力，让我国能够更好抗击隐身飞机带来的威胁，意义极为深远。

2. 探通一体化技术

当多传感器探测及通信设备在同一平台或同一区域并行工作时，会产生严重的电磁频谱拥挤与干扰、资源利用率低下和管理控制复杂困难等诸多问题。为解决上述问题，国内外专家学者结合微波遥感和通信传输两个技术领域特点，针对探通一体化技术开展了持续数十年的研究和探索。目前，探通一体化技术研究主要聚焦于工程实践，以实现设备功能共用与资源共享。

（1）国际方面。探通一体化技术是将传感器和通信技术相结合，实现无限传输传感器网络和通信网络的集成。美国当前的探通一体化已得到了广泛的应用和发展。传感器技术方面，2020年，美国开发基于MEMS（Microelectro Mechamocal System，MEMS）技术的微型传感器、光学传感器，实现对环境的实时感知和监测。通信方面，2019年，美国5G无线通信技术实现高速、低延迟数据传输，为探通一体化技术提供有力支撑。网络技术方面，2022年，美研究人员开发基于云计算、卫星通信网络的集成化技术，满足探通一体化技术在不同场景下的应用需求。

（2）国内方面。在探通一体化技术研究方面，我国研究机构与企业也取得了一些进展。2018年，由中国航天科工集团有限公司所属的航天行云科技有限公司发起，国内146家相关单位共同组建的天基物联网产业联盟，推动低轨窄带商业通信卫星产业发展，加速推进天基物联网在电力、石油、金融等国民经济领域的规模化应用，2020年5月12日首批两颗卫星行云二号01星与02星完成发射，2021年，第二阶段首批6颗卫星的研制完成，计划实现小规模组网与探通一体化建设。行云工程计划建设中国首个低轨窄带通信卫星星座，未来第三阶段建成后，行云工程将完成由百余颗低轨通信卫星组成的天基物联网星座，实现全球范围内的万物互联。2021年9月，中国电信股份有限公司发布了天通一号卫星应用系统，利用3星协作组网方案，完成了天地通信一体化建设。

3. 传感器集成技术

传感器芯片是将传感器的功能集成到一个芯片上的微电子器件，具备信号处理、控制和接口等功能。传感器芯片通过集成化的设计和制造，可以在多种或特定应用场景下提供更紧凑、高性能和多功能的解决方案。在传感器硬件实现过程中，存在尺寸、重量、系统复杂性、能耗和成本等问题，因此，国内外研究人员针对传感器的芯片化和模组化开展了大量技术研究，以减小传感器的尺寸和重量、简化系统设计、降低功耗、提高能效并降低生产成本，有效推动传感器技术的发展和应用拓展，更好地满足航天探测导引领域的硬件需求。

（1）国际方面。相关技术发达国家重点针对传感器芯片开展系统级封装技术研究，提高传感器芯片的集成化与微型化，大幅降低传感器芯片的空间体积，同时提高数据处理与传输效率。①芯片化。传感器芯片化技术将传感器的功能、信号处理、控制等电路集成在一个芯片上,实现了传感器的高度集成化和微型化。美国德州仪器在高度集成化和微型化技术方面采用三种先进技术:系统级封装技术(System in Package,SiP),该技术将多个芯片和其他组建集成到一个小型封装中,以实现更高集成度和更小封装体积,如2019年推出的SITARA AM6X,采用NanoSOM系统级封装芯片技术,体积仅为12 mm×12 mm;三维集成技术,该技术采用堆叠式封装、堆叠式晶片和垂直通道方法将多个芯片、模块和器件垂直堆叠,缩小空间体积,如2020年推出的DLP 471TE芯片,体积仅为10.8 mm×6.1 mm;智能封装技术,德州仪器推出一种球栅阵列(Ball Grid Array,BGA)无铅微型封装技术,包含自适应焊接技术、硅基BGA封装技术与超薄封装技术,提高了封装质量、可靠性和性能,如2019年推出的TPS543C20-Q1汽车级同步降压转换器,体积仅为3 mm×3 mm。②模组化。传感器模组化技术将多种不同类型传感器集成在一起,从而实现更高的集成度和更便于应用的传感器组合。美国苹果公司重点在自适应算法和网络连接方面开展了研究,以帮助传感器模组更好地适应不同场景和用户需求:自适应算法,苹果公司主要采用了统计学方法、深度学习方法、反馈控制方法根据不同的应用场景和用户需求,自动调整传感器的采样率、采样精度和算法运行方式,从而实现更精准、更高效的数据采集和处理;网络连接技术,苹果公司采用了5G技术、eSIM技术和WIFI 6,为传感器模组提供更加高效、稳定的数据传输通道,提高传感器模组的数据采集、处理和应用效率。

(2)国内方面。我国重点开展微机电系统、3D封装技术与低功耗技术研究,更多关注芯片的功耗管理与数据处理能力,实现功耗和性能的最优平衡。①芯片化。中芯国际在传感器芯片化高集成化方面主要采用了两种技术:微机电系统技术MEMS,中芯国际采用MEMS惯性传感器制造技术将MEMS传感器、ASIC和封装基板三者集成在一起,实现了传感器芯片化,如2018年3月推出的BMA456加速度计,实现了集成度的提高和体积的缩小;3D封装技术,中芯国际采用了硅通孔(Through Silicon Via,TSV),通过在芯片上开孔并填充导电材料,实现不同层次的芯片连接,同时采用了晶圆级别的封装技术,将多个晶圆进行堆叠,再进行切割和封装,从而实现高度集成芯片,如2021年9月推出CS1331芯片。②模组化。2018年6月,华为基于海思麒麟970芯片的AI模组技术主要采用了两种先进技术:软硬件协同设计,海思970芯片内部集成了多个AI加速器和高性能CPU和GPU等硬件资源,采用了异构多核加速器和神经网络加速器,并同时具备完善的软硬件开发工具链和编程接口,通过对芯片的软硬件协同优化,最大限度发挥芯片的性能和能力;智能化功耗管理,为了提高各功能模块性能并保证更低的能耗,采用了动态电压频率调节技术和智能调度技术,以实时检测芯片的工作负载,根据负载情况动态调整电压、频率等参数,以达到功耗和性能的最优平衡,最大限度地降低功耗,延长设备的电池寿命,为模组的高性能和低功耗提供了坚实支撑。

4. 边缘计算与先进计算技术

边缘计算作为一种分布式计算模型，通过将数据处理和计算能力从中心化的云端延伸至离数据源和终端设备更近的边缘节点，以实现实时性、低延迟和隐私保护等要求的计算任务。边缘计算作为数据的入口，具有连接性、约束性、分布性、融合性、智能性以及安全性等属性和特点，有利于需要实时处理和响应的场景。然而边缘计算在软硬件选型方面存在"碎片化、异构性"的问题，同时其落地部署也存在"部署难度大、涉及环节多"的难题。当前，智能模型与目标硬件适配度低和适配难成为智能边缘计算的主要矛盾。

（1）国际方面。2018年，欧洲航天局与卡尔斯鲁厄理工学院合作，使用边缘计算技术提高航天器的导航和自主操作能力。同年，美国航空航天局（NASA）宣布与HPE公司（Hewlett Packard Enterprise）合作，使用边缘计算技术来优化国际空间站的资源管理和数据处理，该技术将计算任务从传统的地面计算机转移到了国际空间站上的服务器，从而缩短了数据传输时间，提高了数据处理效率。2019年，英国宇航局与英国企业Atos合作，推出一项利用边缘计算技术处理火箭发射数据的项目，以提高发射效率和安全性。2020年，NASA利用边缘计算技术对火星勘测轨道飞行器进行升级，以更快速和准确地传送火星图像和数据。2021年，欧洲航天局与卡尔斯鲁厄理工学院再次合作，开展一项旨在利用边缘计算技术提高天文望远镜数据处理效率的研究项目。

（2）国内方面。2019年1月，华为与中国气象局合作，共同开展气象领域边缘计算技术的研究和应用，利用边缘计算优势，提供一套完整的气象大数据解决方案。2020年7月，北斗卫星系统与车联网结合应用，通过边缘计算技术实现了车辆定位、导航、监控等功能。2020年9月，领存技术有限公司开发的智能边缘计算平台参加第六届北京军博会，领存智能边缘计算平台主要面向传感器端侧设备关键数据的高速实时采集、智能计算和记录存储，可满足航空、航天、舰船和兵器等不同装备环境应用，为深度学习和推理提供强大算力。2021年12月，华为云边缘计算技术在太空得到成功验证，将边缘计算与卫星计算平台融合，使卫星在太空中可同时调用边缘和中心云的资源并具备AI能力和多任务处理能力。2022年10月，中航无人机开发了基于边缘计算的无人机智能计算系统，该系统结合智能无人机平台，利用平台机动性强、易于部署的优点，更加快速灵活地为地面用户设备提供边缘计算服务。2023年1月，我国"创新X"系列首发星——空间新技术试验卫星第二批科学与技术成果发布，由中国科学院半导体研究所、自动化研究所、微小卫星创新研究院及浙江大学航空航天学院空天信息技术研究所联合研制的异构多核智能处理单元也取得了首批成果。半导体所的低功耗边缘计算型智能遥感视觉芯片，实现了遥感图像的高速智能化目标检测。

（二）研究团队

目前，国内有关探测与导引技术的研究团队主要分布在中国航天科技集团有限公司、中国航天科工集团有限公司、相关高校等单位。

1. 北京遥感设备研究所

北京遥感设备研究所是我国精确制导专业骨干研究所，产品涉及海、陆、空、天等领域。主要专业包括微波、毫米波系统工程及红外光学系统工程总体技术，微波、毫米波接收与发射技术，信号与信号处理技术，自动控制技术，天馈系统与天线罩技术，通信工程技术，模块电源技术，特种器件与微组装技术，结构设计及制造技术，可靠性技术。北京遥感设备研究所承担并做出重大贡献的国家某重点工程，荣获国家科学技术进步特等奖，被国家五部委授予高技术武器装备发展建设工程突出贡献奖；承担研制的载人航天工程用测量敏感器——交会对接雷达，在我国天宫一号、神舟八号、神舟九号交会对接任务中，完美实现"太空之吻"，荣获"载人航天突出贡献单位"称号；承担研制的星载降水测量雷达作为风云三号气象卫星的重要有效载荷，填补了我国在星载主动式气象遥感仪器的技术空白。

2. 上海无线电设备研究所

上海无线电设备研究所是我国从事精确制导、光电探测与遥感、数据通信、电磁散射辐射与环境效应、卫星有效载荷、电磁环境效应等技术研究、产品研究、研制、试验、生产的国家重点科研事业单位。目前拥有一个国家级重点实验室、两个上海市级重点实验室和工程技术中心以及集团公司精确制导研发中心、交通感知雷达技术研发中心、上海航天技术研究院激光探测技术研发中心等优势科研平台，并与国内外多所高校、研究机构建立了联合实验室，科研实力、科研基础条件、科研成果处于国内领先，致力发展成为具有国际竞争力、科研生产智慧化的小型产业集团和国内领先、国际一流专业研究所。

3. 中国空空导弹研究院

中国空空导弹研究院隶属中国航空工业集团公司，是国家专业从事空空导弹、发射装置、地面检测设备和机载光电设备及其派生型产品研制及批量生产的基地，是我国国防科技工业重点研究院所。导弹院作为研制"高精尖"武器的国家队，研究领域涵盖导弹总体设计、导航制导、自动控制、红外、激光、微波、通信、信号处理、计算机、火箭发动机、机械设计与制造等100多个专业技术领域。拥有一流的科研队伍，拥有国内一流的厂房、实验设施，专用仪器和设备万余台（套）；拥有先进的制造、批量生产能力和现代化试验等手段，完备的管理体系让产品质量得以保障。导弹院高度重视青年科技人才的使用和培养。

4. 北京航空航天大学

北京航空航天大学是工业和信息化部直属的重点建设高校。"十五"以来，共获国家三大科技奖励70余项，其中，2004年以来获得15项国家级科技奖励一等奖、3项国家自然科学二等奖。研制发射（试飞）成功的多种型号飞行器填补了中国国内多项空白，如中国第一架轻型旅客机北京一号、亚洲第一枚探空火箭北京二号、中国第一架无人驾驶飞机北京五号、蜜蜂系列飞机、共轴式双旋翼无人驾驶直升机等；在航空动力、关键原材料、核心元器件等瓶颈领域的研究取得突破，研制成功中国首个新型临近空间飞艇；牵头设计研制的某型无人机定型并执行重要任务，在纪念抗战胜利 70 周年阅兵中位居无人机方队阵首。

三、国内外发展比较

（一）协同探测技术

国内在卫星的系统探测方面取得了一些进展，如鹊桥中继卫星与嫦娥四号探测器间的协同探测技术，北斗卫星导航系统的建成，并逐渐向全球推广。武器装备方面，定型或研制装备初步具备单平台和单信源的目标打击能力，尤其在图像方面有较大发展，但是距离网络化协同探测能力还有一定差距，特别是在多平台融合、打击策略及高速实时数据链等方面未取得技术突破。

国外方面，美、法两国的协同探测系统发展成熟，已应用于实战，并在工程应用上有所建树，例如美国的"SBIRS"预警卫星系统是目前世界上最先进的卫星预警系统之一。总的来说，国外的技术相对成熟，具有较高的应用价值和实用性，而国内则还需要在技术、设备和应用方面进一步发展和完善。

（二）探通一体化技术

我国探通一体化技术在航天事业中取得了一系列重要成果。嫦娥探月工程中，采用 S 波段通信与激光通信技术，实现与地面高速数据传输和实时图像传输；天舟货运飞船和空间站建设任务中，采用高速 Ka 波段通信技术，满足航天器与地面快速通信需求。

国外，以美国、欧洲、俄罗斯等国家和地区的探通一体化技术处于领先方面。NASA 和欧洲航天局（ESA）是目前全球最为重要的航天探测机构之一，在深空探测中，采用 X 波段通信和光通信技术，提高通信速率和可靠性；在近地轨道和低轨道探测中，采用 Ka 波段和 Ku 波段通信技术，保证数据传输的稳定性和实时性。此外，俄罗斯在多次月球、火星探测、太空站建设方面也积累了丰富的探通一体化技术。

（三）传感器集成技术

我国在传感器芯片化方向主要关注小型化和集成化、功耗优化以及通信互联。小型化和集成化方面，将技术突破点放在采用 MEMS 技术制作微型传感器，以及采用三维封装和集成技术将多个传感器集成在一个芯片上；功耗优化方面，国内研究人员正在探索用人工智能等技术实现智能功耗管理，以及采用低功耗设计、优化传感器系统的供电管理等方法来降低功耗；通信与互联方面，国内将研究重点放在基于无限感网络的传感器芯片技术，以及采用远距离无线电（Long Range Radio, LoRa）和窄带物联网（Narrow Band Internet of Things, NB-loT）等低功耗无线通信技术实现传感器芯片的远程监测和数据传输。

我国传感器模组化的发展方向为简化传感器系统的集成和设计，国内研究重点在探索基于芯片级模组的传感器模组化技术，以及采用模块化设计、模块化接口等方法实现传感器模组的快速设计和组装。

国外在传感器芯片化方向与国内相同。小型化和集成化方面，国外在小型化方面已经非常成熟，虽然也采用了 MEMS 技术，但比国内工艺领先很多，部分公司已经开始研究基于纳米技术的传感器芯片化，国外在集成化方面同样处于领先状态，已经实现了多种传感器的集成，并已开始研究基于光学和声学等非电学信号的传感器芯片化；功耗优化方面，国外的传感器芯片化技术在功耗优化方面非常成熟，可以通过深度睡眠等技术降低芯片功耗，现在同国内一样，正在研究智能化功耗管理算法，根据实际应用场景动态调整功耗；通信与互联方面，国外传感器芯片化技术已实现多种通信方式集成，如 NB-loT，目前开始研究基于区块链和人工智能等技术的传感器互联方案。

国外模组化的发展方向为以下三方面：全数字传感器模组化，直接将传感器输出的数字信号传递给微处理器，不需要进行模数转换，从而可以更加简化电路设计，提高精度和可靠性；低功耗传感器模组化，设计低功耗无线传感器网络，进一步降低传感器模组功耗；多模传感器模组化，国外研究人员正在探索将多种传感器整合到一个模组中，以实现多模传感器模组化。

（四）边缘计算与先进计算技术

我国在基础理论、技术应用、实践探索方面具备一定研究优势。基础理论方面，我国重点开展边缘计算安全性、能耗优化方面研究；技术应用涵盖空间站建设、航天器指挥与控制等领域；实践探索方面，国内企业与学术机构如华为、阿里、腾讯等率先推出了边缘计算相关产品与解决方案，虽然在近年来边缘计算技术的应用取得了较大进展，但仍需要在技术水平和基础设施建设等方面加强。

国外在网络架构、算法优化、标准化方面具备一定研究优势。网络架构方面，美国针对边缘计算的网络拓扑结构、边缘计算的数据中心等开展研究；算法优化方面，国外研究者在边缘计算与人工智能结合方面开展深入研究，利用边缘计算优化人工智能算法、利用人工智能算法提升边缘计算性能；标准化方面，OpenStack、OpenFog 等开源组织都在推动边缘计算的标准化与开源化，应用领域涵盖了卫星遥感数据处理、自主导航、火箭发射等。

四、发展趋势与展望

（一）协同探测技术

结合当前国内外多体制协同探测关键技术的研究和发展，未来发展"弹－星－地"三位一体跨域协同感知架构设计和跨域多尺度多源异构信息关联。

（1）"弹－星－地"三位一体跨域协同感知架构设计。受战场态势感知信息获取能力及处理时效性所限，仅凭借单一手段难以实现对重点目标的准确识别与选择性攻击，应充分发挥弹载探测器、天基卫星和地面平台等各体制下信息处理优势，提升多平台协同感知节点规划效能，研究综合各平台的高效协同态势自主感知的一体化跨域协同感知架构，解决多传感器设计分离、各自封闭、接口多样、集成时长等现实难题，形成信息网络互联互通，构建多平台探测传感器联合引导机制，实现预警探测－搜索识别－末端引导的全链路信息保障与快速处理能力，提升协同探测能力。

（2）跨域多尺度多源异构信息关联。对战场目标识别面临的类型多、分布广、机动性强以及主被动传感器数据定位精度差异大、异构平台数据获取目标信息时空不同步等问题，需探索多源异构数据（包括星载/弹载/舰载等不同平台的各类传感器获取的目标图像、姿态、位置及特征数据）的目标关联技术研究，包括多源异构数据的统一表示、大时延异构数据时空对准、多源信息自适应快速关联等多方面关键技术。

（二）探通一体化技术

（1）功能共存。将分立的通信系统与探测系统集成在同一物理平台，作为两种功能形态共同存在，重点突破干扰消除技术、资源管理技术、频谱共享技术，避免相互影响。

（2）能力互助。探测能力与通信能力相互配合，实现探测辅助通信或通信辅助探测，重点突破一体化架构设计、一体化波形设计、一体化波束赋型设计，一方为另一方提供辅助从而增强其性能，区别于功能共存，由于引入了探测通信互助模式，二者可获得比独立工作更好的性能。

（3）网络互惠。通信与探测实现全方位、多层次的深度融合，建立多平台传感器接口标准，形成网络互惠的统一互联互通模式，使探测网络与通信网络互惠共赢，重点突破多点探测、协作组网等技术，通过对探测与通信网络的联合优化，在新性能架构下，实现系统的整体性能实现最优。

（三）传感器集成技术

（1）低成本、低功耗、小型化、集成化。随着制造工艺的进步和封装技术的创新以及智能化与物联网技术的普及，芯片制造呈现成本降低、功耗优化、小型化及集成化的趋势，在实现低成本、高寿命发展目标的同时，对多样化、复杂化应用场景适应能力提升。

（2）基于人工智能的多信息融合。传感器芯片和模组将与人工智能、云计算、大数据等新技术相结合，实现更加智能化的数据采集、处理和分析，提高传感器数据的准确性、实时性及可靠性，更好地适应不同应用场景和需求。

（3）安全性和可靠性不断提高。随着物联网的快速发展，对传感器的安全性和可靠性要求越来越高。未来五年，传感器芯片和模组将加强安全性和可靠性方面设计，加强数据加密和身份认证、强化硬件安全、采用智能监测和预警技术、加强质量控制等手段，保证传感器芯片和模组设备的安全性和可靠性。

（四）边缘计算与先进计算技术

（1）引入 5G 网络技术。利用传感器收集探测环境大量数据，使用专用 5G 网络，提升传感器网络互联互通、可重构、实时数据分析能力，在边缘侧收集比传统探测传感器更多的数据，支撑飞行器环境适应能力快速生成。

（2）突破开放式标准与框架。打通各传感器信息壁垒，提高探测与导引效率，开发开放式、易迁移的边缘计算标准与框架，优化信息融合渠道，提高探测效率与导引精度。

（3）构建联邦学习与巨型模型。传感器网络数据可分散存储在各个感知节点上，利用联邦学习模式，即可在拥有本地数据的节点之间进行分布式模型训练，在不需要交换本地个体或样本数据的前提下，仅通过网络交换模型参数或中间结果的方式，构建基于虚拟融合数据下的全局巨型模型，有效提升探测系统协同计算效率以及实时数据分析能力，同时增强数据安全性。

附表　航天探测与导引技术领域专业技术体系表

一级专业	航天探测技术	导引技术
二级专业	① 协同探测技术 ② 协同探测与导引操作系统 ③ 多体制复合探测与导引 ④ 高精度授时与时空基准同步技术 ⑤ 边缘计算与先进计算技术	① 探通一体化技术 ② 传感器集成技术 ③ 高性能可重构天线技术 ④ 高精度目标检测技术 ⑤ 在线博弈对抗技术
我国技术水平 （相较国际）	领先：③④ 先进：⑤ 一般：①②	领先：④ 先进：①③ 一般：②⑤
目前专业地位	核心：③④ 重要：①②⑤ 一般：无	核心：②④ 重要：①③⑤ 一般：无
后续重点发展方向	①⑤	①②

参考文献

[1] 刘永才. 新形势下武器装备发展思考[J]. 战术导弹技术, 2020, 202（4）：1-12.

[2] 韩志钢, 卿利. 多节点传感器协同探测技术综述与展望[J]. 电讯技术, 2020, 60（3）：358-364.

[3] 王波兰, 施裕升, 王晓科. 面向防空实战问题的协同探测发展研究[J]. 雷达科学与技术, 2021, 19（5）：598-603.

[4] 邓力源, 杨萍, 刘卫东. 美军航母战斗群CEC系统发展现状及对其攻击策略[J]. 飞航导弹, 2022, 422（2）：80-83, 89.

[5] 陈彩辉, 缐珊珊. 美军"联合全域作战（JADO）"概念浅析[J]. 中国电子科学研究院学报, 2020, 15（10）：917-921.

[6] 杜艳波. 从"多域战"到"联合全域作战", 究竟有何玄机[J]. 军事文摘, 2020, 467（11）：56-59.

[7] 李洁, 罗军, 马艳, 等. 美军协同交战系统的发展启示[J]. 电讯技术, 2021, 61（7）：913-918.

[8] 石钊铭. 多体制协同目标智能识别技术发展综述[J]. 舰船电子工程, 2022, 42（1）：5-8.

[9] 肖博, 霍凯, 刘永祥. 雷达通信一体化研究现状与发展趋势[J]. 电子与信息学报, 2019, 41（3）：739-750.

[10] 卢俊, 张群飞, 史文涛, 等. 探测通信一体化研究现状与发展趋势[J]. 信号处理, 2019, 35（9）：1484-1495.

[11] Zheng L, Lops M, Eldar Y C. Radar and Communication Coexistence：An Overview：A Review of Recent Methods[J]. IEEE Signal Processing Mag, 2019, 36（5）：85-99.

[12] Liu F, Cui Y H, Masouros C, et al. Integrated sensing and communications：Toward dual-functional wireless networks for 6G and beyond[J]. IEEE Journal on Selected Areas in Communications, 2022, 40（6）：1728-1767.

[13] 彭木根, 刘喜庆, 刘子乐, 等. 6G通信感知一体化理论与技术[J]. 控制与决策, 2023, 38（1）：22-38.

[14] 罗健, 段宗明. 片上雷达技术研究进展及发展趋势[J]. 雷达科学与技术, 2022, 20（4）：355-369.

[15] 刘若冰, 曹赟, 张大成, 等. MEMS领域新国际提案综述[J]. 标准科学, 2022（S1）：229-232.

[16] 张佳, 韩健. 基于MEMS技术的电子通信技术特点[J]. 现代雷达, 2022, 44（8）：118-119.

[17] 丁春涛, 曹建农, 杨磊, 等. 边缘计算综述：应用、现状及挑战[J]. 中兴通信技术, 2019, 25（3）：2-7.

[18] 傅耀威, 孟宪佳. 边缘计算技术发展现状与对策[J]. 科技中国, 2019（10）：4-7.

[19] 边缘计算产业联盟. 边缘计算与云计算协同白皮书（2018年）[EB/OL].[2018-11-25]. http://www.ecconsortium.org/Uploads/file/20190221/1550718911180625.pdf.

[20] SEBASTIAN M.DoD outlines cloud strategy, focuses on JEDIand military AI[EB/OL].[2019-02-05]. https://www.datacenterdynamics.com/en/analysis/dod-outlines-cloud-strategy-focuses-jedi-and-military-ai.

[21] CHARLIE K. Four future trends in tactical network modernization[EB/OL].[2019-01-14]. http://www.army.mil/article/216031/four_future_trends_in_tactical_network_modernization.

[22] 宋奇. 华为云云原生新范式正式公布[J]. 计算机与网络, 2021, 47（22）：74-75.

[23] 网络安全和信息化期刊编辑部. 云厂商的边缘计算布局[J]. 网络安全和信息化, 2021, 59（3）：47-50.

[24]朱特浩. 边缘计算在军事信息系统智能化发展中的应用[J]. 火力与指挥控制, 2021, 46(8): 5-11.

研究团队: 董胜波　苏琪雅　于沐尧　蔺　震　赵　青

审稿人: 杨　刚

撰稿人: 于沐尧　赵　青　徐惠灵　刘　超

航天智能探测与识别专业发展报告

一、引言

航天智能探测与识别技术是指航天领域中利用新型探测体制与人工智能方法完成目标识别的技术,是空间感知任务的一项关键研究内容,精确高效的目标探测与识别是完成各类目标协同交互、高效打击、态势感知等任务的重要前提。该技术广泛涉及合作目标、非合作目标、干扰性目标等多类目标的类别、状态、部位与位置等关键信息的精确提取,是世界各个航天强国重点关注的核心专业技术。提升航天智能探测与识别的速度与精度,是该领域发展的重要目标。

自人工智能创立以来,其经历了从符号主义(第一代)到连接主义(第二代),再逐步到类脑智能(第三代)的发展历程。20世纪80年代以前,人工智能由第一代符号主义主导,其主要特点为基于知识与经验的推理模型,代表性成果为IBM"深蓝"国际象棋程序。然而,符号主义存在复杂知识刻画难度大、知识获取效率低、应用范围有限等问题。90年代以后,第二代连接主义逐步发展,其特点为基于深度学习为代表的统计学习理论,由数据驱动,代表性成果为谷歌阿尔法围棋(AlphaGo)国际象棋程序。然而,其存在过度依赖大量高质量训练数据、安全性较差易欺骗等问题。

随着"后摩尔定律"时代的来临,传统计算平台算力已接近微电子物理极限,且其依赖的冯·诺依曼体系结构由于内存与计算单元分离的特点,而存在"内存墙"的延迟问题。而航天探测识别领域有着显著的小样本限制与高实时需求,因此,第二代人工智能技术将无法满足行业发展需求。为解决该突出矛盾,第三代人工智能——类脑智能这一新的技术概念逐渐受到关注,并将有望满足航天领域高实时与小样本需求。

作为宇宙中最复杂的系统之一,人脑能在约20 W功耗、10 Hz低频下实现远超计算机的高级智能,是自然界高性能、低功耗计算硬件的典范。人类大脑拥有超级庞大、高度互联的神经回路，尽管神经元传导信号的速度很慢，但凭借分布式和并发式的信号传导方式进行并行运算从而弥补了单个神经元处理速度的不足。总体来讲，人脑可实现与外界环境的交互与自主学习，具有低功耗、高容错、高度并行性、异步信息处理等鲜明优势。

在未来，航天智能探测与识别的发展路径将愈发强调实时性、准确性以及适应性，通过类脑智能技术的赋能，航天智能探测与识别将在计算速度、计算功耗、计算精度等主要指标上得到显著提升，解决现有第二代人工智能技术存在弊端，并将应用于空间目标、高速目标、合作目标等各类目标的精细化探测，实现当前技术手段所不能完成的任务。

二、近五年的主要进展

（一）新技术发展状况

基于第三代类脑人工智能的航天智能探测与识别专业技术主要涉及四个部分：神经形态器件技术、神经形态成像传感器技术、类脑计算芯片技术、脉冲神经网络技术。神经形态器件技术是类脑仿生模拟的元器件基础；而神经形态成像传感器则是当前应用前景最为突出且已开始商用的类脑传感器；类脑计算芯片则是类脑计算的核心平台，其集成了神经形态器件从而实现脑神经系统的模拟；脉冲神经网络则是类脑计算平台上的核心算法。

1. 神经形态器件技术

人脑中，神经元具有接受、整合和传递信息的功能，是构成神经系统结构和功能的基本单位，神经元之间由突触进行连接，神经元和连接突触构成了信息传递的基本通道与回路，被认为是神经系统的学习和适应等过程的关键环节。因此，一般认为实现了模拟生物神经元与突触的行为的电子器件被称为神经形态器件，可分为突触模拟器件和神经元模拟器件。

忆阻器是目前功能最接近神经元和突触的电子器件，能够以与生物大脑高度相似的脉冲时间依赖可塑性（STDP）机制响应脉冲电压，成为近几年研究构建脉冲神经网络硬件电路的热点。忆阻器的阻值依附于激励电压变化，可以看作是具有动态特性的电阻，阻值大小与历史流经忆阻器的电荷或电流有关，改变流经它的电流的流向和大小就可以控制其阻值变化，而且即使电流中断，记忆阻值也不会消失。这种特性正好类似于生物神经突触连接强度随外来信号变化的特性，所以人们用忆阻器来模拟生物神经元与突触，存贮突触权值并进行计算。运用忆阻器构建脉冲神经网络具有以下优势：①可以实现突触权值的连续更新；②纳米级忆阻器可以实现超高密度的集成网络；③网络具有学习和记忆的能力；④忆阻器是无源器件且掉电后信息的非易失性使系统能耗更低；⑤交叉阵列结构增强了信息处理能力并扩充了存储空间。

在忆阻器作为人工突触方面，可利用忆阻器的物理机理去仿照各种形式的突触可塑性，有利于从硬件上实现人工突触，从而实现类脑计算。近五年来，国内外的研究成果主要包括：含磁畴壁的磁隧道结（MTJ）结构模型，该器件通过电压推动磁畴壁改变电导值，利用缺口突触确保了突触重量的不波动性，并允许使用畴壁传播的自旋转移力矩（STT）或自旋轨道力矩（SOT）机制进行高度线性、对称和可重复的重量更新；Wang 等采用金属卟啉 MTPP（metallopor - phyrin）分子作为功能层，其配位位点可以调节氧迁移，使制备的器件表现出平滑、逐渐变化的持久记忆响应。Zhang 等提出一种基于固体电解质聚乙烯吡咯烷酮（PVPy）- 金纳米颗粒（nanoparticle，NP）混合的忆阻器。在施加电压下 PVPy 宽带隙的势垒高度发生改变，正负压下发生复合膜中电子的捕获和复位，从而发生电导的改变，最终实现类双脉冲易化和强直性后增强效应。

在忆阻器作为人工神经元方面，现有忆阻器主要模拟 LIF 模型，该模型极大简化了动作电位过程，但保留了实际神经元膜电位的泄漏、积累以及阈值激发这 3 个关键特征。Huang 等利用易失性器件构建了一个完整且可调的 LIF 神经元电路。在神经元电路中，输入信号流入使得神经元的电导提高，局部分级电压（LGP）分压上升，模拟积分过程。未达到设定阈值时，LGP 的泄漏使得神经元阻态回升，模拟漏电过程。当 LGP 达到设定阈值后，振荡器的脉冲通过 M2 发放脉冲，模拟点火过程。Wang 等利用 CuS / GeSe 导电桥型选通管制作了随机神经元电路。他们利用导电桥阈值开关在物理机理上的阈值漂移，使得神经元发放脉冲的阈值变化，形成概率发放脉冲的神经元，神经元膜电位越高，发放脉冲的概率越高。Huang 等实现了一种可调控概率的退出神经元，并利用此神经元在 MNIST 数据集实现了较好的识别准确率。

2. 神经形态成像传感器技术

神经形态成像传感器，又称为动态视觉传感器（dynamic vision sensor，DVS）或者事件相机（event camera），是一种生物启发的视觉传感器。不同于传统光学相机，事件相机不是以恒定的帧率输出图像，而是仅输出局部像素亮度变化。对于每个像素而言，当亮度变化达到用户定义的阈值时，该像素将输出一个异步事件。因其特殊的光电成像机理，事件相机具有低延迟、高时间分辨、高动态范围、低带宽、低功耗的显著优势，在航天探测领域具有卓越的应用潜能。

事件相机主要有三类：动态视觉传感器（dynamic vision sensor，DVS）、基于异步事件的图像传感器（asynchronous time - based image sensor，ATIS）、动态和有源像素视觉传感器（dynamic and active pixel vision sensor，DAVIS）。这三类事件相机各有优势。动态视觉传感器特点在于仅输出事件信息，无法输出灰度信息，适合对可视化要求低，延迟要求高的场景，如高速目标跟踪等。基于异步事件的图像传感器的特点在于其可以输出事件信息和灰度信息，具有一定的可视性；但在环境亮度变化缓慢时容易出现曝光异常、信息丢失的问题，适合环境亮度变化频繁的高速运动目标探测，如工业实时监测。动态和有源像素视觉传感器同样可以输出事件信息和灰度信息，可视性更优，适用于可视化要求高、动态范围小的场合。

近年来，相关企业在商业事件相机上也研制出了诸多新产品，同时也开始采用新型先进制造工艺实现更优性能的探测芯片生产制造，进一步提升了事件相机的空间分辨率、动态范围、功耗、像素尺寸等关键指标。表1总结了近五年来的主要商业神经形态成像传感器的性能指标。

表 1 近五年主要的神经形态成像传感器参数性能

公司产品型号	年份	分辨率	动态范围（dB）	功耗（mW）	像素尺寸（μm）	是否BSI	工艺节点（nm）	特点
Insightness Rino4	2020	1024×768	>100	—	7.2×7.2	是	—	事件流
IniVation DVS346	2017	346×260	120	10~170	18.5×18.5	—	180	事件流+帧图像
Prophesee Gen4 CD	2020	1280×720	>124	32~84	4.86×4.86	是	90	事件流
CelePixel CeleX-V	2019	1280×800	120	390~470	9.8×9.8	—	65	事件流+帧图像
Alpsentek ALPIX-Eiger	2022	800万像素	110	—	1.89×1.89	是	—	事件流+帧图像
Samsung DVS-Gen4	2020	1280×960	100	150	4.95×4.95	是	65/顶，28/底	事件流
Sony IMX636	2021	1280×720	86	—	4.86×4.86	是	40	事件流

根据表1分析可知，事件相机相较于传统光学相机的显著优势在于其动态范围更优，功耗更低。此外，事件相机响应速度为微秒量级，同样显著优于传统相机。

近五年来，为进一步提升事件相机探测性能，国内外学术界提出了一些新型事件相机。

三星高级科技研究所于2017年提出了使用G-AER协议的高速事件相机DVS-Gen，该相机为640×480的VGA分辨率，像素间距为9 μm。为了在高分辨率（VGA）下也能高速获取数据，实现了完全合成的字串行组地址事件表示（g-AER），该表示通过将相邻的8个像素绑定到一个组中来并行处理大量事件，由此实现了300Mbps的数据速率。

南洋理工大学于2018年提出光流事件相机Cele X-4/5，将像素渲染模块（PRM）引入到动态视觉传感器（DVS）中，并提出了一种具有PRM和异步灰度事件的运动传感器，可实现事件相机光流提取。PRM使每个像素能够与其相邻像素通信，使得单个活动像素可以强制激活其相邻的非活动像素，以提供足够的数据用于光流计算。此外，传感器输出异步事件包，包括像素位置、时间戳及其相应的照明。

苏黎世联邦理工大学提出了彩色事件相机SDAVIS192，改进了DAVIS传感器，具有更高时间对比灵敏度。对于对数强度的负变化（OFF事件），时间对比度阈值可以设置为1%；对于正变化（ON事件），可以设置为3.5%。通过采用像素内前置放大级可以实现这一目标。该前置放大器降低了传感器的有效段内DR，但自动操作区域控制允许关闭事件的DR至少达到110 dB。

香港理工大学于2019年提出了两端结构的Pd/MoOx/ITO ORRAM感知紫外光器件，其具有图像存储和图像预处理功能，在365 nm光照下由高阻态变成低阻态，通过施加一个负偏压，可以对其进行复位操作。其具有记忆功能，在紫外光下将图像投射到图像传感器，停止光照3分钟后，阵列依然能够记住图像，并且光照越强记忆越明显。还可实现对比度增强和降低噪音，模拟人类视网膜的功能，简化神经形态视觉系统的电路和降低功耗，有助于进一步提升动态视觉信息的处理效率。

维也纳科技大学于2020年提出可重构的二维半导体WSe2光电二极管阵列，同时具备光信息感知和处理的功能，适合应用在超快的机器视觉领域。每个光电二极管的光响应特性可以由两个分立的栅极独立控制，每个器件的光响应度（突触权重）可以存储在一个连续可调的光响应矩阵中。可以执行监督式学习和非监督式学习，通过训练可以对图像进行分类和编码。这样的神经网络视觉传感器进一步实现了感存算一体化，在集成度、工作效率和能耗方面都具有巨大的优势。

根据近五年来的研究进展可以看出，新型事件相机将结合越来越丰富的视觉要素，并在原理和性能上逐渐接近生物视网膜，在动态范围、空间分辨率、生产成本等多项指标上得到优化，与硬件配套的事件流数据处理相关算法也将迎来迅速发展。

3.类脑计算芯片技术

类脑计算芯片，泛指受脑启发、通过大规模并行计算平台，为通用智能问题提供高效率解决方案的一种新型信息处理架构。与深度学习专用处理器仍基于冯·诺依曼处理器架构不同，神经形态工程致力于构建更加类脑的硬件计算架构。该领域的发展，是由于许多学者意识到冯·诺依曼计算与存储分离的架构瓶颈愈加显著，加之依靠摩尔定律物理微缩提高密度从而提高计算性能的驱动方式越来越困难，因此提出类脑计算芯片概念，打破"内存墙"界限，提升计算效率。

类脑计算芯片与深度学习专用处理器区别主要有3点：①深度学习专用处理器主要支持深度神经网络（DNN）模型，借鉴大脑层级处理与学习训练的特性；类脑计算芯片主要支持脉冲神经网络（SNN）计算模型，更多借鉴大脑时空关联特性。②深度学习专用处理器基于典型的冯·诺依曼处理器架构，存储和计算相互分离；类脑计算芯片借鉴大脑存储和计算相互依存的一体化特性，将存储和计算真正融为一体。③深度学习专用处理器虽然采用多核并行处理致力于DNNs算法的高效实现，但其I/O数据交换需要通过一些全局调度才能实现，因此各功能核之间并行有一定的时序约束性；而类脑计算芯片及系统旨在构建和模拟大脑海量神经元群的并行处理机制，每个计算功能核都有独立的路由模块完成I/O数据交换，是一种典型众核分布并行架构，整体不需要全局调度而呈现去中心化流水运行的状态。

基于上述类脑计算芯片特征，其具有众核并行流水速度更快、存储处理一体化能效更高、去中心化扩展性更好的优势，也表现出了更优的低功耗水平和更好的序列数据处理能力，因此受到学术界和工业界的密切关注，近五年在国内外形成了一些典型研究成果。

继天机芯Ⅰ和天机芯Ⅱ之后，清华大学于2022年发布天机芯X，可以以节能的方式同时运行跨计算范式的多种AI算法，支持计算资源的自适应分配和每项任务的执行时间调度，并处理多种机器人协调方式。天机芯X的核心内存模块由五个静态随机存取内存（SRAM）块组成，总容为144 KB。通过高位宽并读写访问接口，整个芯片在400 MHz时可以拥有高达5.12 TB/s的内存访问带宽，由于优化了片上内存利用率，实现了单位面积计算能高达0.2 TOPS/mm^2。实验结果表明其功耗与延迟远低于英伟达的典型边缘计算平台。

浙江大学于2020年与之江实验室联合研发出国内首台类脑电脑Darwin Mouse，这款类脑电脑含有浙江大学研发的792个达尔文Ⅱ代类脑芯片，支持1.2亿个脉冲神经元和近1000亿个突触，相当于老鼠大脑神经元的数量，其典型的运行功耗只有350~500 W。同时，它也是世界上最大的带神经元的类脑计算机。应用方面，Darwin Mouse已助力实现了抗洪抢险场景下多个机器人的协同工作，丘脑外侧膝状核的神经网络模型建立，学习–记忆融合模型的建立，脑电信号的稳态视觉诱发电位实时解码。

国际上主要的类脑芯片有IBM的真北芯片、高通公司的Zeroth NPU、曼彻斯特大学的SpiNNaker、苏黎世联邦理工的ROLLS等。此外，英特尔于2021年发布LoihiⅡ，采用7nm工艺，面积缩小了一半，但依旧带有100万个神经元（即一代Loihi的8倍）。芯片处理性能也大大增进，速度为LoihiⅠ的10倍。其中包含了128个神经形态的核心以及三个低功耗X86核心，集成了12.8万个神经元、1.28亿个突触，而每一个神经元拥有24个变量状态。该芯片为当前性能最突出的商业类脑芯片，并设立了专门的公开研发社区以开展软硬件生态建设。

4. 脉冲神经网络技术

与传统人工智能采用深度神经网络不同，类脑计算采用脉冲神经网络，以大量的神经科学理论和实验结果为依据，包括感知信息处理、学习、认知与记忆等功能为一体的智能化计算。脉冲神经网络（Spike Neural Network，SNN），以异步、事件驱动的方式进行工作，更易于在硬件上实现分布式计算与信息存储，能实时处理多感官跨模态等非精确、非结构化数据。SNN与人工神经网络（Artificial Neural Network，ANN）的主要区别在于ANN采用纯数字编码机制，神经元输入输出都是数值（浮点数、定点数或者模拟值）；而SNN则是脉冲时间编码的，神经元的输入输出都是脉冲序列。SNN仅处理神经网络中有脉冲发生的神经元，因此相较于ANN，具有更低功耗的优势。且SNN输入形式即为脉冲形式，具有序列数据处理优势。

近年来，SNN主要有三个发展方向：以理解生物系统为目标的SNN、以追求卓越计算性能为目标的 SNN、适配 SNN 的软硬件框架。

以理解生物系统为最终目标的 SNN，其核心理念要尽可能地满足已知的生命科学发现，如脉冲时序依赖可塑性（STDP）、短时突触可塑性（STP）、神经元侧抑制（Lateral inhibition）、Dale 准则（同一个神经元的突触类型相同，突触权值同为正或同为负，且不可相互转换）、兴奋 – 抑制神经元平衡、树突棘动态生长消亡、生物自组织反向误差传播（SBP）、目标传播（TP）及其上述准则的不同变体等。通过将这些受生物现象启发的学习规则加入到 SNN 学习框架中来，以尝试让 SNN 具有类人认知水平的多模态信息处理能力、低能耗运算能力、鲁棒认知能力等。然而，拥有后向传播（BP）机理的 SNN 在部分数据集上表现出很好的效果，但 BP 机理对生物可解释性的帮助微乎其微，因此，如何权衡性能与生物可解释性，使两者合二为一，是未来的一个重要研究方向。

以追求卓越计算性能为目标的 SNN，其方法不局限于生物约束，特别地可以采用基于 BP 的不同变体实现 SNN 的优化，如代理梯度，BP 训练 DNN 后转化为 SNN，对 SNN 的 Spike 平滑近似使其满足可微分条件，以及其他以 BP 为基础的近似或等价优化等。此外，还有受到生物网络含噪运算的启发的将现有的 LIF 神经信息放电看作噪声的一种的多层次的 SNN。另外，近年来出现的将 DNN 预先通过 BP 训练，然后转化为 SNN，也是一种高效的 SNN 实现方法。抑或采用神经元精确放电的 Spike 时刻来表征网络信息的传递，通过限制网络中神经元的脉冲发放次数，通过 BP 的方法根据放电时差来优化调节每层的权重数值。

为促进 SNN 发展，学者们提出了适配 SNN 的软件框架，用来实现不同规模的神经元功能仿真模拟。Neuron 和 NEST 是两个经典框架，支持 Python、C++ 等多类语言接口及可视化界面等，支持刻画较为精细的神经元活动的动力学过程，如 LIF、H–H、Izhikevich 等点神经元，或含有复杂结构的多房室、管道模型等。除此之外，还支持多类突触的单独建模，如电突触、AMPA、NMDA、GABA 等。此外，近年来提出的新的框架还包括 Auryn 支持了信息在网络环路中的学习、记忆。Bindsnet、PyNN 和 Brian 等，基于 Python 语言，较好地支持了多神经元组网可用于特定模式的识别任务，包括图片分类如 MNIST，Cifar–10 等，或语音识别如 TIMIT 等，特别地对于异步数据集有较好的支撑能力（如 DvsGesture、DVS–CifarlO、N–MNIST 等），可以实现关联记忆、自主识别、自主学习等。

（二）研究团队

目前，国内有关航天类脑智能探测与识别技术的研究团队主要分布在中国航天科技集团有限公司、中国航天科工集团有限公司、中国电子科技集团有限公司和相关高校等单位。

1. 上海无线电设备研究所

上海无线电设备研究所以目标特性、近程探测、制导技术为核心专业，为上海市高新技术企业，长期从事各类高科技航天设备及军民用装备研发制造，拥有多个国家级、上海市等重点实验室，建有航天八院激光探测技术研发中心、中国航天科技集团交通感知雷达技术研发中心等多个航天智能探测技术研究机构。承担包括 973 计划、863 计划、国家自然科学基金等在内的上百项国家和省部级重点预先研究课题，共获得省部级以上科技成果奖 200 余项。

研究所专门设有前瞻研究室，旨在建设智能探测与识别专业，瞄准国内外先进智能技术发展趋势，聚焦"可预见"的工程技术创新，以"开放、协同、融合、创新"为核心理念，引领核心专业发展。研究团队拥有多名中青年科技领军人才以及 9 名博士，在类脑人工智能与新体制探测技术领域拥有深厚的研究基础，研究成果已应用于星载平台、弹载平台以及地基平台的多种新体制探测技术。

2. 浙江大学

浙江大学研究团队是我国最早开展类脑计算机构之一，所属学科为计算机科学与技术，由两位中国工程院院士与一位中国科学院院士领衔，目前处于国内领先地位，在教育部第四次学科评估中获最高等级 A+，是首批国家"双一流"重点建设学科。在该学科基础上，获批建设"人工智能交叉学科"及"人工智能省部共建协同创新中心"。

研究团队依托脑机智能全国重点实验室、教育部脑与脑机融合前沿科学中心，与神经科学、脑科学研究团队有紧密联系和交流，为顺利开展项目研究中关于神经信息编码、脑调控机制和脑功能研究提供了重要支撑。研究团队长期致力于类脑计算领域脉冲神经网络模型和算法、类脑智能计算理论与方法、神经形态芯片与传感器、类脑智能机器人技术与应用、计算神经科学等。

3. 时识科技有限公司

时识科技以苏黎世联邦理工神经信息研究所在神经形态领域近 20 年的学术沉淀为基础，致力于神经形态计算的商业化，擅长超低功耗芯片设计。其创始人包括乔宁博士、苏黎世联邦理工神经信息研究所所长 Giacomo Indiveri 教授等。公司团队累计发表类脑相关文章 1700 余篇，被引用 16000 余次。在深圳、成都、上海等地设立类脑研发中心，成功完成多轮数亿元人民币融资，并形成可量产类脑技术解决方案，公司已成为类脑国际领军企业，引领国际可商用类脑智能技术发展。

在类脑感知及计算芯片方面，时识科技已提出一系列可应用于大规模数字异步电路的芯片设计方法、已掌握一批支持在线学习的类脑芯片架构技术，设计开发了 DynapCNN、Speck、Xylo 等多款边缘端推理的低功耗异步类脑处理器芯片及智能传感器芯片，申请了近百项类脑技术相关发明专利。

三、国内外发展比较

目前航天智能探测与识别正在由传统第二代人工智能向第三代类脑人工智能发展。针对第三代人工智能，国内外研究动态存在一定差异，具体体现在：

（1）在神经元模型与脉冲时空动力学等类脑理论研究方面，欧洲与美国拥有更加悠久的研究历史，早期建立了诸多知名研究机构，已形成相对完整的脑神经科学研究体系。而我国开展脑神经科学较晚，早期相关学者多为海外引进人才，虽至今已逐步健全学科专业，但在脑神经科学、类脑计算模型的理解方面，依然存在较大发展空间，限制了我国类脑智能专业发展水平。

（2）在类脑芯片与神经形态传感器等硬件研制方面，我国同样处于相对落后水平。国际上 IBM、Intel、高通等大型计算芯片研制公司均已开展多轮类脑芯片迭代，已形成较为完整的科研生态环境。而我国的类脑芯片研制仍处于起步阶段，技术路线与应用场景仍处于探索阶段。此外，索尼、三星等大型光电探测半导体公司也已开展神经形态传感器研制与商用；国内则有华为、小米开始布局入股，探索商用可行性。

综上所述，我国开展航天智能探测与识别研究较晚，在生物模型理论与神经形态器件研制方面均相对落后。但近年来我国已陆续启动"中国脑计划"以及"科技创新2030计划"等大型科学研究项目群，在部分技术路上另辟蹊径，获得了令人瞩目的成果。此外，相关技术在工业界逐渐获得资本关注，并出现了一批专注类脑计算与神经形态成像的软硬件公司。未来，应进一步关注专业发展，并加强航天工程应用探索，推动第三代人工智能在自主导航、精确制导、空间任务等方面的工程应用。

四、发展趋势与展望

我国正在实施的"中国脑计划"以及"科技创新2030计划"围绕类脑智能开展了一批研究项目，旨在探索脑认知原理，推动脑疾病理解与诊断以及类脑计算与脑机智能技术。同时，欧美等航天强国也在积极开展新一代人工智能和各自的脑计划，如欧盟的人类脑计划以及美国的大脑研究计划等。随着各国大型研究计划的共同推动，类脑智能探测与识别专业将进入快速发展阶段。该技术衍生出的科技成果也将应用于自动导航、精确制导以及空间目标探测等领域，解决现有第二代人工智能存在的计算负荷高、应用鲁棒性弱以及可解释性差等问题。基于类脑计算智能特点，分析其在航天领域的以下几个方面有较大应用潜力。

（1）高速目标探测跟踪：利用事件相机高速响应与高分辨成像特性，实现目标快速精准探测，并结合类脑芯片的高效计算，实现目标的精确高速识别。

（2）空间目标探测跟踪：事件相机可以在复杂环境背景下开展航天器追踪其他卫星或物体，精确地跟踪目标的位置和运动，提高航天器的导航精度。

（3）自主导航：航天器自主导航需要对各种复杂的环境和任务进行快速准确地判断和响应，类脑计算可以通过自主学习和适应能力对航天器进行自主导航控制，从而实现更高效的任务完成。

（4）决策算法：在航天任务中，决策需要考虑多种因素，例如资源利用效率和信息安全等，传统算法可能无法高效地处理这些因素的综合关系，而类脑计算通过神经网络的高度并行性和自学习能力，可以更好地完成复杂决策算法的设计。

（5）环境交互：事件相机可以利用其低延迟和高速度快速响应环境变化，从而实现与环境之间的快速交互。例如，事件相机可以用于自主导航、决策算法和机器人控制中。

结合我国未来的航天探测需求和类脑智能专业的发展前沿，提出了需要重点关注的四个技术方向和基础性问题，牵引未来航天智能探测与识别技术的创新发展：①低功耗神经形态器件研制；②面向航天任务的事件相机探测技术；③多模异构数据类脑芯片高速处理技术；④可解释轻量化脉冲神经网络构建。

附表　航天智能探测与识别领域专业技术体系表

一级专业	神经形态器件	类脑计算芯片	脉冲神经网络
二级专业	①光电神经形态器件 ②突触模拟器件 ③神经元模拟器件 ④神经形态成像传感器	①类脑芯片架构设计 ②类脑芯片研制工艺 ③类脑芯片映射原理 ④类脑芯片嵌入式开发方法	①神经元模型原理 ②突触可塑性机制 ③信息编码方式 ④学习与训练算法 ⑤多平台编程框架 ⑥多模态数据集
我国技术水平（相较国际）	领先：无 先进：④ 一般：①②③	领先：无 先进：③④ 一般：①②	领先：无 先进：①④⑤ 一般：②③⑥
目前专业地位	核心：③④ 重要：② 一般：①	核心：① 重要：②③ 一般：④	核心：①④ 重要：②③⑤⑥ 一般：无
后续重点发展方向	④	①②	①③④⑤

参考文献

［1］ Samuel Liu, T. Patrick Xiao, Can Cui, et al. A domain wall–magnetic tunnel junction artificial synapse with notched geometry for accurate and efficient training of deep neural networks. Appl. Phys. Lett., 2021, 118（20）：202405.

［2］ Wang Z, Wang L, Wu Y, et al. Signal filtering enabled by spike voltage–dependent plasticity in metalloporphyrin–based memristors［J］. Advanced Materials, 2021, 33（43）：2104370.

［3］ Zhang S R, Zhou L, Mao J Y, et al. Artificial synapse emulated by charge trapping–based resistive switching device

[J]. Advanced Materials Technologies，2019，4（2）：1800342.

［4］ Huang H M，Yang R，Tan Z H，et al. Quasi–Hodgkin–Huxley Neurons with Leaky Integrate–and–Fire Functions Physically Realized with Memristive Devices［J］. Advanced Materials，2019，31（3）：1803849.

［5］ Wang K，Hu Q，Gao B，et al. Threshold switching memristor–based stochastic neurons for probabilistic computing［J］. Materials Horizons，2021，8（2）：619–629.

［6］ Huang H，Xiao Y，Yang R，et al. Implementation of dropout neuroal units based on stochastic memristive devices in neural networks with high classification accuracy［J］. Adv. Sci.，2020（7）：2001842.

［7］ 徐齐，邓洁，申江荣，等. 基于事件相机的图像重构综述［J］. 电子与信息学报，2023，45（8）：2699–2709.

［8］ Son B，Suh Y，Kim S，et al. 4.1 A 640×480 dynamic vision sensor with a 9μm pixel and 300Meps address–event representation［C］//IEEE International Solid–State Circuits Conference. Piscataway，NJ，USA：IEEE，2017：66–68.

［9］ Huang J，Guo M，Wang S，et al. A motion sensor with on–chip pixel rendering module for optical flow gradient extraction［C］//IEEE Interna–tional Symposium on Circuits and Systems. Piscataway，NJ，USA：IEEE，2018：1–5.

［10］ Moeys D P，Corradi F，Li C，et al. A sensitive dynamic and active pixel vision sensor for color or neural imaging applications［J］. IEEE Transactions on Biomedical Circuits and Systems，2018，12（1）：123–136.

［11］ Zhou F，Zhou Z，Chen J，et al. Optoelectronic resistive random access memory for neuromorphic vision sensors［J］. Nature nanotechnology，2019，14（8）：776–782.

［12］ Mennel L，Symonowicz J，Wachter S，et al. Ultrafast machine vision with 2D material neural network image sensors［J］. Nature，2020，579（7797）：62–66.

［13］ Ma S，Pei J，Zhang W，et al. Neuromorphic computing chip with spatiotemporal elasticity for multi–intelligent–tasking robots［J］. Science Robotics，2022，7（67）：eabk2948.

［14］ 吴朝晖. 类脑研究：为人类构建超级大脑［J］. 浙江大学学报（工学版），2020，54（3）：425–426.

［15］ 刘昭辛，吴金建，石光明，等. 面向事件相机的轻量化脉冲识别网络［J］. 中国科学：信息科学，2023，53（7）：1333–1347.

［16］ Woźniak S，Pantazi A，Bohnstingl T，et al. Deep learning incorporating biologically inspired neural dynamics and in–memory computing［J］. Nature Machine Intelligence，2020，2（6）：325–336.

［17］ Stimberg M，Brette R，Goodman D F M. Brian 2, an intuitive and efficient neural simulator［J］. Elife，2019，8：e47314.

研究团队：魏飞鸣　陈必武　盛佳恋　孙　高　陆满君　许倩倩

审稿人：陈　潜

撰稿人：魏飞鸣　陈必武

航天遥测遥控专业发展报告

一、引言

航天遥测遥控技术起源于20世纪40年代，遥控是对远距离的控制对象发送指令以实施控制的技术，遥测是对被测对象的参数进行远距离间接测量的技术。在遥测遥控技术发展的初期，数据和遥测遥控系统是相对独立工作的，但70年代以后，在对卫星等航天器的测控系统中，数据系统趋于集中管理。对于遥测、遥控、轨道测量、姿态控制的数据进行统一采集、统一存储、集中控制。国外通常将遥测、跟踪和遥控（Telemetry, Tracking and Command）统称为TT&C，即测控。

近年来，传统的航天遥测遥控技术内涵与范畴已经不能适应当今航天测控技术的飞速发展和时代要求，根据我们的研究和理解，对新时代下的航天测控技术内涵和范畴给出如下描述：

现代航天测控技术是依托可信任、安全可靠的无线链路或无线网络，对相距一定距离的合作目标的各类参数进行测量，对非合作目标的各类参数进行侦测，对任务域光、电、磁等环境进行监测和态势感知，并调度、重构和控制合作目标，使其完成预定的动作，保证特定任务有效执行的技术。

现代航天测控技术的应用涵盖海陆空天全域范围内的各种目标，以及行星际的各类深空探测器。

二、近五年的主要进展

（一）新技术发展状况

1. 测控标准规范体系

国际方面，传统的测控体系标准包括 IRIG 106、CCSDS 与 ISO TC20/SC13。其中，IRIG 106 是大部分国外飞行试验遥测遵照的国际遥测标准。此标准是美国靶场司令委员会（Range Commanders Council，RCC）下属机构靶场仪器组（Inter Range Instrumentation Group，IRIG）制订的遥测标准，每两年修订一次，目前最新版本是 2022 年 5 月发布的 IRIG106-22。

空间数据系统咨询委员会 CCSDS（The Consultative Committee for Space Data Systems）标准是在美国所提出的国内测控网标准的基础上，以空间站为对象模式提出的国际性航天标准。标准包含白皮书（原始草稿）、红皮书（评审稿）、蓝皮书（推荐标准）、绿皮书（原理性说明等）、黄皮书（记录文件）、紫皮书（推荐标准）、橘皮书（试验规范）、银皮书（过时文件）等。我国航天测控通信技术发展立足自主创新，积极参与标准制定，2021 年 11 月发布的 CCSDS 811.1-O-1 橘皮书，是自 CCSDS 成立以来第一个由中国主导编制的决议书，提出了空间和星内一体化网络协议体系结构。

自 1982 年起 CCSDS 为航天器制定了数据和通信标准，1990 年起 CCSDS 与国际标准化组织（ISO）合作，为此，ISO 技术委员会 20 成立下属委员会 13（ISO TC20/SC13），并且命名为空间数据和信息传输系统。CCSDS 将已经完成的建议书定期提交给 ISO，通过正常的程序进行审阅和投票，通过后批准为 ISO 标准。这些文件保持 CCSDS 文件格式，但附加 ISO 的封面和控制号。这类标准组织的合作有效地促进了美国航天测控通信领域与工业领域的技术共享与融合。

我国遥测遥控标准的制订，参考了美国 IRIG 遥测标准和 CCSDS 标准。经过近 40 年的技术发展和产品的升级换代，部分组件已经用新的技术替代，部分器件已经高度集成，遥测系统的设备已经高度集成化、通用化，旧标准已不再使用。我国遥测标准经过几次修订，目前最新的 GJB 21 遥测标准为 2020 年由北京遥测技术研究所和航天标准化研究所主持修订的《遥测标准 多路信号格式》（GJB 21.2B—2020）。目前，两家单位组织修订了《遥测系统及分系统测试方法 第 5 部分 通用数字基带测试方法》（GJB 383.5B）、《遥测系统及分系统测试方法 第 27 部分 时频单元测试方法》（GJB 383.27A）等标准，预计于 2024 年发布。

2. 测量与控制技术

航天测控技术是随着火箭、卫星、导弹的开发和实验需求而发展起来的，历经数十年，迄今已发展为多维度综合测控通信系统。在产品的一体化方面，国外有较长的研究历史，在许多型号上均有成功应用。美国航空航天局（NASA）的航天通信与导航（SCaN）项目技术部于 2013 年执行"通信、导航、组网可重构试验台"（CoNNeCT）任务，进行新的软件无线电技术试验。

近年来，在国家的大力支持下，我国的航天遥测技术和设备得到了快速发展，遥测码率从 2 Mbit/s 加快到 10 Mbit/s，并采用 MSD+TPC 技术大幅度提升遥测解调性能，遥测频段从主用的 S 频段向 Ka 频段发展，新的遥测体制例如 CPM、FQPSK 等高效率遥测体制得到研究并应用。与靶场传统遥测体制——PCM-FM 体制相比，在相同的解调性能下，CPM 体制至少可压缩 50% 的信号带宽，在航天器测控领域中具有广阔的应用前景。目前，国内科研单位已成功研制出 CPM 遥测基带，遥测数据码率最高可达 60 Mbit/s 以上。

我国目前已建成 C 频段测控网以及 S 频段测控系统网络，研制的测控站涵盖固定站、车载站、飞机站、船载站等主要类型，种类齐全，测控站网的布设可以满足战术/战略导弹的飞行试验和各类型卫星/航天器的发射和运维。近几年来，测控设备已经由传统单测控设备向测运控/数传一体化综合设备发展，一般分为高轨测控数传设备和低轨测控数传设备，主要用于相关卫星的高速数传接收以及日常长管等任务。

3. 跟踪与数据中继技术

随着航天遥测需求变化和新型装备发展，美英等国在指挥控制及情报侦察等领域广泛开展数据链卫星应用，利用静止轨道通信卫星增强数据链超视距指挥控制、广域态势共享及战术情报分发能力，利用中低轨星座实现大容量数传及目标情报实时分发、持续跟踪、目指信息和制导信息的传输。同时，不断补充完善数据链系统的通信协议及消息格式，拓展组织应用和操作流程演习，大幅提升了陆地、海上和跨域联合作战的系统、服务、接入、覆盖等数据链服务保障能力。

国内方面，自天链一号 01 星成功发射以来，我国的中继卫星系统得到快速发展和应用，天链一号 05 星于 2021 年 7 月成功进入预定轨道，至此，中国第一代数据中继系列卫星圆满收官，中国成为世界上第二个具有全球覆盖能力的中继卫星系统的国家。2022 年 6 月，天链二号 03 星发射成功，天链 2 代的 3 颗卫星也实现组网，为各类飞行器提供了高覆盖率的遥测、测控和数传服务。2023 年 5 月，北斗系列第 56 颗导航卫星发射成功，这是我国北斗三号工程的首颗备份卫星，实现了对现有地球静止轨道卫星的在轨热备份，将增强系统的可用性和稳定性，系统现有区域短报文通信容量提升了三分之一。

4. 激光测控通信技术

国外自 20 世纪 60 年代中期开始实施空间激光通信技术研究计划，经过 40 多年的发展，在激光通信技术领域取得了显著的成就，成功实施了十多次在轨演示验证试验，目前已进入工程应用阶段。相比于微波通信，激光通信的工作载波比微波载频更高，意味着衍射损失更小，方向性更好，信号的传递效率更高，使得激光链路在更低发射功率和更小天线尺寸下，仍能达到很高的通信速率。NASA 深空网的通信能力发展历程表明，激光通信已成为深空高速通信的重要手段。激光通信链路具有通信容量高、方向性强、保密性好、组网灵活以及终端体积小、重量轻、功耗低等特点，相比于微波通信，其传输速率和作用距离将发生质的跃变，可适应未来深空探测活动对高速通信、超远距离传输等需求，在未来航天测控领域具有巨大的应用前景。

2013年9月，美国月球激光通信终端（Lunar Lasercom Space Terminal，LLST）搭载月球大气和尘埃环境探测航天器（the Lunar Atmosphere and Dust Environment Explorer，LADEE）发射升空。2013年10月至11月之间完成了为期1个月的月－地双向高速激光通信在轨试验，通信波长为1.55 μm波段，调制体制为脉冲位置调制（Pulse Position Modulation，PPM），编码类型1/2 Turbo，上行通信速率10～20 Mbps，下行通信速率为40～622 Mbps。星载激光通信终端，光学天线口径为100 mm，发射功率0.5 W，重量约30 kg，功耗为50～140 W。

为了更加全面地验证空间激光通信的所有关键技术和组网技术，NASA实施了激光通信中继验证（Laser Communication Relay Demonstration，LCRD）计划。LCRD试验终端包括2个GEO星载激光通信终端和2个地面激光通信终端。2个星载激光通信终端计划搭载于一颗商业通信GEO卫星，于2017年发射，支持为期2年的在轨高速光通信试验，通信链路包括GEO卫星与地面站之间的双向激光通信链路、地面站—GEO—地面站的中继激光通信链路，调制体制包括PPM和DPSK，最高通信速率为2.88 Gbps，终端重量为69 kg，功耗130 W。

美国计划通过LCRD项目验证下一代跟踪与数据中继卫星系统（TDRS）的关键技术，包括编码与调制技术、PAT技术、激光链路与网络协议设计等，为未来设计、建造和运行高效费比的光通信系统和中继激光网络积累经验。

国内方面，北斗三号星间链路激光终端于2018年11月19日成功发射入轨。2019年2月至2019年5月，在工程总体和卫星总体的组织下，星载激光终端开始进行在轨标校和测试验证。本次测试验证是我国首批开展的星间激光通信在轨测试验证，目的是在轨验证激光星间链路总体体制、激光终端总体设计、星间激光捕获与通信等关键技术。

2018年，北京中科深链空间科技有限公司提出一种天基深空中继通信卫星组网系统，可以为多个不同数据速率、不同轨道的深空探测任务提供高速数据上下行的接入服务。

2020年，军事科学院系统工程研究院网络信息研究所提出了一种惯性导航控制的激光通信自主跟瞄方法。该方法不须通过无线电信道获取卫星导航信号，因此具有强抗电磁干扰能力；可通过MEMS技术将惯性导航系统、跟瞄系统、成像系统和控制电路整机集成，在提升系统稳定性的同时大幅降低系统载荷，有望为无人机、高轨卫星等强机动平台的恶劣电磁环境极限通信提供坚实技术支撑。

随着激光通信技术成熟度的逐渐提升，激光通信已进入星载试验和推广应用阶段，工程技术研究也进一步深化。目前，空间激光通信技术的发展现状主要表现为：一是空间激光通信向更高速率方向发展，通信速率由 100 Mbps 量级向 10 Gbps 量级发展；二是空间激光通信终端向高可靠、长寿命方向发展；三是空间激光通信终端呈轻量化、小型化及低功耗的发展趋势；四是空间激光通信终端产业向批量化、低成本、短周期方向发展，并将快速进入产业发展阶段。

5. 天地一体化测控网络技术

（1）近地测控网络技术

近年来，在航空飞行试验日益增长的需求牵引和网络技术突飞猛进发展的技术推动下，遥测系统的网络化、集成化、空地一体化成为新的发展趋势。2009 年，美国发布了全新的 iNET 遥测标准，其中包括 TA 标准、RF 网络单元标准、系统管理标准以及元数据标准。经过 10 年左右的研究，已经逐步得到完善。2017 年 7 月发布的标准中增加了遥测网络标准 TmNS（Telemetry Network Standard）（21 章至 28 章）相关内容，在 IRIG 106—2019 中的第 2 章增添了部署 TmNS 频段计划。TmNS 的组成分为两部分（图 1）：试验对象段（Test Article Segment，TAS）和地面站段（Ground Station Segment，GSS）。目前，美国正在实行的 iNET 计划实现了飞行器采集数据网络、传输遥测网络、地面数据网络的综合和集成，预计到 2025 年，将实现海、陆、空遥测网络一体化。

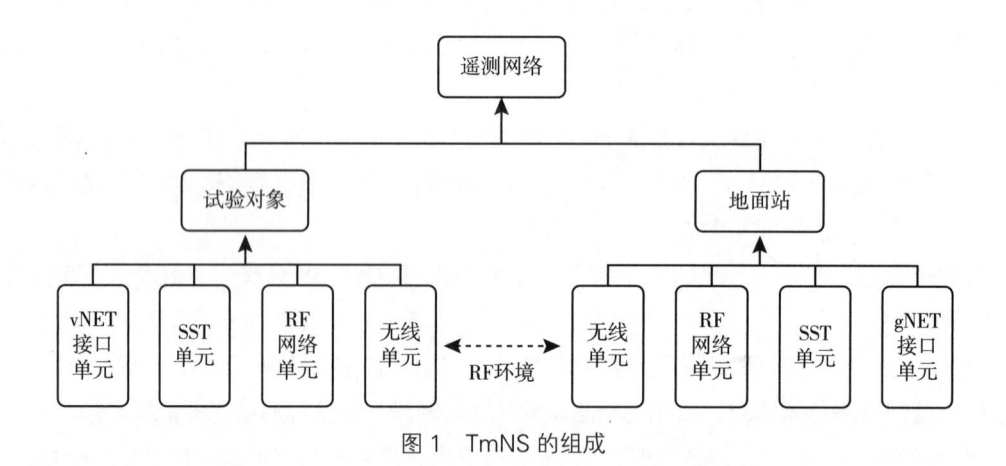

图 1 TmNS 的组成

我国目前的多目标遥测技术主要是针对扩频（CDMA 码分多址）技术进行研究，即采用 PCM-CDMA-BPSK 体制，用码分多址区分多目标。近年来，随着无线通信技术的快速发展，航空遥测系统网络化传输趋势愈发明显。为实现多飞行目标和地面接收站之间建立高码率、网络化遥测传输链路，国内相关单位进行了多种尝试，基于 COFDM 调制方式的无线网格电台传输方案就是其中一种。

（2）深空测控网络技术

随着美国机遇号、勇气号火星探测器成功登陆火星，卡西尼号探测器飞抵土星并成功释放惠更斯号探测器登陆土卫六以及深度撞击计划的成功执行，世界各国正兴起一个深空探测的热潮。

我国月球探测和火星探测以及小行星探测计划也在逐步开展，月球和深空探测作为继载人航天工程之后中国航天战略的新大陆，已经成为21世纪中国航天事业的重要组成部分。2022年11月，国家航天局发布我国深空探测任务规划。我国探月工程四期包括嫦娥六号、嫦娥七号和嫦娥八号任务。其中，嫦娥六号计划于2025年前后发射，执行月球背面采样返回任务；嫦娥七号计划着陆于月球南极，开展飞跃探测；嫦娥八号月球探测器计划于2028年前后实施发射，将与嫦娥七号月球探测器组成月球科研站的基本型，同时还将开展火星采样、小行星采样、木星、天王星等行星探测任务。

目前，中国深空测控网由分布在中国东北部地区和西北部地区的两个深空站和位于南美洲阿根廷西部地区的1个深空站组成（图2），采用国际标准的S、X和Ka频段，具备支持各类月球和深空探测任务的多频段遥测、遥控、数据接收和跟踪测量等功能。2017年年底，位于南美洲南纬36°的35m深空测控设备建成，并在2018年5月发射的嫦娥四号鹊桥中继星任务正式投入使用。2018年12月，嫦娥四号探测器成功发射，深空测控网的全部3个深空站为探测器任务提供了全程X频段测控通信支持。2020年，为支持首次火星探测任务，建成了喀什深空天线组阵系统。

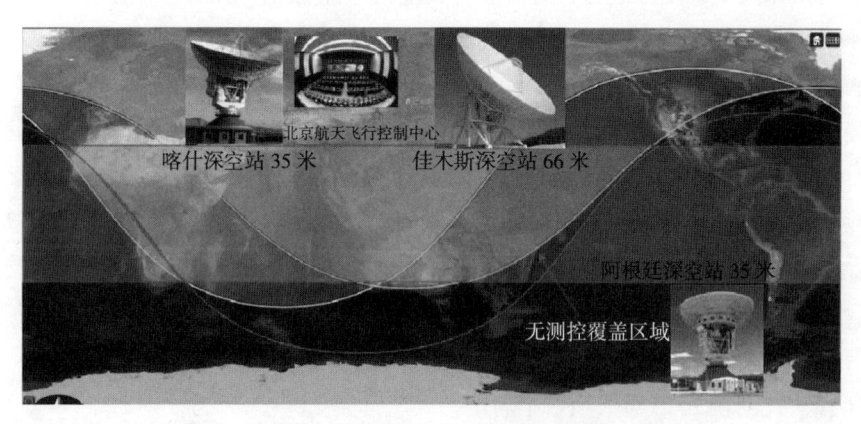

图 2　中国深空测控网 10° 仰角测控覆盖示意图

（3）全域/跨域测控组网技术

全域测控组网技术方面，2012年，北京遥测技术研究所提出一种用于飞行器目标跟踪与测控的全空域覆盖波束赋形相控阵天线，采用一维赋形、一维扫描圆锥台相控阵天线的形式，在列向方向通过波束赋形网络形成水平方向增益最高的余割平方波束，实现俯仰方向0°~90°覆盖，在周向方向通过相控阵波束扫描实现方位面360°覆盖；通过多通路移相和波束合成形成独立多波束解决多目标跟踪问题。

2019年，西南电子技术研究所提出一种多波束分区扫描提升全空域测控通信接入性能的方法，采用前向多波束扫描+返向全景固定波束接入模式，实现控制信道同时全空域覆盖。

跨域测控组网技术方面，2017年，国防科技大学提供了一种面向空天地一体化网络的广域量子通信链路通用仿真方法，针对光纤链路量子通信系统、自由空间链路量子通信系统以及星地量子通信网络三种实际量子通信系统的物理器件进行建模，能够获得真实系统输出结果的仿真数据。

2020年，西安电子科技大学提出一种集群组接入认证和切换认证方法，应用于天地一体化群组接入认证和切换场景；通过离线执行群主发现过程，可以定期选出群主；支持海量终端接入认证和切换认证；通过群成员加入与退出过程可支持群内成员的加入和退出，提高系统的灵活性；通过群组认证，可有效降低通信开销、计算开销以及信令开销；另外，通过隐私保护的群组接入认证与切换认证方法可实现终端身份信息的隐私性。

6. 智能化航天测控技术

（1）人工智能技术应用

将人工智能引入到航天器系统中，将使航天器具备深空探测自主规划及智能勘探能力、星上海量数据在线智能处理能力、复杂目标在轨智能操控能力、智能自主集群协同控制能力、针对系统不确定性进行综合判断与智能决策能力等。人工智能与航天结合的时代已经到来。

美国国防部当前正致力于第三代人工智能技术的研发工作，在航天测控方面，陆续立项支持了包括"黑杰克"（Black Jack）等在内的多个航天创新项目。美国太空发展局发布的第一份信息征询书中阐述了到2024年运行上百颗卫星的"下一代太空体系架构"具有的8项能力中明确包含了跨域、网络化、与节点无关的指挥控制与通信能力，包括核指挥、控制与通信，以及基于人工智能的大规模、低延迟、高持续的全球监控能力。

我国于2017年7月8日发布了《国务院关于印发新一代人工智能发展规划的通知》，提出了发展人工智能的战略态势、总体要求、重点任务、资源配置、保障措施、组织实施，同年在科技创新2030重大项目中新增"人工智能2.0"。

我国已认识到人工智能在航天测控领域内的重要应用。在嫦娥三号软着陆任务中，从着陆器携带的降落相机获取的降落影像序列，图像质量清晰连续，为着陆点精确定位提供了保障；嫦娥三号巡视器探测过程中，地面根据传回的图像确定巡视移动策略和路径，每项探测任务均在地面远程遥控操作的控制方式下完成。在嫦娥四号软着陆任务中，探测器采用了复杂动力下降智能自主控制技术，首次完整实施了"智能避障"控制，机器视觉智能感知、位姿机动智能决策、变推力实时执行，"粗精"符合避障优于几百米量级，世界上首次实现了月背软着陆控制。

深度学习作为计算机领域的热门方向，广泛应用于图像识别、目标检测等任务中。我国将深度学习用于空天防御态势感知,将计算机仿真、机器学习用于大规模太空观测及其他太空数据分析,完成预测太空活动、太空物体碰撞、碎片轨迹运行等任务。

（2）数字孪生技术应用

近年来,数字孪生技术蓬勃发展,该技术具有物理对象和数字空间双向映射、动态交互和实时连接的特性,能够基于物理实体实时状态、数字虚体映射和多尺度多物理多层次的环境模型,对随时间轴变化的耦合效应进行表征,并对物理实体在数字环境下的状态数据及内在机理进行精细分析推理和高逼真度闭环仿真（图3）。因此,数字孪生技术能够解决传统仿真验证方法无法完全反映物理世界、科学分析推理运行过程和准确预测评估真实能力的固有缺陷,具备更充分、更真实的检验考核能力。

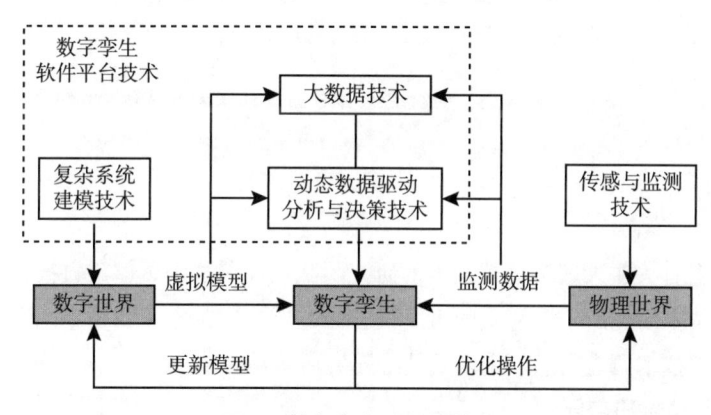

图3 数字孪生的关键技术

国外采用"真实－虚拟－构造"的集成框架,即 LVC-IA（Live, Virtual, Constructive Integrating Architecture）开展数字孪生建设工作。2012年,NASA 给出了数字孪生的概念描述:是指充分利用物理模型、传感器、运行历史等数据,集成多学科、多尺度的仿真过程。在技术实施中,美国结合目前已经开展的项目,按照"L/LC""VC"及"LVC"三条线同步进行实施。在"L/LC"域中,为了加快国防高技术预研成果的转化应用,美国在 2016—2018 年度重点支持了 SLATE-ATD 项目,主要验证了美国现有战斗机和模拟器加入 LVC 的能力,以评估 SLATE 对于空战训练的技术可行性、作战适应性和经济承受能力。该项目已经在 2018 年度的"红旗"军演中得到初步应用。同时,美国计划利用 12 年的时间,从 2016 年到 2027 年,重点解决用于 F-35 加入 LVC 所需软硬件开发,并在 F-35 block3f 状态中先期试验嵌入式训练（ET）为主的简化版 LVC 功能,并在未来 block4.x/5 状态中进一步开发 LVC 功能。在"VC"域中,美国通过重点支持"VTTC"建设来发展"VC"。

国内方面,相关企业和研究机构开展了初步的研究工作。数字孪生技术目前还处于起步阶段。典型案例包括空间站全系统数字伴飞系统（图4）,该系统利用在轨遥测数据,实现机理模型与实测数据的实时交互,形成空间站数字孪生体,实现基于数字孪生的空间站数字伴飞，开展在轨状态监控，支持风险早期预警与故障定位功能，可以弥补传统基于遥测数据的在轨运维模式的不足，提升了空间站的在轨运维数字化水平。

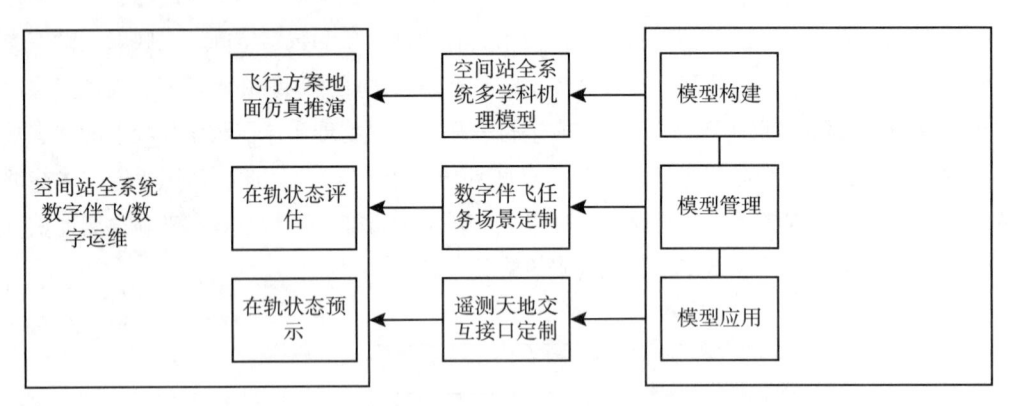

图 4 空间站数字伴飞 / 数字运维解决方案总体框架

（二）研究团队

目前，国内有关航天遥测遥控技术的研究团队主要包括中国航天科技集团有限公司下属的北京遥测技术研究所、上海空间电子设备研究所，中国电子科技集团有限公司下属的石家庄通信测控技术研究所、西南电子技术研究所等单位。

1. 北京遥测技术研究所

北京遥测技术研究所创建于 1957 年，是中华人民共和国首批建立的航天电子信息技术专业研究所。历经 60 余年发展，从最初的单一遥测技术研究所成长为多专业融合的航天电子信息系统大所。先后荣获国家科技进步特等奖 9 项、一等奖 13 项，各类奖项 400 余项，拥有授权专利 900 余项，主编发行的《遥测遥控》是国内科技核心期刊。作为我国航天测控装备研制的国家队和主力军，参与国家航天测控网建设，推动新一代航天测控系统转型升级。所提出的数字多波束测控系统全面提升靶场能力，成为空间信息网络领域的主力军，稳固占据国内激光通信的第一梯队。在卫星固态存储领域保持国内领先地位，无人机组网数据链支撑网络体系发展，参与北斗卫星系统建设，构建中国新时空基准。

2. 石家庄通信测控技术研究所

石家庄通信测控技术研究所始建于 1952 年，主要从事军事通信、卫星导航定位、航天航空测控、通信与信息对抗等前沿领域的技术研发、生产制造和系统集成，现已成为我国电子信息领域具有宽专业覆盖面、强综合性的骨干研究所。自建所以来，相继参与了嫦娥探月、北斗卫星导航系统等国家重大工程建设。

3. 西南电子技术研究所

西南电子技术研究所于 1955 年 5 月 25 日在北京组建，是中华人民共和国成立后创建的第一个综合性电子技术研究所，以军品、民品和对外贸易为主要发展方向，形成以情报信息系统和航空电子信息系统为核心主业，在通信和数据链、航天电子、敌我识别、制导与雷达等领域多专业协同发展的新局面，承担了航天、航空、传播、兵器、电子等行业多家总体单位配套任务。

4. 民营企业

2014年，国务院《关于创新重点领域投融资机制鼓励社会投资的指导意见》中明确提出，"鼓励民间资本研制、发射和运营商业遥感卫星"。在国家政策的支持下，我国的商业航天迎来了发展热潮，并对我国航天技术的发展起到了推动作用。从2014年以来，商业航天领域相关专利申请数量呈快速增长趋势，与产业发展相匹配，其中申请最多的是测控领域的专利。翎客航天、零壹等为代表的民营企业在商业航天领域取得了令人瞩目的成就，展现了中国航天产业的强大潜力。

三、国内外发展比较

通过对国内外航天测控专业技术研究进展对比，可以看清国际航天测控领域的发展方向，找出我国的技术短板，为我国测控技术的发展决策和技术创新提供关键信息支撑。

通过上述分析，我国"跟踪与数据中继技术"和"天地一体化测控网络技术"的建设情况较好，对未来国家顶层体系建设而言是可信赖的重要实体基础设施，具有优良的支持力度。"激光测控通信技术""测量与控制技术"和"智能化航天测控技术"等创新发展关键技术表现相对较弱，作为未来国家顶层体系建设所需的至关重要的测控顶级支撑、重要实体基础和关键技术，与攻防兼备的体系建设需求有较大的差距（图5）。综上，对我国航天测控领域的短板和不足进行了归纳总结。

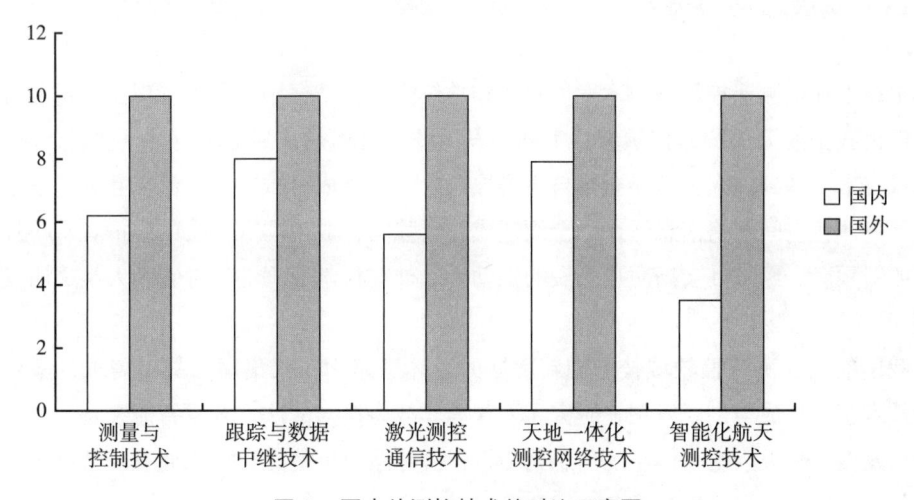

图5 国内外测控技术的对比示意图

（一）理论与标准规范是制约创新发展的重要短板

理论与标准规范对未来顶层体系建设的支持力度偏弱，是我国测控领域产生短板与不足的关键因素。美国相关标准的发布和更新频率很高，IRIG 106 作为大部分飞行试验遵循的标准基础，每两年更新一次，近年来更是有所加快，每次更新都会推动航天测控技术升级。而我国的相关标准更新频率较低，一些标准已经落后于设备的技术发展。

（二）全域覆盖、泛在互联的能力不足

我国当前航天测控技术的发展基本呈现"烟囱式"独立发展现状，包括天基、地面测运控等系统及基础设施等。天基资源和测控站一般各成体系，测控站与卫星之间、用户与测控站之间采用私有协议，极大阻碍了测控资源的综合利用，也阻碍了航天器效能的发挥。主要表现在，航天器在轨管理任务驱动不灵活、航天器集群间协同反应不快捷、航天器测控网络技术应用不智能，急需建立一个全域共享的测控网络环境，发展智能化测控技术。

（三）人工智能、数字孪生等新兴科技融合能力不足

测控领域对人工智能、数字孪生等新兴科技的融合不足，将制约未来顶层体系建设的技术支持能力。我国在研究泛在互联、卫星组网、星地协作、异构接入等方面还存在着诸多问题，特别是对于新兴的大规模低轨卫星网络，也处于正在起步建设阶段，缺乏实际系统支撑，尚未进行更深入的探索与尝试。而美国正在建设的"下一代太空体系架构"则大量运用诸如机器学习、神经网络、区块链等新兴科技，抢占太空高地。因此，我国也必须全面融合人工智能等新兴科技到智能化测控体系，打造基于 AI 增强的天地协同自主测控系统。

四、发展趋势与展望

根据上述遥测遥控领域技术发展趋势和总体需求，结合国内外发展现状分析和自身短板，提出我国航天遥测遥控领域技术创新发展的总目标是：到 2035 年，我国航天遥测遥控领域技术发展到"人工智能全域自主测控"阶段，建成全域覆盖、泛在互联、安全弹性的天地一体化空间网络信息体系，全面建成航天强国，成为国家安全的维护者、科技自立自强的引领者、经济社会高质量发展的推动者、外空科学治理的倡导者和人类文明发展的开拓者。

我国航天遥测遥控领域技术创新发展的总体思路为：聚集国家战略需求，坚持电子信息技术系统集成与创新发展，研究无人智能作战力量与战法，开发智能装备，推动平台智能化发展，建设天地一体空间信息网络，提高体系对抗能力；提供商业航天电子信息产品，促进通导遥数据应用与服务产品开发。

根据上述总体目标和对标分析，我国遥测遥控领域技术总体发展良好，系统装备等硬实力处于世界先进水平，但在测控理论体系研究和人工智能、数字孪生技术等软实力上与世界先进水平相比仍有较大差距。为尽快补足短板，需加强新一代测控体系研究和相关标准规范建设，按照国家网络信息体系总体架构，规划测控网络的协调统一，并重点补足上述软实力差距。

（一）理论与标准规范

理论与标准规范是支撑航天测控技术发展的顶层支柱，定期对航天测控标准进行修改和完善，才能使其真正发挥规范和引领作用。

（二）测量与控制技术

近年来随着测量控制技术的快速发展，航天测控系统网络化传输趋势愈发明显。测控设备发展呈现出一体化、芯片化、网络化、总线化的趋势，测控体制不断更新完善，从而适应卫星／火箭等任务目标的测控需求。

（三）跟踪与数据中继技术

跟踪与数据中级技术是20世纪航天测控通信技术的重大突破，其"天基"的设计思想从根本上解决了测控通信的覆盖率问题，同时，基于跟踪与数据中继技术的高速数传、多目标测控通信等技术也相继发展起来，我国也在持续发展自己的跟踪与数据中继卫星系统。

（四）激光测控通信技术

当前，各国正分别实施中继卫星激光通信工程应用计划，其空间激光通信技术正竞相向深空测控等领域迈进，我国"十三五"规划提出了相关项目，国内多家单位参与。

（五）天地一体化测控网络技术

我国已认识到网络技术在航天测控领域的重要性，正在构建全域覆盖、泛在互联的航天测控体系。

（六）智能化航天测控技术

智能化方面，人工智能、数字孪生等新兴技术对航天测控技术的影响重大。我国旨在增加人工智能等新兴技术在航天测控领域的投入，打造基于AI增强的天地协同自主测控系统。

附表 航天遥测遥控领域专业技术体系表

一级专业	测量与控制技术	跟踪与数据中继技术	天地一体化测控网络技术	激光测控通信技术	测控系统安全防护技术	智能化航天测控技术
二级专业	①导弹/运载火箭测控技术 ②卫星/航天器测控技术	①微波数据中继卫星系统 ②激光数据中继卫星系统	①近地测控网技术 ②深空测控网络技术 ③全域/跨域组网测控技术	①星间激光通信技术 ②大气激光通信技术 ③激光相控阵技术	①高强度加密技术 ②扩频与跳频抗干扰技术 ③网络防改击技术	①人工智能应用技术 ②数字孪生应用技术
我国技术水平（相较国际）	领先：① 先进：② 一般：无	领先：① 先进：② 一般：无	领先：① 先进：② 一般：③	领先：① 先进：②③ 一般：无	领先：无 先进：② 一般：③	领先：无 先进：① 一般：②
目前专业地位	核心：① 重要：② 一般：无	核心：① 重要：② 一般：无	核心：① 重要：②③ 一般：无	核心：① 重要：②③ 一般：无	核心：① 重要：②③ 一般：无	核心：① 重要：② 一般：无
后续重点发展方向	②	②	②③	②③	①②③	①②

参考文献

[1] 李艳华，李凉海，谌明，等. 现代航天遥测技术［M］. 北京市：中国宇航出版社，2018.

[2] 何熊文，詹盼盼，徐明伟，等. 中国首份CCSDS标准建议书编制及应用［J］. 航天器工程，2022，31（5）：102-108.

[3] 刘璐. Multi-h CPM低复杂度解调方法研究［D］. 长沙：国防科学技术大学，2012.

[4] 闻冠华. 深空光通信调制编码及探测技术研究［D］. 上海：中国科学院上海技术物理研究所，2021.

[5] 宋婷婷，马晶，谭立英，等. 美国月球激光通信演示验证——终端设计［J］. 激光与光电子学进展，2014（5）：21-27.

[6] Krainak M A, Luzhanskiy E, Li S X, et al. A dual format communication modem development for the Laser Communications Relay Demonstration (LCRD) program［J］. International Society for Optics and Photonics, 2013.

[7] 吴季，熊蔚明，李明涛. 一种天基深空中继通信卫星组网系统［P］. CN：CN108494472B，2021.

[8] 郭凯，江奇渊，许波，等. 惯性导航控制的激光通信自主跟瞄方法［P］. CN：CN112332917A，2021.

[9] RCC Telemetry Group. Telemetry Standards［S］. IRIG Standard 106-19, 2019.

[10] 邱长泉，袁延荣，薛志超，等. 遥测网络系统发展与展望［J］. 遥测遥控，2023，44（2）：10.

[11] 余宗敏，李知宇，黄小鹏，等. 基于COFDM技术的模拟机载遥测设备设计［J］. 舰船电子工程，2020，40（3）：81-85，89.

[12] 林仁红，丁洁，林志伟. 2022年全球深空探测领域发展综述［J］. 国际太空，2023（3）：26-30.

[13] 吴伟仁，李海涛，李赞，等. 中国深空测控网现状与展望［J］. 中国科学：信息科学. 2020（1）：87-108.

[14] 肖伟清，孙向珍，郭恒，等. 全空域覆盖波束赋形相控阵天线［P］. CN：CN103022726A，2013.

[15] 王娜，刘田，谢伟，等. 多波束分区扫描提升全空域测控通信随遇接入性能的方法［P］. CN：CN110380764A，2019.

[16] 赵宝康，刘波，苏金树，等. 面向空天地一体化网络的广域量子通信链路通用仿真方法［P］. CN：CN106788778A，2017.

[17] 曹进，马如慧，李晖. 适用于天地一体化的群组接入认证和切换认证方法及应用［P］. CN：CN112243235A，2021.

[18] 叶培建，黄江川，孙泽洲，等. 中国月球探测器发展历程和经验初探［J］. 中国科学：技术科学，2014，6（44）：543-558.

[19] 叶培建，孙泽洲，张熇，等. 嫦娥四号探测器系统任务设计［J］. 中国科学：技术科学，2019，49（2）：6-19.

[20] Rakic A, Zivanovic S, Dimic Z, et al. Digital Twin Control of Multi-Axis Wood CNC Machining Center Based on LinuxCNC［J］. Bioresources, 2021 (1): 1115-1130.

[21] 孟松鹤，叶雨玫，杨强，等. 数字孪生及其在航空航天中的应用［J］. 航空学报，2020，41（9）：6-17.

［22］周玉霞，许冬彦，卫巍. 我国商业航天的发展及标准化工作探索［J］. 航天标准化，2021，183（1）：19-23，33.

［23］中华人民共和国国务院新闻办公室. 2021 中国的航天白皮书［R/OL］.（2022-01-28）［2023-05-08］.

研究团队：于　勇　卢满宏　钟育民　富霭琳　马玉国

审稿人：卢满宏　李鹏程　杨智勇

撰稿人：钟育民　富霭琳　马玉国

空间遥感专业发展报告

一、引言

遥感技术是促进空间科学技术不断深入发展的不可或缺的重要组成部分，是在物理学科、计算机学科、空间科学和地球科学等相关理论的基础上建立和发展起来的一门新兴的、综合性学科，是一门先进的、实用的探测技术。经过几十年的发展，遥感已从狭义的可见光、红外、微波等观测又扩展到地磁场、重力场、声波、地震波、放射性等综合性的观测技术。空间遥感通常是指从距离地面 100 km 以上的高空对地面的目标进行探测或从高空对天体进行探测，以获得有关信息的技术。空间遥感用的载体是人造卫星、空间站或航天飞机等，所用的遥感装备则是它的有效载荷。2022 年，"遥感科学与技术"成为新的一级学科，学科代码为"1404"，涉及广泛的科学技术领域，其应用已深入到经济建设、社会发展、国家安全和人民生活等各方面。

在军事和民用需求的推动下，世界主要航天大国遥感顶层规划和遥感观测体系不断完善。各国的遥感卫星研制、数据获取及应用产业链已相对完整，可发挥多星组网、多轨道配合、高重访、高定位精度等整体效能，实现了多样化传感器数据互补实现全球高空间分辨率、高时间分辨率的水平和垂直综合观测的能力。国外卫星遥感发展已形成 3 个相互独立又相互联系的系统：军事观测系统、公益性系统和商业化对地观测系统。公益性遥感卫星有 Terra/Aqua-MODIS 传感器、Landsat 和 Sentinel 等，商业大卫星以 WorldView、Pleiades 和 Radarsat 为代表，商业小卫星有 Flock、SkySat 和 BlackSky 等典型应用。2021 年下一代空间天文台詹姆斯·韦布空间望远镜（James Webb Space Telescope，JWST）发射成功，它是人类有史以来建造的最强大的太空望远镜，是空间遥感技术发展的里程碑产品。

在过去的五年，我国在空间遥感领域取得了非凡的成就。高分辨率对地观测系统全面建成，高光谱遥感在服务农业、地矿等领域加速实现业务化应用，商业遥感卫星分辨率达到0.5m，形成了甚高分辨率空间大数据及空间信息综合应用服务能力，高效服务于国家治理、经济建设、社会发展和全球可持续发展。我国首颗陆地生态系统碳监测卫星句芒号成功发射，在碳储量监测、生态资源详查、国家重大生态工程监测评价等方面发挥了重要作用。地球遥感推动了先进技术的探索，大大推动了深空遥感任务的实施，天问一号探测器到达火星后的遥感勘探，为火星探测任务提供了地形、气候、科学探测等信息支持。在国际合作方面，金砖国家航天机构之间建成了遥感卫星星座并加强数据共享，提高了人类应对全球气候变化、重大灾害和环境污染等重大挑战的能力。

二、近五年的主要进展

（一）总体发展态势分析

近五年来，可见光多光谱探测技术、红外探测技术、光谱探测技术、微波遥感技术等取得了长足的进步，已研制出系列化的空间光学遥感器产品，形成了陆地、海洋、气象、环境和灾害监测及预测小型卫星（环境减灾）、高分辨率地球观测、深空探测等系列卫星系统，产品广泛应用于国防安全和国民经济建设相关领域，不断满足各行业应用和社会发展需求，也为人类更好地保护地球家园、探索宇宙空间奥秘做出了重要贡献。发展态势主要表现在：

1. 在体系战略方面

（1）天地一体化协同设计能力不断提升，系统应用效能更优。随着目标与背景特性研究不断深入，载荷设计更注重实际应用，遥感系统设计不再单纯的满足技术指标，而是从应用需求出发，结合应用场景，进行天地一体化任务分析和设计，开展全链路仿真与效能评估，综合优化工作模式及载荷指标。

（2）空间对地观测系统体系设计日趋完善，实现多要素协同观测、多手段融合应用。在大数据、云计算、物联网、人工智能等技术的推动下，空间对地观测系统在星群互联、智能规划、在轨处理等方面的能力开始起步，系统建设重心由数量规模型向质量效能型转变、由星上载荷技术突破向星地协同发展转变，云处理架构逐步替代传统的并行计算、分布式计算，多星协同观测、多载荷融合处理、大数据智能解译等技术不断发展，推动了服务模式由"一对一、点对点"的订阅式服务向"智能化、网云化"精准服务升级，服务对象由专业领域向全社会甚至全球辐射拓展。

（3）超低轨遥感技术完善天基观测能力布局。超低轨道卫星由于运行轨道低，因此在提高对地观测分辨率、地球近地轨道物理场测量精度和电磁信号探测灵敏度方面，相比常规低轨卫星具有显著的优势。目前，美国、日本、欧洲、中国等国家和地区分别开展了超低轨卫星研究，美国提出了"魔鬼鱼"计划，用于高分观测；日本于2017年发射超低轨测试卫星，获得了高分遥感图像和超低轨大气数据；中国于2023年正式启动超低轨通信、遥感一体星座建设，打造基于超低轨道的规模化即时智能遥感服务系统。

（4）月球与深空探测已成为测绘遥感科学与技术的新战场和前沿。深空探测是世界各航天强国进行空间探索和科技创新的战略制高点。轨道器遥感测图可以提供高分辨率的地形数据、地貌图像和地质构造信息，为地外天体的科学研究提供基础数据；如美国航空航天局（NASA）和中国嫦娥探测器通过轨道器探测获得了大量光学和激光遥感数据。在多类型的月球与深空探测任务驱动下，测绘遥感技术也得到了全新的发展，逐步形成了以环绕遥感测图、着陆导航遥感避障、巡视导航视觉测图为主的深空遥感测绘新技术体系。

（5）中国商业遥感能力已进入国际先进行列。美国是商业遥感卫星产业的领先者。随着经济全球化和航天技术的迅猛发展，卫星遥感技术在人类社会生产、生活各领域的应用规模不断扩大，以美国为代表的西方航天大国通过积极的政策导向和资金扶持，加快了新一代高性能遥感卫星的研制和商业化运行。在国家政策牵引下，中国商业航天快速发展，空间对地观测系统建设主体由政府投资向多元投入过渡。数十家商业卫星制造和应用服务公司相继成立，吉林、高景、珠海等百余颗商业遥感卫星陆续入轨，极大补充了中国陆地观测体系和能力。

2. 在遥感能力方面

（1）成像稳定性不断提升，目标定位更加准确。在空间分辨率、几何定位精度和影像品质等方面，中国高分辨率卫星及载荷产品实现了跨越式发展，高分专项天基工程顺序实施，围绕在轨稳定性的要求，高稳定镜头技术、高稳定一体化支架技术、高精度时标技术、高精度几何标定技术、大口径雷达天线技术、大功率脉冲行波管放大器技术、高集成度TR组件技术、多通道雷达定标技术、高精度干涉同步技术、大气校正技术和长寿命高可靠激光测距技术等关键技术不断突破。

（2）中国空间测绘实现由试验应用型向业务服务型转变。中国民用光学立体测绘卫星取得了"从无到有、从有到多、从多到精"的跨越式进步，使中国成为国际上少数几个掌握成套卫星测绘技术的国家之一。经过10多年的发展，中国民用测绘卫星已实现由试验应用型向业务服务型转变。特别是民用光学卫星测绘应用技术，从单一的测绘产品生产扩展为多元遥感影像产品和服务；从限于中国陆域到全球地理信息的获取、更新和共享，应用广度逐步拓宽。在技术能力上，实现了利用激光提升影像精度为目的的激光测高与两线阵光学相机天地一体化协同测绘的卫星测绘新体制，突破了单纯依靠可见光影像难以大幅提升测绘精度的技术瓶颈。突破了全地形激光点与立体影像相对位置关系精确确定技术，首次构建了国产卫星激光测高和立体影像复合处理技术及业务能力。实现了卫星测绘由1∶50000比例尺到1∶10000比例尺的进步。

（3）光谱探测体制不断革新，定量化探测水平逐步提升。在谱段覆盖方面，从传统的可见近红外谱段拓展到短波红外、中波红外、热红外以及紫外的全谱段高光谱遥感技术。

在技术体制方面，从传统的色散型分光和傅里叶分光，逐步发展了凝视型声光可调谐滤光片 AOTF 分光、基于孔径编码的计算光谱分光以及基于集成滤光片的快照式视频分光等新型技术体制。探测谱段不断细分，光谱分辨率不断提高，定量化探测水平逐步提升。除此之外，向以行星和月球探测为主的深空探测领域拓展也是中国高光谱遥感技术发展的又一大亮点，在已经发射的天问一号火星探测器和未来的小行星探测任务中都将搭载高光谱成像仪载荷。

（4）星载激光遥感技术应用领域不断扩展，指标不断提升。近年来，星载激光对地探测技术发展迅速。从技术体制上来看，空间激光测高载荷主要采用线性探测体制，利用阈值检测或者全波形采集方式，实现距离的准确测量。随着 2018 年 ICESAT-2 上搭载的 ATLAS 载荷的成功开始数据采集，单光子探测技术在空间激光测高中开始成功应用，这种对单波束资源需求更少的技术可以提高激光测高载荷的波束数，实现高密度的数据获取。自 2016 年资源三号 02 星搭载国产激光测高仪首次实现在轨应用以来，中国光学测绘卫星搭载激光测高仪实现无控制点已成为趋势。2022 年句芒号卫星的主载荷是 5 波束全波形激光雷达，实现了森林植被高度的测量，波束数和探测精度达到国际先进水平。我国星载激光大气探测能力也实现了从无到有的跨越。句芒号具备 1 波束双波长（1064 nm、532 nm）偏振气溶胶探测功能，指标达到国际先进水平。2022 发射的大气 1 号卫星在国际上首次实现了激光雷达 CO_2 柱浓度探测，该卫星搭载的激光雷达也在国际上首次实现了高光谱分辨气溶胶探测。

（5）微波辐射测量技术定量测量能力不断提升。近年来，欧美在微波辐射定量测量能力提升方面开展了大量研究工作，主要表现在发展精细谱段微波探测技术、小卫星星座太赫兹辐射计技术、大口径固面天线极区探测微波辐射计技术等方面。与此同时，我国的微波辐射测量技术定量测量能力也有了显著提升，风云三号卫星、海洋二号卫星等多个型号上搭载的多台微波辐射计，已经实现了在轨稳定业务化运行。

（6）星载高分辨率 SAR 技术取得突破性进展。在反射面天线体制星载 SAR 技术方面，中国突破了距离向多波束技术、变脉冲重复间隔技术、距离向子带拼接技术等，技术水平与国际先进水平接近。星载双天线干涉 SAR 系统，实现相对高程误差小于 2.5 m，于国际水平相当。中国掌握了 GEO-SAR 长合成孔径时间弯曲轨迹复杂成像特性，2023 年 8 月，世界上首颗地球同步轨道合成孔径雷达（SAR）卫星陆地探测四号 01 星顺利送入地球同步转移轨道（GTO），这是世界上首颗地球同步轨道合成孔径雷达（SAR）卫星。

（7）暗弱目标探测技术持续发展，空间望远镜极限探测性能不断提升。在高灵敏度红外探测方面，其波长范围主要有 3～5m 和 8～14m 两个波段，其中前者主要用于高速飞行器等高温、高动态目标的探测，后者主要用于接收自然场景等常温目标的热辐射。目前，国内外许多对地观测卫星均搭载了相关的热红外相机，主要高分辨率热红外载荷包括 Landsat8 热红外传感器（TIRS）、委内瑞拉 2 号（VRSS-2）长波红外相机（IRC）、高分五号（GF-5）全谱段光谱成像仪（VIRMI）、ASTER 热红外传感器（TIR）、HJ-1B 红外传感器（IRS）和 CASEarth 红外热像仪（TIRI）等。红外光电探测器作为红外产业链的核心，其第三代的镉汞、量子阱、Ⅱ类超晶格和量子点系统展现出优异的性能并开始进入装备，有力地提升了红外探测灵敏度。为降低噪声，目前国内外在空间探测任务中，已成功应用红外低温光学系统。在大动态范围探测方面，低照度微光成像技术取得突破，夜间遥感常态化。目前已具备较高的空间分辨率和精确的辐射定标，而且像元饱和概率大大降低，观测信号覆盖了从白天太阳光照条件到夜间 1/4 月相光照条件的场景变化，这促进了微光遥感定量应用的快速发展。中国研制的微光成像相机成功在轨飞行，实现了白昼 / 晨曦 / 黄昏 / 1/4 月夜的大动态范围成像，成像谱段覆盖 400～1000 nm，在极弱光条件下绝对定标精度达 18.6%，达到国际领先水平。

3. 在专业技术方面

（1）遥感载荷产品研制能力不断提升。近年来，空间遥感载荷系统的设计及研制能力得到了跨越式发展，高空间分辨率、大幅宽的需求也促进了先进光学设计理论和方法的创新发展。空间光学遥感系统从透射式、折反式到非球面全反射系统、再到自由曲面反射系统不断发展进步，遥感器体积已经缩小了一半，分块光学体制成功在轨飞行。系统的压缩比及视场不断增大，畸变控制能力不断增强，零畸变系统得以实现。空间微波遥感系统包含反射面天线体制和相控阵天线体制两种，天线的性能逐步提升，微波载荷分辨率优于 1 m，同时微纳微波遥感系统发展迅速，具有了高分辨率成像能力。

（2）成像电子学系统集成化程度不断提高，并趋于智能化。高性能高可靠光学遥感器离不开强有力的电子信息设备的支撑，电子信息产品经历了从无到有、稳步发展和量质齐增三个阶段。近年来，中国在 CCD、互补金属氧化物半导体（CMOS）探测器方面发展迅速。大面阵 CMOS 器件、长线列的时间延迟积分互补金属氧化物半导体（TDICMOS）器件日趋成熟。针对探测器的时序驱动、高速视频信号的低噪声处理微弱信号探测、星上实时图像的相对辐射校正和压缩、智能管理的控制及其电子信息设备的低功耗、轻量化等难点有了突破性的解决方案并已付诸应用。在微波遥感方面，高性能的电子学器件发展迅速，高速 DA 和 AD 芯片逐步应用，遥感系统由基带采集向中频采集发展，实现了高分辨率微波遥感图像的实时处理能力。

（3）人工智能及多源数据融合不断提升遥感数据处理技术发展。随着各国航天事业的高速发展以及各国政府对卫星遥感技术的重视，各类军民商用卫星系统层出不穷，建立了较为完善的卫星遥感数据获取体系，为推动经济社会高质量发展提供了新动能。与此同时，人工智能技术的迅猛发展极大程度地提升了数据分析的智能化、精准化水平，为遥感大数据分析与应用带来了新的发展机遇。目前，人工智能解决遥感问题的技术途径多样，目前以深度学习为主。深度学习使用多层神经网络，可以从大量数据样本快速学习，提取有用信息，使其成为人工智能遥感领域应用最为普遍的技术途径，广泛应用于遥感静态图像处理、动态视频分析等各个方面。在互联网时代的背景下，新一代人工智能、大数据、物联网、5G 等前沿技术将推动遥感应用朝着智能化、大众化、产业化方向发展。

（二）我国空间遥感新技术进展

近五年来，我国空间遥感技术突破了高分辨率大型可见光、红外、高光谱、SAR、高精度动态成像、高轨成像等关键技术（图1）。未来随着新一代体系效能型对地观测系统的建设，我国卫星遥感将步入以精细观测、探测数据智能处理、协同互联和高时效应用为特点的智能发展阶段，至 2035 年将实现建强"空间信息产业链"的目标。具体包括光学成像技术、光谱探测技术、激光探测技术、微波探测技术等。

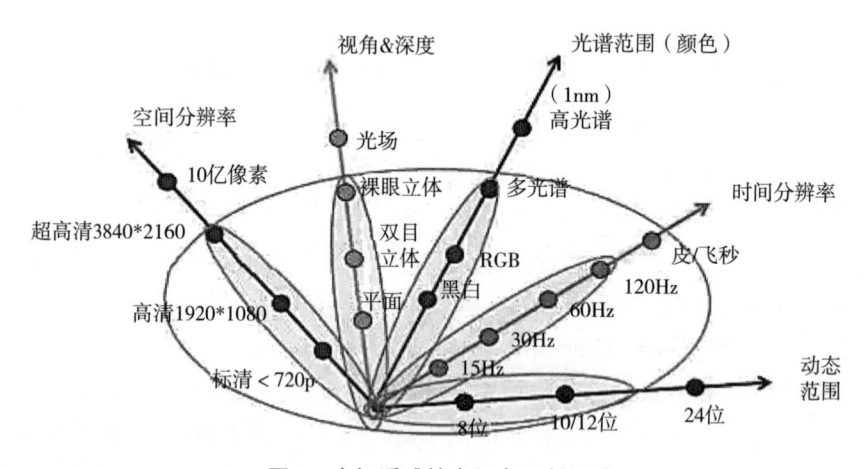

图 1　空间遥感技术能力不断提升

1. 光学成像技术

（1）高轨高分辨率卫星遥感技术。针对高轨高分辨率卫星 35786 km 轨道高精度定位与成像、超大型相机畸变和不稳定、高轨高精度定轨、敏捷动中成像精度保证、相机–星敏多视轴慢漂补偿和低频颤振等难题，突破了一体化高精度目标定位、星上全频段微振动抑制与隔离技术，保障了高分四号等高轨卫星的敏捷机动成像，使我国对地观测卫星具备了较高空间分辨率和极高时间分辨率，可对目标区域高帧频重复凝视，获取目标动态变化。

（2）计算成像技术。随着传感器的多功能化、信息计算能力飞升等新一代技术的快速发展而出现的新型计算成像技术，是集光学、数学、信号处理于一体的新兴交叉技术。新型计算成像技术由于具有高性能的计算能力及全局化的信息处理能力，突破了传统成像技术难以解决的种种难题，使得超衍射极限成像、无透镜成像、大视场高分辨率成像及透过散射介质清晰成像成为可能。在空间遥感的应用上，计算光学技术已在放宽加工装调公差和低精度的高精度成像方面取得了一些进展。

2. 光谱探测技术

（1）日光诱导叶绿素荧光超光谱探测技术。日光诱导叶绿素荧光（Solar Induced Fluorescence，SIF）遥感是近年快速发展起来的新型遥感技术，在植被监测和碳循环应用等方面发展迅速。日光诱导叶绿素荧光超光谱探测仪（简称"超光谱探测仪"）是陆地生态系统碳监测卫星句芒号四个有效载荷之一。超光谱探测仪是国际上首台专门设计用于探测太阳诱导植被荧光的载荷，光谱范围 0.67～0.78 μm，光谱分辨率 0.3 nm，幅宽 34 km。

（2）热辐射光谱探测技术。现有月球环绕探测光谱成像数据为人类认知月球表面物质组成、资源分布及演化历史等提供了科学参考，但面向月球资源与环境开发及应用的勘查存在空间分辨率较低且红外谱段偏少的问题。热辐射光谱成像仪可以精准探测月球表面物质成分与温度及其变化特性，成为新时期月球科学探测任务中重点配置的科学载荷，可以为进一步认知月球起源与演化历史、资源分布与环境特性提供科学数据。我国计划执行天问二号探测器任务，通过一次发射实现一颗近地小行星（2016 HO3）的取样返回和一颗主带彗星（133P）绕飞探测。其中的热辐射光谱仪用于探测小行星表面温度，以研究小天体热辐射物理参数。

3. 激光探测技术

（1）长基线高精度双端激光干涉测距技术。长基线高精度双端激光干涉距离测量技术的空间应用，为空间引力波探测（天琴计划、太极计划、LISA 计划）、系外生命探测（觅音计划）、先进重力场测量（GRACE Follow-on）等大科学计划，以及高精度多星组网技术的实现提供了不可或缺的条件。试验证明，空间激光干涉仪可以实现亚赫兹滋频段皮米量级的位移超精密测量，标志着我国在空间引力波探测中针对测试质量多自由度测量的激光外差干涉技术研究正逐渐走向国际前列。欧洲航天局研制的星间激光干涉测距仪随 GRACE Follow-on 卫星能够在 220 km 距离上实现 1 nm @100 mHz 的测距精度，代表了目前远距离星间测距的最高水平；此外，欧洲航天局和 NASA 正在联合开展百万千米距离上 pm（皮米）量级精度的超高精度激光测距技术研究。

（2）激光三维成像技术。传统单波束或稀疏波束激光测高载荷主要用于为光学测绘卫星提供控制点信息，不具备独立获取高采样密度三维地理信息的能力。随着激光发射、信号探测等能力的提升，三维成像激光雷达技术为空间地理信息获取、目标立体探测提供了新的技术途径。以多波束高重频并行收发、单光子阵列探测为特征的新一代三维成像激光雷达可大大提升成图效率，单次过顶即可直接生成 DEM、DSM，属于星载激光测绘应用的前沿技术之一。美国 ICESat-2 卫星载荷 ATLAS 验证了高重频光子探测技术，LIST 计划发展千波束光子探测实现三维成像。

4. 微波遥感技术

全天候、全天时、多模式高分辨率微波遥感是当今空间遥感重要的前沿技术和研究热点，主要技术进展包括：

（1）合成孔径雷达技术。在合成孔径雷达技术（SAR）方面，我国现役的SAR卫星主要有X频段、C频段和L频段，其中X频段能够更加精确地描绘目标的细微形状，C频段适合大幅宽普查，L波段可以部分穿透植被，同时获取植被和地面信息。我国SAR技术实现了轻量化高集成度SAR天线技术、大功率脉冲行波管技术、基于氮化镓（GaN）的TR组件技术的突破。

（2）微波散射计技术。在微波散射计方面，海洋二号卫星（B/C/D星）的微波散射计在轨稳定运行，风速测量精度优于1.5 m/s，风向测量精度优于15°，技术指标达到国际先进水平，其数据在我国数值天气预报等领域得到了广泛的应用。2021年，风云三号05星在轨，其中风场测量雷达具有双频段数据获取能力，风场测量范围和精度提升超过15%。2023年，风云三号07星在轨，其携带的降水测量雷达具有双频段探测能力，降水探测精度达到0.2 mm/h。

（3）微波辐射计技术。精细谱微波辐射测量技术，用于全天时、全天候条件下的大气垂直温度和湿度廓线探测，具有通道数目多、频谱分辨率高、通道参数可灵活调整等特点。太赫兹辐射测量技术，根据观测模式和观测目标的不同，成功应用于太赫兹冰云成像仪和太赫兹临边探测仪。数字多波束推扫辐射计技术，突破了大口径高精度环焦反射面及密集馈源阵列技术，实现高分辨、高精度、宽幅探测。镜像综合孔径辐射计技术，大幅增加了基线的数量，从而提高了空间分辨率。基于小卫星编队的分布式综合孔径微波辐射计技术是微波遥感的一项革命性技术，以美国、欧洲为代表的航天强国已将研究重点转向分布式综合孔径微波辐射计，是未来微波遥感的一种新的切实可行的手段。

（三）我国空间遥感研究团队

我国高分辨率遥感卫星顶层规划和数据应用研究单位主要有国家国防科技工业局、自然资源部、环境保护部、国家海洋局和中国气象局等部委所属研究机构，卫星研制和基础设施建设以航天央企为主，总体设计单位主要有中国空间技术研究院和上海航天技术研究院。近年来，随着商业航天的发展，也培育了众多的商业遥感及小卫星研制单位，如2014年成立的长光卫星技术有限公司、中国科学院微小卫星创新研究院等。

遥感卫星载荷研制方面，光学相机研制单位主要有北京空间机电研究所、中国科学院上海技术物理研究所、中国科学院长春光学精密机械与物理研究所、中国科学院西安光学精密机械研究所；星载SAR研制单位主要有中国科学院空天信息创新研究院、中国电子科技集团公司第十四研究所、中国电子科技集团第三十八研究所、中国空间技术研究院西安分院等。近年来，国内高校和中国科学院等研究机构在小型遥感卫星研制中取得了丰硕的成果。

三、国内外发展比较

我国空间遥感技术与国外的差距,主要体现在基础支撑能力及极限观测能力方面。基础支撑能力主要设计基础光学材料及元器件。特别是核心的光电转换器件、大功率脉冲行放等器件,与国外存在较大差距。极限观测能力则包括极限分辨率、甚高灵敏度、极限光谱探测等方面,遥感边界的拓展涉及很多的因素,包括基础工业水平的提升、系统架构构建能力的提升、新型遥感技术的进步、先进物理学等与遥感技术的交叉拓展等。

(一)光学原材料国产化研制能力需分类补充

空间光学遥感器光学元件采用的材料一般包括 ULE 超低膨胀玻璃、融石英、ZERODUR 零膨胀微晶玻璃、SiC、铍、红外透镜材料等。ULE 超低膨胀玻璃材料国产化能力持续提升。ZERODUR 零膨胀微晶玻璃材料研制能力亟待补充。SiC 材料制备能力处于国际先进水平。主要材料对标如下:

1. ULE 超低膨胀玻璃材料国产化能力持续提升

国外以美国康宁公司为主要供货商,其典型的 ULE 晶锭的直径为 Φ1700 mm,厚 170 mm,热膨胀系数为 $3 \times 10^{-6}/K$。ULE 国产化研究工作主要由中国建材总院承担,依托浙江衢州高性能石英玻璃研发和产业化基地,已突破 Φ500mm、热膨胀系数为 $3 \times 10^{-6}/K$ 的材料及工艺技术,目前正在开展 Φ1500 mm 量级零膨胀石英玻璃研制。国内天基轻量化 ULE 反射镜镜坯的制备主要由中国科学院光电所技术研究所负责,具备了 Φ4 m 口径的蜂窝夹芯轻量化反射镜研制能力。

2. ZERODUR 零膨胀微晶玻璃材料研制能力亟待补充

ZERODUR 主要供货商为德国肖特。自 1986 年以来,ZERODUR 一直是天文望远镜特大镜坯的优选材料。2022 年,在日本东京 SEMICON 半导体展览会上,肖特展出超低热膨胀率玻璃陶瓷 ZerodurK20。热膨胀系数在室温条件下达到 $1.5 \times 10^{-6}/K$。国内无相关材料制备能力。

3. SiC 材料制备能力处于国际先进水平

SiC 因制备工艺不同可分为热压烧结碳化硅(HP-SiC)、常压烧结碳化硅(S-SiC)、反应烧结碳化硅(RB-SiC)和化学气相沉积碳化硅(CVD-SiC)。目前工程上常用的 SiC 反射镜基底材料主要是 S-SiC 和 RB-SiC 2 种。法国在常温烧结 SiC 和 CVD-SiC 方面,实现了 3.5m 量级的反射镜生产能力,应用于赫歇尔望远镜。我国 RB-SiC 具备 4m 量级反射镜生产能力,达到国际先进水平。

（二）核心元器件研制能力亟待全面加强

1. CMOS 工艺可见光探测器件逐渐取代 CCD 工艺探测器件，并实现自主可控，技术指标达国际同等水平

面向多领域应用的特点，包括多谱段 TDICMOS 探测器、大阵列面阵 CMOS 探测器、高帧频型面阵探测器、高灵敏度微光型 CMOS 探测器以及光谱扫描型 CMOS 探测器等得到了广泛的应用。国外重点研制企业在美国、加拿大、英国，最大像元数量为亿级。我国实现了大面阵 CMOS 器件及线阵器件的定制化研制能力，最大像元数量为 1.6 亿级。

2. 高性能红外探测器与国际先进水平还存在较大差距

空间遥感领域的红外探测器主要包括线阵、高光谱和大面阵三类，与国外对标主要存在非制冷红外探测器空白、甚长波红外探测器性能差、器件工作温度高等技术差距。美国在 VOx、碲镉汞、InGaAs 和 II 类超晶格等技术体制上均有成熟产品，最低工作温度为 6K。我国在碲镉汞、InGaAs 等体制的器件实现了谱系化发展。

3. 大功率脉冲行放取得突破，并实现自主可控，技术指标与国际有一定差距

面向高集成度大功率星载雷达应用的特点，大功率行波管放大器逐步走向工程应用，典型的应用波段包括 X 波段、Ku 波段等，但与国际先进水平尚存在差距，法国在 X 波段可实现 6000 W 的发射峰值功率。我国在 X 波段可实现 1000 W 的发射峰值功率，在 Ku 波段可实现 500 W 的发射峰值功率，与国际水平存在一定差距。

4. 基于氮化镓（GaN）的功率放大芯片逐渐取代基于 GaAs 的功率放大芯片，并实现自主可控，技术指标与国际有一定差距

面向高集成度大功率星载雷达应用的特点，基于氮化镓（GaN）的功率放大芯片逐步走向工程应用，典型的应用波段包括 C 波段、X 波段和 Ku 波段等，国外器件发射峰值功率在 50 dBm，芯片效率在 50% 左右，国内器件发射峰值功率在 40 dBm，芯片效率在 40% 左右，与国际先进水平尚存在差距。

5. 高速的 AD 和 DA 芯片取得突破，并实现自主可控，技术指标与国际有一定差距

面向高分辨率星载雷达应用的特点，系统需要进行中频采集，目前国内典型的器件采样率为 3 Gbps，与国际先进水平尚存在差距。

（三）高光谱宽谱段覆盖能力及高精度应用方面仍需加强

在宽谱段覆盖方面，技术需求将推动精密光机加工、深低温空间制冷、高性能红外探测器等基础学科的发展，谱段覆盖范围逐步从可见光向全谱段（0.4～12.5 μm）发展。特别是在热红外光谱探测方面，美国 1983 年发射的红外天文卫星成功将口径约 600 m 的红外相机冷却到 4 K 左右。中国研制的热红外高光谱成像仪将光谱仪制冷到 100 K，全谱段多模态成像光谱仪的热红外通道将这种 100 K 量级的低温制冷技术逐步工程化。在该领域中国与欧美显然仍存在较大差距，主要体现在基础材料和核心组部件方面，这也是中国未来发展空间高光谱成像需要突破的关键技术。

在高精度应用方面，高光谱遥感以其地物光谱测量的准确性，提高了地物信息精细分类的精度，在各行各业的应用中均有大量的研究案例，但目前我国星载高光谱在支撑全要素自然资源精细化监管方面实际应用较少，其主要原因一是数据资源较少、高精度的几何定位和辐射定标数据较少；二是尚未构建起具有普适性的光谱标志库。

（四）低温光学技术与世界领先水平的仍存在较大差距

NASA 的詹姆斯·韦布空间望远镜依靠遮阳罩背阳面和望远镜表面的被动辐射制冷，使望远镜的温度冷却到 40 K，在此基础上，使用机械制冷将观测仪器冷却至 7 K。在低温光学材料方面：大口径反射镜主要采用了碳化硅、铍和微晶铝，欧洲航天局（ESA）的赫歇尔望远镜采用了碳化硅主镜口径达到 3.5 m，工作温度为 80 K，韦布望远镜采用 18 块口径 1.2 m 的铍镜拼接成 6.5 m 主镜，工作温度为 40 K。红外透射式光学材料采用了包括锗、硅、硒化锌、硫化锌、熔石英、氟化锂、氟化钙等材料。NASA 戈达德航天中心（GSFC）的 CHARMS 系统代表了深低温物性测试的先进水平，如其低温折射率测试精度可达 1.5×10^{-5} 等级，可测低温极限可到 15 K。

光电所在"十五"期间对低温光学技术进行了一定研究，并成功研制出一台基于地面应用的全低温光学系统。工作温度小于等于 100 K、工作波段 8~14 μm、成像质量达到衍射极限。中国科学院长春光机所开展了地基大口径望远镜的冷光学技术研究。中国科学院上海技物所开展了空间相机部分光学冷却的红外探测技术研究。北京空间机电研究所开展了空间相机光学系统 60 K、探测器 20 K 的全光路深冷系统研究。多种制冷方式有机结合的方案，在低温光学系统的温度控制中越来越多地被采用。其中最为关键的技术主要包括：低温卸载支撑技术、多种制冷技术、遮阳帆屏蔽技术、低温隔热支撑技术、高稳定性测控温技术等。

（五）星载分布式综合孔径技术与国外发达国家还存在差距

欧洲已率先开展了分布式综合孔径微波辐射计载荷（SMOS-Next）的研究，完成了指标体系分析，正在进行载荷详细论证工作。欧洲计划于 2023 年发射 3 颗小卫星验证小卫星姿轨控、相关处理等关键技术。随后发射 50 颗小卫星与一颗十字形阵组成分布式综合孔径微波辐射计。中国的分布式综合孔径微波辐射计技术与国外发达国家还存在差距。体现在国内相关单位相继提出了分布式综合孔径辐射计的概念，但都处于起步阶段。华中科技大学提出了一种地基的分布式综合孔径辐射计用于探测空中隐身目标的构思，该地基分布式综合孔径辐射计系统只是天线阵列采用分布式体制结构，后端接收机和信号相关处理与传统综合孔径辐射计并无差别。中国空间技术研究院西安分院正在开展我国首个星载二维综合孔径微波辐射计的研制工作，并提出基于非均匀采样的三维分布式综合孔径微波辐射计方案，规划了分布式综合孔径辐射计总体发展路线图，目前正在对其中的关键技术进行了攻关，取得了初步进展。国内仍需重点对时空相同步技术、分布式误差校正技术、定标技术、亮温重构技术开展研究。

四、发展趋势与展望

遥感技术正进入一个能够快速准确地提供多种观测海量数据及应用研究的新阶段。多分辨率多遥感平台并存，空间分辨率、时间分辨率及光谱分辨率普遍提高。新型传感器不断涌现，微波遥感、高光谱遥感迅速发展。遥感的综合应用不断深化，商业遥感时代也将来临。

（一）空间遥感总体技术发展趋势

1. 一体化多维融合遥感技术提高跨越协同信息服务能力

随着相机多通道技术、全谱段模块化光谱成像技术、图谱构时地表光谱数据应用技术等技术的发展，星载多功能一体化综合探测技术得到了进步。多功能一体化综合探测技术的发展方向主要体现在两个层面，首先"一型多用"，即面向目标高精度检测的跨谱段探测、多角度高光谱偏振多维信息一体化探测等。其次是"一型多能"，即测通一体化、测侦通一体化等。卫星采用一体化设计载荷、卫星集群获取目标的多维信息，以较低的代价或成本，实现多种功能，是满足未来"跨域协同"信息服务与信息保障多种任务需求的必然要求。

2. 高光谱成像技术向纵深发展

高光谱成像技术主要的发展趋势包括：①大幅宽，高空间分辨率。在保持高光谱分辨率和幅宽的同时，提高星载 HRS 的空间分辨率。②发展全光谱范围的超空间观测。将近红外（0.4～1.0 μm）和短波红外（1.0～2.5 μm）扩展到中波红外（MWIR，3～5 μm）和长波红外（LWIR，7～12 μm）。③建立高光谱卫星网络。卫星组网为微卫星和星载 HRS 提供了新的方向。

3. 动目标探测、检测、识别、跟踪一体化发展

针对高速动目标的探测，从探测技术上需发展对于高速高机动目标不同检测积累方法，深入研究探测临空高超目标的高速高机动目标检测技术、高速大动态目标跟踪技术、反等离子鞘套效应措施建议等。

4. 多频段多极化微波遥感技术提升多要素反演能力

针对多要素高精度的探测需求，微波遥感载荷需要采用多频段多极化手段，利用两个或多个频段对同一目标进行同时相的多极化观测，建立多频段同时相的反映模型，可提取

多要素的目标信息。对于微波散射计，当采用了双频段全极化技术后，海面风速反演的上限由 25 m/s 提升至 70 m/s。对于合成孔径雷达，采用多频段多极化 SAR 可同时获取森林生物量及下垫面的信息，提升多要素的反演能力。

5. 分布式微波遥感组网技术有效提升遥感数据时效性

针对高精度干涉测绘、地表形变监测、高时效监视等应用，微波遥感载荷需要采用分布式编队体制，利用多星组网完成对目标的综合观测，利用多星获取的信息进行联合解算，地面高程的测量精度可优于 1 m，地表形变监测的精度达到 2 mm，目标变化监测的时效性达到分钟级，大幅提升微波遥感载荷的性能。

6. 星载微波辐射计持续追求更丰富、更高精度、更细致的定量测量能力

探测频段更加丰富，从 P 波段到太赫兹频段，相应的探测要素也愈加丰富；在探测精度方面，一方面通过提升仪器性能指标提高辐射计定标精度和灵敏度，另一方面不断改进反演算法，提升反演准确性；多频段联合探测、主被动联合探测等技术的迅速发展，使得探测功能更加强大；通过采用大天线、综合孔径天线、频谱细分技术等，持续追求高空间分辨率、高辐射分辨率的探测，旨在获取更为细致的信息要素；轻小型化仪器研究、小卫星搭载应用甚至商业卫星应用成为新热点。

7. 低成本小型化是未来航天遥感器产品发展的趋势

为适应星群架构、商业运营等对遥感器产品的要求，通过模式创新和技术革新实现产品的低成本小型化是必然的发展途径。这主要包括星载一体化技术增加了载荷设计的灵活性，重量、体积可通过设计进一步下降；COTS 器件在宇航领域的应用，降低成本；在单机部组件生产、系统测试和总装及环境试验三个环节上进行研制模式创新，特别是总装及环境试验环节形成脉动流水化模式，进行批量化生产、测试，可进一步解放人力、降低成本。

（二）空间遥感专项技术

1. 超大口径遥感器组装技术

为了满足高分辨率观测需求，我国对未来大型空间光学设施建造的需求主要面向超大口径光学遥感器，其光学系统主镜口径达到 10 m 量级。同时，超大口径遥感器建造可以满足远距离暗弱目标探测以及天文观测等科学研究领域的应用需求。作为战略性轨道设施，加快建设大型遥感器建造是我国遥感器技术发展的重要任务方向。

2. 微纳、智能化载荷技术

具有感知、处理、控制、通信等功能的智能化集成微纳系统不断发展，建设遥感器智能设计系统，发展具备精确感知状态信息能力、成像参数自主可调的智能遥感器成为趋势。"微纳云"在轨服务模式正在积极论证，中国的微纳载荷及卫星的创新模式也在积极探索。

3. 低温成像技术

在深空背景条件下，当探测的目标信号十分暗弱时，探测仪器的背景辐射主要来自仪器本身的光学系统和支撑结构，探测仪器灵敏度受到系统本身辐射的限制，为减少这一热噪声，冷却光学系统是必须采用的方法。面向深空天文观测需求，随着探测谱段向长波红外延伸，探测系统的工作温度要求更低。在中波红外谱段，需要将遥感器制冷至 30 K。在长波红外谱段，需要将遥感器制冷至 3~5 K。还要进一步深化低温光学技术的研究工作，具体包括：超大口径低温光学系统及其应用、超低温制冷技术等关键核心技术，以及低温镜头性能测试与评价、低温光学元件加工工艺及镜面镀膜技术等制造技术。

4. 微光成像技术

新一代微光夜视技术将更注重与夜晚光辐射相匹配，以期拓宽多波段感知能力。为拓宽微光观测能力，提高仪器的有效工作时间，还需进一步研究大口径长焦距物镜系统、高灵敏度微光探测器组件技术、智能化电子学控制技术和微光图像处理技术等。

5. 高分宽幅微波成像技术

现有星载 SAR 在高分辨率模式下，获取的幅宽极窄，制约了高分辨率 SAR 的应用，如在 1 m 分辨率模式下，现有水平的幅宽为 10 km × 10 km。高分宽幅微波成像技术，将采用先进的多通道数据体制，将同等分辨率下得幅宽提升 5~10 倍，满足未来应用对高分宽幅的需求。

6. 空间微波辐射基准技术

针对空间微波辐射探测资料在高精度、高稳定性、高一致性方面存在的观测能力不足和缺乏基准溯源链的问题，开展毫米波亚毫米波低温冷光学技术、毫米波亚毫米波高灵敏高稳定接收机技术、超高发射率微波定标黑体技术、微波基准辐射计高精度定标技术、全链路微波空间辐射基准传递框架与辐射基准溯源技术等研究，进行星地/星星微波辐射基准传递一体化验证，建立天基微波辐射传递和误差评估模型。

（三）空间遥感数据处理及应用技术

随着遥感技术的不断进步，遥感数据量越来越大，种类越来越多，分布越来越分散，遥感应用的复杂程度和个性化程度也不断提高，遥感正在走向大数据时代。

1. 增强基于星群的遥感信息服务能力

传统的单星和星座卫星系统的运控、接收、处理和应用服务模式面临严峻挑战，亟须统筹规划卫星应用各环节资源，充分发挥多星协同优势，构建统一的遥感影像实时智能服务体系和系统（图 2）。

2. 卫星遥感成为新一代、国际认可的全球碳核查方法

卫星遥感具有客观、连续、稳定、大范围、重复观测的优点，是全球碳循环高精度、精细分辨率监测不可或缺的技术手段，将在全球碳盘点发挥重要作用。2023 年，中国科学院发布了《全球人为源碳排放与陆地生态系统碳收支遥感评估科学报告》，报告利用卫星遥感技术评估了全球和主要国别的人为源碳排放与陆地生态系统碳收支情况。

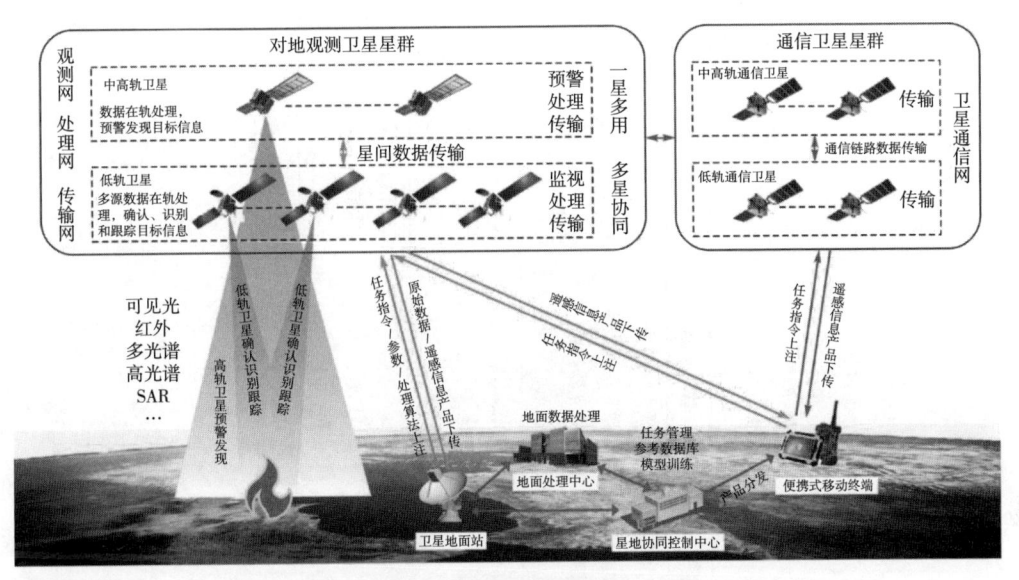

图 2　面向星群的智能服务体系

3. 发展快速高效、精细定量、智能化的大数据处理分析技术

随着空间对地观测卫星数量规模越来越大，载荷的时、空、谱分辨率也在不断提高，每天获取的观测数据量将由当前的 TB 量级快速跨越到 PB 级，数据种类多、体量大、价值高、动态多变、冗余模糊等大数据特征日益凸显，以大数据分析、深度学习等为代表的智能算法有望在对地观测数据处理方面取得突破性进展。一是开展基于虚拟化云存储等的空间对地观测大数据管理技术研究，构建高效的数据存储管理架构；二是发展基于人工智能的卫星数据实时处理与信息快速生成技术，提高空间对地观测海量数据的高效处理和快速服务能力；三是发展以深度挖掘为基础的大数据可视化技术，提高对大数据下隐藏信息的深层次挖掘能力；四是发展多源异构数据的快速同一化技术和轻量化采集、存储、传输和访问技术；五是进一步加强人工智能遥感基础理论和技术手段的研发。

附表 空间遥感领域专业技术体系表

一级专业	光学成像技术	空间测绘技术	光谱探测技术	激光探测技术	微波遥感技术
二级专业	①可见光成像技术 ②红外成像技术 ③低温光学技术 ④甚高分辨率成像技术	①激光测高技术 ②影像定向参数的精确检校技术 ③三维测绘重建技术 ④区域网平差处理技术	①热辐射光谱探测 ②计算高光谱探测技术 ③超光谱探测技术 ④偏振光谱成像技术	①激光测距技术 ②激光雷达技术 ③激光器技术 ④激光相干探测技术	①合成孔径雷达 ②微波散射计 ③微波辐射计
我国技术水平（相较国际）	领先：④ 先进：①②③ 一般：无	领先：无 先进：① 一般：②③④	领先：①② 先进：③ 一般：④	领先：①② 先进：③ 一般：④	领先：无 先进：②③ 一般：①
目前专业地位	核心：②④ 重要：③ 一般：①	核心：①② 重要：③④ 一般：无	核心：②③ 重要：④ 一般：①	核心：①② 重要：④ 一般：③	核心：① 重要：② 一般：无
后续重点发展方向	③	②③④	①	②	①②③

参考文献

［1］ 赵忠明，高连如，陈东，等．卫星遥感及图像处理平台发展［J］．中国图象图形学报，2019，24（12）：2098-2110．

［2］ 王小勇．空间光学遥感器技术发展成就与展望［J］．国际太空，2018，0（1）：34-38．

［3］ Zhang B，Wu Y，Zhao B，et al. Progress and challenges in intelligent remote sensing satellite systems［J］．IEEE Journal of Selected Topics in Applied Earth Observations and Remote Sensing，2022（15）：1814-1822．

［4］ 袁春柱，张强，傅丹膺，等．超低轨道卫星技术发展与展望［J］．航天器工程，2021，30（6）：89-99．

［5］ 奔向深空！深空探测成为测绘遥感的前沿和新战场［EB/OL］．2023．https://m.thepaper.cn/baijiahao_24274468．

［6］ 江碧涛．我国空间对地观测技术的发展与展望［J］．测绘学报，2022（7）：1153-1159．

［7］ 唐新明，王鸿燕．我国民用光学卫星测绘产品体系的建立与应用［J］．测绘学报，2022，51（7）：1386．

［8］ 高分七号装备了三线阵立体测绘相机［EB/OL］．2020．http://www.kosmos-image.com/index.php?m=content&a=show&catid=73&id=2222．

［9］ 王建宇，李春来．高光谱遥感成像技术的发展与展望［J］．空间科学学报，2021，41（1）：22．

［10］ 舒嵘，黄庚华，孔伟．空间激光测高技术发展及展望［J］．红外与激光工程，2020，49（11）：9-18．

［11］ 陈凡胜，胡琸悦，李潇雁，等．宽幅高分辨热红外遥感成像技术研究［J］．中国激光，2021．

［12］ 马润泽，张晓明，冯帅，等．红外光电探测技术研究现状及展望（特邀）［J］．光子学报，2021（10）：50．

［13］ Villalba V，Kuiper H，Gill E. Review on thermal and mechanical challenges in the development of deployable space optics［J］．Journal of Astronomical Telescopes，Instruments，and Systems，2020，6（1）：010902．

［14］ 马宁，刘奕，李江勇，等．红外低温光学关键技术研究综述［J］．激光与红外，2017，47（10）：1195-1200．

［15］ Miller S D，Straka W，Mills S P，et al.Illuminating the Capabilities of the Suomi National Polar-Orbiting Partnership（NPP）Visible Infrared Imaging Radiometer Suite（VIIRS）Day/Night Band［J］．Remote Sensing，2013，5（12）：6717-6766．

［16］ 胡秀清，徐寒列，雷松涛，等．风云三号黎明星微光探测及应用综述［J］．光学学报，2022，42（12）：33-46．

［17］ 赖积保，康旭东，鲁续坤，等．新一代人工智能驱动的陆地观测卫星遥感应用技术综述［J］．遥感学报，2022（8）：1530-1546．

［18］ 邵晓鹏，刘飞，李伟，等．计算成像技术及应用最新进展［J］．激光与光电子学进展，2020，57（2）：45．

［19］ Lukac R，Radha H.Computational Photography：Methods and Applications［J］．J. Electronic Imaging，2010（20）：049901．

［20］ 孙刚，刘慧，李丽，等．光合有效辐射及其传感器研究进展［J］．农业工程学报，2023，39（8）：20-31．

［21］ 吴霖升，张永光，章钊颖，等．日光诱导叶绿素荧光遥感及其在陆地生态系统监测中的应用［J］．植物生态学报，2022，46（10）：1167-1199．

［22］王伟刚，胡斌，杜国军，等．陆地生态系统碳监测卫星日光诱导叶绿素荧光超光谱探测仪设计与验证［J］．航天返回与遥感，2022，43（6）：68-78．

［23］何志平，桂裕华，李津宁，等．面向月球环绕探测的光谱成像：研究现状与技术挑战［J］．Acta Optica Sinica，2022，42（17）：1730001-1730011．

［24］陈丰熠，张玉贵，王伟刚，等．宽波段光谱的小行星表面温度反演方法［J］．光谱学与光谱分析，2023，43（4）：1162-1167．

［25］王芸，林栩凌，郭忠凯，等．空间应用激光干涉测距技术发展综述［J］．航天返回与遥感，2021，42（2）：68-78．

［26］徐欣，谈宜东，穆衡霖，等．空间引力波探测中的激光干涉多自由度测量技术［J］．激光与光电子学进展，2023，60（3）：82-101．

［27］潘超，李凉海，曹海翊，等．多波束三维成像激光雷达高精度收发匹配方法研究［J］．遥测遥控，2022，43（3）：62-70．

［28］李劲东．中国高分辨率对地观测卫星遥感技术进展［J］．前瞻科技，2022，1（1）：112．

［29］刘韬，周一鸣，江月松．国外空间反射镜材料及应用分析［J］．航天返回与遥感，2013（5）：90-99．

［30］钱进，姜紫薇，段松江，等．典型国产卫星高光谱质量对比分析［J］．贵州师范大学学报（自然科学版），2022，40（5）：46-54．

［31］王密，仵倩玉．面向星群的遥感影像智能服务关键问题［J］，2022（6）：1008-1016．

研究团队：郭崇岭　郑国宪　陶宇亮　吴立民　党红杏　吕容川
　　　　　闫　伟　刘银年　顾明剑　钮新华　孙晓兵　李　悦
审稿人：褚君浩　王小勇　徐之海　张庆君　白照广　伏瑞敏
　　　　　　　　　　　　　　　　徐彭梅　马文坡　陈晓丽
撰稿人：郭崇岭

航天先进材料专业发展报告

一、引言

航天材料是航天装备的物质基础与技术先导，其性能与质量水平是衡量装备先进性与可靠性的重要标志。航天材料服役环境特殊、技术要求日益苛刻，航天装备性能越先进，对高性能材料的需求越迫切。在过去五年内，我国在航天材料领域取得了一系列新突破、新成果。国内首个直径达 Φ3350 mm 的 2195 铝锂合金贮箱工程样机研制成功，支撑了新一代载人等项目贮箱技术方案。突破了大尺寸 C/SiC 陶瓷基热结构材料设计制备关键技术，并针对材料的轻量化、耐高温和低成本等不同需求，研制了 C/SiCN 复合材料。轻质烧蚀防热材料解决了探月任务月地高速跳跃式返回的轻量化热防护问题，有力保障了探月任务的安全返回。耐烧蚀型的超低密度烧蚀防热涂层可抵御短时羽流热环境和长时气动热环境，为嫦娥七号、新飞船等深空探测器羽流热防护和气动热防护提供了新技术方案。耐空间辐照、耐原子氧、耐空间高低温循环的高空间稳定性粘结剂有效解决了传统热控涂层长时在轨太阳吸收率退化严重的问题，为人造卫星长寿命化储备了关键技术。此外，冬奥会期间针对高端冰雪竞技装备国产化及个性化定制需求，研发了国内首台碳纤维雪车、雪车头盔、轻量化自由式滑雪板、高刚性冰球杆等冰雪运动器材，航天先进材料技术助力体育装备自主可控和性能提升。本报告梳理了我国五年来在航天材料领域取得的成绩，对比分析了与国外先进技术之间的差距，指出未来发展趋势及重点发展领域。

二、近五年的主要进展

（一）新技术发展状况

1. 金属材料与工艺技术领域

（1）贮箱用高性能铝锂合金与应用技术

国外运载火箭推进剂贮箱近年来主要以第三代高性能铝锂合金为主。2195、1460 等第三代高性能铝锂合金，因其优异的综合性能，在航天领域得到了广泛应用，其中 2195 铝锂合金被用于航天飞机外贮箱、火箭的上面级液氢、液氧贮箱、载人航天器及月球登陆器上，2198 铝锂合金被用于猎鹰 9、猎鹰重型运载火箭，苏联开发的 1460 铝锂合金不仅被用于制造能源号火箭芯二级 LH_2、LO_2 贮箱，还被用于德尔塔三角快帆火箭的液氧贮箱试验件。并且其贮箱箱底制造工艺也从瓜瓣拼焊发展到旋压整体成形，关键的焊接工艺也已从最初的钨极氩弧焊、变极性等离子弧焊发展到了今天的固态焊接——搅拌摩擦焊。

"十四五"期间根据航天型号发展，国内开展了第四代 600 MPa 级以上铝锂合金材料研制及其应用研究工作。贮箱主体金属材料目前实现了以高性能 2195 铝锂合金为代表的第三代贮箱结构材料的工程化应用，研制了国内首个直径达 Φ3350 mm 的 2195 铝锂合金贮箱工程样机，为我国运载火箭推进剂贮箱材料更新换代奠定了坚实基础。

（2）高性能粉末冶金材料及近净成形技术

美国航空航天局（NASA）采用粉末冶金技术研制出可作为火箭发动机推力室内壁材料的铜铬铌合金，可在 700℃高温下工作，粉末铜合金及粉末冶金成形技术已成为火箭发动机推力室内壁材料和工艺未来发展的重要发展方向。美国将 HIP 近净成形技术应用生产了多种火箭发动机、航空发动机压气机和飞机机身部件。马歇尔航天飞行中心将新型高温合金 NASA-23 采用粉末冶金技术成形，并用于新一代火箭推力系统。俄罗斯研制出了粉末高温合金 ЭП741 系列、ЭП962 系列、ЭП698П、ЭП975П 等多种牌号，已用于制造液体火箭发动机的氧化剂泵叶轮和涡轮叶轮等构件。总体来说，国外高性能粉末冶金材料及近净成形技术目前正向高温、高强、超高强、大型复杂构件整体成形等方向发展。

国内已掌握旋转电极、气雾化等方法制备高品质钛合金、高温合金等材料粉末的技术。在粉末冶金近净成形技术方面，航天材料及工艺研究所研究并掌握了系列钛合金、Ti-Al 系合金粉末冶金近净形成形技术，研制的舱体、舵翼结构、异形构件和机匣等产品，已在航天、航空、航发、船舶等多型号中得到应用。此外，国内还成功研制使用温度为 750℃的 FGH96 损伤容限型粉末高温合金，目前正在开展第三代使用温度为 800℃以上具有高强+损伤容限型特性的合金研制。

（3）镁合金及其应用技术

镁合金作为最轻的金属结构材料，在航天领域得到了广泛应用。国外在大力神、丘辟特、雷神和北极星等战略导弹上都曾选用变形镁合金做结构材料,但随着武器型号的发展,镁合金因其强度、模量低,并且变形、抗腐蚀能力较差的缺点,逐渐被高强铝合金所取代。

国内镁合金材料从 Al-Mg 系 5A06 铝合金发展到铝锂合金 5A90,目前正在朝着高强耐热镁合金方向发展。国内高强耐热变形镁合金材料的研发主要集中于 Mg-Gd-RE、Mg-Y-RE 以及 Mg-RE-MM 等合金的研发,现在最新研制的高强耐热变形镁合金实验室级别抗拉强度可达 550MPa 以上。

(4)航天发动机材料与应用技术

1)氢氧液体发动机材料与应用技术。国外大型液氢液氧发动机推力室身部均由高导热的铜合金内壁和镍基高温合金外壁电铸或焊接连接而成。目前,美国再生冷却发动机推力室仍采用电铸技术研制生产,如 SSME、RS-25 发动机。欧洲航天局研制的阿里安火箭发动机芬奇也采用了电铸技术,电铸镍层厚度高达 25 mm,且该技术沿用至阿里安 6。日本主力火箭 H2A/B 用 LE-7/LE-7A 型号推力室身部也采用电铸技术成形,并同时开展了电铸镍和电铸镍钴合金的技术研究。近年来,我国通过电场分布均匀控制、摩擦电铸等快速电铸技术研究,实现了 220 t 氢氧发动机一次性电铸成形以及超大规格复杂型面部件表面双层电铸镍冷却通道推力室身部的高质量成型,并顺利通过全工况热试车考核,为重型运载火箭研制提供了技术支撑。

2)轨/姿控发动机材料与应用技术。国外对轨/姿控发动机推力室用材料体系研究主要集中在美国和俄罗斯。美国研制的 R512A 与 R512E 涂层采用料浆烧结法,服役温度一般低于 1400℃,目前已在飞船、航天飞机等飞行器上得到了广泛应用。俄罗斯研制的 $MoSi_2$ 涂层采用真空电弧沉积与包渗反应两步法,其高温抗氧化性能更优,使用温度可达 1500℃以上,制备的多种规格发动机推力室已在卫星、飞船等飞行器上得到了广泛应用。我国研制的第三代 490N 发动机铼/铱材料体系推力室通过了考核试车,最高工作温度达到 2200℃。目前,国内正在开展第四代铼/铱/碳-碳材料体系推力室攻关工作,航天材料及工艺研究所研制生产的 1000N 铼/铱/碳-碳推力室材料,成功通过了 1000 s 的试车考核,为铼/铱/碳-碳材料体系的工程化应用奠定了基础。

2. 非金属材料及工艺领域

(1)特种密封材料设计与应用技术

有机弹性体方面,国外重点发展了各类耐极限工况条件耐宽温域的氟醚橡胶。偏氟醚橡胶工作温度范围为 -45℃~300℃,已商品化并应用,意大利苏威开发了低温达 -55℃级兼具良好的力学性能及耐油性能偏氟醚橡胶。俄罗斯、日本、意大利、美国等均具备研制和生产耐低温长期耐化学介质全氟醚橡胶的能力。美国杜邦公司的全氟醚橡胶耐高温等级达到了 316℃,Kalrez 7075 可长期在 327℃下使用,意大利苏威公司的 PFR X1055B 耐高温等级达到了 350℃,短期使用温度可达 400℃。日本信越公司开发出高温固化和室温固化两大类液体全氟聚醚橡胶。此外,国外还形成了以无机材料、新型耐高温合金等为主体的高温密封材料体系及制品。NASA格林研究中心制备了Si_3N_4陶瓷栅板密封件，在870℃环境中磨损循环1000次后气体漏率几乎未改变。托莱多大学与格林研究中心研制出以氧化铝陶瓷纤维为外层套管、高温合金编织弹簧管为中间层、氧化铝散棉为内核的基线可控界面密封结构，在955℃环境下经过20次压缩循环后仍具有良好的压缩回弹性。

国内重点发展了各种耐极限环境的密封材料。近年来完成-30℃级偏氟醚橡胶的工程化及应用研究，实现了装机应用；目前正在开展-40℃级偏氟醚橡胶的合成技术攻关及-50℃级液体全氟聚醚橡胶的工程化研制及应用研究；已实现耐300℃的长期耐高温全氟醚橡胶材料研制，将为耐低温耐化学介质的全氟醚橡胶制备提供保障。在热密封方面，研制出耐800℃石英纤维编织三维五向静密封条和耐600℃弹簧管基线热密封组件。

（2）粘弹性阻尼材料设计与应用技术

各类耐极限工况的特种硅橡胶成为国外研究的一个重点方向。美国道康宁研发出的乙基硅橡胶制品可在-90℃、-120℃条件下长期使用。在高性能阻尼硅橡胶材料领域，日本信越公司的系列化高性能苯基硅橡胶阻尼材料，其阻尼系数达到0.3以上，温度范围为-50℃~100℃。在结构阻尼一体化复合材料领域，日本NEC公司将内加阻尼层的T800级中模量碳纤维增强环氧树脂基复合材料成功应用于空间结构。

国内在阻尼材料领域突破了低压变准恒模量阻尼硅橡胶材料设计及制备技术，已应用于高分辨率卫星精密姿控设备微振动高效减振，明显改善卫星成像质量；突破了丁基橡胶阻尼材料配方优化设计技术和耐空间环境预处理工艺技术，已应用于多个卫星型号；优化了约束阻尼材料及结构设计方法，在10~2000 Hz范围结构阻尼可达0.1以上；突破了复合材料内嵌高性能阻尼胶膜的阻尼结构一体化复合材料成型工艺及结构优化设计技术，应用于仪器设备安装板及支架，减振效果可达50%以上。

（3）特种胶粘剂与粘接技术

在超高温胶粘剂方面，俄罗斯开发了AFK、KM等系列磷酸盐型胶粘剂，在氩气环境耐受温度可达2000℃；美国、俄罗斯、日本等国家开发了硅、钛、锆等杂原子改性的酚醛树脂胶粘剂，已应用于航天武器型号碳/碳复合材料装配；美国开发了聚碳硅烷、聚硅氮烷、聚硼硅氮烷等陶瓷前驱体胶粘剂，在空气气氛下热解产物可稳定到1700℃，NOAX系列产品已通过航天飞机的飞行试验。在超低温胶粘剂方面，美国富乐、亨斯曼等公司推出了Foster、Huntsman、TIC等系列产品，其使用温度范围为-196℃~121℃，经超低温-常温循环后，其粘接性能几乎保持不变。在耐空间环境用胶粘剂方面，3M、Dow Corning、Momentive、信越化学等公司开发了DC、RTV、EA、KE等系列卫星用低挥发密封粘接/灌封胶粘剂产品。

在耐超高温胶粘剂、耐高温硅橡胶胶粘剂的研究工作方面，我国形成耐1000℃~1800℃高温胶粘剂、耐300℃硅橡胶胶粘剂的工程化生产能力；突破了室温硫化套装胶压延制备工艺的关键技术，形成高精度套装胶片工程化生产能力；实现了丁羟聚氨酯灌封胶等材料的国产化生产。黑龙江石化院形成了多种耐高温双马结构胶膜、耐高温蜂窝用聚酰亚胺板芯胶膜产品，提升了结构胶膜在高温区的粘接性能；正在开展电子用特种胶粘剂的研制工作。

（4）材料环境适应性与寿命评估技术

国外开发了计算机仿真模拟模型、动力学曲线模型、本构及唯象模型等材料寿命评估模型，形成新的寿命评估模型。美国等建立了跨国、跨区域的自然环境联合试验站网，开展材料的环境适应性和寿命快速评价。俄罗斯莫斯科弹性体研究院、乌克兰的南方设计局等主要开展装备的自然贮存试验，特种推进剂介质环境的贮存试验，空间环境的贮存试验和元器件、非金属材料的老化试验等研究工作。

国内在材料贮存环境试验与寿命评估技术领域有自然环境试验和加速贮存试验技术两个方向。多个研究机构开展了加速贮存试验技术研究，非金属材料的贮存期试验与评估技术研究目前以加速贮存试验为主，自然贮存为辅。航天材料及工艺研究所开展了功能/结构复合材料、胶粘剂与胶接结构、功能涂层材料、介质环境橡胶密封材料与结构、阻尼减震材料及结构的贮存失效机理、加速贮存试验方法、贮存寿命评估方法等基础研究，形成了航天产品非金属材料贮存寿命评估技术。

3. 先进功能复合材料及工艺技术领域

（1）陶瓷基/碳基防热材料

西方国家认为陶瓷基复合材料在新型飞行器研制中具有不可替代的优势和地位，近几年一直在积极加大这方面的研发和投入力度。在研发与制造能力方面，2022年7月洛马公司臭鼬工厂投资新建了防热复合材料研发设施，主要研发生产面向新型飞行器使用的C/SiC、C/C、超高温陶瓷涂层等高性能防热材料，最高使用温度超过2500℃；欧洲导弹集团联合英国国家复合材料中心开展面向未来新型飞行器机身所需的陶瓷基复合材料制备技术开展研究工作，应对飞行器高温和高速飞行带来的挑战；德事隆（Textron）与波士顿材料公司基于专利技术联合开展Z向增强的C/C材料研制，旨在提高新型飞行器热防护系统可靠性并降低成本。2022年8月澳大利亚先进复合材料结构研究中心获得资助，开展面向新型飞行器和空间结构使用的超高温复合材料研究，也是本年度该中心最前沿的研究方向之一；在前沿材料方面，2022年4月，俄罗斯科学院西伯利亚分院强度物理学与材料科学研究所科研人员开发出了一种能自我修复缺陷的陶瓷复合材料，其任务是为高能系统和高速飞行器提供热保护。在高温条件下，这种陶瓷材料会在表面形成玻璃涂层，对损坏部位进行"修复"从而阻断氧气的影响以完全恢复抗氧化性能。这种材料的硬度与金刚石相近，研制出的陶瓷可以承受高达2700℃的高温，目前正处在投入生产阶段。

我国在陶瓷基防热材料方面，突破了大尺寸C/SiC陶瓷基热结构材料设计制备关键技术，并针对轻量化、耐高温和低成本等不同需求，发展了C/SiBCN、C/SiHfBCN、C/SiCN等新型陶瓷基防热材料。在超高温低烧蚀碳基防热材料方面，通过物理掺杂、化学络合等工艺方法在碳纤维织物中引入 Hf、Zr、Ta、W 等难熔金属组元的碳化物、硼化物及硅化物，制备出超高温本体抗氧化 C/C 复合材料，抗氧化烧蚀性能较 C/C 复合材料提高 60% 以上。

（2）树脂基防热复合材料

美国、欧洲在树脂基防热材料领域强调基础研究，包括新型树脂设计、缺陷对材料力学性能影响、材料传热行为等。在新材料研发方面，国外烧蚀防热材料仍向着可靠、高效的方向不断发展，基于传统的纤维增强酚醛复合材料，对材料结构、成分与制造工艺进行优化和创新。在低密度树脂基防热复合材料方面，NASA 报道了保护未来的行星任务免受极端高温项目中 PICA-D 开发和 PICA 能力维持的相关进展；德国宇航中心报道了近年发展的低密度烧蚀防热材料 ZURAM-K（类似于美国 PICA）的性能，为该材料未来空间领域应用奠定了基础；NASA 联合洛马针对美国的"阿尔忒弥斯重返月球计划"中的猎户座号载人登月飞船返回舱的大底防热结构，采用了改良后的轻质蜂窝增强烧蚀防热材料（牌号为 Avcoat 5026）。波音在其研制的新一代载人飞船 Starliner（星际线）号的防热大底采用了自行研制的轻质蜂窝增强烧蚀防热材料（牌号为 BLA）。

国内在树脂基烧蚀防热材料方面，轻量化和多功能是该类材料发展的重点。通过对纤维增强体和树脂基体的设计，将防热、隔热、吸波等多重功能融合，既满足航天器关键部位防隔热，还能实现高温电磁隐身功能。典型材料密度仅为 0.5 g/cm^3，室温热导率为 0.045 W/mK，在 2~18 GHz 范围内具备优异的吸波性能。

（3）热透波材料

近几年，在透波材料方面，美国已在新型战斗机、无人机、舰船等装备上实现了应用，包括表面周期结构（FSS）的天线罩、全封闭式 FSS 隐身桅杆等。2022 年，美国北卡罗来纳大学总结了 10 种陶瓷天线罩材料及其性能，包括石英陶瓷、氮化硅陶瓷（反应烧结和热压烧结）、氮化硼、钡长石、Si_3N_4-BN-SiO_2、磷酸盐、硅酸钇等，分析了陶瓷的孔隙率、晶粒大小、热震环境等对介电性能的影响，最后总结了超材料结构对瞄准误差、增益及极化的影响，有较好的参考价值，同时也一定程度反映了国外对导弹热透波材料研究的重视程度。

在热透波材料方面，国内报道了 Si_3N_4/BN 复合材料的性能，室温下材料弯曲强度达到 133 MPa，随温度的升高，弯曲强度逐渐下降，1300℃时弯曲强度降低至 73 MPa。航天材料及工艺研究所突破了氮化硅纤维增强陶瓷复合材料制备关键技术，研制出具有优异耐高温性能和介电性能的复合材料，室温拉伸强度大于 70 MPa，1400℃拉伸强度大于 40 MPa，典型环境下的线烧蚀速率显著低于石英复合材料，且介电性能保持稳定。

（4）高效隔热材料

随着航天飞机和新型飞行器防隔热需求而发展起来的。近几年来，国外高效隔热材料领域的发展主要体现在基础研究方面。2022 年美国 Siu-Chun Lee 发展了低密度碳瓦辐射传热理论计算模型，与试验数据吻合较好，指导了复合材料性能设计优化；瑞士 Koebel

报道了"氧化硅－间苯二酚－三聚氰胺－甲醛"复合气凝胶材料（图1），材料的室温热导率在 0.015～0.02 W/(m·K)，表现出优异的隔热性能；德国 Bottmann 研究了添加遮光剂的膨胀蛭石 25℃～800℃的隔热性能，作者通过实验较为详细了研究了遮光剂的消光性能，对纳米隔热材料研究具有重要的参考价值。总之，从国外公开的研究结果来看，高效隔热材料以基础研究为主，同步开展少量的应用验证和工程应用探索。

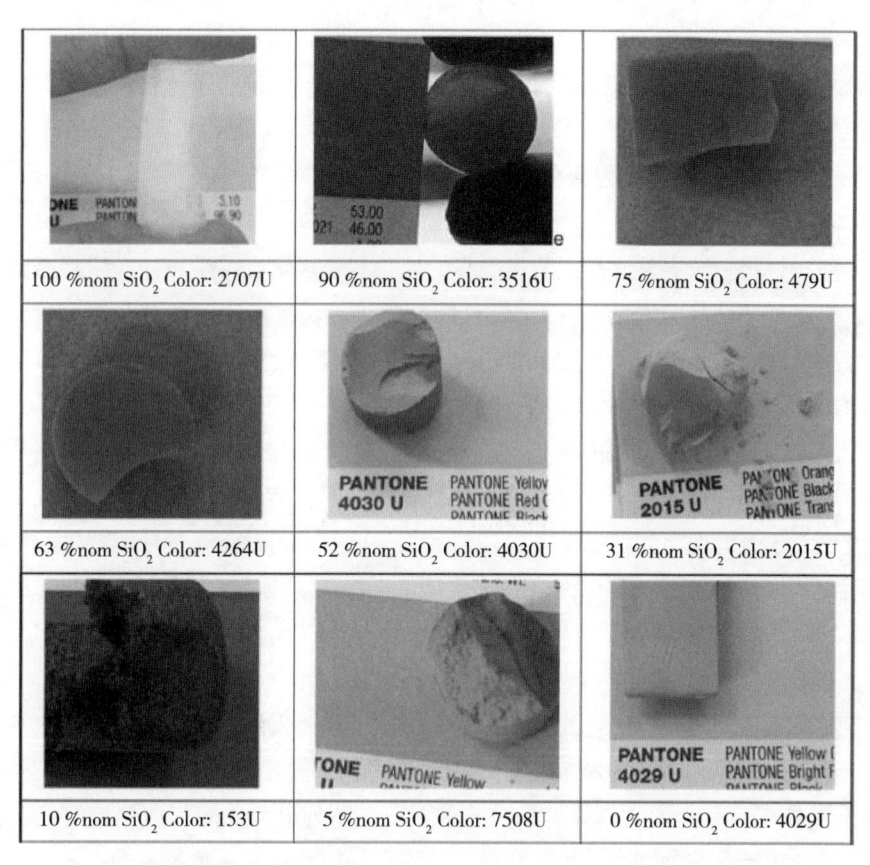

100 %nom SiO$_2$ Color: 2707U	90 %nom SiO$_2$ Color: 3516U	75 %nom SiO$_2$ Color: 479U
63 %nom SiO$_2$ Color: 4264U	52 %nom SiO$_2$ Color: 4030U	31 %nom SiO$_2$ Color: 2015U
10 %nom SiO$_2$ Color: 153U	5 %nom SiO$_2$ Color: 7508U	0 %nom SiO$_2$ Color: 4029U

图1 "氧化硅－间苯二酚－三聚氰胺－甲醛"复合气凝胶

在高效隔热材料方面，经过近十年的快速发展，国内在航天器高效隔热材料领域形成了隔热瓦、隔热毡和纳米隔热材料三大体系。隔热瓦形成了1200℃和1500℃两个系列，隔热毡形成了600℃和1000℃系列。国内在 SiO$_2$、Al$_2$O$_3$ 及 C 气凝胶纳米隔热材料制备技术、应用等领域已经达到很高水平，氧化物纳米隔热材料的使用温度可达1400℃，碳基纳米隔热材料的使用温度超过2000℃。

4. 表面工程材料领域
（1）烧蚀防热涂层材料

轻质高效烧蚀防热涂层技术国外突破了防热涂层用加成型硅橡胶制备及工程化应用、

长时有氧中高热流环境涂层烧蚀层多尺度结构精细控制、面对称结构自动化涂装等关键技术。通过卡宾反应，大幅提升了铂金催化剂的抗中毒性能，在国内首次实现了加成型硅橡胶体系防热涂层的工程化应用。将防热涂层使用环境由 1200℃、400 Pa 气动剪切力、100 s 加热时长提升至 1650℃、1400 Pa 剪切力、600 s 时长，同时具有较高的轻量化程度，体密度仅 0.55g/cm³。该技术大幅降低了制造成本和制造周期，为低成本、短周期、大批量制造提供了新的技术方案。在天问一号的牵引下，突破了轻量化程度高达 0.27 g/cm³ 的超低密度烧蚀防热涂层技术，随着天问一号的成功落火，验证了防热涂层方案在深空探测热防护领域的可行性。在此基础上，针对嫦娥七号、新飞船支腿羽流热防护需求，发展了耐烧蚀型的超低密度烧蚀防热涂层，涂层可抵御短时 3 MW/m² 的羽流加热环境和长时 950 kW/m² 的气动加热环境，为深空探测器羽流热防护和气动热防护提供了新技术方案。

（2）隐身材料专业

航天隐身材料领域国外突破了防热隐身一体化材料多尺度结构设计、耐高温宽频吸收剂制备、气动加热环境材料力/热/电磁性能匹配等关键技术。以新型碳材为基础，制备出了耐高温、宽频的介电型吸收剂。应用于 15 mm 厚防热隐身一体化材料，在 1000℃ 下，在 2～4 GHz 反射率不大于 –8 dB，4～18 GHZ 反射率不大于 –15 dB，有效实现了高温环境下防热及宽频隐身功能。国内在频率选择材料方面，在结构吸波/透波一体化需求的牵引下，发展了频率选择材料，突破了复合材料表面处理及结合力提升、高温透波复合材料表面金属化及不可展曲面频率选择表面高精度制备技术。通过激光刻蚀的技术，将频率选择表面图案精度控制 ±20 μm 以内，有效满足了天线罩、天线盖板等结构吸波/透波一体化的需求。

（3）热控涂层材料

在卫星长寿命化、高性能化发展趋势的牵引下，国外发展了长寿命高散热热控涂层技术和高性能消杂光热控涂层技术。长寿命高散热热控涂层主要针对高轨、中轨长寿命卫星 15 年以上在轨服役、高效散热等需求，突破了白色防静电耐空间辐照热控组元工程化制备、高空间稳定性粘结剂制备、大尺寸异形结构表面热控涂层涂覆等关键技术。在传统氧化锌热控组元的基础上，通过化学掺杂、表面改性等方法，实现了白色防静电耐空间辐照功能组元的百千克级制备；通过化学合成，制备出了耐空间辐照、耐原子氧、耐空间高低温循环的高空间稳定性粘结剂。

国内制备的白色热控涂层，太阳吸收率 0.14 以下，红外发射率 0.90 以上，高轨道空间寿命不低于 16 年，有效解决了传统热控涂层长时在轨太阳吸收率退化严重的问题，为人造卫星长寿命化储备了关键技术。高性能消杂光热控涂层主要针对卫星星敏、遮光罩等结构高消杂光的需求，发展了太阳吸收率 0.98 的高性能消杂光热控涂层，突破了高消杂光组元稳定制备及分散、高空间稳定性硅基树脂制备、复杂结构内腔表面热控涂层涂覆等关键技术。通过纳米材料多尺度结构设计，实现了高消杂光性能二维纳米材料的稳定化制备。该技术早期常年为美国、法国等西方国家垄断，以新型二维纳米材料所制备的高性能消杂光热控涂层，与法国进口材料 PNC 黑漆性能相当，实现了高性能消杂光热控涂层的自主可控。

（4）热喷涂专业

热喷涂专业领域国外突破了 2000℃超高温抗氧化涂层技术和高气动冲刷环境用高温高发射率涂层技术。2000℃超高温抗氧化涂层突破了高温抗氧化功能粉体工程化制备、超高温环境涂层与基材力热匹配、异形结构表面超高温抗氧化涂层自动化涂覆等关键技术。

国内突破了高温高发射率功能粉体工程化制备、耐高温高剪切力涂层自动化涂装等技术，涂层经历兆瓦级热流、千帕级剪切力、1000s 加热时长的苛刻环境考核后，未发生剥蚀，成功使基材表面温度降低 100℃以上，实现了空气舵等结构在高温大剪切力环境下的有效控温。

（5）环境防护涂层

环境防护涂层产品国外在传统防盐雾、防湿热、防霉菌、防静电的四防功能基础上，进一步集成减磨润滑、雷电防护等功能，向多功能一体化方向发展。研制了减磨润滑四防漆涂层与发射装置间摩擦系数仅 0.08，且能够兼顾四防功能。国内发展了兼顾雷击防护性能的四防漆，当前该方案已通过 200 kA 大电流地面试验考核。此外，响应当前绿色航天、绿色制造等目标，发展了水性四防漆技术。突破四防漆用乳液工程化制备、大尺寸薄壁外桁条结构自动化涂装等关键技术，使航天型号上水性涂料替代原有油性涂料成为可能。

5. 航天结构复合材料及工艺技术领域

（1）碳纤维复合材料

国外碳纤维大规模工业化技术成熟，产品已形成系列化产业。2018 年全球碳纤维产能达到 15.5 万吨 / 年，美国、日本和欧洲等发达国家和地区在市场和技术方面均处于领先地位。日本东丽收购卓尔泰克之后，碳纤维的行业集中度进一步提升，形成一家独大的垄断局面。

近年来，国内突破了基本型（T300 级）碳纤维的研制、工程化及航天应用关键技术，实现重点型号的自主保障；突破了湿法高强型（UT500 级）碳纤维的研制和工程化关键技术，完成了部分装备的应用研究；开展了高强中模型（T800H 级）碳纤维的工程化及其应用关键技术攻关，已进入产品试用阶段。开发了耐高温、高韧等高性能树脂，陆续布局开展了新一代碳纤维及其复合材料的探索性研究课题，取得积极进展。初步研制了强度 5500 MPa，模量 350 GPa 的新一代碳纤维。

（2）耐高温树脂及其复合材料

国外耐高温树脂主要有美国杜邦、日本宇部、钟渊化学等公司为代表。以聚酰亚胺树脂为代表的耐高温树脂基体研发使树脂基复合材料用于航空发动机近热端部件成为可能。美国杜邦公司开发了 Vespel 系列聚酰亚胺复合材料，其中包括石墨填充聚酰亚胺复合材料（如 Vespel SP-21、SP-22 等）及碳纤维织物增强聚酰亚胺复合材料（如：Vespel CP-8000、CP-0664 等）。该系列聚酰亚胺复合材料已应用于罗·罗公司 BR710 型、普·惠公司 PW6000 系列等多型航空发动机压气机可调静子叶片衬套。

国内关于耐高温树脂及其复合材料方面的研究主要集中耐温等级提升以及工艺性改进方面，国内采用有机无机杂化的分子结构设计思路，分别将含硅和含硼单体引入到分子结构中，通过高温环境下含硅基团或含硼基团的无机化转变，成功研制出了新型耐 500℃ 的聚酰亚胺复合材料体系（图 2）。在复合材料成型工艺方面，"十四五"期间开始着手聚酰亚胺复合材料自动铺放工艺的研究，以往实现异型复杂曲面结构的自动铺放高精度成型，目前已经进行了初步的工艺验证。在应用方面，聚酰亚胺复合材料已经在透波功能件方面实现了规模应用，支撑了航天装备的批产。

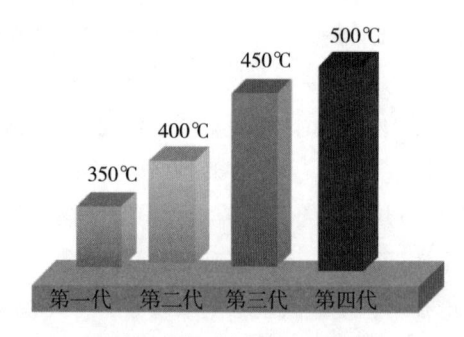

图 2　聚酰亚胺复合材料的温度等级（Tg）

（3）复合材料自动成型技术

目前，国外复合材料构建的自动化成型主要包括纤维缠绕、纤维带铺放和纤维丝铺放 3 种类型。此外国外的纤维缠绕 CAD/CAM 软件也已经发展到很高的水平，此软件不仅具有完善的回转体纤维缠绕轨迹设计功能，还具有异型件纤维缠绕轨迹设计功能。国内复合材料自动化成型技术发展较晚，应用研究基础条件薄弱，制造工艺落后，而树脂基复合材料复杂结构自动化成型技术尚处于应用初步阶段，尚未形成树脂基复合材料自动化成型技术体系。在自动缠绕成型技术方面，航天材料及工艺研究所和西安航天复合材料研究所较早开展了缠绕工艺研究和工程应用。网格缠绕技术实现了三角网格舱段干法缠绕成型，并在型号产品上应用。同时，在实现常规复合材料气瓶批量稳定生产的基础上，低温复合材料气瓶制造技术初步突破，研制了 56/130 L 气瓶样件，并通过了初步的性能评价。在自动铺放技术方面，航天材料及工艺研究所联合南京航空航天大学在国内率先开展自动铺带、铺丝技术研究，研制了铺带、铺丝原理样机、工程样机多台，并实现了自动铺带技术在筒段结构上的规模应用。近年来，航天材料及工艺研究所先后突破了双向快切铺带、面对称形面铺丝、交织铺放和网格铺放等新技术，且交织铺放和网格铺放技术为国内首创。

（二）研究团队

1. 金属材料与工艺技术领域

航天材料及工艺研究所研发了系列粉末钛合金材料，掌握了较强的粉末钛合金近净成形技术并推动了工程化应用，开展了粉末高温合金、粉末钛铝系金属间化合物、粉末铜合金、粉末难熔金属等热等静压近净成形构件的研发；中南大学、北京航空航天大学、华中科技大学、中国科学院金属所等单位在粉末钛合金材料性能优化、热等静压过程数值模拟等方面开展了积极的研究工作；航空材料研究院、钢铁研究总院等单位在粉末高温合金领域开展了研究应用工作。

航天材料及工艺研究所、南京航空航天大学、苏州大学等单位一直从事电铸技术研究工作，先后开展了直流电铸、脉冲电铸、摩擦辅助电铸等技术研究，并在液体火箭发动机上实现应用。近几年来，随深空探测和天文观测等技术的快速发展，各研究机构也正针对高精度电铸镍产品开展研究。

国内轨/姿控发动机材料与应用技术研究的单位除了航天材料及工艺研究所外，还有西安航天发动机有限公司、上海硅酸盐研究所、宁夏东方钽业、国防科技大学等。西安航天发动机有限公司研制铌钨合金/硅化物涂层体系主要用在探月运载火箭三级。上海硅酸盐研制的铌铪合金/硅化物涂层体系与铌钨合金/硅化物涂层体系，均应用在卫星用10 N轨/姿控发动机。宁夏东方钽业研制的铌钨合金/硅化物涂层体系主要应用在140 N轨/姿控发动机。国防科技大学则主要开展铼/铱发动机的研究工作，研制的200 N铼/铱推力室、200 N铼/铱/碳–碳推力室、1000 N铼/铱/碳–碳推力室均有短时试车成功的经历。

2. 非金属材料及工艺领域

组合式密封结构设计主要以广州机械科学研究院、车式密封公司、航天材料及工艺研究所等为代表。在高性能氟橡胶密封材料方面，以航天材料及工艺研究所、航发航材院和兵器53所为主要单位牵引，中昊晨光、中蓝晨光、中国科学院上海有机所等单位进行特种橡胶的合成和研发工作。

在高性能阻尼材料方面，以航天材料及工艺研究所、中国航发北京航空材料研究院和山东非金属材料研究所为主要单位牵引，山东大学、中蓝晨光、中国科学院上海有机所等单位进行特种橡胶的合成和研发工作。

高性能纤维织物材料方面，江苏先诺新材料科技、航天材料及工艺研究所等已开展高强高模聚酰亚胺织物的材料应用研究工作。

航天材料及工艺研究所、中国科学院化学所、哈尔滨工业大学、西北工业大学等高校及科研院所开展超高温胶粘剂的研制，黑龙江石化院等开展高性能结构胶膜研究。中国兵器装备集团有限公司工程技术研究院、中国电器科学研究院积累了多年自然环境试验数据，航天材料及工艺研究所等单位均开展了加速贮存试验技术研究。

3. 先进功能复合材料及工艺技术领域

在先进功能复合材料领域，美国比较有特点的研究单位包括 NASA 艾姆斯、兰利等研究中心、橡树岭国家实验室，密苏里大学、弗吉尼亚大学、佛罗里达大学、加州大学奥斯汀分校等大学以及波音公司、洛马公司等企业。欧洲比较有特色的研究单位包括欧洲导弹防务集团、法国波尔多大学、法国科学院、德国宇航中心、意大利宇航中心等机构。

我国的主要研究机构包括：航天材料及工艺研究所、哈尔滨工业大学、国防科学技术大学、西北工业大学、北京卫星制造厂、航天特种材料及工艺技术研究所、中国科学院化学所等。

4. 表面工程材料领域

烧蚀防热涂层材料方面，国内以航天材料及工艺研究所为主。近年来航天材料及工艺研究所率先实现了加成型硅橡胶体系在航天型号的工程化应用，相关产品涉及弹、箭、返回式卫星、深空探测器等多个领域。西安航天化学动力有限公司、科工四院四部也从事相关材料研制与生产，西安航天化学动力有限公司防热涂料以硅橡胶体系为主，应用目标主要针对固体发动机。科工四院四部防热涂层以环氧树脂体系为主，应用于导弹舱体、发动机等部位。

航天隐身材料方面，国内从事相关研究单位有航天材料及工艺研究所、航天特种材料及工艺研究所，北京环境特性研究所、武汉磁电有限责任公司等。航天材料及工艺研究所主要从事隐身涂层、隐身织物、结构隐身材料研制生产，优势在于轻质隐身材料设计研制；武汉磁电有限责任公司研制人员多，专业范围覆盖全，材料品种多；北京环境特性研究所兼顾隐身材料和测试仿真分析方面研究，其优势领域在于测试仿真评价和特定目标特征控制材料研制；航天科工 306 所主要从事隐身贴片、泡沫蜂窝等结构材料研究，工作重点偏重于复合隐身材料。

热控涂层方面，国内热控涂层优势单位有航天材料及工艺研究所、上海有机所、上海硅酸盐所、北京卫星制造厂等，均开展了白色热控涂层、黑色热控涂层、铝灰色热控涂层的研制和工程应用研究，包括无机、有机和无机有机杂化体系。

热喷涂方面，主要有航天材料及工艺研究所、西安航天复合材料研究所、北京动力机械研究所等单位。航天材料及工艺研究所主要研究方向为极高温环境抗氧化涂层，西安航天复合材料研究所和北京动力机械研究所则主要针对新型热障涂层开展相关研究。

5. 航天结构复合材料及工艺技术领域

航天材料及工艺研究所研究团队针对航天结构对复合材料的高抗压需求，率先开展了第三代先进环氧树脂基结构复合材料研究，牵引碳纤维研制单位开发出了新一代高强高模碳纤维，并研制出了与之匹配的高强高模树脂，复合材料压拉比显著提升，开启了航天环氧树脂基复合材料的新篇章。

国内中国科学院化学所、中国科学院宁波所等研究团队主要致力于高性能聚酰亚胺树脂的开发工作，形成了适用于不同工艺、不同结构特性的、不同耐温等级的聚酰亚胺树脂。应用研究团队主要有航天材料及工艺研究所、中航工业复材中心、北京航空材料研究院以及兵器53所，其中航天材料及工艺研究所和复材中心在聚酰亚胺复合材料应用方面的研究起步较早，目前研发的材料体系均实现了工程应用。

国内南京航空航天大学、西安交通大学、大连理工大学、哈尔滨工业大学开展自动铺带、铺丝技术研究，研制了铺带、铺丝原理样机、工程样机等研究工作。近年，航天材料及工艺研究所先后突破了双向快切铺带、面对称形面铺丝、交织铺放和网格铺放等新技术，且交织铺放和网格铺放技术为国内首创。

国内大连理工大学、南京航空航天大学、哈尔滨工业大学等高校及科研院所在数字化、自动化、柔性化等方面通过集成创新，在先进加工、装配技术方面已初步形成了一定的基础和较为完善的发展思路。航天材料及工艺研究所针对不同材料体系、结构特点基本形成了较为完善加工工艺体系，在自动装配技术方面也尝试了有益的探索。

三、国内外发展比较

（一）金属材料与工艺技术领域

我国虽然在铝锂合金研究工作方面起步不晚，但与国外相比仍存在一定的差距，主要表现在应用研究工作不够系统，导致材料应用技术成熟度不高。如国外典型的第三代2195铝锂合金，已经实现了工业化生产，并完成了相关应用技术研究，形成了较完整的工艺规范和一系列AMS标准，已在运载火箭燃料贮箱上获得了大量实际应用。

国内在粉末冶金近净成形制备复杂构件方面，缺乏热等静压近净成形专用模拟、设计软件，成形精度控制等方面与国外差距明显，如粉末高温合金、粉末铜合金等材料仍存在一代以上的差距，高性能粉末冶金材料及近净成形技术要实现大规模推广应用，仍需要开展系统的工程化应用研究。

国外高性能镁合金工程化应用主要是以板材和型材类结构件，并未见到大型结构件工程化应用情况。国内在型号牵引下，以Mg-RE系高性能镁合金为代表，已经在航天领域应用，并由简单的次承受力结构件向关键主承力结构件转变，以高性能耐热镁合金弹头壳体和舱体为代表，在航天领域已经牵引着镁合金形成了批量化。

国内在氢氧发动机推力室身部等复杂结构及大尺寸部件电铸成形上与国外技术水平相当，内应力控制及电铸质量控制等均有成熟的工程应用经验。但是在大尺寸高精度薄壁件的电铸成形制备上，还有一定的差距，芯模的设计与制备、电铸镍层厚度均匀性及超低内应力控制、大面积薄壁件电铸层针孔、结瘤的消除以及退模等，还须开展深入研究工作。

轨姿控发动机推力室身部用材料体系国外研究开发较早，以美国和俄罗斯为主，开发了一系列难熔金属及高温抗氧化涂层，其中铌合金基体表面制备硅化物涂层的材料体系一直沿用至今；此外，美国还开发了具有更高耐温能力的铼/铱贵金属材料体系。我国在轨姿控发动机推力室身部用材料体系方面研究开发较晚，20世纪80年代才开始研发铌合金和硅化物涂层，后续也开始研发铼/铱贵金属，目前研制水平与美国、俄罗斯基本相当。

（二）非金属材料及工艺领域

密封产品设计主要依靠经验，缺乏标准化的设计方法；材料体系不健全，基础原材料的国产化能力和水平不足；液体全氟聚醚等特种密封材料及制品成型工艺落后，缺乏先进的工艺手段，缺乏模拟真实环境的、多因素耦合的密封材料及制品的试验验证方法和平台。

阻尼材料品种较少，尚未形成系列化产品，材料综合性能有待提高；本构关系的研究较少，缺乏阻尼减振设计规范和指导手册；阻尼结构处于单机系统设计的末端，缺乏新颖、多样、高效的结构设计形式，尤其是先进的基于主被动结合的阻尼结构设计形式缺乏。

高性能新型特种工程塑料材料的研制应用水平需进一步提高；以增材制造为代表的先进制造技术未充分结合工程需求开展应用研究；高性能有机纤维尚未应用于突防制品领域。

耐高温胶粘剂的材料体系和种类偏少，耐高温等级和服役时间仍有一定差距；耐低温胶粘剂的超低温韧性不足，尚无耐低温介质胶粘剂；空间胶粘剂的种类偏少，功能型胶粘剂的耐空间环境性能研究较少，阻尼性能等指标有待提高；功能胶粘剂性能有待进一步提高。

对于材料老化模式与机理的认知不深入，材料老化性能的评估模型相对落后和单一；对已有数据的积累和大数据分析手段的利用不充分，系统性、延续性、通用性上存在差距，不同军工行业之间数据无法实现共享。

（三）先进功能复合材料及工艺技术领域国内外发展比较

先进功能复合材料领域国内外发展对比情况如下：①国外更加重视基础创新研究，支撑新材料研发与应用。美欧等重视热防护材料新技术创新，开展基础研究，加深材料认识，拓展材料边界，为未来新型航天装备发展储备关键技术。如在树脂基防热材料、高效隔热材料等领域开展的工作体现了对材料基础研究的高度重视。②国外更加注重研发分工协作，推动材料技术成熟度提升。美国NASA所属研究中心、洛马公司臭鼬工厂、波音公司鬼怪工厂等研究机构与军方应用端非常靠近，成果在国防领域的应用转化非常高，是热防护材料研发、创新，特别是应用转化最重要的力量。同时，这些机构出于对技术发展的先进性、前沿性、颠覆性等要求，加强与大学基础研究单位的分工协作，在多学科、多领域、多层次上开展研究，共同推进航天领域防热与结构材料技术成熟度的提高。③国外高度关注制造能力布局与提升，满足装备研制需求。美国国防部重点关注工业基础现状和量产能力，依托C-HGB（通用助推新型飞行器）热防护量产需求，高度关注热防护材料等瓶颈技术，建立相关产业基础，加强核心地面设施建设，形成新型飞行器批产能力。洛马公司在 2022 年 7 月新建热防护材料生产设施，面向新型飞行器需求，研发、生产耐温超过 2500℃超高温热防护材料与部件，2022 年 10 月，东丽复合材料美国公司 T1100 高性能碳纤维产能升级，充分体现了对制造能力的重视。

（四）表面工程材料领域

烧蚀防热涂层材料方面，国内与国外按不同的路径发展。国内主要面向更高的热环境，发展抗兆瓦级热流环境的烧蚀防热涂层，当前国内烧蚀防热涂层已可以通过 2 MW/m² 量级电弧风洞考核，密度则普遍在 0.5~0.6 g/cm³；国外则是以轻量化为主，发展密度 0.2 g/cm³ 量级的超低密度烧蚀防热涂层，但涂层使用热环境普遍在 200 kW/m² 以下。总体来说，国外涂层轻量化程度优于国内，但抗烧蚀性能国内领先（图3、图4）。

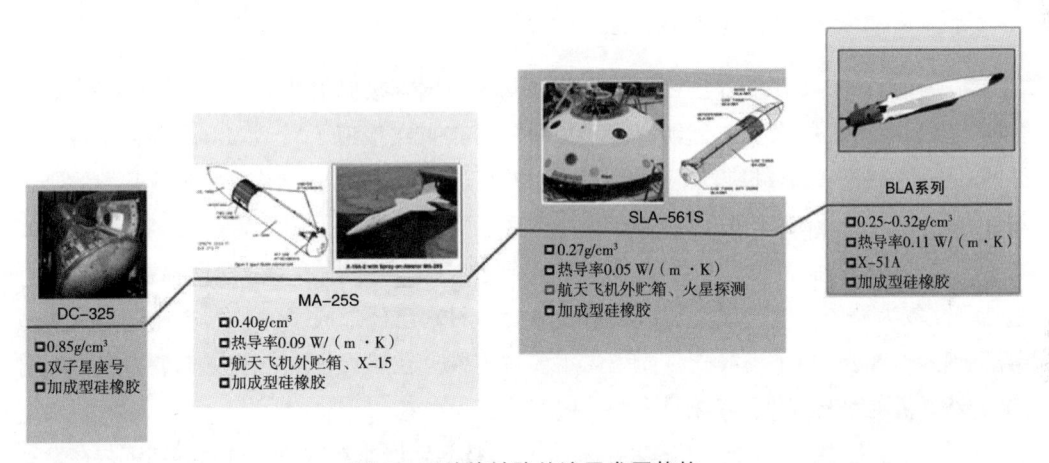

图 3　国外烧蚀防热涂层发展趋势

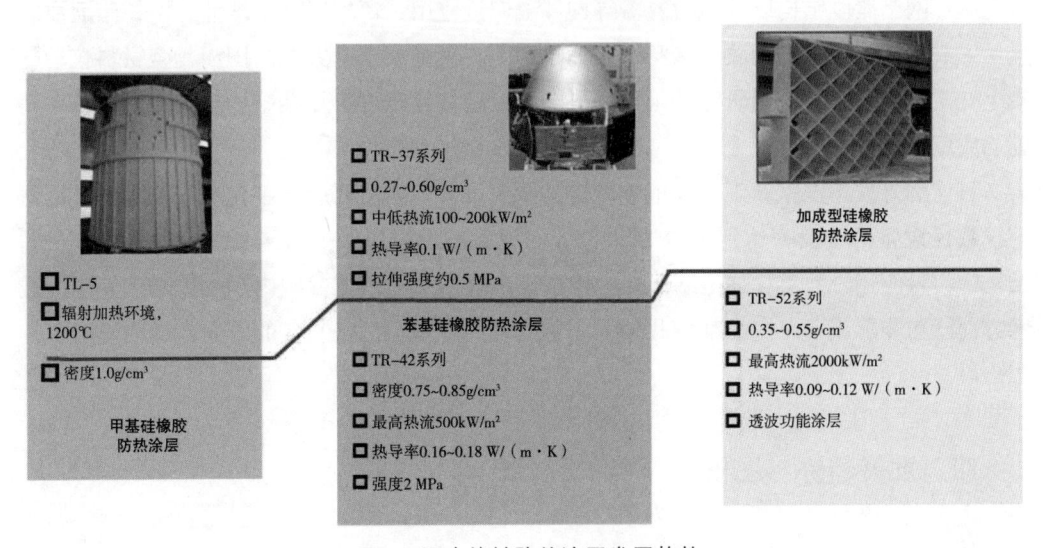

图 4　国内烧蚀防热涂层发展趋势

隐身材料方面，国外在频率选择材料领域主要优势在于加工精度优于国内。受限于国内激光刻蚀设备，国内频率选择表面图案精度还停留在 ±20 μm 的水平。

热控涂层方面，国内热控涂层的技术指标与国外基本实现并跑，但国内在热控涂层工程应用方面缺乏积累，对涂层空间环境适应性的认知也落后于国外。美国自 1969 年就实现了登月，又多次跨越地月系向太阳系发射多个深空探测器，对于深空环境的认知以及涂层空间环境适应性的认知领先于国内，国内的热控涂层还需要根据后续应用情况进行迭代。

热喷涂方面，在高温抗氧化、热障涂层领域，常规应用方面国外与国内水平基本相当，但对于 2000℃ 以上超高温环境，国内还缺乏相应数据积累和工程应用经验。

四防漆方面，国外基本已实现了运载火箭领域箭体四防漆的水性化，国内近年来也完成了水性四防漆在箭体表面的工程化研究，但工程应用经验与国外还存在差距。

（五）航天结构复合材料及工艺技术领域

新一代碳纤维及其复合材料方面，2017 年，中国首次提出新一代碳纤维指标体系并立项，牵引国产碳纤维自主创新研制。2018 年日本首次报道了新型 MX 系列高强高模碳纤维，与我国新一代碳纤维性能接近。我国在第三代先进环氧基结构复合材料领域的研究具有前瞻性，与国际基本处于并跑状态。

国内外聚酰亚胺复合材料性能基本处于相当水平，但是技术的成熟度存在一定差距，基础研究较为薄弱。国外聚酰亚胺树脂及其复合材料已经形成了完整的产业链条，多型聚酰亚胺预浸料实现了商品化。而国内主要应用推广在航天领域，航空除了第一代的耐 300℃ 外涵机匣和调节片，尚未见进一步应用的公开报道。

国外以自动缠绕和铺放为代表的自动化成型技术发展非常迅速，自动缠绕工艺在发动机壳体、网格舱段结构以及压力容器等构件上广泛应用，还发展了干纱铺放 + 树脂灌注非热压罐成型、多机器人铺放、多窄带并铺技术等自动铺放工艺方法。国内复合材料自动化成型技术发展较晚，应用研究基础条件薄弱，树脂基复合材料复杂结构自动化成型技术尚处于应用初步阶段。

目前国外发达国家军工企业依托先进的数控设备，大力开展数字化加工技术的应用研究，数控设备的普及率达到 80% 以上，数控设备利用率达到 60%~80%。随着复合材料结构的大量应用，数字化加工装配技术也逐渐占据了主导地位。国内在先进加工、装配技术方面已初步形成了一定的基础和较为完善的发展思路，但是装备的开发与应用尚处于初步阶段。

四、发展趋势与展望

经过多年的发展，航天材料体系逐渐完善，性能不断提升，在航天装备上的应用比例和范围不断提高和拓展。随着航天装备轻量化发展以及关键材料自主可控的应用需求，航天结构材料也呈现出多维化的发展态势，在提高性能的同时，追求低成本化及全面国产化和多功能化，制造技术也向着自动化、数字化及智能化方向发展。

（一）金属材料与工艺技术领域

未来我国应针对航天技术发展的需求，特别载人航天、新型运载火箭等的需求，一是梳理国内航天材料研制及应用研究基础，完善航天材料发展体系，形成相对完整的产品谱系；二是加强航天金属材料的基础研究，建立不同性能特征（高强、耐腐蚀、耐损伤、可焊、高成形性、高淬透性）的合金设计准则，推动航天材料从跟跑、并跑到领跑，继续研发第四代铝锂合金、新型电铸镍钴合金，高强/超高强大型复杂整体粉末冶金成形构件以及研制耐温更高、使用寿命更长的高温特种防护涂层，形成有自主知识产权的新型航天金属材料体系；三是建立材料研制与应用研究平台，形成"产、学、研、用"有效工作机制，加快高强、低应力、耐高温的电铸镍钴合金，服役温度2000℃以上铼/铱材料等应用技术研究，实现一代材料对一代装备的有力支撑。

（二）非金属材料及工艺领域

未来进一步提升阻尼及密封结构的设计水平，突破组合密封、大尺寸弹性金属密封制品、结构阻尼一体化的设计技术，发展密封及阻尼材料—性能—制品的数字化仿真设计；提升原材料自主保障能力，实现含氟特种橡胶、硅橡胶、丁基橡胶、聚氨酯、热熔胶等密封、阻尼、胶粘剂、工程塑料等非金属产品关键原材料的国产化保障；紧跟航天型号发展，突破新一代耐高温热密封及粘接、耐大冲击载荷阻尼、长时间耐空间环境密封/阻尼/胶粘剂、可重复使用热密封/胶粘剂、高效电磁屏蔽密封及粘接等关键技术，提高材料系列化水平，满足新一代运载火箭、军用卫星等航天型号对非金属材料及工艺的需求；开展智能密封/阻尼材料及结构、形状记忆智能囊体材料、耐高低温交变柔性粘接、自修复密封及粘接材料、抗蠕变高回弹超构材料等新一代非金属材料的探索性研究，丰富非金属材料体系，为向"一代材料，一代装备"的转变蓄积智力。

（三）先进功能复合材料及工艺技术领域

先进功能复合材料是新型航天器的关键技术，对加快推动我国航天科技发展，建设航天强国具有基础性支撑作用。未来航天重大任务对先进功能复合材料提出更高要求的同时，也为材料技术的进步提供了新的发展契机和牵引动力。主要发展方向包括：①超高性能。先进功能复合材料在航天器经历的极端环境中服役，对材料的耐温性能、重复使用性能以及轻量化等提出了更高要求。②结构多功能一体化。新型航天器的发展对具备结构多功能一体化复合材料的需求更加迫切。防热承载、防热隐身、透波隔热、防热隔热等具备多功能一体化的复合材料对先进航天器的设计研制支撑作用更加凸显。③降低成本。随着新型航天器对经济性要求的不断提高，低成本成为功能复合材料应用中必须关注的问题。针对现有材料体系，加大工艺创新力度，提升自动化制造水平，进一步降低复合材料部件制造成本。对于新材料研发，重视材料性能、工艺和经济性的协调。

（四）表面工程材料领域

烧蚀防热涂层方面，随着飞行器对提升烧蚀热效率及降低红外信号的需求日益迫切，主被动协同式防热方式将是主流，烧蚀防热涂层既需要兼顾热防护性能，内部还需具有一定数量的贯穿性孔道，使之兼顾发汗功能。发汗型烧蚀防热涂层可同时解决高速环境高效热防护和红外信号降低的问题，具有广阔的应用前景。

隐身材料方面，未来航天领域面向耐高温方向发展，解决舵翼等在高温高气动剪切环境服役的结构件雷达特征降低的问题。耐温等级1100℃以上，可承受千秒量级气动加热环境的隐身材料将是下一代航天隐身材料的主流。当前耐1100℃隐身材料主要有电损隐身材料和磁损隐身材料两个方向。电损隐身材料是基于碳、碳化硅等介电型吸收剂，发展1100℃耐烧蚀型结构隐身材料或功能隐身材料；磁损隐身材料是以高居里温度的合金为吸收剂，发展耐温等级1100℃的隐身涂层材料。

热控涂层方面，随着未来运载火箭向无整流罩化发展，有效载荷将暴露在外，经历气动加热环境。因此，主动段气动加热后性能无退化的热控涂层将是未来发展方向。此外，随着卫星空间安全的需求日益迫切，兼顾抗激光功能的热控涂层亦会成为未来发展方向之一。

热喷涂专业方面，随着飞行器端头、翼前缘等结构热环境日益苛刻，对于耐更高温度的超高温抗氧化涂层具有迫切需求。耐温等级更高、耐热时间更长的高温抗氧化涂层将是未来热喷涂专业的主流研究方向。

环境防护涂层方面，随着镁合金材料在航天型号的大量应用，长寿命镁合金防腐蚀涂层将是环境防护涂层未来主要研究方向。具有20年以上寿命的长寿命高性能镁合金防腐蚀涂层会在航天领域有大量需求。

（五）航天结构复合材料及工艺技术领域

重点研发第三代先进结构复合材料、超结构复合材料、耐液氢液氧复合材料、碳纤维蜂窝及夹层复合材料、结构/防热一体化梯度复合材料等新型材料体系，逐步实现航天复合材料由"跟踪仿制"到"自主创新"的转变；重点开展第二代先进结构复合材料、耐高温结构复合材料、结构透波一体化复合材料等关键材料的工程化应用技术研究，进一步拓宽结构复合材料的应用领域；重点开发复杂结构件的RTM成型、自动铺丝/铺带、3D打印、高效低损伤加工、数字化装配、成型－机加－装配数字化集成制造等制造技术，推动航天复合材料制造技术低成本、自动化、数字化的发展进程。

附表 航天材料领域专业技术体系表

一级专业	金属材料及工艺领域	非金属材料及工艺领域	先进功能复合材料及工艺技术领域	表面工程材料领域	结构复合材料与工艺技术领域
二级专业	①贮箱用高性能铝锂合金与应用技术 ②高性能粉末冶金材料及近净成形技术 ③导弹弹头用镁合金应用技术 ④航天发动机材料与应用技术	①特种密封材料设计与应用技术 ②粘弹性阻尼材料设计与应用技术 ③高性能工程塑料应用技术 ④特种胶粘剂与粘接技术 ⑤材料环境适应性与寿命评估技术	①防热承载复合材料 ②超高温低烧蚀防热复合材料 ③树脂基烧蚀防热复合材料 ④透波多功能复合材料 ⑤高效隔热材料	①烧蚀防热涂层技术 ②隐身材料技术 ③热控涂层材料技术 ④热喷涂技术 ⑤环境防护涂层技术	①高性能树脂及其复合材料 ②耐高温树脂及其复合材料 ③复合材料自动成型技术 ④复合材料加工及其结构装配技术
我国技术水平（相对国际）	领先：③ 先进：①②④ 一般：无	领先：①② 先进：④⑤ 一般：③	领先：④ 先进：①②③⑤ 一般：无	领先：①③ 先进：②④⑤ 一般：无	领先：无 先进：①② 一般：③④
目前专业地位	核心：②④ 重要：③① 一般：无	核心：①② 重要：④⑤ 一般：③	核心：①②③④⑤ 重要：无 一般：无	核心：①③ 重要：②④⑤ 一般：无	核心：①② 重要：③ 一般：④
后续重点发展方向	②④	①②④	①②③④⑤	②③④	②

参考文献

[1] 吴国华，孙江伟，张亮等．铝锂合金研究进展及发展趋势［J］．有色金属科学与工程，2019（2）：31–46．

[2] Rioja R J, Denzer D K, Mooy D, et al. Lighter and Stiffer Materials for Use in Space Vehicles. 13th International Conference on Aluminum Alloys（ICAA13）. Edited by: Hasso Weiland, Anthony D. Rollett, William A. Cassada. TMS（The Minerals, Metals & Materials Society）, 2012: 593–598.

[3] 冯朝辉，于娟，郝敏，等．铝锂合金研究进展及发展趋势［J］．航空材料学报，2020（1）：1–11．

[4] 吴秀亮，刘铭，臧金鑫，等．铝锂合金研究进展和航空航天应用［J］．材料导报，2016（S2）：571–578．

[5] PRASAD N E, GOKHALE A A, WANHILL R J H. Aluminum–lithium alloys: Processing, properties and applications［M］. London: Butterworth–Heinemann, 2014: 525–528.

[6] 吴晗玲，宋保永，苏晗，等．猎鹰9运载火箭结构分系统设计特点分析与研究［J］．飞航导弹，2017（9）：1–4．

[7] 董春林，栾国红，关桥．搅拌摩擦焊在航空航天工业的应用发展现状与前景［J］．焊接，2008（11）：25–31．

[8] NIEDZINSKIM, THOMPSON C. Airware 2198 backbone of the falcon family of spaceX launchers［J］. Light Metal Age, 2010, 68（6）: 6.

[9] 李劲风，陈永来，马云龙，等．国内铝锂合金基础研究及应用技术开发［J］．宇航材料工艺，2021（4）：37–47．

[10] 张娟娟．新跨越！我国首个3.35米直径铝锂合金火箭贮箱在火箭院诞生［EB/OL］．www.sasac.gov.cn/n2588025/n2588124/c16437139/content.html.2020-12-28．

[11] 陈钧武，何仕桓．电铸原理与工艺［M］．北京：化学工业出版社，2010．

[12] Wang Liang, Lang Zebao, Xu Xiaojing, et al. Study on Powder Metallurgy TC11 Alloy and Near–Net–Shape Process, Proceedings of the 12th World Conference on Titanium, 2011: 1839–1843.

[13] 于峰，刘凤娟，张绪虎等．液体火箭发动机推力室身部外壁快速电铸成型技术研究［J］．导弹与航天运载技术，2022，2（386）：98–103．

[14] T. Kachler, Vulcain X. Hydrogen/oxygen reusable liquid rocket engine demonstration［C］//AIAA 2005–3563, 2005, 7.

[15] Thames Byd. The J–2X Opper Stage Engine: From Design to Hardware［C］//AIAA 2010–6968, 2010, 7.

[16] Y. Fukushima, H.Nakatsuzi, et al. Development status of LE–7A and LE–5B engines H– ⅡA family［J］. Acta Astronautica, 2002, 50（5）: 275–284.

[17] Zhu D, Zhu Z W, Qu N S. Abrasive polishing assisted nickel electroforming process［J］. CIRP Annals Manufacturing Technology, 2006, 55（1）: 193–196.

[18] 冯志海，李俊宁，田跃龙，等．航天先进复合材料进展［J］．复合材料学报，2022，39（9）：4187–4195．

[19] Binner J, Porter M. et al. Selection, processing, properties and applications of ultra–high temperature ceramic matrix composites, UHTCMCs–a review［J］. International Materials Reviews, 2020, 65（7）: 389–444.

[20] 王俊山，徐林，李炜，等．航天领域C/C复合材料研究进展［J］．宇航材料工艺，2022，52（2）：1–12．

[21] 冯志海，师建军，孔磊，等．航天飞行器热防护刺痛低密度烧蚀防热材料研究进展［J］．材料工程，

2020, 48（8）：14-22.

[22] Chang Y C, Yee C., et al. Ablation performance of gradient insulated structure for thermal protection system [C] //Proceeding of AIAA SciTech Froum. San Diego, 2022: 1-11.

[23] Hu L, He R., et al. Carbon aerogel for insulation applications: A Review [J]. International Journal of Thermophysics, 2019（40）: 39.

[24] YOUNG L M, GYUN C T. Research trends in polymer materials for use in lightweight vehicles [J]. International Journal of Precision Engineering and Manufacturing, 2015, 16（1）: 213-220.

[25] BIBA K, HEATH C, MCELROY M, et al. Development of embedded vascular networks in FRP for active/passive thermal management [R]. AFRL-AFOSR-UK-TR-2015-0019, 2015.

[26] TANG J M, STEPHEN K L L. Recent progress of applications of advanced materials in aerospace industry [J]. Spacecraft Environment Engineering, 2010（5）: 552-557.

[27] Toray Composite Material America, Inc. 3960 Prepreg System [EB/OL]. http://www.toraycma.com/wp-content/uploads/3960-TDS-7-30-2020.pdf, 2020-07-30.

[28] Hexcel Corporation. Prepreg Data Sheet [EB/OL]. http://www.hexcel.com/user_area/uploads/HexPly_M91_Composite_Trend.pdf, 2021-07-21.

[29] Toray Composite Material America, Inc. Nanoalloy Prepreg System [EB/OL]. http://www.toraycma.com/en/downloads/pdf/nanoallloy_prepreg.pdf, 2020-07-21.

[30] 赵云峰, 潘玲英. 航天先进结构复合材料及制造技术研究进展 [J]. 宇航材料工艺, 2021（4）: 29-36.

研究团队：王金明　杜宝宪　李俊宁　陈永来　孙妮娟
　　　　　贺　晨　凌　丽　左小彪　仝凌云
审稿人：王俊山　胡子君　杜宝宪
撰稿人：仝凌云　杜宝宪

空间生物与医学载荷技术专业发展报告

一、引言

自 2003 年我国航天员首次进入太空以来，截至 2022 年神舟十五号发射，已有 16 名航天员累计 26 人次飞上太空。太空中的特殊环境，如微重力、空间辐射和狭小空间等，为生命科学和医学研究提供了全新的平台。空间生物与医学技术领域已经成为世界科技强国科技竞争的制高点。

随着我国空间站工程从在轨建造阶段转入应用与发展阶段，我国空间生物与医学研究也进入了前所未有的新阶段。空间生物与医学载荷是一类在轨实施生物与医学实验研究的必要仪器或设备，是开展各项空间生物与医学研究的坚实基础，决定了各个国家空间生物与医学研究的发展潜力。其研究涉及广泛的交叉科学技术领域，包括生物学、医学、化学、材料学、计算机科学与技术、电子信息等，它的发展与应用已关系到国民经济建设、社会发展、国家安全等各个方面。受限于空间实验环境特殊要求和飞行运输条件，空间生物与医学载荷的研制必须在苛刻的技术边界约束下进行多学科的深度融合，一直是空间载荷技术研究的难点。

实现跨越式发展是目前我国空间生物与医学载荷技术领域发展的一个共识。2016 年发射的实践十号返回式科学实验卫星（简称"实践十号卫星"）是空间科学先导专项首批科学实验卫星中唯一的返回式卫星，也是当时单次搭载空间生物与医学实验项目最多的卫星，促进和推动了我国空间生命科学和高技术的发展，取得了一批具有国际先进水平和自主知识产权的创新性重大科技成果。随着我国载人空间站的逐步建成和深空探测重大科技工程的推进，我国在空间生物与医学载荷技术的研究方面取得了突破性的进展，已经进行了多次基于实验舱、飞船等的生物与医学实验项目。未来，我国将继续推动科学载荷技术研究，实现空间生命科学研究的跨越式发展。

二、近五年的主要进展

我国已建成的空间站布局了多种类型的生物与医学专用实验平台,以满足该领域研究的迫切需求。平台集成了生命科学仪器的专用性、航天仪器设备的特殊性及空间科学实验的复杂性等诸多特性,采用功能模块化、模块专业化、接口标准化、系统集成化和信息网络化等系统设计方法,以分子、细胞、组织、动物、植物等不同层次的生物与医学样品为研究对象,在空间特殊环境下开展多类型、规模化、系统性的生命科学实验和研究。

(一)近五年空间生物与医学载荷任务

1. 细胞/组织相关研究的空间载荷

在空间特殊环境下研究细胞或组织的生物学过程及规律,对探索空间特殊环境对人体的影响具有重要意义,是空间载荷应用中的重点。2022年7月发射的问天实验舱载荷任务中,实验舱里配置了生物技术实验柜,实验柜里包含细胞组织实验模块、细胞组织检测与调控模块、蛋白质结晶与分析模块以及专用实验模块(图1),可以开展以生物组织、细胞和生化分子等不同层次、多类别生物样品为对象的细胞培养和组织构建,以及分子生物制造技术、空间蛋白质结晶和分析等空间生物技术及应用研究。组织实验模块具有生命支持与环境条件保障、细胞类生物样品连续动态培养与采样存储、实验过程监测与生物样品精细观察、实验结果现场检测与动态分析和专项生物技术实验等多种先进的全自动化实验功能。对比国际空间站(ISS)类似的生物技术实验柜,"问天"的生物技术实验柜具备多模式复合显微成像、全自动搜索捕获成像,以及更大的光谱范围和更精细的光谱分辨率等特点。显微成像、光谱检测等采集的实验资料将帮助科学家深入了解微重力和太空辐射对细胞增殖、组织构建、信号传导及基因表达等方面的影响。生命生态实验柜包括通用生物培养、小型通用生物培养、小型受控生命生态实验、小型离心机实验、微生物检测和舱内辐射环境测量六大模块,以对应生命支持保障、环境条件控制、成像观察、变重力模拟、微生物检测控制、舱内辐射环境测量、遥科学支持等17项功能要求。此外,中国航天员科研训练中心研制的"细胞生物反应器"科学实验柜和"生物技术"实验柜,为细胞生物学过程和机制、蛋白质结晶、生物大分子分离以及细胞培养等相关生物医学研究提供了平台。

国外方面,2018年11月,美国航空航天局(NASA)向国际空间站发射了太空探索技术公司(SpaceX)的Dragon CRS-16太空舱,携带的BioScience-4任务测试了来自大脑和脊髓的神经系统干细胞是否能在空间的微重力环境下更快地分裂成两个子细胞,并进一步研究了与其相关的细胞功能、增殖和分化的细胞信号通路。2019年7月,在Dragon CRS-18上进行的航天飞行也开展了对哺乳动物诱导多能干细胞分化影响的研究。此外,

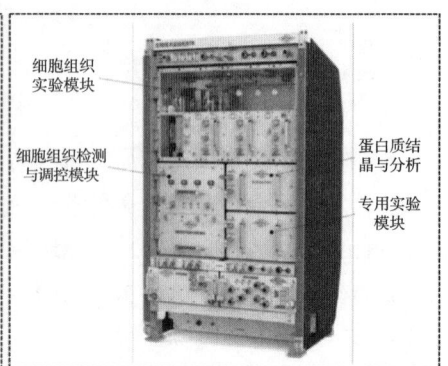

图 1　问天实验舱生命生态实验柜（左）和生物技术实验柜（右）

由美国国立卫生研究院（NIH）和美国国家科学基金会（NSF）主导的天基微生理系统（MPS）研究同年启动，研究内容包括模拟肾近端和远端小管生理学、软骨－骨滑膜关节相互作用、血脑屏障生理学、肝脏衰老和免疫反应以及心肌组织。2021年3月，NASA宣布实施"商业低地球轨道开发"（CLD）计划，邀请更多企业加入空间站研发，确保未来可以在低地球轨道持续开展载人航天工程。CubeLab是Space Tango为ISS美国实验室打造的标准化实验平台。目前，Cedars-Sinai医学中心采用了这种硬件进行实验，在2023年与NASA合作，将干细胞送入太空，以测试是否能在低重力环境下生产大批量干细胞。

2. 微生物／植物／动物相关研究的空间载荷

2022年10月，由北京理工大学研制的微生物实验载荷随梦天实验舱发射升空。项目研发的高通量微生物培养芯片（cChip）能有效解决微生物生长的竞争抑制问题，比传统方法提高了至少10倍，可获得环境中至少25%～30%的菌株，达到高效收集空间微生物种质资源的目的，为开发空间环境新型抗生素药物提供新技术。该项目研究成果为中国空间站微生物安全防控体系的构建及空间微生物资源的有效利用提供设备保障和科学数据支撑。同年11月，大连海事大学承担的"空间辐射计量及生物损伤评估技术"项目随神舟十五号载人飞船发射升空，在空间辐射环境下，对线虫个体的生长发育和组织器官损伤进行在轨自动化实时监测。

国外方面，NASA在ISS的蔬菜室成功完成了12种绿叶蔬菜的生长实验。在高级植物栖息地（Advanced Plant Habitat，APH）中种植的萝卜已于2021年开始被航天员食用。第二种作物辣椒已经于2021年7月12日首次在轨道上的APH中开始生长。NASA迈向太空作物生产的下一步将是Ohalo Ⅲ（作物生产系统），预计最早于2024年在ISS开始应用。该系统将在大气封闭的情况下回收蒸腾的湿度，并将包含各种自动化和传感功能，有望实现火星凌日任务长期期望的"蔬菜生产单位"。

微生物研究方面，NASA已经进行了一系列微生物跟踪研究（ISS-MOP）。在第一次微生物组跟踪研究中，已经对国际空间站的环境微生物组进行表征，以鉴定与ISS相关的可行和持久性微生物。在 2017—2019 年的第二次微生物跟踪研究中，甚至对航天员和 ISS 环境微生物组都进行了表征，以确定太空飞行条件下环境和人类微生物组之间的关联。研究结果表明，航天员微生物组与 ISS 环境之间存在微生物交换。

3. 核酸/蛋白质相关研究的空间载荷

2022 年 10 月北京理工大学研制的微生物检测载荷随梦天实验舱发射升空，后续在轨持续实施了特定微生物的快速检测研究。载荷创新性开发了一种"样品进－结果出"的一体化自动化核酸扩增检测芯片技术，设计了适用于空间环境的样品进样接口，为航天员自主操作提供了方便，实现了空间站微生物检测的能力。同年 11 月，由北京理工大学研制的"微流控芯片辐射损伤生物剂量仪"随天舟五号货运飞船升空。该载荷利用模式菌株构建微生物传感器，实现了 DNA 损伤效应检测；配套研制的微流控芯片一体化主动辐射损伤传感单元，支持自主完成工程菌的预置、复苏、灌流培养、损伤表达与原位光学换能测量的全过程操作，便于航天员快速操作。

国外方面，ISS 近五年持续探索具有出色分析性能及检测属性的生物传感器以对空间环境中人类健康监测、环境监测以及在极端环境下应用。由意大利航天局（ASI）与 NASA 合作资助的生物在轨任务"IN SITU"于 2017 年 8 月至 2018 年 2 月期间在 ISS 上执行，实现了基于化学发光方法侧流免疫分析的生物传感器对航天员口腔唾液样品中的压力感知指标皮质醇量化检测。2018 年启动的 BioSentinel 实验则使用纳米卫星技术来研究暴露于低地球轨道以外深空辐射的酿酒酵母细胞的 DNA 损伤和修复，研究中基于生物传感器方式实现了原位实时分析检测。由 NASA 格伦研究中心（NASA's Glenn Research Center）和 DNA 医学研究所（DNA Medicine Institute，DMI）合作研制的可重复使用的微流体装置（rHEALTH ONE）于 2022 年 2 月底乘坐 NG-17 天鹅座货运飞船发射至 ISS，其可实现细胞计数、小分子、生物标志物和核酸等检测以探究太空辐射、昼夜节律紊乱对航天员骨质流失和心血管的影响。

4. 航天医学保障研究载荷

载人航天工程实施以来，航天医学领域聚焦微重力、空间辐射等航天特因环境导致的医学问题，创建了中长期载人航天失重生理效应防护体系，研制了覆盖全任务周期的综合对抗防护系统，实现了载人航天从短期飞行到长期健康驻留的突破。我国空间站失重防护技术总体达到国际先进水平。中国载人航天工程办公室和中科院上海巴斯德研究所合作开发了"空间辐射生物学效应及防护"科学实验柜。该设备被搭载在中国空间站上，为研究空间辐射对生物体的影响以及探索相应的防护措施提供了重要的实验设施。实验柜包含辐射生物学效应研究、辐射基因组学、辐射微生物学效应研究等实验模块，主要开展空间辐射生物学效应及防护相关科学研究。

国外方面，NASA 也在 ISS 上通过研制系列航天生物与医学载荷完成了多项生物医学实验，包括但不限于抗重力性骨萎缩防治、肌肉萎缩防治、神经认知功能评估以及体液免疫应答等方面的研究。这些研究旨在更深入地理解太空环境对人体的影响，并为航天员提供更好的健康保障。同样，俄罗斯航天局在和平号空间站和ISS上开展了一系列基于多类型载荷的生物医学实验，包括对空间辐射生物学效应的研究，以及对抗重力引起的骨萎缩和肌肉萎缩的防治研究等。

5. 基于微流控芯片的空间生物医学实验载荷

空间生物与医学载荷研究需要高度集成、自动化和功能多样化的实验载荷，而微流控芯片组件在这些方面均呈现出独特的优势。近年来，已有多个国家相继开展了基于微流控芯片的空间生命科学研究项目。

中国在基于微流控芯片的空间生命科学载荷研究方面取得了显著进展，为我国空间生命科学研究和应用提供了有力支持。我国科研团队持续优化微流控芯片设计，提高了芯片的制作精度和稳定性。2016年，中国成功发射实践十号卫星，搭载了基于微流控芯片的空间生命科学实验载荷。科研团队利用微流控芯片研究了空间辐射对果蝇胚胎发育的影响，以及微重力对细胞生长和分化的影响。2018年，中国科学院大连化学物理研究所研发了一种具有高灵敏度和高稳定性的微流控芯片，用于检测空间微重力环境中的生物分子。这种芯片在天舟一号货运飞船的空间生命科学实验中发挥了重要作用。北京理工大学的研制团队在天舟一号任务中则研制了集培养、观测、细胞因子检测于一体的微流控芯片载荷，模拟人脑与外周免疫细胞相互作用环境，实现了细胞模型在轨培养与细胞因子的在轨富集检测。2019年，中国航天员科研训练中心利用微流控芯片技术研究了空间微重力环境对细胞生长和基因表达的影响。这一研究成果为航天员在空间站长期生活提供了关于细胞生理和病理变化的科学依据。2020年，中国成功发射天问一号火星探测器，搭载了基于微流控芯片的空间生命科学实验载荷。科研团队利用这种载荷研究火星环境对微生物生长和适应的影响，为未来火星探测和太空殖民提供重要信息。由于微流控技术对临床检验产业的关键作用，过去五年，我国已经建立了较为完善的微流控芯片研发和生产体系，为产业化发展奠定了基础，未来在本技术领域将形成"天地一体、相互促进"的良好发展势头。

国外方面，NASA曾经搭载过多批次微流控芯片上天，如美国2006年发射的STS-116任务（发射首个能够在太空中检测革兰氏阴性细菌的微流控芯片）、2011年由美国国立卫生研究院资助的首个空间器官芯片、奋进号航天飞机曾搭载着由加州大学洛杉矶分校和南加州大学开发的研究空间辐射对人体细胞损伤和防护作用的微流控芯片上天、2019年印度空间研究组织（Indian Space Research Organisation，ISRO）发射的模块化芯片实验室载荷，以及目前正在研发的BioSentinel（自主生物分析微系统）。日本宇宙航空研究开发机构（JAXA）也积极开展了微流控芯片技术在空间生物学和空间医学领域的应用研究，如2009年发射的希望号实验舱中搭载的细胞培养和药物筛选芯片，用于研究微重力对乳腺癌细胞生长的影响，以及在微重力条件下药物筛选和评价；2011年发射的"鹳"号货运飞船中搭载的空间辐射生物效应芯片，用于研究空间辐射对人体细胞的损伤和防护作用。俄罗斯宇航局在2014年发射的进步号货运飞船上搭载了一种微流控芯片，用于研究微重力对细胞生长和迁移的影响。在2015年发射的进步号货运飞船上还搭载了一种微流控芯片，用于研究空间辐射对人体细胞的损伤和防护作用。德国宇航局在2007年发射的Foton-M3号航天器上搭载了生命迹象检测微流控芯片，用于检测和识别太空中的生物样本，包括植物、细菌和酵母等。在2013年发射的哥伦布号实验舱上搭载了一种用于空间生物学研究的微流控芯片，该芯片用于研究微重力对肿瘤细胞生长的影响以及药物在微重力环境下的作用。

6. 地外生命特征及原位先进探测

我国在地外生命特征及先进探测方面的研究，科学目标明确，通过探测地外生命存在的迹象，研究地外生命起源、演化和分布规律，为我国空间生命科学研究提供数据支持。基于此科学目标，研发了一系列关键技术，包括地外生命候选样本的采集与处理技术、地外生命特征的光谱识别技术、地外生命活动的时空分布研究技术等。这些技术的研发为我国的空间生物与医学载荷任务提供了技术支持。同时，我国已经成功研制了一系列用于地外生命特征及先进探测的载荷，包括光学成像、光谱分析、生物化学实验等。这些载荷被应用于我国的空间生物与医学实验任务中，为地外生命特征的研究提供了数据来源。未来，我国将继续加大投入，推动地外生命特征及先进探测方面的发展，为探索宇宙生命之谜做出更大贡献。

国外方面，NASA于2018年在火星上探测到了甲烷气体，这可能是地外生命的存在证据之一。其研制的毅力号火星车于2021年2月18日安全着陆，开启了火星探索的新时代。毅力号将寻找火星表面古代微生物存在的迹象，通过钻孔器以收集火星岩石和土壤的核心样本，并把采集到的样品存储在密封管中，直到下一次可返回的火星项目将其取回地球进行分析。NASA的火星探索计划包括了多个任务，例如洞察号火星着陆器、火星2020探测器和火星样本返回任务。NASA与欧洲航天局（ESA）合作计划于2026年启动火星样本返回任务，该任务将收集火星表面的土壤和岩石样本，然后将它们带回到地球进行研究。此外，NASA还计划于2033年将人类送往火星，建立一个永久性的人类火星基地。ESA还与俄罗斯达成了共同开展的火星探测任务ExoMars，其主要目标是寻找火星上可能存在生命的证据。2023年4月，ESA主导的木星冰月探测器（JUICE）成功发射，旨在探测木星及其三颗冰冷卫星：木卫二、木卫三和木卫四，探究其表面是否含有潜在宜居环境重要特征的液态水体。日本JAXA曾于2014年发射隼鸟2号（Hayabusa2）小行星探测器，在2018年对小行星1999 JU3进行了采样探测，并携带样本物质于2020年年底返回了地球。2022年6月，日本文部科学省称科学家在样本中检测到20多种氨基酸。这是首个在地球外存在氨基酸的证据，对理解这些至关重要的有机分子如何到达地球具有重要意义。

2020年10月，NASA的"OSIRIS-REx"（冥王号）探测器成功完成了对小行星"贝努"(Bennu)的降落采样任务。2023年9月，装有小行星"贝努"表面样本的返回舱成功返回地球。"贝努"采样探测任务的目标是研究太阳系早期的原始物质并了解地球和生命的起源。通过对采集的样本进行分析，有望获得关于太阳系的形成和演化、有机化学物质的分布、水和生命元素的存在以及小行星撞击地球的潜在风险等方面的重要信息。这些数据对于增进对太阳系起源和进化过程的理解以及对地球之外生命存在的探索都具有重要意义。

（二）近五年突破的关键技术

1. 空间生命科学实验技术

（1）空间站双光子显微镜技术

神舟十五号航天员乘组在中国空间站环境中，成功执行了在轨验证实验任务，利用我国自主研发的空间站双光子显微镜获取了航天员皮肤表皮及真皮浅层的三维图像，此项操作是世界上首次在航天飞行过程中使用双光子显微镜进行无创显微成像。双光子显微镜具有亚微米级分辨率，能够揭示航天员皮肤结构和细胞分布特征，为开展航天员在轨健康监测研究提供了全新的工具。

此次实验任务创造了多项第一：实现了双光子显微镜在轨稳定运行、实现了飞秒激光器在轨稳定运行、实现了国际上首次在航天飞行过程中获取航天员皮肤表皮及真皮浅层的三维图像。这些成果体现了我国在航天技术领域的领先实力，为航天员的健康监测提供了重要的数据支撑，同时也为未来空间探索和人类健康保障提供了更全面、更精细的技术支持。

（2）心肌细胞钙信号闪烁观测技术

神舟十三号乘组在轨期间，首次建立了空间条件下细胞的长期培养体系和细胞模型，利用这样的体系和培养模型，科研工作者完成了几项国际领先的生命科学实验。人类首次观测到失重条件下的心肌细胞"钙信号闪烁"。完成了国际上首例从人体尿液中的肾上皮细胞，通过基因重编程的方式，把它转化成生机勃勃的、具有多种功能的干细胞，又分化成为心肌细胞。通过基因编辑技术编辑了一个荧光蛋白，通过荧光蛋白的荧光，看到在收缩过程中钙信号的闪烁过程，这也是国际上第一次看到了心肌细胞在失重环境下美丽的收缩过程。

（3）皮肤干细胞长期失重条件下的悬浮培养技术

依托中国空间站和神舟十三号，我国科研工作者完成了国际上首次皮肤干细胞长期失重条件下的悬浮培养实验。在该培养体系中可以完成长达30天的生存和存活，为进行长期失重条件的细胞研究，提供了重要的技术平台。

2. 空间芯片技术

中国在空间站建设方面取得了重要进展，同时也开展了以空间微流控芯片和器官芯片载荷技术为主的空间芯片的研究。中国国家航天局（CNSA）在2020年在发射的嫦娥五号卫星中，首次使用了国产的微流控芯片，并利用该芯片在卫星载荷中进行了空间实验，这个载荷的主要任务是进行生物、医学和材料学的空间实验，其中包括细胞培养、蛋白质分析和生物成像等。2023年中国空间站迎来了新突破，在空间站上完成了国际首例人工血管组织芯片研究，此芯片是一种基于微流体技术的人体器官模型，可以在微米级别的芯片上模拟人体器官的生理环境，培养人体器官细胞，从而在体外模拟人体器官的生理功能。此外，利用空间微流控芯片技术，研究人员地面实验室中研究了药物在肿瘤细胞和正常细胞中的分布和作用，提高了药物筛选的效率；利用器官芯片技术研究了寨卡病毒对神经细胞的影响。随着空间站在轨任务持续开展，微流控芯片及器官芯片载荷技术有望在空间站中得到更广泛的应用，为生物医学研究和药物研发领域带来更多突破。

3. 航天医学保障技术

近年来，我国在航天医学保障技术方面取得了重大突破。为了给航天员提供舒适的生活和工作环境，嫦娥四号探测器任务中搭载了月球生物实验箱，在航天员实际登上月球之前，进行了多种实验，探索了在月球表面上建立"月面微型生态圈"的可能性，为航天员在月球上的生存提供了生态环境基础。系列面向深空载人探测的保障技术也正持续开展深入研究。

（三）研究团队

目前，国内从事空间生物与医学载荷技术研发的研究团队主要包括中国科学院空间应用工程与技术中心、中国空间技术研究院、中国航天员科研训练中心、中国科学院上海技术物理研究所、北京理工大学、中国科学技术大学、西北工业大学、苏州大学、中山大学、重庆大学等相关研究单位和高校。

中国科学院空间应用工程与技术中心承担了中国空间站科学实验柜等大型科学设施产品总体设计，系统集成、测试以及空间科学载荷产品、空间应用公共支持设备的研发工作，是当前空间生命科学研究与载荷技术研制的总体单位。

中国空间技术研究院隶属于中国航天科技集团有限公司，是我国主要的空间技术及其产品研制基地，是神舟载人航天飞行任务、空间科学与技术试验卫星、中国返回式卫星系统、北斗卫星导航系统的主承包商，是空间技术试验的总体单位。

中国航天员科研训练中心，是中国载人航天领域医学与工程相结合的综合型研究机构。中心设立的最终目标是保障航天员长期在轨健康生活和高效工作。

中国科学院上海技术物理研究所是我国载人航天空间站生物技术柜和相关硬件研制单位，前期研制了空间胚胎培养装置、空间细胞培养装置、空间生物技术柜、空间生命生态柜等空间实验设备。

自进入21世纪伊始，北京理工大学即成立了空间生物医学领域研究团队，充分发挥学校的工科优势，强化理工医结合，瞄准航天医学工程学科领域发展面临的挑战和战略需求，积极促进空间载荷领域成果的应用与推广，近五年已经连续开展了6次系统的在轨生物医学实验研究任务，为航天医学保障与生命科学研究提供了有力的技术支持，建设了一支国内外知名的载荷技术开发与研究团队。

三、国内外发展比较

（一）空间生物医学载荷技术总体能力

近年来，空间生物与医学载荷技术的研究在国内外不断取得新的进展。美国发布了《人类研究计划》《2015天体生物学战略》以及《NASA空间生物学计划2016—2025》等规划，欧洲航天局的科学计划委员会和科学咨询委员会则发布了《宇宙愿景2015—2025》和《远航2050》等空间科学战略规划，同时每三年制订《欧洲空间中的生命和物理科学计划》。相比之下，中国科学院牵头开展空间科学发展规划研究，并将空间生命科学项目嵌入到系列科学卫星计划、载人航天工程等科学计划中，呈现出与国外在规划管理方面的不同之处。目前，中国空间生物医学载荷技术的发展与欧美等国家相比确实存在一些差异，主要体现在空间生物医学研究成果、技术成熟度及应用领域受众等方面。

在空间生物医学研究积累方面，我国初步取得了一些重要的研究成果，如在空间生物学和医学载荷技术方面进行了植物生长、动物行为和人体生理等方面的实验。这些实验不仅对于了解太空环境对生物和人体的影响提供了重要的科学数据，也为进一步探索太空生物医学问题提供了支持。尽管中国在空间生命科学方面的研究论文数量排名世界第二，但与航天技术发展强国相比，在研究影响力、突破性技术成果和顶尖研究机构等方面存在差距。

在载荷技术成熟度方面，我国已经开发出了一些具有自主知识产权的空间生物与医学载荷，如细胞生物学载荷、生理学载荷生物医学成像载荷等。这些载荷的成功研制为该领域的发展提供了重要的技术支撑。尽管部分载荷技术已经可以达到甚至超过同时期发达航天国家的载荷技术，但整体上，我国在空间生物医学载荷技术范围广度和应用成熟度方面还存在较大差距。欧美等国家在空间生物医学载荷技术方面拥有更加丰富的经验和技术积淀，能够更好地满足不同生物医学实验的研究需求，并在航天医学保障载荷方面更加成熟。中国还需要继续加强自主创新和集成研究，不断提高技术成熟度和应用效果。同时需要积极推动国际合作，借鉴和学习欧美等国家的先进经验和技术，以推动中国空间生物医学载荷技术的发展迈向更高的水平。

（二）空间生物医学载荷专业技术发展

在空间生物医学载荷的专业技术能力方面，我国在以下方面也有显著的提升。

1. 空间生物医学载荷的设计与集成能力

我国已经具备了较强的载荷集成与设计能力，能够自主开发出多种高精度的载荷设备，以满足各种空间生物医学实验的需求。这些设备不仅具有高度的可靠性，还能够适应极端的空间环境条件。

2. 空间生物医学实验技术的研发能力

在空间生物医学实验技术的研发方面，我国已经形成了一套完整的实验方法体系，能够针对不同的生物医学问题，设计出具有针对性的实验方案。同时，我国科研人员还在空间辐射生物学、微重力生物学等领域进行了深入研究，取得了一系列重要的实验成果。

3. 空间生物医学数据分析的处理能力

在空间生物医学数据分析方面，我国已经具备了较强的处理能力。通过引进和开发多种先进的数据分析算法和软件工具，科研人员能够更加准确地解读和分析实验数据，从而为空间生物医学研究提供更加可靠的科学依据。

4. 空间生物医学样品处理与保存的技术水平

我国在空间生物医学样品处理与保存的技术水平方面也有了很大的提升。科研人员通过不断探索和实践，建立了一套完整的样品处理和保存规范，能够有效地保证样品的真实性和完整性，为后续的实验和研究提供了可靠的保障。

5. 空间实验模拟的实践能力

在空间实验模拟方面，我国已经具备了较强的实践能力。科研人员通过模拟空间环境中的各种条件，进行大量的实验操作，不断探索和优化实验方案，为实际的空间生物医学实验提供了更加可靠的实践经验和技术支持。

四、发展趋势与展望

我国空间生物医学载荷技术领域在确保航天员圆满完成空间站各项在轨试验任务，为航天员提供必要的生物与医学保障的同时，还瞄准未来载人登月驻月、火星及深空探测等航天医学工程学科领域发展面临的挑战和战略需求，为这些领域提供必要的科学搭载仪器和研究支持。未来载荷技术的发展特点主要包括：

（一）针对深空探测及长期驻留健康风险评估的技术需求，我国正逐步加大研究力度，以满足相关领域的发展需求

随着人类逐渐向深空探测和长期驻留的目标迈进，健康风险评估的重要性日益凸显。在太空环境中，人体可能会遭受各种独特的挑战，包括重力变化、宇宙辐射、密闭环境、心理压力等。这些因素都可能对人体产生不利影响。在进行深空探测和长期驻留的健康风险评估时，需要采用多学科的方法，包括生物学、医学、心理学、物理学等多个领域的知识。通过对人体在太空环境中的生理和心理反应进行深入研究，可以更准确地评估太空环境对人体健康的影响，支撑采取相应的措施来预防和处理健康问题。

（二）信息技术与新材料技术等技术领域的交叉发展，推动了分子生物医学研究能力的进一步提升

随着信息技术和新材料技术的不断发展，分子生物医学研究的能力也在持续提升。这种提升不仅表现在研究手段的多样化上，更表现在研究深入到基因层面，从而更好地探索生物体的奥秘。同时，信息技术的发展也为基因研究提供了更强大的数据分析工具。在诸多研究领域中，基因层面的探索将持续深入，为科学研究带来更为广阔的前景。例如，人工智能和机器学习技术正在被应用于基因组学和遗传学研究中，帮助科学家们更好地理解基因和基因组之间的复杂关系。

（三）模式化的空间生命科学研究模型：器官芯片技术将为载人航天医学的系统化数据积累提供关键的模型

在载人航天医学领域，器官芯片可以为系统化数据积累提供了关键的模型。通过使用器官芯片技术，科学家们可以更加深入地了解空间环境对人体的影响，以及如何采取有效的防护措施来减轻这些影响。空间器官芯片不仅有助于解决太空任务中的生理挑战，还具有潜力推动科学研究和医疗保健领域的创新。这些应用将有助于改善宇航员的生活质量，提升我们对人体和生命科学的理解，同时也为地球上的医学和生物科学带来重大影响。

（四）生命信息探测会持续地保持热度，原位直接探测将成为主流

在未来的生命信息探测领域中，原位直接探测技术将成为研究热点。这种技术可以直接探测生物分子的结构和功能，从而获得更准确、更丰富的生命信息。通过原位直接探测技术，科学家可以研究生物分子的动态变化过程，以及它们与周围环境的相互作用，进一步深入了解生命的本质。未来生命信息探测领域还将注重多学科交叉融合。生物学、医学、化学、物理学、材料科学等多个学科的交叉融合将为生命信息探测带来更多的创新和突破。

（五）载荷平台呈现出不断优化，多样化的特点

对载荷本体技术状态的要求不断降低，越来越多的商用仪器设备经过简单改造即可进入空间平台使用。随着载荷平台技术的不断发展，对于载荷本体技术状态的要求也将会逐渐降低。这意味着未来更多的载荷可以经过简单改造后就可以被应用在空间任务中，而不需要过多的技术投入和复杂的开发流程。这将为空间任务的多样性和创新性提供了更多的可能性。此外，随着商业载荷平台的发展，空间任务的实施也将变得更为便捷和经济。越来越多的公司和个人都有机会参与到空间任务中来，这将极大地促进空间技术的发展和创新。同时，这也将带动空间技术的普及和应用，使得空间科技成为推动人类社会发展的重要力量。

（六）航天技术与民用化技术的融合进一步加剧，也是航天技术不断进步的一个关键点

这种融合不仅有助于推动航天技术的不断创新，也能够促进民用科技的发展，实现双赢。通过将航天技术的成果应用于民用领域，能够带动相关产业的发展，创造更多的就业机会，并提高人们的生活质量。因此，航天技术与民用化技术的融合是现代科技发展的必然趋势，也是推动社会进步的重要力量。

附表　空间生物与医学载荷领域专业技术体系表

一级专业	空间生命科学实验技术	空间芯片技术	航天医学保障技术	地外生命特征探测技术
二级专业	①空间生物培养技术 ②空间生物观测技术	①空间微流控芯片技术 ②空间器官芯片技术	①空间失重防护技术 ②空间辐射防护技术	①地外生命样本采集与处理技术 ②地外生命特征识别技术 ③地外生命活动时空分布研究技术
我国技术水平（相较国际）	领先：无 先进：①② 一般：无	领先：无 先进：①② 一般：无	领先：无 先进：①② 一般：无	领先：无 先进：①②③ 一般：无
目前专业地位	核心：无 重要：①② 一般：无	核心：无 重要：①② 一般：无	核心：无 重要：①② 一般：无	核心：无 重要：①②③ 一般：无
后续重点发展方向	①②	①②	①②	①②③

参考文献

[1] 郑森，王超，李春，等. 空间生物反应器研究进展与策略[J]. 航天医学与医学工程，2010，23（5）：386–390.

[2] 商澎，呼延霆，杨周岐，等. 中国空间生命科学的关键科学问题和发展方向[J]. 中国科学（技术科学），2015，45（8）：796–808.

[3] 张涛，郑伟波，童广辉，等. 空间生命科学仪器与实验技术[J]. 生命科学仪器，2018，16（3）：3–8.

[4] 赵金才. 实践十号科学实验卫星圆满完成预定科研项目[J]. 科学，2016，68（3）：24.

[5] 康琦，胡文瑞. 微重力科学实验卫星——"实践十号"[J]. 中国科学院院刊，2016，31（5）：574–580.

［6］Huang Q, Du X, Zhang R, et al. Human health monitoring using wireless sensors and cloud platform for space exploration［J］. Microprocessors and Microsystems, 2020（73）: 102985.

［7］Zhang Y, Liu W, Sun Q, et al. Development and evaluation of an intelligent training system for anti-gravity suit ［J］. Aerospace Medicine and Human Performance, 2021, 92（5）: 374–380.

［8］Li Y, Liang J, Li L, et al. Effects of different modes of spaceflight on bovine intestinal microbiota［J］. Microbiome, 2020, 8（1）: 1–14.

［9］Lee J H, Lee H W, Lee J W, et al. Anomaly detection using contextual data in space environments［J］. Journal of Aerospace Information Systems, 2021, 18（7）: 361–377.

［10］Hu C, Wang T, Zhu J, et al. The effect of spaceflight on DNA methylation and gene expression pattern in Arabidopsis thaliana［J］. Microgravity, 2021（7）: 1–12.

［11］李曼青, 韦伟, 张大明. 航天中医药的研究现状及问题分析［J］. 中国医药导报, 2022, 19（21）: 183-185.

［12］郑国鹏, 栾长林, 牟正. 航天中医药在太空医学中的应用前景［J］. 中国药房, 2023, 34（4）: 501-505.

［13］张涛, 郑伟波, 童广辉, 等. 空间生命科学仪器与实验技术［J］. 生命科学仪器, 2018, 16（3）: 3-8, 22.

［14］李晓琼, 杨春华, 刘心语, 等. 空间生命科学载荷技术发展与未来趋势［J］. 生命科学仪器, 2019, 17（3）: 3-20.

［15］李莹辉, 孙野青, 郑慧琼, 等. 中国空间生命科学40年回顾与展望［J］. 空间科学学报, 2021, 41（1）: 46-67.

［16］国务院新闻办. 2021中国的航天［M］. 北京: 人民出版社, 2022.

研究团队：邓玉林　李晓琼　李　博　陈姿喧　杨春华　张亚玺

审稿人：邓玉林　李晓琼

撰稿人：李晓琼　李　博　陈姿喧　杨春华

航天器回收着陆专业发展报告

一、引言

航天器回收着陆技术是指利用减速和缓冲装置,通过特定的控制手段,使高速进入地外天体或再入地球大气的航天器或其他飞行器按预定的程序和目的安全着陆。其主要任务是进行飞行试验的飞行器(除了卫星、飞船、深孔探测器等航天器外,还包括火箭、导弹、无人机等各类飞行器)的全部或局部减速到规定的速度并安全着陆于地球或其他星球表面。航天器回收着陆专业技术是航天技术重要的组成部分,也是促进空间技术发展必不可少的关键技术之一。

近年来,我国更为坚定地提出了建设航天强国的战略,国家航天事业的规划中,载人航天、深空探测、空间在轨维修维护等重大专项工程,以及先进的天地往返系统、更高性能的战略战术导弹武器等对航天器回收着陆技术的需求日益迫切。

航天器回收着陆技术目前主要涉及以下六个领域的应用:

1)返回式航天器回收着陆领域,包括载人航天、运载火箭、空间科学等,诸如涉及载人飞船回收着陆、重复使用运载器回收着陆、返回式卫星回收着陆等。

2)深空探测器进入与着陆领域,包括月球探测,火星探测,以及金星、木星、小行星探测等,涉及诸如月球取样返回器回收着陆、某型号探测器降落伞减速与着陆、小行星着陆附着等。

3)导弹武器减速与着陆领域,包括战略战术导弹、常规武器、空降空投等,涉及导弹数据舱及回收、水雷气动减速及姿态稳定、可控翼伞定点精确空投等。

4)无人机回收着陆领域,包括固定翼无人机、旋翼无人机等,涉及诸如无人机无损回收着陆、旋翼机应急回收等。

5)临近空间飞行器回收着陆领域,包括平流层飞艇等浮空器以及临近空间高速飞行器等，涉及诸如弹载浮空器减速浮空系统、超速飞行器应急回收、超高速飞行器滑跑着陆等。

6）回收着陆技术拓展及衍生应用领域，包括空间柔性展开结构及各类应用产业。涉及诸如充气伸展臂、柔性展开遮光罩、空间飞网等空间柔性系统，以及高空观光舱应急救生、高楼应急伞降救生、抢险救灾浮空系统等。

二、近五年的主要进展

（一）发展综述

1. 国内研究进展

我国正向航天强国建设迈进，国家航天事业的规划中，载人航天、深空探测、空间在轨维修维护等重大专项工程，以及空间环境治理中空间碎片清除与防护、先进的天地往返运输系统、更高性能的战略战术导弹武器等对回收着陆技术发展的需求日益迫切，有力地促进了我国回收着陆专业的发展。

（1）国内总体发展态势

近年来，随着我国航天事业的发展，我国回收着陆技术也取得了较大发展。多艘神舟飞船安全返回，常规无人及载人近地空间返回与着陆技术更加成熟。探月工程二期的月球探测器成功软着陆在月球表面，标志着我国掌握了动力减速下降、着陆避障等月球表面软着陆技术。围绕探月工程三期取样返回国家重大专项任务，开展了高速再入返回的飞行试验验证，掌握了跳跃式再入的关键技术。针对首次火星探测任务需求，开展了火星进入减速与着陆技术的研究，突破了火星降落伞等关键技术。新一代载人飞船试验船首飞取得了圆满成功，标志着大型群伞和大载重着陆缓冲气囊技术取得了重大突破。

（2）基础与前沿探索

针对日益突显的大型航天器可重复使用需求，我国学者与工程技术人员对航天器返回与再入的气动、防热及动力学基础问题开展了大量的研究工作，开展了返回系统参数辨识研究，初步构建进入减速与着陆系统可重复使用性能评估方法。针对高超声速充气展开式进入减速前沿技术，我国开展了充气高速再入系统概念研究、方案论证、气动设计、防热设计等工作，研制了耐温1400℃的柔性复合防热材料，并利用探空火箭开展了该项技术的演示验证试验。该试验采用附体式层叠圆环构型，试验器展开直径2 m，重50 kg，由探空火箭携带至60 km海拔高度分离并减速下降，演示验证试验取得了圆满成功。此外，我国还发展了充气式展开翼、弹载减速浮空系统等新技术。

（3）技术研制与应用

除神舟飞船外，我国正针对某型号飞船开展返回与再入技术的攻关。该飞船回采用全新外形设计，具备搭载多名航天员或同等重量货物的能力。2014年，开始研制×××飞船缩比返回舱,以获取返回舱气动特性,验证新气动外形设计,并对可重复使用关键技术进行初步验证。缩比返回舱于2016年完成飞行试验,返回舱结构完整回收。全尺寸验证船于2020年成功完成了飞行试验。某型号飞船回收着陆系统采用特大型群伞减速方案,并采用多组特大型气囊实现着陆缓冲,涉及超声速降落伞减速技术、特大型群伞气动减速技术、大载重着陆缓冲气囊技术等全新的关键技术,相比"神舟"飞船又是一次巨大的跨越。在深空探测领域,某某五号飞行试验器于2014年首次实现我国地月返回,突破了接近第二宇宙速度跳跃式再入返回的减速与着陆技术,回收着陆系统的集成化轻量化水平显著提高。我国首次火星探测工程任务已经发射,火星物理环境与地球的物理环境存在较大差异,降落伞开伞条件为超声速、低动压、低密度环境,为降落伞减速系统的研制与验证带来了巨大的挑战,已经研究掌握了包括火星降落伞技术,自适应开伞控制技术,高空开伞试验与测量技术等关键技术。

2. 国外研究进展

近年来,美国、俄罗斯、欧洲、日本、印度等国大力发展载人航天和深空探测,正在开发各类新型的载人运输飞船、空间机动飞行器、深空探测器以及可重复使用运载火箭,对回收着陆技术提出了新的挑战,各国在拓宽进入、减速与着陆专业的应用领域和创新技术方法上开展了大量前沿性的研究工作。

(1)国际总体发展态势

结合国外发展情况分析,回收着陆技术发展的总体态势包括:实现更重的载荷进入减速与着陆,如多种新型的载人运输飞船正在研制,再入重量一般都达到7 t以上,发展了新型的超大型群伞及缓冲气囊技术;适应更快的进入或返回速度,如高超声速充气展开式再入减速技术的发展,极大地扩宽了可展开气动减速技术使用的速域空域;适应高空乃至地外天体等更为复杂的环境,如火星进入探测继续发展,美国的洞察号成功进入并登陆火星,美国的"火星2020"正在开展新型的可充气展开进入舱及大型降落伞技术的研究;达到更高的下降及着陆精度,如太空探索技术公司(SpaceX)的可重复使用运载器实现了高精度海上平台定点着陆,"追梦者"空天飞机实现了多次精确着陆的演示验证;可重复使用返回式航天器、新一代飞船、可重复使用运载器等迅速发展,均要求返回与再入系统具备更高的可靠性和安全性。

(2)基础与前沿探索

国外航天先进国家非常重视进入减速与着陆专业相关的技术基础与前沿研究。以美国为例,美国航空航天局(NASA)发布的空间技术路线图中将需要发展的空间技术分为14个领域,进入、下降与着陆系统是其中之一,主要研究包括大气进入、气动减速、归航降落及着陆过程涉及的基础理论、关键技术和前沿创新。与路线图匹配,美国开发了通用的返回与再入动力学仿真分析软件,发展了适用于降落伞等气动减速装置的流固耦合分析理论与方法,初步实现了低速至超声速、自由分子流至连续流全过程覆盖的流固耦合数值仿真。

针对未来载人火星探测等远景发展需求，国外对高超声速充气展开式再入减速等前沿技术展开大力研究。美国启动了高超声速充气式气动减速器 HIAD（Hypersonic Inflatable Aerodynamic Decelerator）项目，包括新型进入概念研究、柔性系统技术研究以及充气再入飞行器验证（Inflatable Reentry Vehicle Experiment，IRVE）等部分，其中新型进入概念研究中还包括高能大气再入试验（High Energy Atmospheric Reentry Test，HEART）验证计划。2013 年，美国进行了 IRVE-3 亚轨道飞行试验，展开直径为 3 m 的充气舱并以 10 马赫再入大气，通过质心调节实现落点控制。HEART 计划飞行 8.3 m 直径充气舱，进入质量 3600 kg。NASA 组织开展了 3 m、6 m、8.3 m 直径充气舱的一系列风洞试验，试验中除了获取气动特性及强度力学性能外，还精细地测量了充气舱结构的变形情况。日本近年来亦开展了充气式进入减速技术的研究，采用附体式单环张力锥构型，目前日本宇宙航空研究开发机构（JAXA）计划在前期风洞试验和高空投放试验的基础上利用卫星搭载开展进一步的近地轨道再入飞行试验，试验器最大充气展开直径 2.5 m，力图通过掌握前沿技术一举实现在航天进入减速与着陆领域的突破。

（3）技术研制与应用

国外积极开展新型可重复使用飞船的研制，进一步发展了相关的气动、防热、减速、缓冲等技术，研制出新型的航天器返回系统。尤其是针对大重量减速着陆需求，在大型群伞及缓冲气囊技术方面取得显著进展。对于大型群伞，为了避免多个降落伞间的互相干扰，进一步发展了多级收口技术，并改进单伞的构型。发展了大载重缓冲气囊精确排气技术，使缓冲过载可控，并不断提高在各种复杂地形下的适应能力。

针对火星探测所需的进入减速技术近年来取得了进一步的发展。美国 NASA 在低密度超声速减速（Low Density Supersonic Decelerator，LDSD）项目中在传统刚性进入舱的基础上增加了一圈可充气展开结构，以增大进入舱的阻力面积，先后完成了火箭橇试验、高空充气及开伞试验。研制了新型的火星降落伞，以适应 5 t 级的进入舱减速需要，新的火星降落伞名义直径达到 33.5 m，综合盘缝带伞和环帆伞构型优化设计，开展了风洞试验以及直升机投放和火箭橇拖曳进行的降落伞强度试验，获得了大量数据。

近年来，可重复使用火箭举世瞩目，采用垂直起飞垂直降落的方式，发射后可以自动降落在预定场地。该火箭使用可变推力发动机与栅格翼结合的方式实现再入姿态和速度的精确控制，采用 4 组对称的腿式软着陆支架实现着陆缓冲。其软着陆支架是一种可收缩和伸展的着陆装置，发射时折叠贴近火箭尾部，着陆时全部打开，满足火箭的垂直软着陆需要。随着美国星座计划的复苏，战神系列运载火箭再次引起关注，其采用了伞降回收技术方案，近年来正在开展优化设计。X-37B 之后，除了军方，美国一些商业航天机构也正开发新型空天往返飞行器，以适应更恶劣的再入加热环境，并发展了新型的滑橇式起落着陆技术。

（二）研究团队

国际上美国先锋宇航公司、欧文工业公司、Para Flite公司、ILC-Dover公司，俄罗斯降落伞研究所，英国马丁贝克公司等具备较强的进入减速与着陆系统研发能力；国内北京空间机电研究所具备航天器回收着陆技术系统级的专业研制能力，拥有亚洲最大的航天器回收着陆地面综合试验场。研究所作为国内航天器进入、减速与着陆技术研究的引领者，在柔性减速结构设计、气动及柔性结构动力学数值模拟、柔性减速系统物理试验技术等领域突破了多项关键技术，达到国际先进水平，成果广泛应用于运载平台减速回收、卫星返回、载人航天工程、月球及火星探测等重大型号任务中。研究所长期致力于航天器进入、减速与着陆技术研究工作，圆满完成了某型号飞船回收任务，有力支持了月球探测与火星探测任务顺利实施。

在构成回收着陆系统的单项技术方面，国内的航宇救生装备有限公司在降落伞技术方面具有较强的技术实力。南京宏光空降设备厂是我国生产空降兵用降落伞的主要单位，具有完整的降落伞设计、制造与试验能力。

国内的相关高校，包括北京航空航天大学、南京航空航天大学、西北工业大学、哈尔滨工业大学、国防科技大学等均开展了航天器回收着陆相关仿真技术研究。

此外，国内的一些科研院所单位也已经涉足航天器回收着陆的单项技术领域。例如，航天五院总体部开展了嫦娥工程着陆缓冲支架的研制，上海宇航系统工程研究所开展了载人旅游空间舱着陆缓冲支架的研究，中国航天科工防御技术研究院开展了充气式再入减速技术的研究。

三、国内外发展比较

国内外专业发展及技术对标分析，在回收着陆技术的研究深度和应用领域方面，我国与世界先进水平相比基本已实现齐平并进，但在通用软件开发上存在一定差距，系统仿真能力尚有差距。

综合国内外发展现状，从研究基础、技术水平、试验验证能力三个研究方向进行归档整理，详见表1所示。

结合以上国内外专业发展及技术对标分析，在回收着陆技术的研究深度和应用领域方面，我国与世界先进水平相比仍然存在一定的差距。

1. 航天进入减速与着陆动力学等基础研究不够深入

我国对航天进入减速与着陆的仿真分析主要侧重于进入过程的弹道及动力学计算，且计算中较为依赖各种经验公式，精细化仿真分析能力尚有不足。现有的设计与仿真工具之间相互独立，资源没有得到有效整合，难以完成整体的设计优化；数据没有建立有效的关联和统一管理，尚未做到多学科交叉、多物理域耦合设计与仿真分析，数据互用。对于柔性展开结构流固耦合等仿真技术，与国外同行存在较大的差距。不具有超声速条件下降落伞拉直过程仿真能力、开伞充气流固耦合仿真能力、虚拟试验能力，相关的动力学模型往往需要借助国外文献资料直接引用，但建模的依据掌握并不充分。对柔性展开减速装置所用的仿真分析模型仍以低速地球环境为主，产品设计主要依据以往成功型号经验，结合一些经验公式进行计算分析，结果存在一定偏差，需要通过系统级试验进行验证。

表 1　航天器回收着陆技术国内外研究进展比较

项目	国外水平	国内水平
基础研究	理论与数值仿真： 开发了通用的进入减速与着陆系统动力学仿真分析软件，如美国的 SPASYS、POST、DSENDS，欧洲航天局与俄罗斯联合开发的 PASDA 等； 开发了降落伞等气动减速装置流固耦合仿真软件，具备从低速至超声速下的降落伞流固耦合仿真能力	理论与数值仿真： 具备回收系统动力学仿真能力； 具备低速条件下的流固耦合仿真能力，复杂系统、可压流条件下的流固耦合仿真处于起步阶段
	材料技术： 研制成功了高强复合柔性热防护材料，基于连续氧化铝陶瓷纤维、凯夫拉等材料复合实现了长时使用温度 1400℃的指标，通过了飞行试验验证； 研制成功了 PBO 等新型高性能特种纺织材料，并通过地面试验及空间在轨试验获取各类材料的机械物理性能及空间环境性能	材料技术： 基于锦纶、芳纶、超高强聚乙烯、聚酰亚胺等纤维制备各类特种纺织材料，材料通过了地面热风洞试验的验证
	进入与减速速度： 约 12 km/s（再入地球）； 约 7 km/s（进入火星）	进入与减速速度： 约 11 km/s（再入地球）； 约 7 km/s（进入火星）
	落点控制精度： 100 m（可控翼伞，5 t）； 50 m（滑翔再入，96 t）	落点控制精度： 300 m（可控翼伞，4 t）； 10 m（滑翔再入，2 t，在研）
试验验证能力	试验能力： 已建立完整的试验验证体系，空投平台、火箭橇平台、风洞等配置完善，可开展 40 t 重量级的近地空投试验； 实现了月球、火星、金星、小行星等多个星体环境的地面模拟着陆试验。最大载重达到 10 t 级，并实现在低重力环境下人机结合的着陆试验	试验能力： 具备常规空投、火箭橇、风洞试验能力； 具备着陆器模拟月球环境下试验能力，具备模拟火星条件的着陆试验能力，试验控制精度及随动速度指标达到国际领先

2. 柔性展开结构气动减速技术发展有所不足

我国目前达到技术成熟的最大回收着陆重量航天器是神舟号飞船，其着陆质量约为 3 t，使用的是多级单伞系统。某型号飞船首次飞行实现了更大载荷返回舱的成功回收，但大型群伞等关键技术只是得到初步验证，距离掌握核心技术并实现成熟的工程应用还存在一定差距。大型群伞需要重点解决充气同步性控制技术，需提高降落伞的充气一致性和多伞间的程序执行同步性。相对而言，国外在载人登月飞船、运载火箭回收着陆等方面已很成熟地使用群伞系统，累计超过百次飞行试验。

对于火星等具有大气的地外天体的进入与着陆探测，新型的降落伞技术至关重要。国外已经掌握了盘缝带伞等适用于火星大气的降落伞关键技术，并基于稳定与减速的不同侧重，可以精确设计所需的降落伞构型参数并分析其特性机理。针对后续更大的进入速度，美国还在开展新型的火星降落伞，拟结合盘缝带伞的超声速适用特点及环帆伞的高阻力特点。我国基本掌握了火星降落伞伞型及结构优化研究，并已进行飞行试验验证。

3. 大载重航天器着陆缓冲技术需创新发展

我国目前已经发展成熟的航天器着陆缓冲技术主要是飞船的着陆反推技术（系统主要由反推发动机和近地高度控制器组成）、无人机的着陆缓冲气囊装置以及月球着陆器的软着陆支架。新型的大载重群伞技术和着陆缓冲气囊技术获得了首次飞行试验成功，奠定了坚实的基础。其中着陆反推技术达到 3.5 t 载荷的缓冲着陆需求，着陆缓冲气囊实现了更高载荷的缓冲着陆需求，软着陆支架实现了月球着陆器缓冲着陆的需求。但是，国外先进技术水平在各个方面都能满足至少 10 t 量级航天器的着陆缓冲需求。可见我国存在一定的差距。对于地外天体等复杂环境下的着陆需求，国外已经成功实现了火星着陆探测、金星漂浮探测以及小行星的取样探测，而我国在部分领域才刚刚起步，相关的核心技术刚刚开始研究。

为了满足我国载人登月、深空探测等后续重大任务的需求，需要对着陆缓冲技术进一步创新发展，以尽快赶超国际先进水平。对于某型号飞船，需要进一步发展特大型缓冲气囊并实现精确排气控制；对于载人登月舱和月面活动驻留舱，需要发展大型软着陆支架并实现复杂月面环境的自适应、可移动可重复使用等技术；对于空间飞行器，需要发展适应高速水平起降的着陆系统。此外，对于各类运载平台、无人机、空投空降、应急救生等方面的需求，还需要进一步发展精确可控非接触缓冲及基于仿生机理的新型着陆缓冲技术。

4. 航天进入减速与着陆的系统试验验证与评估能力急需提高

美国在阿波罗工程期间即已实现了近 10 t 的着陆器在月球重力环境下的着陆试验，并实现航天员的操纵培训和验证。当前在新型飞船的研制过程中已经具备了 20 t 级别返回舱地面着陆试验能力。美国、欧洲等先进研究机构已经实现了月球、火星、金星、小行星等多个星体环境的地面模拟着陆试验。我国目前在载人航天工程中实现了 3.5 t 飞船返回舱的各项地面着陆试验。在某某工程中实现了着陆器模拟月球环境下的悬停、避障及缓速下降试验、着陆稳定性以及组合缓冲试验。我国初步形成了天地往返着陆综合试验与验证技术体系。

此外，我国目前没有形成重复使用要求下航天进入减速与着陆系统的性能评估方法体系，结合系统动力学仿真与系统试验验证，还欠缺精细化性能评估分析和参数辨识能力。

四、发展趋势与展望

（一）发展趋势

结合国内外发展现状分析，回收着陆技术发展趋势主要包括：满足更多样化的工程需求，实现更重的载荷进入减速与着陆，适应更快的进入或返回速度，适应高空乃至地外天体等更为复杂的环境，达到更高的下降及着陆精度，要求进入减速与着陆系统的可靠性安全性不断提升，实现航天器的重复使用。

（二）发展展望

1. 10t级大载重航天器的进入减速与无损着陆

国外正在新研的新一代载人运输飞船、可重复使用运载器相比以往规模更大，目的是实现更高的运输能力。同样，我国的某型号飞船回收着陆的重量相比当前正在使用的神舟飞船显著增加。我国正在研究的低成本可重复使用运载火箭一子级的回收着陆重量比飞船更高。总之，当前国内外对大载重航天器的进入减速与着陆技术有迫切的需求，需要重点突破超大型群伞减速技术、超大型群组着陆缓冲气囊技术、大型着陆支架缓冲技术以及大型航天器减速着陆试验验证及系统性能评估技术等核心技术。

其中超大型群伞减速技术主要需解决群伞开伞充气同步性控制、群伞-返回舱多体系统动力学及参数辨识等关键技术问题。超大型群组着陆缓冲气囊技术主要需解决缓冲过程精确排气控制、复杂地形着陆稳定性适应等关键技术问题。大型着陆支架缓冲技术主要需解决航天器着陆过程能量传递与耗散机理、高效缓冲吸能材料、高可靠展开锁定机构等关键技术问题。大型航天器减速着陆试验验证及系统性能评估技术主要需解决适用于大型航天器的重载空投试验技术、大型航天器着陆冲击试验、进入减速与着陆系统试验相似准则及评估方法以及系统验证试验数据挖掘及分析技术等关键技术问题。

2. 适应第一宇宙速度高超再入的柔性展开气动减速与防热

对于高超声速进入航天器的气动减速与防热，充气展开式进入减速技术是当前发展的前沿方向，除了航天器进入返回外，在运载平台减速回收、高空大气探测、试验飞行器回收等领域有着广阔的应用前景，此项技术也是目前国际研究的热点。

高声速充气展开式进入减速技术提出了一种全新概念的航天器进入减速与着陆系统。发射入轨时可以收缩成很小的体积；进入或再入返回时由折叠状的耐高温柔性编织物包裹在有效载荷舱外围，形成防热罩；进入大气层前，防热罩依靠自身气体压力充气形成倒锥外形，包裹着有效载荷舱以免被剧烈的气动加热烧毁，并有效地进行气动减速；下降过程中可增加迎风阻力面积，最终以安全速度着陆或溅落。高超声速充气展开式进入减速技术提出的新概念和新系统重量轻，所占空间小，具有更强的载荷再入回收能力；能够作为空间设施、相关设备物资或航天员的应急返回手段，为空间往返运输系统的瓶颈技术提供了新型解决途径。主要需要解决轻质柔性热防护材料技术、折叠包装及充气展开技术、柔性充气结构气动外形优化设计、柔性展开结构流固耦合分析等关键技术问题。

对于飞行器高速进入与再入的气动减速需求，降落伞仍然是一种最为有效的气动减速手段。但是，在超声速条件下，普通降落伞不可避免地出现颤振、呼吸、阻力面积下降等现象，高马赫数时还有气动加热问题，且受前体尾流的影响非常明显。超声速降落伞需能够克服这些现象对伞的性能及结构强度的影响。超声速降落伞可以用于火星探测进入器的减速伞、运载火箭助推器或子级安全回收时的稳定伞、某型号飞船回收时的引导伞及减速伞以及高速运载等平台型号的减速稳定伞、旋转伞等。超声速降落伞需要解决适用于超声速条件的降落伞构型设计及特性机理研究、超声速降落伞充气过程流固耦合分析、高精度可靠开伞控制以及模拟开伞条件的试验、测量及性能验证与评估等关键技术问题。事实上，除了用于火星探测所需的超声速低密度降落伞外，还需研究适用于地球 70 km 及以上的超声速超低动压（不大于 10 Pa 的开伞动压）降落伞技术，以及适用于地球低空的超声速超高动压（不小于 100000 Pa 的开伞动压）降落伞技术。

3. 适应高空乃至地外天体等更为复杂的环境

随着载人登月、深空探测等航天活动的开展，随着先进的天地往返运输系统、高超声速空间机动飞行器的发展，回收着陆技术需要适应高空、在轨乃至地外天体等更为复杂的环境。包括微重力、低重力环境，高温、深低温环境，辐照环境，原子氧环境，真空环境，稀薄或浓密甚至具有腐蚀性的大气环境，等等。需要航天进入减速与着陆系统根据使用的对象和环境特点采取优化的设计方案，选择或开发合适的先进材料，并能充分地在地球环境下实现重力、大气和各类特征特性尽量真实的模拟验证。

对于回收着陆技术而言，降落伞、缓冲气囊、充气展开装置等需要采用各类特种纺织材料、特种蒙皮材料，因此能够满足复杂环境要求的特种柔性材料至关重要。需要针对不同特种柔性材料的力学性能、热性能、气密性能、耐环境性能开展研究，发展相应的复合、缝纫、热合等制备技术，发展适用于柔性材料特点的结构测量及试验技术测试技术。

4. 10 m 量级飞行器定点着陆与避障下降

返回式航天器、深空探测器、无人机、运载平台等有航天进入减速与着陆需求的各类飞行器往往要求能够实现高精度的着陆，并具备自主避障的能力，从而促使高性能自主可控的精确定点着陆技术需要大力发展。实现精确定点回收着陆是航天器回收着陆技术发展的重要方向。一方面，空天一体化是航天技术在天地往返方向的必然发展趋势；另一方面，基于传统的伞降回收方式落点散布大，对落区设置、地面搜救、居民疏散等带来较多的要求，有很多的局限。

飞行器的精确定点着陆与避障下降是指返回式航天器等各类飞行器通过自主机动飞行可实现在指定地点的安全着陆。目前主要发展有三类技术途径：其一是航天飞机、空天飞机等航天器自身具备良好的机动飞行能力，可精确降落到指定的跑道，通过起落架、阻力伞等系统装置实现最终的安全着陆；其二是采用具有机动能力的可控翼伞回收系统实现飞行器的定点着陆，并通过翼伞的"雀降"操作或辅助以着陆缓冲手段实现飞行器的安全无损着陆；其三是月球、火星等地外天体着陆器，或垂直下降着陆的可重复使用运载火箭，在制导导航与控制系统的作用下，通过可变推力发动机以及姿轨控推力器或栅格翼等装置实现飞行器的避障和缓速下降。

对于空天飞行器着陆技术，由于相比一般航空器而言着陆系统空间狭小、着陆速度大、经历环境复杂，主要须解决高速着陆系统集成与优化设计、起落架可靠收放、缓冲、刹车等关键技术问题。对于可控翼伞回收技术，主要须解决大型翼伞可靠充气与型面保持、器伞组合体精确归航控制技术、大功率伺服操纵及雀降等关键技术问题。对于变推力避障及缓速下降技术，主要须解决下降过程动力学可靠建模与分析、高精度近地高度控制、高性能高稳定性着陆缓冲、复杂地表环境自适应着陆、着陆性能综合验证等关键技术问题。

5. 可重复使用 10 次要求下进入减速与着陆系统的性能评估

国内外某型号飞船、可重复使用平台及科学试验卫星、空间飞行器、低成本使用运载火箭、无人机等均要求能够重复使用，与传统的一次性使用航天器存在巨大差异。除了满足相应的进入减速与着陆功能性能指标要求外，如何评估确认是否可重复使用，如何评估飞行试验后回收的系统产品可再次飞行，是回收着陆技术面临的重要问题。航天进入减速与着陆系统一般采用以降落伞、充气减速装置为主要形式的柔性气动减速装置，涉及刚柔组合体的动力学问题比较复杂，包括：降落伞拉直过程中的柔性绳索动力学机理、柔性体（伞衣、伞绳等）的气动力机理、柔性体充气过程中结构变形与周围流体的耦合机理、物–伞组合体系统的多体飞行动力学问题、着陆缓冲装置与不同介质地面之间的耦合碰撞与相互作用机理等。这些机理和问题是分析评估航天进入减速与着陆系统性能的关键，一般通过试验及数值仿真分析等手段来研究。由于试验研究中往往很难模拟真实的工况或者模拟代价很大，因此确定试验相似准则及评估方法非常重要，发展试验测量从而全面并准确地获取试验数据非常重要。同时，数值仿真或半实物仿真手段是研究航天进入减速与着陆系统动力学问题的重要途径，需要对高弹性柔性结构流固耦合仿真分析、物伞系统多体动力学、着陆动力学、系统参数辨识与性能评估等问题开展深入研究，为工程应用提供更可靠的理论支持。

附表　航天器回收着陆领域专业技术体系表

一级专业	回收着陆技术	控制技术	仿真实验技术
二级专业	①回收着陆系统设计技术 ②气动减速技术 ③着陆缓冲技术 ④结构机构技术 ⑤火工技术	①控制技术 ②标位技术	①系统试验技术 ②空投实验技术
我国技术水平	领先：①⑤ 先进：②③④ 一般：无	领先：无 先进：①② 一般：无	领先：无 先进：①② 一般：无
目前专业地位	领先：①②③ 先进：④⑤ 一般：无	领先：① 先进：② 一般：无	领先：无 先进：①② 一般：无
后续重点发展方向	①②③	①	①②

参考文献

[1] 荣伟．航天器进入下降与着陆技术［M］．北京：北京理工大学出版社，2018．
[2] 高树义．我国载人航天器回收着陆技术发展［J］．航天器工程，2022，32（6）：223-233．
[3] 饶伟，孙泽州，董捷，等．天问一号火星进入、下降与着陆系统设计与实现［J］．中国科学：技术学科，2022（8）：1162-1174．
[4] 王国辉，牟宇，张然，等．超声速降落伞工程应用的关键技术研究进展［J］．宇航总体技术，2022，6（2）：1-16．
[5] 李健，房冠辉，吕智慧，等．天问一号火星探测器伞系减速分系统设计与验证［J］．中国科学：技术学科，2022（2）：264-277．
[6] 包进进，刘大海，荣伟，等．嫦娥五号探测器回收分系统研制与验证［J］．航天器工程，2021，30（5）：16-23．
[7] 高树义，李健．"天问"一号XX探测器降落伞研制回顾［J］．中国航天，2021（6）：32-38．
[8] 郭奎，荣伟．航天器回收主伞可靠性分析［J］．质量与可靠性，2021（3）：36-42．
[9] 雷江利，牟金岗，赵广秀，等．新一代载人飞船试验船回收着陆系统任务特点分析［J］．国际太空，2020（9）：8-12．
[10] 贾贺，荣伟，包进进．探月返回器降落伞减速系统设计及试验验证［J］．航天器工程，2020，29（4）：26-33．
[11] 王立武，房冠辉，李健，等．降落伞超声速低动压高空开伞试验［J］．航天返回与遥感，2020，41（3）：1-9．
[12] 贾华明，杨霞，李少腾，等．环帆伞技术与发展综述［J］．航天返回与遥感，2021，42（3）：41-51．
[13] 黄伟，竺梅芳，廖航．航天器着陆缓存气囊技术发展［J］．航天返回与遥感，2021，42（2）：1-11．

［14］雷江利，荣伟，贾贺，等．国外新一代载人飞船减速着陆技术研究［J］．航天器工程，2017，26（1）：100-109．

［15］逯运通，张旭辉，李青，等．返回器着陆缓存技术途径综述［J］．航天返回与遥感，2021，42（1）：39-47．

［16］吴卓，张文博，王治国，等．一种大型冲压式翼伞的设计与试验［J］．清华大学学报（自然科学版），2023，（3）：348-355．

［17］王立武，许望晶，刘涛，等．航天器翼伞精确回收技术发展及展望［J］．航天返回与遥感，2020，41（4）：21-30．

研究团队：贾　贺　黄　伟　崔玉红　薛晓鹏
　　　　　王　盟　刘靖雷　王　奇　包文龙
审稿人：张柏楠　孙泽洲　高树义　陈金宝　李　磊
撰稿人：梁　浩

ABSTRACTS

Comprehensive Report

Development Status and Prospects of Aerospace Science and Technology

Based on the development of aerospace science and technology disciplines in the past five years, and in accordance with the principles of major landmarks, key urgency, and technical feasibility, the research team selected 15 major disciplines to conduct comprehensive research. This report summarizes the latest research progress of 15 aerospace science and technology disciplines in China, as well as evaluates the gaps between national and international development status, and forecasts future development trends and prospects.

1. Latest Research Progress

In the past five years, China's aerospace industry has made a series of brilliant achievements, and the aerospace disciplines have made rapid and innovative progress:

1) Aerospace transportation system has accelerated the updating and upgrading, driving the development of a series of key technologies, and speeding up the development towards non-toxic, pollution-free, modular, and intelligent direction.

2) Communication satellites, navigation satellites, remote sensing satellites, and space science and technology test satellites have been improved steadily. For example, China has launched first high-throughput communication satellite, ZhongXing-26, with a transfer capacity of 100Gbps. The completion and operation of the 30-satellite BeiDou Navigation Satellite System represents

the successful conclusion of its capacity to serve the world.

3) Due to the great progress of small satellite technology, the low orbit large-scale constellation has shown great value in a series of application fields such as space-based global communication and remote sensing and has set off a boom in the development of low orbit giant constellation. The small satellite industry has changed from a "trend" of rapid development to a "normal" development.

4) The three-step process of the China's manned spacecraft project has been successfully realized, and major progress has been made represented by the completion of the assembly and construction of China Space Station. It made comprehensive breakthroughs in a series of key professional technologies in the design, construction and operation of space station. China manned spaceflight has entered the space station era.

5) China has successfully completed the last step of the three-step lunar exploration program ("orbit, land, and return"), and carried out a smooth interplanetary voyage and landed beyond the earth-moon system by Tianwen-1, followed by the exploration of Mars. It has mastered a series of deep space exploration key technologies, and established space infrastructure and capabilities. Many scientific achievements have been obtained.

6) Outstanding progress has been made in fundamental technology fields, such as aerospace propulsion, space energy, aerospace guidance, navigation and control (GNC), aerospace detection and guidance, aerospace intelligent detection and recognition, aerospace telemetry, tracking and command, space remote sensing, advanced aerospace materials, space biology and medical payload technology, spacecraft recovery and landing technology, etc. It has enriched the content of aerospace disciplines and set up a solid technical foundation for accelerating aerospace development.

2. Gaps between national and international development

1) Space launch vehicle: the ability to enter space is not strong enough; there is a gap in the efficiency of entering space.

2) Satellite: in the field of remote sensing satellites, the gap exists in the observation architecture, observation methods and performance, and satellite platform; in the field of communication satellites, the system design and performance, technology, and satellite platform are deficient; in the field of navigation satellites. the gap exists in performance and technology; in the field of

space science and technology test satellites, China lacks major original innovation projects for future.

3) Small satellite: there are gaps in many fields, such as the development of small satellite technology iterations and breakthroughs, system cost reduction and efficiency improvement, batch launch deployment, improvement of satellite system application efficiency, and stable operation of large-scale constellation systems, etc.

4) Manned spacecraft: there are gaps in the number of people carried, the ability of cargo return and reuse, and spacecraft reusability.

5) Deep space probes: there are deficiencies in the diversity of targets detection, and coverage of detection tasks; there are gaps in some key technologies and their applications such as payload, energy, propulsion, and communication.

6) Aerospace propulsion: there is a large gap in the comprehensive performance of liquid engines; The development of solid propulsion technology is slow, and there is gap of generations in terms of performance and scale; As for cutting-edge propulsion technologies such as nuclear propulsion and tethered propulsion, China is still in elementary stage.

7) Space energy: in terms of high-specific energy long-life batteries, the specific energy of domestic batteries has exceeded the international technical level of similar products; in terms of intelligent integration technology, in-orbit engineering applications have been both realized at home and abroad. The pre-research of solid-state batteries and lithium metal batteries are at the international advanced level. The technical indicators of domestic energy control products are equivalent to those of foreign countries, but the degree of integration is not high enough, and the discrete devices account for a large proportion.

8) Aerospace GNC: there are gaps in the field of machine learning, artificial intelligence applications, and intelligent acceleration hardware.

9) Aerospace detection and guidance: there are gaps in multi-platform integration, high-speed real-time data links, sensor miniaturization and integration.

10) Aerospace intelligent detection and recognition: China lags international research on brain-inspired theories such as neuron models and pulse spatiotemporal dynamics, and development of hardware such as brain-inspired chip and neuromorphic sensor.

11）Aerospace telemetry, tracking and command: China has shortcomings in telemetry, tracking and command theory and standards; Full-area coverage and ubiquitous interconnection capabilities are insufficient.

12）Space remote sensing: China has deficiencies in localized development capabilities of optical raw materials, core component development capabilities, low-temperature optical materials and technologies, and spaceborne distributed synthetic aperture technology.

13）Advanced space materials: the system of metallic materials and non-metallic materials is not yet complete; basic research in the field of advanced functional composite materials is relatively weak; there is a gap in maturity of aerospace material application technology.

14）Space biology and medical payload technology: not many influential and breakthrough technological achievements have been reached in China; there are gaps in the automation, integration, and accuracy of research equipment.

15）Spacecraft recovery and landing technology: basic research on aerospace entry deceleration and landing dynamics is insufficient; new landing deceleration technology, test verification and evaluation technical capabilities need to be improved.

3. Development Trends and Prospects

In the future, aerospace science and technology disciplines will continue to be updated and upgraded. Driven by national strategic needs and the market, the capacity and performance of space transport system will be continuously improved, towards the directions of reusability, new model development, heavy-duty, and diversified applications. The enhanced space transport system will make space entry and exit more efficient. China will continue to improve its space infrastructure, and integrate remote-sensing, communications, navigation, and positioning satellite technologies. Besides improving the performance of satellites, satellite system technology will be further developed towards systematization and integration. While large-scale low-orbit constellation showing an explosive development trend, the main direction of small satellite technology and applications development will be satellite-ground integration, and communication-navigation-remote sensing integration. Regarding the reusability, low cost, long-term on-orbit operation, and manned deep space exploration, manned spacecraft technology will focus on the plan for a human lunar landing, develops new-generation manned spacecraft, and research key technologies for exploring and developing cislunar space. Deep space exploration will promote a series of breakthroughs in core key technologies through national aerospace major missions and produce fruitful space science achievements. Related basic technologies such as advanced space materials, aerospace GNC, space energy, and space biology will achieve further breakthroughs. As cutting-edge technologies such as intelligence, multi-domain integration and collaboration of air-space-ground are increasingly used in aerospace engineering, the multidisciplinary fusion, boundary crossing and knowledge integration of cutting-edge academic achievements in both non-aerospace disciplines and aerospace disciplines will become an important direction.

Written by Wang Yiran, Zhu Linqi, Jiang Jun, Zhang Yao, He Ying, Feng Peisong, etc.

Reports On Special Topics

Advances in Space Launch Vehicle

Space launch vehicle is a general term for a system of transportation vehicles that transports various payloads between the Earth's surface and space orbits, as well as between orbits. Spaceflight development is preceded by transportation. Space launch vehicles are the prerequisite and foundation for the realization of national space science, space technology, space application and security system construction, and are the leading force in the development of the space industry.

The development of space launch vehicles directly promotes the development of satellite applications, human spaceflight, and other technologies, and brings direct economic benefits to various sectors of the national economy, such as communications, navigation, environmental monitoring, resource exploration and scientific research. The technological level of space launch vehicles is more decisive in determining a country's ability to enter and leave space and has now become a key area in which all countries in the world participate in global strategic competition and enhance their comprehensive national strength. The successful maiden flight of the reusable test spacecraft has accelerated the construction of reusable carriers in China, and a number of commercial space companies have realized in-orbit launches, enriching the spectrum of China's space launch vehicles, breakthroughs in technologies such as large-diameter rocket structure design, manufacturing and testing technology, high-thrust hydrogen-oxygen engine manufacturing technology, and joint rocking control of boost and core stage, the core competitiveness of China's space launch vehicles has been continuously improved.

This report mainly includes the main progress in the field of China's space launch vehicles in the past five years, comparative analysis with the development of technology of international space launch vehicles, and the prospects of China's space launch vehicle development in the future.

Written by Wang Ziyu, etc.

Advances in Satellite

China's spacecraft design technology has been obtained eye-catching achievements during the past five years. This report focuses on four types of satellites: remote sensing satellites, communication satellites, navigation satellites, and space science and technology test satellite. Firstly, the achievements in these four fields during the past five years have been introduced. In the field of remote sensing satellites, the present status and technology achievements of landsats, oceansats, and meteorological satellites have been introduced respectively. In the field of communication satellites, the China's first high-throughput communication satellite, ZhongXing-26, with a transfer capacity of 100Gbps was launched. It is five times the communication flux of the Shijian-13 satellite launched in 2017. In the field of navigation satellite, The BeiDou-3 global navigation satellite System was completed in 2020. In the field of space science and technology test satellite, dozens of satellites have been successfully launched during the past five years. They are mainly used for on-board examinations to various new space technologies, devices, materials, etc.

Based on the review of past-five-year achievement in China's satellites, the developments in China and foreign countries have been compared and analyzed. It is obvious that there exist gaps in the four fields. In the field of remote sensing satellites, the gap exists in the observation architecture, observation methods and performance, and satellite platform. In the field of communication satellites, the system design and performance, technology, and satellite platform are deficient. In the field of navigation satellites. the gap exists in performance and technology.

In the field of space science and technology test satellites, China lacks major original innovation projects at present. Moreover, the insufficiency in development planning is not an advantage to space technology sustainable development.

Finally, the development trend and prospect in China's spacecraft have been presented.

Written by Zhang Qingjun, Liang Guilin, Gao Feng, Shi Wenhua, Liang Xiujuan, Zhang Yechi, Zhu Chenglin, Cheng Kan , Yuan Yuan, Guojia, etc.

Advances in Small Satellite

In recent years, the functions and performance of small satellite platforms and payloads have been continuously improved. Driven by the continuous breakthrough of emerging technologies, the cross-border integration of "Internet + space", and the influx of commercial capital, new commercial space companies have emerged, and commercial small satellites have flourished. With the great progress of a series of technologies in space and related fields, the threshold for entering and using space has been greatly reduced, and the commercial value of space has become increasingly prominent. Many new players trying to enter the space commercial application field have brought unique business models, further promoting the development of related industries. At the same time, due to the great progress of small satellite technology, the low orbit large-scale constellation has shown great value in a series of application fields such as space-based global communication and remote sensing, and has set off a boom in the development of low orbit giant constellation. Large-scale low-orbit constellation launch plans emerge in an endless stream, showing an explosive development trend. The "orbital revolution" of large-scale development and utilization of low orbit are taking place, and space will usher in an unprecedented new period of development and change.

This report mainly introduces the overall development situation of small satellites in the past five years and the research status of small satellite technology and application at home and abroad. By comparing the development situation of small satellites at home and abroad, the future development trend and prospect of small satellites are proposed. At present, the number of small satellites launched is growing by leaps and bounds. The world's space powers and commercial companies have put forward extremely large-scale small satellite constellation launch deployment plans. The small satellite industry has changed from a "trend" of rapid development to a "normal" development. Space agencies at home and abroad are planning their own large-scale constellation programs, covering various satellite application fields such as communication and navigation. It is urgent to plan and coordinate the system design of large-scale constellation from the overall perspective, timely identification of relevant key technologies, advance research, and construction of sustainable development.

Written by Wang Dandan, Ma Qixiu, etc.

Advances in Manned Spacecraft Engineering

Manned spaceflight is an activity in which humans drive and ride spacecraft into space to conduct scientific research, resource development and application. Manned spacecraft is a platform for humans to carry out manned spaceflight activities. Since 1961, when Soviet cosmonaut entered space on the Vostok 1 spacecraft, manned spaceflight has gone through more than sixty years and developed a series of spacecraft including manned spacecraft, cargo spacecraft, space laboratories, space stations, space shuttles, and moon landings.

The level of manned space development is an important criterion for measuring a country's scientific and technological capabilities. In 1986, China began to implement the national high-tech research and development plan, officially including the development of manned spaceflight, based on self-reliance and independent innovation. So far, sixteen Shenzhou manned spacecraft missions, one new-generation manned spacecraft mission, six Tianzhou cargo spacecraft missions, Tiangong-1, Tiangong-2 and Tiangong space station missions have been successfully implemented. China has mastered key technologies such as manned space travel, space-to-ground transportation, astronaut evacuation, rendezvous and docking, and on-orbit assembly and construction. A complete set of manned space supporting systems such as astronaut systems, space application systems, manned spacecraft systems, cargo spacecraft systems, launch vehicle systems, launch systems, measurement and control communication system, space station (space laboratory) system, and landing site system has been established. In the past five years, China's manned space flight has continued to develop steadily in accordance with the plan, completed the third step of the manned spaceflight project, and made major progress represented by the completion of the orbit assembly and construction of the space station. The manned moon landing plan was officially launched, and various major technical research projects were steadily advanced.

Based on the development needs of the manned spacecraft discipline and the strategy of serving the aerospace country, this report systematically summarizes the development and main research results of our country's manned spacecraft in the past five years, and investigates the research hot spots and highlights in the field of foreign manned spacecraft, development trend. This paper comparatively analyzes the current situation and gap in the development of manned spacecraft at home and abroad, and puts forward suggestions for the future development strategy of our country's manned spacecraft based on the actual development status of our country's spacecraft and focusing on future needs.

Written By Zhang Bainan, Wang Wei, Shang Shuai, Huo Jiajing, Hou Zhendong, etc.

Advances in Deep Space Probes

With the characteristics of complex system, new technology, extreme environment and high risk, deep space exploration mission is one of the most challenging fields in today's high-tech activities in the world. It is an important symbol of a country's comprehensive national strength and innovation ability, and is of great significance to ensuring national security, increasing international influence, promoting scientific and technological progress, and enhancing the country's soft power. Therefore, deep space exploration has become one of the main directions of the world space industry in the future.

China started deep space exploration with lunar missions. China has successfully carried out six lunar exploration missions, namely Chang'E-1, Chang'E-2, Chang'E-3, Chang'E-5 re-

ABSTRACTS

entry and return flight test, Chang'E-4 and Chang'E-5, and the Tianwen-1 Mars exploration mission. It has mastered key technologies such as circumlunar exploration, soft landing on the moon, lunar reconnaissance, return and re-entry from the moon, soft landing on the far side of the moon, lunar sampling, and return, circummures exploration, soft landing on Martian surface and Mars reconnaissance. It has established space infrastructure and capabilities such as launch, measurement and control, communication, and recovery, as well as a relatively complete engineering system. Many scientific achievements have been obtained. Subsequently, China will carry out lunar exploration activities such as Chang'E-6, Chang'E-7 and Chang'E-8 successively, and build lunar scientific research station. China will carry out the Tianwen-2 and other asteroid and comet exploration, complete near-Earth asteroid accompanied flight, sampling, and return, and accompanied flight to main belt comet. China will carry out the Tianwen-3 and other Mars exploration activities, to implement Mars sample return, and start the construction of Mars scientific research station. China will carry out the Tianwen-4 mission to implement exploration of the Jupiter system and interplanetary exploration.

Other space powers such as the United States, Russia, Europe, Japan, etc. have carried out deep space exploration to different celestial bodies. The United States has put forward a new plan for manned return to the moon, launched the Artemis-1 mission, and looked forward to the future manned exploration of Mars. Russia has gradually increased its investment in deep space exploration and listed lunar exploration as one of its priorities. ESA is an active participant in both the US and Russian lunar missions. Japan, South Korea, Israel, India, UAE and other countries have made bold attempts in lunar exploration. China, the United States and the United Arab Emirates have gathered on Mars, creating a milestone in the history of Mars exploration. Japan has achieved great success in asteroid exploration and has embarked on a unique path of exploration.

Deep space exploration can enhance mankind's understanding of unknown space, the solar system and the origin of life. It can also push forward the development of space science and technology and promote the development and utilization of space resources. Therefore, deep space exploration has become one of the main directions for the future development of world space.

Written by Sun Zezhou, Yu Hangjian, Zhang Zhengfeng, Ma Ji'nan, Miao Yuanming, etc.

Advances in Aerospace Propulsion

To develop aerospace, propulsion comes first. The level of space propulsion technology represents the ability to enter and exit space and is a symbol of national strength. This report summarizes the development and research results of liquid engines, solid engines, special and new engines both domestically and internationally in the past five years. In recent years, China's aerospace propulsion field has achieved fruitful results, and related professional research teams have steadily developed, supporting the successful implementation of multiple national major engineering tasks such as manned spaceflight, lunar exploration, BeiDou navigation, high resolution projects, and Mars exploration. The development momentum of foreign aerospace powers is still rapid, and new types of power are emerging endlessly.

Overall, there are some differences in the technology of liquid rocket engines and aspirated engines between China and aerospace powers such as the United States and Russia. The development of solid propulsion technology is slow, and the technical level is inferior to that of foreign countries in terms of performance and scale. Electric propulsion has achieved a leapfrog development from "following" to "parallel", and cutting-edge propulsion technologies such as nuclear propulsion, tethered propulsion, solar / electromagnetic sail propulsion, and space aspirated electric propulsion are being actively explored. With the rapid development of China's aerospace propulsion technology, the gap with foreign aerospace powers has gradually narrowed, and a few fields and directions can reach or lead the international advanced level.

In the future, China's aerospace propulsion field still needs to continuously learn from advanced foreign aerospace experience and technology, integrate and form a distinctive development path, with the goals of reusing engine engineering applications, low-cost engine testing and manufacturing, low-cost and reliable use of electric propulsion engines, rapid production of engine additive manufacturing, and advanced special propulsion demonstration and exploration, so that China's engines can support the development of future launch vehicles, spacecraft, missile and airliner transportation systems to boost China's strength in aerospace.

Written by Feng Haobo, Ma Haibo, Lv Yajin, Shi Zihao, Xu Duanwei, Wang Liqiang, Dong Meng, etc.

ABSTRACTS

Advances in Space Energy

With the deepening exploration and utilization of space by humans, space electric power supply has become a highly concerned issue. This report analyzes the latest developments in space electric energy in the past five years, such as power generation units, energy storage units, energy control units, components, and raw materials. Besides, this report also provides an outlook on overall development trends, and compares the domestic and international development status.

The domestic III-V multi-junction solar cell technology and thin film gallium arsenide solar cell technology are at the same level with foreign countries. In order to meet the needs of large-scale applications, the follow-up focus on low cost, mass production and other aspects. There is a significant gap between the space flexible solar array and the world's advanced level, NASA has applied a variety of forms of flexible solar wing deployment technology in space engineering, and only the "Z-fold" solar array has been applied in orbit in China. In terms of fully flexible solar arrays, some of the domestic performance indicators such as winding radius and specific power are ahead of foreign countries, but the aspects of high power and long life still need to be further researched.

The space application of foreign fuel cells began in the 1960s, and many technical route products have been applied and verified on space vehicles, while the domestic fuel cell on-orbit verification was carried out in 2022.

The technical level of domestic basic materials is generally comparable to that of foreign countries in terms of isotope thermoelectric battery. However, in terms of the dynamic power generation system using nuclear reactors, there is a large technical gap with the highest level.

Domestic energy storage power technology has developed rapidly, and in terms of high-specific energy long-life batteries, the specific energy of domestic batteries has exceeded the international technical level of similar products; In terms of intelligent integration technology, in-orbit engineering applications have been both realized at home and abroad. The pre-research of solid-state batteries and lithium metal batteries are at the international advanced level.

The technical indicators of domestic energy control products are equivalent to those of foreign countries, but the degree of integration is not high enough, and the discrete devices account for a large proportion. Foreign countries are still in the forefront in the space application of GaN devices, power digitization as well as COTS devices application. However, there are relatively few domestic studies.

With the rapid development of commercial aerospace, the demand for space energy supply is also increasing continuously, gradually developing towards miniaturization, high efficiency, standardization, and low cost. This report proposes strengthening research and development work on new space energy technologies and their application areas, accelerating the validation of new technologies, and promoting innovation and development in the field of space energy.

Written by Lu Wei, Zhang Wei, etc.

Advances in Space Guidance, Navigation and Control（GNC）

The study on the space guidance, navigation, and control（GNC）mainly includes the measurement, control and decision-making of the spacecraft's position, direction, trajectory, and attitude, involving the attitude-orbit control and in-orbit/planet-surface operating control of near-earth satellites, manned spacecraft, deep space probes and other spacecraft during flight or exploration missions. The technical fields include not only the three main GNC platform technologies, but also many related technologies like computers, sensors, and actuators. The space GNC technology can be regarded as the cerebral nerve, motion sensing and execution-driven systems of spacecraft and the enabling technology to complete various complex space activities, serve space applications and sciences, and expand space exploration boundaries. The GNC technical level determines the capability of spacecraft to a large extent and is an important technological field that countries are competing to develop.

In recent years, a series of major breakthroughs have been made in the field of the space GNC technology, such as the high-precision adaptive returning GNC, the large-scale flexible spacecraft dynamic behavior identification and distributed control, the all-day multi-mode autonomous rendezvous and docking accurate control, the deep-space soft landing and surface take-off/ascent intelligent autonomous GNC, the spacecraft ultra-precision, ultra-stable and ultra-agile composite control, the strongly robust and highly reliable spacecraft control, the autonomous diagnosis and reconstruction of spacecraft control systems, the multi-spacecraft/constellation formation control, and the high-performance processing chips for supporting intelligent space applications.

In the future, the development path of the space GNC technology will increasingly emphasize the interaction with environments, and break through the bottleneck of intelligent acquisition and level improvement, to realize the more advanced autonomous control. Through the intelligent technology enabling, the main technical indexes of the space GNC technology will be significantly improved, or the condition that the abilities not to have in the past can be obtained by spacecraft and the ability can be persistently improved by learning and training will be realized, to adapt to spacecraft, environments, and target uncertainties, and to complete complex tasks. This report combines China's future space missions with the frontiers of the world space development, and tracts the future innovative development of the spacecraft intelligent independent control technology, proposes that the following six technical directions and basic problems need to be especially paid attention to, including: 1) the attitude-orbit control of super-large-structure spacecraft; 2) the orbital space game control; 3) the networked spacecraft cluster control; 4) the control of intelligent unmanned systems for the extraterrestrial exploration; 5) the autonomous control of cross-domain spacecraft; and 6) the in-orbit construction and maintenance control.

Written by Zhang Haibo, Wu Jianfa, Li Kehang, Geng Jingya

Advances in Aerospace Detection and Guidance

Aerospace detection and guidance is a key technology of national defense construction and modern weapon systems. It's a comprehensive technology which involves multiple disciplines and fields, such as aviation, aerospace, and weaponry. The main research objectives of the technology include environmental detection, identification, tracking, positioning, guidance, and control, which is applied to various kinds of equipment such as missiles, spacecraft and launch vehicles.

At present, increasing complexity and diversity of detection targets, growing demands for data processing and transmission, and the extreme application environments have accelerated the development of detection and guidance technology, and led to the emergence of advanced concepts and technology transformation. Meanwhile, with the rapid development of aerospace electronic technology, the current research process of aerospace detection and guidance technology faces challenges such as increasingly complex detection scenarios, congested electromagnetic spectrum, limited space and weight of hardware equipment, and insufficient big data computing resources. Aiming at these problems, the technology has made several breakthroughs in the aerospace field, especially in the research of collaborative detection, detection and communication integration, sensor integration, edge computing and advanced computing with great breakthrough, application, and transformation.

Based on this situation, this report first introduces the research achievements of detection and guidance technology in the past five years from both domestic and foreign directions, lists the advantageous research teams in China, analyzes the technological gap between domestic and foreign disparities, and presents the development trends of the technology.

Written by Yu Muyao, Zhao Qing, Xu Huiling, Liu Chao, etc.

Advances in Aerospace Intelligent Detection and Recognition

Aerospace intelligent detection and recognition technology is a key research topic in space perception tasks. Artificial intelligence has gone through the development process from semiotics （the first generation） to connectionism（the second generation）and is rapidly developing towards brain like intelligence（the third generation）. The human brain can achieve advanced intelligence far beyond computers at a power consumption of about 20 watts and a low frequency of 10 hertz. It is a model of high-performance and low-power computing hardware in nature and can meet the high real-time and small sample requirements in the field of aerospace exploration and recognition.

The latest research progress in the field of aerospace intelligent detection and recognition technology in the past five years mainly focuses on four aspects.

1) Neuromorphic Device Technology. In terms of using memristors as artificial synapses, a synaptic functional layer based on metalloporphyrin MTPP molecules has emerged, whose coordination sites can regulate oxygen migration, allowing the prepared devices to exhibit a smooth and gradually changing persistent memory response. In terms of memristors as artificial neurons, there have been complete and adjustable LIF neural circuits and neurons with probability of firing pulses.

2) Neuromorphic Imaging Sensor Technology. In the past five years, many new products have emerged for commercial neuromorphic imaging sensors, and the use of new advanced manufacturing processes has further improved the spatial resolution, dynamic range, power consumption, pixel size and other key indicators of event cameras, mainly including Insightness Rino4, IniVation DVS346, Prophese Gen4 CD, Sony IMX636, etc. In addition, new optical flow event cameras and color event cameras were proposed by the academic community.

3) Brain like computing chip technology. The research achievements in the past five years mainly include the "TianjicX" clip released by Tsinghua University in 2022, which can simultaneously run multiple AI algorithms across computing paradigms in an energy-saving manner; The first domestic brain like computer, Darwin Mouse, developed by Zhejiang University in 2020; Intel's Loihi II, released in 2021, uses a 7nm process and integrates 128000 neurons and 128 million synapses.

4) Pulse neural network technology. In recent years, achievements in the field of SNN with the goal of understanding biological systems mainly include neuron side inhibition, Dale criterion, etc. The research achievements of SNN with the goal of pursuing excellent computing performance mainly include proxy gradients, SNNs converted from DNN through BP training, and so on. The research achievements in software frameworks that adapt to SNN in recent years mainly include Auryn, Bindsnet, PyNN, and Brian2.

Based on the ongoing implementation of the China Brain Program and the Science and Technology Innovation 2030 Program in China, this field will enter a rapid development stage, and derivative technological achievements will also be applied to high-speed space object detection and tracking, automatic navigation, precision guidance, and space object detection, solving the problems of high computational load, weak application robustness, and poor interpretability of the existing second-generation artificial intelligence.

Written by Wei Feiming, Chen Biwu

Advances in Aerospace Telemetry, Tracking and Command

Space technology has set off a research upsurge all over the world and become the key development field of all countries. China focuses on the development of aerospace telemetry. tracking and command（TT&C）.

This report analyzes the development of the aerospace TT&C profession, providing an overview of its development history, technical overview, and future development trends. Firstly, the report introduces the development stage of the TT&C, summarizes the development laws of the aerospace TT&C profession, that is, entering the next generation every 20 years or so. Secondly, the report introduces the connotation and scope of aerospace TT&C technology in the new era and provides relevant definitions. Thirdly, the report introduces the latest research progress in the thematic field in the past five years, covering the progress in measurement and control technology theory and standard specifications, ground-based range measurement and control network, space-based measurement and control network, deep space exploration network, advanced Technological convergence, etc. The report also analyzes the current development status and trends domestically, internationally and makes prospects for the future of the aerospace TT&C major based on current policies in China. Finally, the report provides recommendations for the development of measurement and control technology in China by comparing the development of TT&C technology, and provides a table of professional technical systems in this field.

Written by Zhong Yumin, Fu Ailin, Ma Yuguo, etc.

ABSTRACTS

Advances in Space Remote Sensing

Remote sensing technology is an indispensable and important component in promoting the continuous development of space science and technology, and is one of the most important means in current space physics research. In the past five years, China has made remarkable achievements in the field of space remote sensing. The high-resolution earth observation system has been fully completed. Hyperspectral remote sensing has accelerated its applications in the service of geology and mineral resources and other fields. The resolution of commercial remote sensing satellites has reached 0.5 m. It can efficiently provide very high resolution spatial Big data and comprehensive application services of spatial information for national governance, economic construction, social development and global sustainable development. China's first terrestrial ecosystem carbon monitoring satellite, "Goumang", was successfully launched to provide remote sensing monitoring services in the areas of carbon storage monitoring, detailed survey of ecological resources, and monitoring and evaluation of major national Ecological engineering. Earth remote sensing has promoted the exploration of advanced technologies and greatly promoted the development of deep space remote sensing missions. The remote sensing exploration of Tianwen-1 after its arrival on Mars provides useful information about Mars such as terrain, climate and scientific exploration. Driven by deep space exploration missions, surveying and remote sensing technology has also made new developments, gradually forming a new technology system for deep space remote sensing surveying with a focus on peripheral remote sensing surveying, landing navigation remote sensing obstacle avoidance, and patrol navigation visualization surveying. In terms of international cooperation, BRICS space agencies have established remote sensing satellite constellation and strengthened data sharing, which has improved mankind's ability to cope with major challenges such as global climate change, major disasters, and environmental protection. In 2022, "Remote Sensing Science and Technology" has become a new first-class discipline, with the discipline code "1404". It involves a wide range of scientific and technological fields, and its applications have penetrated into various aspects of humankind, such as economic construction, social development, national security, and people's lives.

Written by Guo Chongling, etc.

Advances in Advanced Space Materials

Aerospace materials are the material basis and technical forerunner of aerospace equipment, and their performance and quality level are important indicators to measure the advancement and reliability of equipment. Aerospace materials have a special service environment and harsh technical requirements, which are not only different from general industrial materials, but also different from materials used in aviation, ships, weapons, and other scientific and technological fields, and have the characteristics of advanced, cutting-edge, reliability, autonomy and driving force. A generation of materials decides a generation of equipment. The progress of aerospace materials can drive the performance of aerospace equipment and promote the upgrading of aerospace equipment. Aerospace materials are an indispensable strategic support for a strong space presence.

Written By Tong Lingyun, Du Baoxian, etc.

Advances in Space Biology and Medical Payload

In recent years, China has made remarkable progress in the field of space biology and medical payload technology. Since Yang Liwei first went into space in 2003, 16 Chinese astronauts have flied 26 times in space. Special conditions such as space microgravity, space radiation, narrow space and confined living environment provide a new platform for life science and medical research. Space life science and technology have become the commanding heights of competition among the world's scientific and technological powers. With China's Space Station project entering the operation period, space life science and medical research ushered in unprecedented

ABSTRACTS

development opportunities.

Scientific payloads (instruments) are the basis for carrying out space biological and medical research and determine the potential of space life sciences in various countries. The research in this field involves a wide range of science and technology fields such as biology, medicine, chemistry, materials, computers, and electronic information, which are of great significance to national economic construction, social development and national security. Due to the limitation of space experiment environment, cost and flight transportation conditions, the development of space biological and medical loads must be deeply integrated under the constraints of technical boundaries, which is the difficulty of technical research. It has become a consensus in the field of space biology and medicine to realize leapfrog development of technology in China.

In the past five years, with the advancement of China's manned space station and deep space exploration project, China has made breakthroughs in space biological and medical payload technology research. A number of biological and medical experiments based on space lab modules and spacecraft have been successfully implemented. This report mainly analyzes the progress made in China's space biological and medical payload technology between 2018 and 2022, points out the gap with the international level, and clarifies the future development direction and focus.

Written by Li Xiaoqiong, Li Bo, Chen Zixuan, Yang Chunhua, etc.

Advances in Spacecraft Recovery and Landing

Spacecraft recovery and landing technology refers to the usage of deceleration and buffering devices through specific control measures to ensure the safe landing of spacecraft or other aircraft entering extraterrestrial objects or re-entering the Earth's atmosphere at high speeds according to predetermined procedures and objectives. Its main task is to decelerate all or part of the flight tests (including rockets, missile, drones, etc.) to the specified speed and guarantee their safe landing on the surface of Earth or other planets. The professional technology of spacecraft recovery and landing is an important part of space technology and one of the essential key technologies to promote the development of space technology.

In recent years, China has firmly put forward the strategy of building a strong aerospace country. In the planning of the national aerospace industry, major special projects such as human spaceflight, deep space exploration, space on orbit repair and maintenance, as well as advanced space shuttle systems, higher performance strategic and tactical missile weapons, have increasingly urgent needs for spacecraft recovery and landing technology.

The spacecraft recovery and landing, as a comprehensive application technology, generally includes spacecraft recovery and landing system design technology, land observation buffer technology, control and positioning technology, system testing technology, structural mechanism technology, pyrotechnic technology, etc. During the development process, simulation and experimental techniques were also developed. With the continuous progress of technology, simulation as played an increasingly important role in the development of recycling systems.

Written by Jia He, Huang Wei, Su Wei, Cui Yuhong, Chen Weizhi, Xue Xiaopeng, Wang Meng, Liu Jinlei, Wang Qi, Bao Wenlong, Liang Hao, etc.

索 引

B

靶场　207~208，214
北斗卫星　9，17，22，27，52，67，75，80，86，160，163，184，188，214~215，264
边缘计算　22~23，32，41，184，188~189，191~194，200
编队控制　21，174，181

C

测控体系标准　207
差分干涉合成孔径雷达　63
嫦娥八号　18，116，212
嫦娥六号　18，116，212
嫦娥七号　18，116，212，237，242
嫦娥四号　16，22，85，114~116，123，127，153，156，167，171，177，185，190，212~213，219，263~264
嫦娥四号月球探测器　22，114
嫦娥五号　18，21，114~115，118~119，123，127，163，169，171，175~177，180，182，263，280
超燃冲压发动机　11~12，19，30，133，146，148，152
充气再入飞行器验证　273
重访时间　15，64，85
重复使用　7~8，11~14，19~20，27，29~30，35~37，39，44，49~52，54~61，94，103~104，107~110，112~113，129，131，133~136，145，147~151，169，175，251，259，270~273，276~278
重复使用运载火箭　44，50，54，60，175，272，277~278
传感器集成　22，32，41，184，186~187，190，192~193

D

大型运载火箭　136
氮化镓　24，31，33，163，165，226，228
地球同步轨道　64~65，68，223
低轨卫星导航增强系统　28，86
低密度超声速减速　273
低温成像技术　42，231
动态视觉传感器　22，199
短时突触可塑性　23，201

多源异构信息关联 41，191

F

分布式控制 20，170，179，181
复合控制 21，173，178，181

G

高超声速充气式气动减速器 273
高分辨率多模综合成像 63
高分七号 63，234
高分三号 15，64
高分五号 224
高分专项 129，222
高光谱 33，38，42，63~64，69，71，73，221，223~224，228，230，233~235
高集成超大规模多波束阵列天线 66
高精度星载原子钟技术 67，75，78
高能大气再入试验 273
高速宽带互联网 84
句芒号 24，221，223，225
固体火箭发动机 40，128，135~136，142，146，150~151
固体运载火箭 14，19，28，49，53，135~137，151
故障诊断 21，31，49，52，56~57，110，123，147，173，176，179，182
轨道转移运载器 49，54，60
轨迹规划 170，175，182
国际空间站 6，9，13，26，30，101~107，109，155，184，188，257~258

H

航天发射系统 8
航天飞机主发动机 132

航天运输系统 3，7，11~12，19，37，41，55，58，61，133，148，151，180
核能源技术 123
后向传播 201
回收系统 275，278
回收着陆系统 27，271，274，279~280
火工技术 279
火箭基组合动力发动机 133
火星探测 3，5，7，9~10，18，20，27，32，40，49，52，101~102，110~111，114，116~117，120，122~124，127，129，153~155，160，163，180，190，211~212，221，223，260~261，270~271，273~274，277，280
霍尔电推进 19，139，147

J

激光测距 175，178，222，226，233
激光通信 11，23，30，32，84，114，123，125~126，190，209~211，214，217~219
交会对接 17~18，21，55，93，98~99，109~110，112~113，115，117~119，171，174~175，177，181~182，189
结构机构技术 123，279
近地测控 211，218
近地轨道 7，9，11~15，50，52，54~55，101~104，107，177，190，222，273
近日冕无缝同时成像观测 68
聚束成像模式 83
聚酰亚胺 25~26，34，239，244~247，250，275

K

空间分辨率 16，24，38，69，73，82，198，

索 引

200，221~222，224~226，230

空间基础设施　3，16，28，35~36，38，63，75，85，88~89，120

空间激光通信　11，211，217

空间引力波探测系统　68

空气涡轮火箭发动机　133

跨域测控　212

跨域协同感知　41，191

捆绑式固体助推器　19，135

L

莱曼阿尔法谱线波段　68

类脑计算　23，32，41~42，196~197，200，202~204

离子电推进　19，66，138~140，147，152

联邦学习　41，192

M

马赫数　19，133，146，148，152，277

脉冲神经网络　23，41，196~197，200，202~204

脉冲时间依赖可塑性　197

敏感器　22，99，118，169，171，173，177~178，189

Q

起飞上升　18，21，116~118，124，126，171，177，181

气动减速技术　34，272，275，279

全域测控　212

鹊桥月球中继通信卫星　114

群伞　27，34，94，103~104，108，271~273，276~277

R

人工神经网络　200

人工智能　12~13，23，31~33，38，41，43~44，59，81，89，123，169，173~174，176，180，190~192，196，200~203，213，216~218，222，224，232，234，266

任务规划　21，40，44，64，72~73，75~77，110，124~125，174~176，180~181，183，212

软着陆　6~7，9~10，18，21，34~35，114~115，119~122，126，153，171~172，174~175，177，181，213，271，273，276

S

三超　21，64，172，175

商业航天　5~6，8，11，13~14，18，28，31，35~36，49，52~55，59，69，81，86~88，92，106，124，131~132，138，142，172，176，215~216，219，222，227，273

商业遥感　9，16，28，64，83，85~86，92，215，221~222，227，230

砷化镓　31，33，153~154，163~164

深度神经网络　23，200

深空探测　3~6，8~12，16~20，27，29~30，36，39~40，43~44，49，61，69，76，81，85~86，101，103，107，110~117，120，122~127，135~136，141，145~146，148，155，157，160~161，163，165，169，174~175，183，185，190，207，209~210，212~213，219，221~223，234，237，242，246，249，256，265~266，

270~272，276~278

神舟 15，17，20，26，30，52，64，93~94，96，98~100，107~108，110~111，163，176~177，189，256~257，262~264，271，275，277

事件相机 22~23，41~42，198~199，203，205

数字孪生 33，214，216~219

T

探通一体化 22，32，41，184，186，190~191，193

天地往返 11，17，30，35~36，39，93，98~99，102，107，110，112，134，148，151，270，276~278

天问二号 24，116，225

天问三号 18，117

天问四号 18，117

天问一号 18，20，26~27，114，116，120，123，127，130，153，160，175，221，223，242，260，280

天舟货运飞船 19，32，93~94，99，111，190

推进剂 17~18，24，51，54，57~58，93，95~96，98~99，105，109，128~131，134，138~139，141，143，147~148，157，173，237，240

W

微波遥感 24，186，221，224，226，230，233

微光成像 42，224，231

微生理系统 257

卫星互联网 9，16，40，65，85~86，88，180

无线电掩星系统 83

物联网 16，22，28，32，44，84，86，186，190，192，222，224

X

系统试验技术 279

小型化移动终端 66

小型运载火箭 8，59，146

协同探测技术 22，32，41，184，190~191，193~194

新概念推进技术 31，141，147

新一代载人飞船试验船 93~94，169，271，280

星地一体 37~38，66，70，72~74，78，174

行星探测 5~7，10，30，36，39，44，70，81，114，116，121~122，124，160，178，212，223，261，270

Y

亚燃冲压 30，133，146，148

液体火箭发动机 11~12，18，30，129~130，141，144~145，150~151，238，246，254

液体运载火箭 14，53，141

一次性运载火箭 37，49，52，58，60

一体化多维融合遥感技术 42，230

有效载荷 6，8，24，44，49，52，104，124~125，174，189，221，225，251，277

预冷组合发动机 30，134，146，148

月球探测 3，6，10，17~18，22，36，39，52，55，101~102，104，110~111，114~117，120~121，123~124，127，

索 引

130，157，171，180，212，219，223，
270~271，274
运输和能源模块　140
运载火箭　6~8，12~14，18~19，24~25，28~
29，33~34，36~37，43~44，49~61，
64~65，93~94，101~102，110，120，
122，129~131，133，135~138，141，
144~147，151~152，163，175，184，
218，237~238，246~247，250~251，
254，270，272~273，276~278
运载能力　7~8，13~14，29，40，49~50，52，
55~58，60，102，107，135，138，148

Z

再入制导　20，170
在轨服务　21，32，39，110~111，171，174，
176，178，180~181，183，231
载人飞船　17，21，26，30，52，59，93~
94，98~100，102，104，107~108，
110~111，113，120，136，141，169，
171，241，257，270~272，280

载人深空探测　12，39，101，107，110~1
13
制导、导航与控制　4，20~22，31~32，40，
79，155，118，169，171，174~182
智能化　12，22，31~32，37~44，52，59，73，
75，77，81，88~89，91，116，146，149，
165，178，187，189~190，192，194，
200，213，215~218，222，224，231~232，
250
智能自主控制技术　179，182，213
中国空间站　9，16，19，26~27，30，94，
100，109，113，138，155，257，259，
262~264
中继通信技术　16，85
中型运载火箭　8
重型运载火箭　7~8，14，19，25，36~37，
44，49，55，58，101~102，120，131，
133，135~136，138，147，237~238
着陆缓冲技术　34，126，276，279
姿态控制　21，64，91，109，170，173，175，
207